KB141163

PART

1

# KIDA 간부선발도구

CHAPTER 01   언어논리

CHAPTER 02   자료해석

CHAPTER 03   공간능력

CHAPTER 04   지각속도

# 01 | 언어논리

## 과목 체크

■ 25문제를 20분 동안 풀어야 한다. 즉, 평균 1문제당 약 48초 내에 풀어야 하므로 집중력과 속독력이 요구된다.
■ 단시간에 실력을 향상시키기 어려우므로 꾸준한 학습이 필요하다.

---

| 제1유형 | 어휘 · 어법 |

### 출제자의 TIP

• 어휘 관계에서는 두 단어의 의미가 비슷한지, 반대인지 또는 두 단어 중 한 단어의 의미가 다른 단어의 의미에 포함되는지를 살펴보도록 합니다.

• 관계마다 서로 다른 특징들이 있으므로 제시된 단어들의 특징을 잘 파악하는 것이 중요합니다.

### ■ 유형설명

어휘 영역의 출제 경향이 이전에 출제되지 않았던 문제 유형으로 옮겨지는 추세이다. 이전에는 한자성어, 유의어 · 반의어 등이 많이 출제되었으나, 최근에는 제시문에 쓰인 어휘의 뜻을 파악하는 새로운 유형이 출제되었고, 관용어 유형은 꾸준히 출제되고 있다.

### 예제

**다음 중 의미 관계가 나머지 넷과 다른 것은?**

① 윗옷 : 블라우스      ② 보석 : 진주
③ 조류 : 비둘기      ④ 사과 : 홍옥
⑤ 현악기 : 건반악기

#### 정답체크

⑤의 '현악기'와 '건반악기'는 악기의 종류가 대등하게 병렬되어 있을 뿐 서로 의미 관계를 갖지 않는다.
①~④는 왼쪽의 단어가 오른쪽 단어를 포함하고 있는 '상위어 : 하위어'의 관계이다.

정답 ⑤

## ■ 유형설명

어법 영역은 이전의 띄어쓰기 등의 유형이 줄어들면서 최근에는 이전까지 출제되지 않았던 발음, 합성어, 파생어를 물어보는 문제들이 출제되고 있다. 어법 영역의 출제 비중이 낮아지고는 있으나 공무원 시험 등에서 나올 법한 문제들이 출제되므로 소홀히 해서는 안 된다.

### 출제자의 TIP

• 어법에서는 독해처럼 깊이 있는 문제가 출제되지는 않습니다.
• 한글 맞춤법, 띄어쓰기 등과 함께 외래어 표기법, 표준어도 함께 공부하는 것이 좋습니다.

### 예제

**다음 중 어법에 맞는 문장은?**

① 그들은 춤과 노래를 부르며 축제를 즐기고 있다.
② 중요한 사실은 이런 위기 상황일수록 힘을 모아야 한다.
③ 이 계획을 대체할 대안이 없다는 것이 가장 큰 문제이다.
④ 설마 이 사람들이 나를 배신할 것이 틀림없다.
⑤ 그녀는 해마다 이맘때쯤 해외여행을 떠나곤 했다.

### 오답체크

① '춤'과 호응하는 서술어가 없다.
② 주어인 '중요한 사실'과 서술어 '모아야 한다'가 호응하지 않는다.
③ '대안(代案)'이 '어떤 안(案)을 대신하는 안'이라는 의미이므로 문장 안에 쓰인 '대체'와 의미가 중복된다.
④ 부정적인 추측의 표현인 '설마'와 확신의 표현인 '틀림없다'가 의미상 호응하지 않는다.

정답 ⑤

## ■ 유형설명

독해 유형은 중심주제 찾기, 사실 판단 문제, 문단 순서 배치 문제, 접속어 문제, 빈 칸 채우기 문제와 더불어 새롭게 추론 문제, 두세 가지 글을 제시한 후 공통된 주제 찾기 문제, 사실과 의견 구분 문제, 글의 전개방식 문제 등의 출제 비중이 점점 높아 지고 있다. 여기에 속담이나 어휘 문제까지 섞여 나오는 추세이다.

### 예제

글의 흐름으로 보아, 〈보기〉의 문장이 들어가기에 가장 적절한 곳은?

┤ 보기 ├

특히 아마존 강 유역의 열대 우림에는 놀라울 정도로 많은 생물 종이 살고 있으며, 이들은 많은 양의 산소를 지구에 공급하고 있다.

( ① ) 많은 생명이 살고 있는 숲은 생물의 낙원이다. ( ② ) 하지만 농지 개간과 목재 생산을 위해 열대 우림이 대규모로 파괴되고 있어 이를 우 려하는 목소리가 커지고 있다. ( ③ ) 숲을 파괴하는 원인이 눈앞의 작은 이익과 자연 파괴를 방관하기 때문이라는 사실은 지구의 환경이 얼마나 위 태로운가를 보여 준다. ( ④ ) 결과적으로 인간은 지구를 파괴하는 유일한 존재이며, 탐욕과 이기심으로 스스로 몰락해가는 어리석은 동물이라 할 수 있다. ( ⑤ )

### 정답체크

〈보기〉의 첫 문장이 '특히 아마존 강 유역의 ～'인 것으로 보아 〈보기〉의 문장이 앞 문장의 예를 제시한다는 것을 알 수 있다. 따라서 '많은 생명이 살고 있는 숲은 생물의 낙원'의 예 로 ②에 위치하는 것이 적절하다.
③ · ④ · ⑤는 열대 우림 파괴에 대한 이야기이므로 〈보기〉의 문장은 이 문장들보다 앞에 위치해야 한다.

정답 ②

**01** 다음 중 〈보기〉의 밑줄 친 부분과 가장 가까운 의미로 쓰인 것은?    난도 ★☆☆

─┤ 보 기 ├─

점수를 <u>짜게</u> 주셨다.

① 월급이 <u>짜다</u>.
② <u>짜고</u> 매운 음식을 피해라.
③ 생각을 <u>짜다</u>.
④ 털실로 스웨터를 <u>짜다</u>.
⑤ 여행 일정을 <u>짜다</u>.

**02** 다음 중 〈보기〉의 밑줄 친 부분과 가장 가까운 의미로 쓰인 것은?    난도 ★★☆

─┤ 보 기 ├─

술기운이 <u>올라가면서</u> 분위기가 점점 고조되었다.

① 서울에 <u>올라가는</u> 대로 편지를 보내겠습니다.
② 압력이 지나치게 <u>올라가면</u> 폭발 위험이 있다.
③ 그는 높은 곳에 <u>올라가</u> 종이비행기를 날렸다.
④ 강의 상류로 <u>올라가면</u> 아름다운 풍경이 펼쳐진다.
⑤ 담임 선생님의 응원에 학생들의 사기가 <u>올라갔다</u>.

**03** 다음 중 밑줄 친 단어의 쓰임이 옳지 않은 것은?    난도 ★★★

① 그 사건은 사람들 사이에서 <u>회자</u>되고 있다.
② 이번 연구를 통해 천문학 관련 미제들이 상당수 <u>구명</u>될 것으로 보인다.
③ 깔끔하게 정돈된 책상이 그의 성격을 <u>반증</u>하는 듯했다.
④ 코로나가 <u>팽배</u>하여 많은 사람들이 죽었다.
⑤ 이번 대회를 통해 <u>발굴</u>된 인재들이 새로운 가능성을 보였다.

[04~05] 다음 표를 보고 물음에 답하시오.

| 단 어 | 예시 문장 | 유의어 | 반의어 |
|---|---|---|---|
| 놓다 | 깜빡하고 식당에 지갑을 놓고 왔다. | ⓛ | 챙기다 |
| | ㉠ | 치다 | 거두다 |
| | 한의사가 허리에 침을 놓았다. | 찌르다 | 빼다 |

**04** ⓛ에 들어갈 단어로 적절한 것은?　　　　　　　　　　　　난도 ★☆☆

① 넣다　　　　　　　　　　　　② 두다

③ 섞다　　　　　　　　　　　　④ 가꾸다

⑤ 멈추다

**05** ㉠에 알맞은 문장으로 가장 적절한 것은?　　　　　　　　난도 ★☆☆

① 비단옷에 오색실로 수를 놓았다.　　② 건강이 안 좋아서 잠깐 일을 놓았다.

③ 마당에 커다랗게 모깃불을 놓았다.　④ 동네 사람들이 강에 그물을 놓았다.

⑤ 이사를 하자마자 전화부터 놓았다.

**06** 다음 관용구의 의미가 적절하지 않은 것은?　　　　　　　난도 ★★☆

① 가슴을 펴다 : 굽힐 것 없이 당당하다.

② 귀가 아프다 : 너무 여러 번 들어서 듣기가 싫다.

③ 머리를 쥐어짜다 : 어떤 일에 질려서 싫증이 나다.

④ 손을 씻다 : 부정적인 일이나 찜찜한 일에 대하여 관계를 청산하다.

⑤ 발꿈치를 물리다 : 은혜를 베풀어 준 상대로부터 뜻밖의 해를 입다.

**07** 다음 관용구의 의미가 적절하지 않은 것은?　　　　　　　난도 ★★★

① 발이 닳다 : 매우 분주하게 돌아다니다.

② 가방끈이 길다 : 많이 배워 학력이 높다.

③ 막차를 타다 : 끝나갈 무렵에 뒤늦게 뛰어들다.

④ 눈물이 앞서다 : 일을 함에 있어서 감정이 앞서다.

⑤ 물로 보다 : 사람을 하찮게 보거나 쉽게 생각한다.

**08** 다음 빈칸에 들어갈 말로 적절한 것은?　　　　　　　　　　　　　　난도 ★☆☆

> 오늘따라 누가 자꾸 내 애기를 하는지 _____.

① 입이 짧다　　　　　　　　　　　② 코가 꿰이다
③ 귀가 간지럽다　　　　　　　　　④ 눈이 곤두서다
⑤ 마른침을 삼키다

**09** 다음 〈보기〉의 ㉠ : ㉡의 관계와 가장 유사한 것은?　　　　　　　난도 ★☆☆

┤ 보 기 ├
> ㉠ <u>소년</u>과 ㉡ <u>소녀</u>는 갑자기 쏟아지는 소나기에 깜짝 놀라 원두막으로 뛰어갔다.

① 돼지 : 소　　　　　　　　　　　② 우유 : 주스
③ 살다 : 죽다　　　　　　　　　　④ 아빠 : 삼촌
⑤ 음료수 : 커피

**10** 다음 중 〈보기〉와 유사한 관계를 가진 단어 쌍이 아닌 것은?　　　난도 ★★☆

┤ 보 기 ├

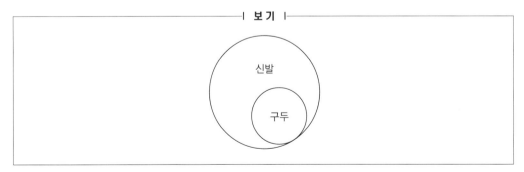

① 생물 – 동물　　　　　　　　　　② 문화 – 문물
③ 주택 – 초가집　　　　　　　　　④ 식물 – 사과나무
⑤ 가구 – 장롱

## 11 ⓐ의 의미로 쓰인 문장은?

난도 ★★☆

> 중화 사상은 한족이 자신들을 세계의 중심을 의미하는 중화로 생각하고, 주변국들이 자신들의 발달된 문화와 예법을 받아들여야 한다고 생각한 사상이다. 조선은 중화사상을 수용하여 한족 왕조인 명나라의 문화를 받아들이는 것을 당연시하였다. 17세기에 이민족이 ⓐ세운 청나라가 중국 땅을 차지하였지만, 조선은 청나라를 중화라고 생각하지 않고 명나라의 부활을 고대하였다.

① 그는 새로운 회사를 세웠다.
② 국가의 기강을 바로 세워야 한다.
③ 집을 지을 구체적인 방안을 세웠다.
④ 두 귀를 쫑긋 세우고 말소리를 들었다.
⑤ 도끼날을 잘 세워야 나무를 쉽게 벨 수 있다.

## 12 다음 중 단어 구성이 다른 하나는?

난도 ★★★

① 책가방　　　　　　　　② 돌다리
③ 물걸레　　　　　　　　④ 팔다리
⑤ 햇나물

## 13 다음 중 단어의 의미 관계가 다른 것은?

난도 ★★☆

① 방화 – 소화　　　　　　② 가명 – 실명
③ 둔감 – 민감　　　　　　④ 박학 – 독학
⑤ 방출 – 흡수

## 14 다음 중 밑줄 친 단어의 쓰임이 적절하지 않은 것은?

난도 ★☆☆

① 우리나라 전역에 비가 내리고 있습니다.
② 도장이 없는 투표용지는 무효로 간파된다.
③ 이론과 현실은 매우 밀접히 결부되어 있다.
④ 그들은 대응책을 강구하기 위해 노력했다.
⑤ 불이익을 당한 학생들에 대한 구제 방안이 나왔다.

**15** 다음 중 중복표현이 없는 문장은? 난도 ★★★

① 선도 차량이 앞서서 이끌었다.
② 그의 은퇴식이 미리 예고되었다.
③ 이번 사고로 인해 회사는 큰 손실을 입고 말았다.
④ 단순변심으로 인한 환불은 불가능함을 분명히 명시했다.
⑤ 귀성 열차표를 미리 예매하려는 사람들이 줄을 서 있다.

**16** 다음 〈보기〉와 같은 상황을 나타내는 속담으로 옳은 것은? 난도 ★★★

───────────── **보 기** ─────────────

세진이와 어렸을 적에 친했던 재현이는 성인이 된 후 연예인이 되어 유명해졌다. 유명해진 뒤에는 따로 연락한 적이 없었는데, 우연히 집에 가는 길에 재현이와 마주친 세진이는 재현이에게 괜히 아는 척하기 어색하고 멋쩍어 관심이 없는 척 지나쳤다.

① 소 닭 보듯, 닭 소 보듯
② 공자 앞에서 문자 쓴다
③ 구슬이 서말이라도 꿰어야 보배다
④ 한 술 밥에 배 부르랴
⑤ 아는 길도 물어가라

**17** 다음 중 밑줄 친 속담 표현이 적절하지 않은 것은? 난도 ★★★

① 계속 안 좋아지는 것이 <u>갈수록 태산</u>이다.
② <u>벼룩도 낯짝이 있지</u> 어떻게 내 앞에 나타날 수가 있니?
③ <u>싼 게 비지떡</u>이니 무작정 가격만 보고 사면 안 된다.
④ 이렇게 계속 일을 미루면 <u>가는 토끼 잡으려다 잡은 토끼 놓친다.</u>
⑤ <u>비온 뒤에 땅이 굳어진다</u>고 시험에 떨어졌다고 낙심하지 말아라.

**18** 다음 글의 내용과 가장 거리가 먼 속담은? 난도 ★★★

> 딸부잣집 602호는 오늘도 아침부터 시끄럽다. 학교 가는 준비를 하는데 누가 먼저 화장실을 쓸 것인지부터 싸움이 났다. 기어이 아빠에게 한 소리를 듣고 나서야 상황이 정리되고 양보를 강제 받은 둘째는 입을 삐죽거리며 아침 밥상에 앉아 젓가락으로 조기를 뒤적이고 있다. 씻고 나온 첫째는 둘째를 예뻐하는 할머니에게 머리를 한 대 쥐어박힌 탓인지 김치만 깨작거리고 있다. 뭣도 모르는 넷째만이 씩씩하게 밥을 먹을 뿐이다.
>
> 화장실에서 시작된 싸움은 어찌 쉽게 끝나지 않고, 누가 패딩을 입고 갈 것인지를 두고 싸우다가 결국 둘 다 학교에 늦어버려 서로 쌩하니 모른 척하고 뛰어갔고, 발이 느린 첫째는 결국 지각을 해 학교 복도에서 앉았다 일어섰다 100번을 한 뒤에야 교실에 들어갈 수 있었다. 점심 시간에 급식실에서 마주친 둘은 본 체도 않고 자신의 친구들하고만 대화를 나누었지만 괄괄한 성격의 둘째가 같은 반 남자아이와 싸우자 누구보다 빠르게 달려가 동생의 편을 들어주는 것은 역시나 첫째였다.

① 가재는 게 편이다
② 피는 물보다 진하다
③ 초록은 동색이다
④ 팔은 안으로 굽는다
⑤ 가지 많은 나무 바람 잘 날 없다

**19** 문맥상 ⓐ : ⓑ의 관계와 같은 것은? 난도 ★★☆

> 두말할 것도 없이 ⓐ생활 철학은 ⓑ우주 철학의 일부분으로서 통상적인 생활인과 전문적인 철학자와의 세계관 사이에는 말하자면 소크라테스와 트라지엔의 목양자의 사이에 볼 수 있는 것과 같은 현저한 구별과 거리가 있을 것은 물론이나, 많은 문제에 대하여 그 특유의 견해를 갖는 점에서는 동일한 철학자인 것이다.

① 지폐 : 화폐
② 방해 : 훼방
③ 발달 : 진보
④ 모나다 : 둥글다
⑤ 트이다 : 막히다

**20** 문맥상 ⓐ : ⓑ의 관계와 같은 것은?　　　　　　　　　　　　　　　난도 ★☆☆

> 노자는 사람들의 ⓐ인위적이고 의식적인 모든 것을 부정한다. 그리고 사람들이 인위적이고 의식적인 모든 것으로부터 벗어난 상태가 곧 ⓑ자연인 것이다.

① 넉넉하다 : 느긋하다
② 재빠르다 : 굼뜨다
③ 서투르다 : 어설프다
④ 보완하다 : 개량하다
⑤ 일어서다 : 움직이다

**21** 밑줄 친 단어와 같은 뜻으로 쓰인 것을 고른 것은?　　　　　　　　　난도 ★☆☆

> 속으로 욕을 하며 분을 <u>푸는</u> 수밖에 없었다.

① 사람을 풀어 수소문을 하다.
② 매듭을 아무리 용을 써도 풀 수 없었다.
③ 이 문제 좀 풀어 주실 수 있나요?
④ 그가 사과를 해서 화를 풀기로 했다.
⑤ 아버지가 통금을 풀어 주셨다.

**22** 밑줄 친 단어와 같은 뜻으로 쓰인 것을 고른 것은?　　　　　　　　　난도 ★★☆

> 우리가 속 편하게 양심이나 도리를 <u>찾고</u> 있을 때가 아니다.

① 탈옥한 죄수가 숨어 있던 오두막을 경찰들이 <u>찾았</u>다고 한다.
② 이 식은 수많은 수학자들이 수년간의 고심 끝에 <u>찾은</u> 공식이다.
③ 지하철에 두고 내린 가방을 겨우 <u>찾았</u>다.
④ 우리 학교의 교장은 언제나 자기만의 안전과 이익을 <u>찾는</u>다.
⑤ 오랜만에 고향 친구를 <u>찾아</u> 술잔을 기울였다.

**23** 다음 중 발음이 옳지 않은 것은?  난도 ★☆☆

① 읽다[익따]        ② 맑고[말꼬]

③ 넓다[넙따]        ④ 싫다[실타]

⑤ 짧다[짤따]

**24** 〈보기〉 중 ㉠~㉢의 발음이 옳지 않은 것은?  난도 ★☆☆

┤ 보기 ├

　　책장에서 ㉠ 읽지 않은 시집을 발견했다. 차분히 ㉡ 앉아 마음에 드는 시를 예쁜 글씨로 공책에 ㉢ 옮겨 적었다. 소리 내어 시를 ㉣ 읊고, 시에 대한 감상을 적어 보기도 했다. 마음이 평온해지는 ㉤ 값진 경험이었다.

① ㉠ : [일찌]        ② ㉡ : [안자]

③ ㉢ : [옴겨]        ④ ㉣ : [읍꼬]

⑤ ㉤ : [갑찐]

**25** 다음 중 밑줄 친 부분의 띄어쓰기가 옳지 않은 것은?  난도 ★★★

① 명주는 <u>무명만큼</u> 질기지 못하다.

② 학교에 <u>가는 데</u> 비가 오기 시작했다.

③ 그 책을 다 <u>읽는데</u> 삼 일이나 걸렸다.

④ 소리가 <u>나는 데가</u> 어디인지 모르겠다.

⑤ 방 안은 숨소리가 <u>들릴 만큼</u> 조용했다.

**26** 다음 중 띄어쓰기가 잘못된 문장은?  난도 ★★☆

① 동욱이 집에 가고 싶다.

② 그가 떠난 지가 오래다.

③ 사과, 배, 귤등이 가득하다.

④ 어머니가 책을 버려버렸다.

⑤ 청군 대 백군으로 팀을 나눴다.

**27** 다음 중 밑줄 친 부분의 맞춤법이 옳지 않은 것은? 난도 ★★☆

① 그는 <u>노름</u>으로 전 재산을 날렸다.

② 돌담 <u>넘어</u>에 있는 붉은 지붕의 건물이 바로 우리 집이다.

③ 형은 다리가 아픈 듯이 긴 의자의 <u>끄트머리</u>에 걸터앉았다.

④ 작은 문 옆에 차가 드나들 수 있을 만큼 <u>널따란</u> 문이 나 있다.

⑤ 여기저기 눈치를 살피는 모습이 도무지 <u>미쁘게</u> 보이지 않는다.

**28** 다음 중 중의성이 없는 문장은? 난도 ★★☆

① 이것은 할아버지의 그림이다.

② 친구들이 생일잔치에 다 오지 않았다.

③ 담임선생님이 보고 싶은 학생들이 많다.

④ 동생은 어떤 사람이나 만나고 싶어한다.

⑤ 산책하다가 그녀의 귀여운 강아지를 보았다.

**29** 다음 중 어법상 맞는 문장은? 난도 ★★★

① 여기 커피 나오셨습니다.

② 아버지께서 선물을 사오셨다.

③ 예상치 못했던 결과가 나온다면 실망할 필요가 없다.

④ 특별한 일이 없을 때는 텔레비전이나 라디오를 듣는다.

⑤ 이것은 어머니가 외할머니한테 생신 선물로 드린 것이다.

**30** 문장 성분의 호응이 자연스러운 것은? 난도 ★★☆

① 어떠한 약속이든 결코 지킨다.

② 장기자랑에서 노래나 춤을 추자.

③ 대학 원서는 교부합니다.

④ 사람은 모름지기 자신의 일에 최선을 다해야 한다.

⑤ 로마자를 입력하는 방법은 자판의 한/영 버튼을 누릅니다.

**31** 〈보기〉 중 ㉠, ㉡에 해당되는 단어끼리 짝 지은 것은?　　　　　　　　　　난도 ★★★

> 단어는 그 짜임새에 따라 단일어, 합성어, 파생어로 분류할 수 있는데, 단어를 구성하는 형태소가 셋 이상일 경우에는 직접 구성 성분의 개념을 도입해서 단어의 짜임새를 파악할 수 있다.
>
> 예를 들어 '코웃음'의 경우 '코', '웃-', '-(으)ㅁ'의 세 개의 형태소가 결합한 것인데, '코웃-'이 존재하지 않고 '코'와 '웃음'만 단어로 존재하며, 의미상으로도 '코+웃음'으로 보는 것이 자연스럽다. 따라서 '코웃음'의 직접 구성 성분은 '코'와 '웃음'이며 결과적으로 '코웃음'은 어근과 어근이 결합한 ㉠ 합성어로 볼 수 있다. 반면에 '비웃음'의 경우 '비', '웃-', '-(으)ㅁ'의 세 개의 형태소가 결합한 것인데, '비웃-'이 단어로 존재하며 의미상으로도 '비웃'에, '-(으)ㅁ'가 결합한 것으로 볼 수 있다. 따라서 '비웃음'의 직접 구성 성분은 '비웃'과 '-(으)ㅁ'이며 결과적으로 '비웃음'은 어근과 접사가 결합한 ㉡ 파생어로 볼 수 있다.

─── | 보 기 | ───

볶음밥, 나들이옷, 걸레질, 헛걸음, 달맞이꽃

| | ㉠ | ㉡ |
|---|---|---|
| ① | 볶음밥, 나들이옷 | 걸레질, 헛걸음, 달맞이꽃 |
| ② | 나들이옷, 걸레질, 헛걸음 | 볶음밥, 달맞이꽃 |
| ③ | 볶음밥, 나들이옷, 걸레질, 달맞이꽃 | 헛걸음 |
| ④ | 볶음밥, 나들이옷, 달맞이꽃 | 걸레질, 헛걸음 |
| ⑤ | 걸레질, 헛걸음, 달맞이꽃 | 볶음밥, 나들이옷 |

**32** 다음 문장이 참이기 위해 전제되어야 할 명제는?　　　　　　　　　　난도 ★★☆

> 내 뒤에 있는 사과는 녹색 아니면 빨간색이다.

① 사과는 녹색이다.

② 사과는 빨간색이다.

③ 노란 사과도 있을 수 있다.

④ 사과는 녹색이나 빨간색만 있다.

⑤ 맛있으면 빨간 사과이다.

**33** 다음 중 〈보기〉와 같은 유형의 논리적 오류를 범하고 있는 것은?    난도 ★★★

---| **보 기** |---

1과 3은 각각 홀수이므로, 1과 3의 결합인 4도 홀수이다.

① 이 약이 가장 잘 팔리는 걸 보니 이 약이 가장 좋은 약인 모양이다.

② 김 의원의 정부 정책에 대한 비판은 들어 보나마나야. 그는 야당 의원이거든.

③ 미국은 세계에서 가장 부유한 나라인데 미국에서 개인적인 빈곤이 문제가 된다는 것은 말도 안 되는 소리야.

④ 사장님은 제가 하는 일에 대하여 좀 더 임금을 많이 주셔야 합니다. 우리 집엔 늙은 부모와 아이들이 굶주리고 있거든요.

⑤ 개인에게 저축은 미덕이다. 그러므로 국민 모두가 저축하는 것은 나라에 좋은 일이다.

**34** 다음 〈보기〉의 문장이 참일 때 빈칸에 들어갈 문장으로 옳은 것은?    난도 ★★☆

---| **보 기** |---

(A) 축구를 좋아하는 사람은 야구를 좋아한다.

(B) 농구를 좋아하지 않는 사람은 야구를 좋아하지 않는다.

그러므로 (                    )

① 야구를 좋아하는 사람은 축구를 좋아한다.

② 농구를 좋아하는 사람은 야구를 좋아한다.

③ 농구를 좋아하지 않는 사람은 축구를 좋아하지 않는다.

④ 야구를 좋아하지 않는 사람은 농구를 좋아하지 않는다.

⑤ 축구를 좋아하지 않는 사람은 농구를 좋아하지 않는다.

## 01 다음 글에서 쓰인 설명방식은?

난도 ★☆☆

> 뇌는 대뇌, 소뇌, 간뇌, 중간뇌, 연수로 구분하며, 각 부분은 고유한 역할을 맡고 있다. 대뇌는 운동기관에 명령을 내리며, 기억, 추리, 판단, 학습 등의 정신활동을 담당한다. 소뇌는 몸의 자세와 균형을 유지하고, 간뇌는 몸속의 상태를 일정하게 유지하는 데 중요한 역할을 한다. 중간뇌는 눈의 움직임과 동공의 크기를 조절하며 연수는 생명 유지와 관련이 깊은 심장 박동, 호흡 운동, 소화 운동 등을 조절한다.

① 분류
② 분석
③ 정의
④ 비교
⑤ 예시

## 02 다음 글의 서술방식에 대한 설명으로 가장 적절한 것은?

난도 ★★☆

> 우리가 사용하는 말에는 전달하려는 내용뿐만 아니라 말하는 사람의 심리적 태도도 담겨 있다. 심리적 태도를 드러내는 방법에는 여러 가지가 있는데, 종결 어미의 선택도 그러한 방법 중 하나이다. 예를 들어, '책상 위에 편지가 있어'라는 문장에서 종결 어미 '-어' 대신 '-지', '-네', '-구나' 등을 쓰면 문장이 전달하는 느낌이 달라진다. 즉, 내용이 같아도 종결 어미에 따라 말하는 사람의 심리적 태도가 달리 표현되는 것이다.
>
> 위의 예에서 화자는 종결 어미 '-지'를 사용하여 책상 위에 편지가 있다는 사실을 이미 알고 있었음을 표현할 수 있다. 반면 종결 어미 '-네'를 사용하면, 화자가 책상 위에 편지에 있다는 사실을 새롭게 알게 되었음을 표현할 수 있다. 화자가 발화 내용에 대해 이미 알고 있었는지 아닌지를 종결 어미의 선택을 통해 드러낼 수 있는 것이다. 단, 이러한 종결 어미는 실제 사실을 전달하는 것이 아니라 화자의 심리적 태도를 표현하는 것이기 때문에, 실제로는 새로 알게 된 내용이 아님에도 '-네'를 사용하여 새로 알게 된 것처럼 표현할 수도 있다.
>
> '-네'와 유사한 기능을 하는 종결 어미로 '-구나'를 들 수 있다. 화단에 핀 꽃을 보고 '꽃이 예쁘네'라고 할 수도 있고, '꽃이 예쁘구나'라고 할 수도 있다. 감각 기관을 통해 새로운 정보를 얻었음을 표현할 때에는 '-네'와 '-구나'를 모두 사용할 수 있다.
>
> 이처럼 우리말은 어미 사용에 따라 문장의 느낌이 달라진다. 따라서 심리적 태도를 정확하게 전달하고 이해하기 위해서는 이러한 어미를 섬세하게 다루는 것이 중요하다.

① 대상의 변화 과정을 순차적으로 기술하고 있다.
② 실제의 사례를 들어 통념의 모순을 지적하고 있다.
③ 가설을 설정한 후 다양한 관점에서 타당성을 검증하였다.
④ 용어의 개념에 관한 문제를 제기한 후 대안을 제시하고 있다.
⑤ 대상들 사이의 비교를 통해 특징을 구체적으로 드러내고 있다.

## 03 다음 글의 서술방식으로 가장 적절한 것은?

난도 ★☆☆

행랑채가 퇴락하여 지탱할 수 없게끔 된 것이 세 칸이었다. 나는 마지못하여 이를 모두 수리하였다. 그런데 그중의 두 칸은 앞서 장마에 비가 샌 지가 오래 되었으나, 나는 그것을 알면서도 이럴까 저럴까 망설이다가 손을 대지 못했던 것이고, 나머지 한 칸은 비를 한 번 맞고 샜던 것이라 서둘러 기와를 갈았던 것이다. 이번에 수리하려고 본즉 비가 샌 지 오래 된 것은 그 서까래, 추녀, 기둥, 들보가 모두 썩어서 못 쓰게 되었던 까닭으로 수리비가 엄청나게 들었고, 한 번밖에 비를 맞지 않았던 한 칸의 재목들은 완전하여 다시 쓸 수 있었던 까닭으로 그 비용이 많지 않았다.

나는 이에 느낀 것이 있었다. 사람의 몸에 있어서도 마찬가지라는 사실을. 잘못을 알고서도 바로 고치지 않으면 곧 그 자신이 나쁘게 되는 것이 마치 나무가 썩어서 못 쓰게 되는 것과 같으며, 잘못을 알고 고치기를 꺼리지 않으면 해(害)를 받지 않고 다시 착한 사람이 될 수 있으니, 저 집의 재목처럼 말끔하게 다시 쓸 수 있는 것이다. 뿐만 아니라 나라의 정치도 이와 같다. 백성을 좀먹는 무리들을 내버려두었다가는 백성들이 도탄에 빠지고 나라가 위태롭게 된다. 그런 연후에 급히 바로잡으려 하면 이미 썩어버린 재목처럼 때는 늦은 것이다. 어찌 삼가지 않겠는가.

① 인과
② 예시
③ 대조
④ 유추
⑤ 정의

소비자들은 어떤 제품이나 서비스를 선택할 때 쉽사리 결정을 내리지 못한다. 이를테면 기능은 만족스럽지만 가격이 비싸거나, 반대로 가격은 만족스러운데 기능은 그렇지 않다거나 하는 경우를 들 수 있다. 이처럼 소비자들은 구매 과정에서 흔히 갈등을 겪게 되는데, 그중 가장 대표적인 것이 '접근 – 접근 갈등'이다. 이는 둘 이상의 바람직한 대안 중에서 하나만을 골라야 하는 경우에 어느 것을 선택해야 할지 결정하지 못해 발생하는 갈등이다. 이때 판매자는 대안들을 함께 묶어 제공함으로써 소비자가 겪는 '접근 – 접근 갈등'을 해소할 수 있다.

그런데 다른 대안들을 함께 묶어 받지 못한 상태에서 하나의 대안만을 선택해야 했던 경우, 소비자들은 선택하지 않은 대안에 대한 아쉬움 때문에 심리적으로 불편함을 느끼게 된다. 소비자들은 이러한 심리적 불편함을 없애려 하는데, 이는 인지 부조화 이론으로 설명할 수 있다. 이 이론에 따르면 사람들은 자기 생각과 태도가 자신이 한 행동과 서로 일치하기를 바라는데, 그렇지 않으면 심리적 긴장 상태가 발생하게 된다는 것이다. 이런 경우 사람들은 긴장 상태를 해소하기 위해 생각과 행동을 일치시키려 한다.

그렇다면 제품을 구매한 행동과 제품 구매 후에 자신의 선택이 최선이 아닐지도 모른다는 생각 사이의 부조화는 어떻게 극복될 수 있을까?

인지 부조화 상태를 겪고 있는 소비자는 이를 해소하기 위해 선택하지 않은 제품의 단점을 찾아내거나 그 제품의 장점을 무시하기도 한다. 하지만 일반적으로는 자신의 구매 행동을 지지하는 부가 정보들을 찾아냄으로써 현명한 선택을 했다는 것을 스스로 확신시킨다. 특히 자동차나 아파트처럼 고가의 재화를 구매했을 경우에는 구매 직후의 인지 부조화가 심화하므로 이를 해소하려는 노력도 더 크게 나타난다. 이때 광고가 중요한 역할을 한다. 소비자들은 광고를 통해 자신이 선택한 제품의 장점을 재확인하거나 새로운 선택 이유를 찾아내려고 하는 것이다.

① 두 가지 선택지 중에서 선택을 못하는 것
② 사지 않은 제품의 단점 찾아내기
③ 사지 않은 제품의 장점 찾아내기
④ 산 제품의 부가 정보 찾아내기
⑤ 물건을 산 후 아쉬움 때문에 불편함을 느끼기

새해 소망으로 '다이어트'를 꼽는 사람이 많습니다. 많은 사람들이 작은 얼굴, 잘록한 허리, 길고 가는 다리의 소유자가 되길 바랍니다. 지금 시대가 날씬한 몸을 곧 '아름다운 몸'으로 부르기 때문입니다. 그런데 뚱뚱한 여성이 미인으로 인정받는 시대도 있었습니다. 고대에는 지금과는 달리 엉덩이, 배, 가슴에 살이 많아야 아름답다는 소리를 들었습니다. 당시에는 다산과 풍요가 사회적 요구였습니다. 기계가 없던 당시 사람은 곧 노동력이었는데 아이가 많다는 건 그만큼 노동력이 풍부하다는 뜻이었습니다. 그래서 살이 많은 여성은 아이를 잘 낳을 수 있는, 즉 노동력을 많이 확보할 수 있는 사람이었습니다. 그리스 시대에도 이런 건강미가 인정을 받았습니다.

이런 미의 기준은 로마제국 시대에 와서 달라집니다. 로마제국에서는 진하고 야한 화장에 일자 눈썹, 하얀 치아에 날씬하고 털이 없는 몸을 소유한 여성들이 미인으로 사랑을 받았습니다. "메이크업을 하지 않은 여성은 소금 없는 빵과 같다."라는 말이 나올 정도로 화장이 인기가 있었습니다. 당시에 인공적인 치장을 하는 게 인기가 있었던 건 이런 치장이 '돈과 지위의 상징'이었기 때문입니다. 넓은 식민지를 거느리며 사치와 허영을 부리던 로마 귀족들은 노예의 도움을 받아가며 3~4시간 이상 화장을 했습니다. 진한 화장은 귀족들이 자신들이 부를 축적했다는 걸 드러내는 증거였습니다.

종교의 힘이 막강했던 중세에는 작은 가슴과 순결을 상징하는 하얀 피부의 여성들이 미인이었습니다. 큰 가슴은 여성의 성적 매력을 상징합니다. 그런 이유로 가슴이 큰 여성일수록 남성에게 인기가 많을 것이고 정숙하지 못할 거라는 인식이 생겼습니다. 그래서 정숙과 순결을 높은 가치로 평가하던 중세 시대에 그린 그림을 보면 상대적으로 여성의 가슴은 부각되지 않습니다.

이렇게 역사적 · 사회적 환경에 따라 미인의 기준이 달라지는 걸 보면 절대적인 아름다움은 없다고 볼 수 있습니다. 개개인이 가진 미의 기준 역시 그가 속한 사회환경 속에서 형성된 것이고, 개인의 주관이 반영될 수 있기 때문입니다. 그런 뜻에서 철학자 볼테르는 "두꺼비에게 미모를 물었다 하자. 귀밑까지 찢어진 긴 입 하며 툭 튀어나온 두 눈, 뒤뚱거리는 배를 가리킬 것이다."라고 말한 적도 있습니다.

실제로 일부 민족의 독특한 미인의 기준은 우리 통념과 크게 다릅니다. 아프리카 무르시족은 입술을 찢고 그 속에 나무를 둥글게 만들어 넣어 입술을 주걱처럼 튀어나오게 합니다. 그들에게는 입술이 많이 나올수록 미인입니다. 미얀마의 카렌족은 목에 링을 여러 개 끼워 링의 수를 늘리면서 목을 사슴처럼 길게 만듭니다. 그들에게는 목이 길수록 미인이라는 가치기준이 있기 때문입니다.

① 건강하게 살을 뺄 수 있는 방법
② 시대에 따라 달라지는 미인의 기준
③ 절대적 기준이 없는 아름다움
④ 환경에 달라지는 인간의 심미안
⑤ 문화 상대주의를 통한 다문화의 인정

하와이제도는 북서 방향으로 연대가 오래되었고, 동쪽의 섬들로부터 순차적으로 서쪽으로 이동한 것을 나타내고 있다. 아시아대륙과 부딪쳐 만나는 곳에서는 지각이 맨틀에 의하여 지구 내부로 끌려들어가 해구가 만들어지고, 이때의 마찰과 변형에 의하여 지진이나 열극이 생기며, 화산이 만들어진다. 이러한 화산들은 전체적으로 연결되어 호상열도군을 형성한다. 또한 이러한 곳에서는 지각의 물질 중 용해되기 쉽고 가벼운 물질이 지각 상부로 분출되어 대륙지괴를 형성하는데, 이에 따라서 대륙은 점차 확장되어간다. 이와 같은 현상은 대서양 등에서도 나타나고 있다.

지구 표면으로부터 약 1800마일 떨어진 곳, 맨틀 바닥 위에는 커다랗고 이상한 구조물이 핵 바로 위에 놓여 있다. 맨틀은 핵을 둘러싸고 있는데 뜨겁고 대부분 유동적인 암석으로 되어 있고, 맨틀의 맨 윗부분에는 지각의 얇은 껍질이 자리잡고 있다. 지질학적인 시간 척도에서 맨틀의 고체 부분은 깊이에 따라 가라앉거나 떠오르면서 마치 점성이 있는 끈적끈적한 액체처럼 움직인다.

지구가 왜 자석의 성질을 나타내는지에 대해 많은 과학자들의 연구가 이어졌다. 이러한 지구 자기장의 성질을 밝혀내기 위해서는 먼저 지구의 구조에 대해 알아야 한다. 지구과학자들의 연구에 의하면, 지구는 아래 그림에서 보는 것처럼 우리가 밟고 있는 땅덩어리인 지각과 그 아래에 맨틀, 그리고 그 아래에 외핵, 내핵의 순으로 구성되어 있다. 이때 지각과 맨틀은 고체, 외핵은 액체, 내핵은 다시 고체 상태일 것으로 추정하고 있다.

과학자들은 다음과 같이 자기장의 이유를 설명한다. 지구 자기장에는 자전에 의한 영향뿐만 아니라, 액체 상태인 외핵 하부의 고온 지역과 상부의 저온 지역 사이의 대류 현상에 의한 자기장이 포함되어 있기 때문이라고 추측하는 것이다.

① 지각활동의 원리
② 지구 내부 구조
③ 핵의 구성 성분
④ 자기장 발생의 이유
⑤ 지구 내부 구조 활동

역사는 사회에서 벌어진 일들을 모두 쓰지는 않는다는 면에서 일기와 같다. 다만, 중요한 일들이 어떻게 벌어지고 이어지는지를 좀 더 차분하고 치밀하게 적어 나갈 뿐이다. 그러면 역사적 사건이 개인의 삶과는 무슨 관계가 있을까? 1997년에 일어난 IMF 사태를 떠올려 보자. 많은 사람이 직장을 잃었고, 경제적 빈곤으로 아픔을 겪었다. 그리고 몇 년간의 노력 끝에 우리는 IMF 사태를 벗어났다. 이러한 일은 우리가 원하든 원하지 않든 간에 벌어지는 사회적인 문제이다. 우리는 이 사건을 통해 대한민국이라는 '사회'의 문제가 한 개인의 삶을 '개인'의 의지와는 상관없는 방향으로 바꾸어 버릴 수도 있음을 확인했다. IMF와 같은 사회적 문제가 곧 역사적 사건이 된다. 이처럼 역사적 사건은 한 개인의 삶에 결정적인 영향을 미치는 것이다.

그렇다면 현대와 같은 정보화 사회에서도 역사는 여전히 그 효용 가치를 지니는가? 역사는 왠지 정보화 사회에 맞지 않는다거나, 컴퓨터에 넣기에는 너무나 구닥다리라는 사람들이 있다. 그러나 과연 이 생각이 옳은 것인지는 한 번 생각해 볼 일이다. 왜냐하면 역사란 단순한 과거의 기록이 아닌 우리가 살아가야 할 미래를 위해 꼭 필요한 삶의 지침서이기 때문이다. 가령 자동차를 타고 낯선 곳을 여행하는 두 사람이 있다고 해 보자. 한 사람은 지명만 알고 찾아가는 사람이고, 다른 사람은 지도와 나침반이 있다고 할 때, 누가 더 목표 지점에 정확하게 도착할 수 있겠는가? 대답은 명확하다. 즉, 역사는 과거를 통해 우리의 위치와 목표를 확인하게 하고 미래를 향한 가장 올바른 길을 제시하는 것이다.

인간의 삶은 정해지지 않은 미래를 향해 나아가는 항해이다. 인생이라는 항해에서 가장 중요한 것은 목표를 정하는 것과 그 목표를 찾아가는 방법을 선택하는 것이다. 올바른 목표가 없으면 의미 없는 삶이 되고 방법이 올바르지 않다면 성취가 불가능하기 때문이다. 삶의 과정에서 역사는 올바른 길이 무엇인가를 판단하는 안목을 길러주고 실천 의지를 강화해 준다. IMF를 전혀 모르는 사람과 단지 부끄러운 하나의 역사적 사건으로만 인식하는 사람, 그리고 위기와 극복의 과정을 통해 IMF가 지닌 역사적 의미를 깨달은 사람의 삶은 분명 다를 것이다. 과거의 역사는 오늘날 우리가 가진 가장 확실한 참고서이다. 그러므로 의미 있는 삶을 원한다면 옛날로 돌아가 그들의 일기를 읽어볼 일이다.

① 역사의 정의는 무엇인가?
② 역사학의 새로운 동향은 무엇인가?
③ 역사를 공부하는 이유는 무엇인가?
④ 역사는 어떤 과정을 통해 이루어지는가?
⑤ 역사를 가르치는 효과적인 방법은 무엇인가?

우리의 전통적인 조형물은 어떠한 조형의식을 갖고 있으며 어떻게 찾아내어 감지할 수 있는가? 이것은 전통적인 조형물의 표현방식과 조형행위를 살펴보고 조형물에 내재되어 있는 미의식을 탐색해 보는 데서 출발해야 할 것이다. 표현방식과 조형행위를 나무 줄기에 비유한다면 조형의식은 나무 줄기를 키우는 뿌리라고 생각된다. 표현방식과 조형행위는 우리의 유구한 역사 속의 어느 시대 또는 국가에 따라 다르게 나타났다. 그러나 시대나 국가가 바뀌어도 한국인에게 일관되게 흐르는 공통된 의식이 조형의식으로 형성되어 왔으며 그것을 우리의 조형물에서 추출할 수 있을 것이다. 한 나라의 조형물은 그 나라 사람들이 갖고 있는 모든 의식의 응집체를 표출하고 있다. 특히 건축이란 다른 조형물과는 달리 모든 조형요소와 정신적인 요소까지도 포함하는 영조물로서 한 민족의 조형성을 극명하게 보여 준다고 볼 수 있다.

건축 문화는 원시 시대의 미개하고 단순한 생활 양태로 삶을 영위하였을 때부터 발전하기 시작하였으며, 점차로 인간의 생활 양상이 다양해짐에 따라서 개인적, 사회적, 국가적 또는 종교적 활동에 대응할 수 있는 건축 공간을 마련해 오는 가운데 건축 기술이 발달되고 그 내용이 많은 발전을 가져오게 되었던 것이다. 한 지방의 기후, 지리 산출 재료 등은 건축형성의 고정적인 조건이 되고 한 민족의 풍습, 신앙, 취미, 의욕들은 건축형성의 유동적인 조건이 되는 것으로, 특히 인간의 의욕에 의한 문화전파 현상은 상호 간에 영향을 주고받게 되며, 변이하여 문화의 끊임없는 발전을 가져오게 되는 것이다.

우리의 전통 건축에서 가장 두드러진 특징은 건축과 자연의 조화를 이루려 했다는 점이다. 우리나라 전통 건물 중에는 고층 건물이 드물다. 사찰 건축에서의 탑파와 극히 희소한 중층(重層) 또는 3층의 법당과 궁전 건축의 정전(正殿), 중층의 성곽문 등 극히 제한된 종류의 건물 이외에는 거의 모든 건물이 단층 건물이다. 또한 색상 역시 화려하지 않고 자연과 어우러지는 색깔이 많다. 전통 건물의 화려한 색은 지붕 밑의 단청 정도이다. 이러한 현상은 음양오행설에 근거를 둔 건축 사상에 입각한 것이기는 하나, 그 근본은 역시 자연과의 조화가 강하게 요구되었기 때문에 나타난 현상이다. 또한 단청의 화려한 색도 음양오행의 오방색을 따른 것이다. 자연과의 조화와 자연을 거슬리지 않으려는 생각은 집을 지을 때에 자연 경관을 침해하지 않는 지세에 따른 입지 선정에서도 발견되지만, 우리의 건축에서 어떤 부분보다도 중요한 조형성을 내포하고 있는 지붕에서 잘 나타나고 있다. 우리의 전통 가옥에서 지붕이 낮은 이유는 필요 이상의 자연 공간을 점유하지 않으려는 자연에의 겸허함 때문이라고 하겠다. 또한 산의 형태를 닮은 지붕의 모습, 즉 각이 넓은 삼각형 형태의 뒷산과 맞배 지붕의 넓은 각이 서로 닮음을 볼 수 있고 초가 지붕과 뒷산의 봉우리가 닮은 모습에서 자연에 동화되려는 의지를 엿보게 된다.

①

②

③

④

⑤

현대 사회가 다원화되고 복잡해지면서 중앙 정부는 물론, 지방자치단체 또한 정책 결정 과정에서 능률성과 효과성을 우선시하는 경향이 커져 왔다. 이로 인해 전문적인 행정 담당자를 중심으로 한 정책 결정이 빈번해지고 있다. 그러나 지방자치단체의 정책 결정은 지역 주민의 의사와 무관하거나 배치되어서는 안 된다는 점에서 이러한 정책 결정은 지역 주민의 의사에 보다 부합하는 방향으로 보완될 필요가 있다.

행정 담당자 주도로 이루어지는 정책 결정의 문제점을 극복하기 위해 그동안 지방자치단체 자체의 개선 노력이 없었던 것은 아니다. 지역 주민의 요구를 수용하기 위해 도입한 '민간화'와 '경영화'가 대표적인 사례이다. 이 둘은 모두 행정 담당자 주도의 정책 결정을 보완하기 위해 시장 경제의 원리를 부분적으로 받아들였다는 점에서는 공통되지만, 운영 방식에는 차이가 있다. 민간화는 지방자치단체가 담당하는 특정 업무의 운영권을 민간 기업에 위탁하는 것으로, 기업 선정을 위한 공청회에 주민들이 참여하는 등의 방식으로 주민들의 요구를 반영하는 것이다. 하지만 민간화를 통해 수용되는 주민들의 요구는 제한적이므로 전체 주민의 이익이 반영되지 못하는 경우가 많고, 민간 기업의 특성상 공익의 추구보다는 기업의 이익을 우선한다는 한계가 있다.

경영화는 민간화와는 달리, 지방자치단체가 자체적으로 민간 기업의 운영 방식을 도입하는 것을 말한다. 주민들을 고객으로 대하며 주민들의 요구를 충족하고자 하는 것이다. 그러나 주민 감사나 주민자치위원회 등을 통한 외부의 적극적인 견제가 없으면 행정 담당자들이 기존의 관행에 따라 업무를 처리하는 경향이 나타나기도 한다.

이러한 한계를 해소하고 지방자치단체의 정책 결정 과정에서 지역 주민 전체의 의견을 보다 적극적으로 반영하기 위해서는 주민 참여 제도의 활성화가 요구된다. 현재 우리나라의 지방자치단체가 채택하고 있는 간담회, 설명회 등의 주민 참여 제도는 주민들의 의사를 간접적으로 수렴하여 정책에 반영하는 방식인데, 주민들의 의사를 더욱 직접적으로 반영하기 위해서는 주민 투표, 주민 소환, 주민 발안 등의 직접 민주주의 제도를 활성화하는 방향으로 주민 참여 제도가 전환될 필요가 있다.

지역 주민들이 직접적으로 정책 결정에 참여하게 되면, 정책 결정에 대한 주민들의 참여가 지속적이고 안정적으로 이루어질 수 있다. 그리고 각 개인들은 지역 문제에 대한 관심이 높아지고 공동체 의식이 고양되는 효과도 기대된다.

① 지방자치단체의 정책 결정 과정을 중앙 정부와 대비해서 기술하고 있다.
② 지방자치단체가 주민 참여 제도를 활성화해야 하는 이유를 제시하고 있다.
③ 지방자치단체가 채택하고 있는 주민 참여 제도의 종류를 제시하고 있다.
④ 지방자치단체가 직접 민주주의 제도를 활성화했을 때의 효과를 말하고 있다.
⑤ 지방자치단체가 자체적으로 도입하고 있는 정책 결정 방식의 개선 노력을 설명하고 있다.

우리는 한 분의 조상으로부터 퍼져 나온 단일 민족일까? 고대부터 고려 초에 이르기까지 대규모로 인구가 유입된 사례는 수없이 많다. 또 거란, 몽골, 일본, 만주족 등의 대대적인 외침 역시 무시할 수 없다.

공통된 조상으로부터 뻗어 나온 단일 민족이라는 의식이 처음 출현한 것은 우리 역사에서 아무리 올려 잡아도 구한말(舊韓末) 이상 거슬러 올라갈 수 없고, 이런 의식이 전 국민적으로 보편화된 것은 1960년대에 들어와서일 것이다.

제국주의의 침탈과 분단을 겪은 20세기에 단일 민족의식은 민족의 단결을 고취하고, 신분 의식 타파에 기여하는 등 긍정적인 역할을 수행했다. 그래서 아직도 단일 민족을 내세우는 것의 순기능이 필요하다고 생각할지도 모른다. 특히 이주 노동자들보다 나은 대접을 받고 있다고 할 수 없는 조선족 동포들의 처지를 보면, 그리고 출신에 따라 편을 가르고 차별하는 지역감정을 떠올리면 같은 민족끼리 왜 이러나 하는 생각을 하게 된다. 갈라진 민족의 통일을 생각하면 우리는 한겨레라고 외치고 싶어진다. 그러나 우리는 지난 수십 년간 단일 민족임을 외쳐 왔지만 이런 문제들은 오히려 더 악화되어 왔다는 것을 기억해야 할 것이다.

이제 우리는 좀 다른 식으로 생각해야 한다. 같은 민족이기 때문에 차별해서는 안 된다는 논리는 유감스럽게도 다른 민족이라면 차별해도 괜찮다는 길을 열어 두고 있다. 하나의 민족, 하나의 조국, 하나의 언어를 강하게 내세운 나치 독일은 600여만 명의 유대인 학살과 주변 국가에 대한 침략으로 나아갔다. 물론 이런 가능성이 늘 현재화되는 것은 아니지만, 단일 민족의식 속에는 분명 억압과 차별과 불관용이 숨어 있다.

① 단군은 고조선의 건국 시조이다.
② 나치의 민족주의에는 유대인에 대한 억압이 숨어 있다.
③ 단일 민족의식은 신분 의식을 타파하는 데 가치가 있다.
④ 민족의 단결 의식을 고취하는 데 단일 민족의식은 유용하다.
⑤ 단일 민족이라는 의식을 지나치게 강조하는 것은 바람직하지 않다.

이누이트(에스키모) 하면 연상되는 것 중의 하나가 이글루이다. 이글루는 눈을 벽돌 모양으로 잘라서 반구 모양으로 쌓은 것이다. 눈 벽돌로 만든 집이 어떻게 얼음집이 될까? 이글루에서는 어떻게 난방을 할까?

일단 눈 벽돌로 이글루를 만든 후에, 이글루 안에서 불을 피워 온도를 높인다. 온도가 올라가면 눈이 녹으면서 벽의 빈틈을 메워 준다. 어느 정도 눈이 녹으면 출입구를 열어 물이 얼도록 한다. 이 과정을 반복하면서 눈 벽돌집을 얼음집으로 변하게 한다. 이 과정에서 눈 사이에 들어 있던 공기는 빠져나가지 못하고 얼음 속에 갇히게 된다. 이글루가 뿌옇게 보이는 것도 미처 빠져나가지 못한 기체에 부딪힌 빛의 산란 때문이다.

이글루 안은 밖보다 온도가 높다. 그 이유 중 하나는 이글루가 단위 면적당 태양 에너지를 지면보다 많이 받기 때문이다. 이것은 적도 지방이 극지방보다 태양 빛을 더 많이 받는 것과 같은 이치이다. 이글루 안이 추울 때 이누이트는 바닥에 물을 뿌린다. 마당에 물을 뿌리면 시원해지는 것을 경험한 사람은 이에 대해 의문을 품을 것이다. 여름철 마당에 뿌린 물은 증발되면서 열을 흡수하기 때문에 시원해지는 것이지만, 이글루 바닥에 뿌린 물은 곧바로 얼면서 열을 방출하기 때문에 실내 온도가 올라간다. 물의 물리적 변화 과정에서는 열의 흡수와 방출이 일어나기 때문이다.

이때, 찬물보다 뜨거운 물을 뿌리는 것이 더 효과적이다. 바닥에 뿌려진 뜨거운 물은 온도가 높고 표면적이 넓어져서 증발이 빨리 일어나고 증발로 물의 양이 줄어들어 같은 양의 찬물보다 어는 온도까지 빨리 도달하기 때문이다.

이누이트가 융해와 응고, 복사, 기화 등의 과학적 원리를 이해하고 이글루를 짓지는 않았을 것이다. 그러나 그들은 접착제를 사용하지 않고도 눈으로 구조물을 만들었으며, 또한 물을 이용하여 난방하였다. 이글루에는 극한 지역에서 살아가는 사람들이 경험을 통해 터득한 삶의 지혜가 담겨 있다.

① 이누이트족의 주거 문화
② 이글루의 건축 과정
③ 극지방의 태양열 전달 방식
④ 이글루의 건축 원리와 온도 유지 원리
⑤ 증발하는 물을 이용한 이누이트족의 지혜

재판에서 진행되는 소송은 적용되는 법의 영역이 무엇이며 소송 당사자가 누구인가에 따라 몇 가지 유형으로 구분되는데, 대표적인 것이 민사 소송과 형사 소송이다.

형사 소송의 특징은 크게 두 가지 측면에서 살펴볼 수 있다. 첫째, 형사 소송은 개인에 비해 우위에 있는 국가가 형법상 범죄를 저지른 것으로 추정되는 사람의 유죄를 증명하고 처벌받게 하는 것을 목적으로 소송을 제기하고 개인인 피고인이 그에 대해 반박하고 자신의 무죄 혹은 낮은 형량을 주장하는 소송이다. 따라서 소송 당사자 간의 평등성이란 민사 소송에서의 전제가 상대적으로 약화되어 있다.

둘째, 형법에는 내란의 죄, 외란의 죄, 폭발물에 의한 죄, 아편에 관한 죄 등과 같은 우리가 일반적으로 생각하는 국가적 혹은 사회적 법익이 침해된 경우의 죄 이외에, 협박의 죄, 주거 침입의 죄 등과 같은 개인적 법익에 관한 죄가 제시되어 있다. 이 중 개인적 법익에 관한 죄는 기본적으로 개인 간의 법적 관계에서 가해자와 피해자가 나타난 상황이지만 사회적 질서 유지 등을 위해 형법에 죄로 규정한 경우로, 해당 죄에 관한 소송은 가해자와 피해자 간의 공방이 아닌 국가를 대표하는 검사와 피고인 간의 공방으로 진행이 된다. 이 경우 피해자가 자신이 입은 피해에 대해 가해자와 직접적인 공방을 벌일 기회가 박탈되며, 심지어는 검사가 소송을 진행하기 위한 자료 제공자의 역할에만 머물 수 있는 위험마저도 있다.

그렇다면 형사 소송의 이러한 특징으로 인해 나타날 수 있는 문제점은 무엇일까? 먼저 검사와 피고인, 즉 국가 대 개인 간의 소송이라는 소송 당사자들의 지위 차이는 특정 범죄의 성립 여부와 형량에 대해 공방하는 가운데 피고인에게 불리하게 작용할 가능성이 크다. 이처럼 수사 과정을 통해 유죄일 가능성이 인정되어 기소된 피고인의 경우 검사로 대표되는 국가를 상대로 자신의 무죄 혹은 낮은 형량에 대한 자신의 주장을 판사가 받아들이도록 최선을 다해야 한다. 순수하게 자신의 행위에 대한 방어만을 한다는 점에서 피고인의 방어 전략은 비교적 한정되어 있다.

① 형사 소송의 특징과 문제점
② 형사 소송과 민사 소송의 차이점
③ 형사 소송의 정의와 형법
④ 재판의 유형과 각자의 역할
⑤ 재판의 당사자들과 소송

## 13 다음 글에 나온 내용으로 적절하지 않은 것은?

우리나라에서 지렁이는 소나 돼지처럼 법으로 정한 가축이다. 가축이란 인간 생활에 유용하게 사용하기 위해 기르는 동물이다. 그렇다면 지렁이는 어떤 이유에서 가축이 되었을까?

첫째, 농업을 위해 지렁이가 쓰인다. 지렁이는 소화 과정에서 해로운 미생물을 제거하고 식물 생장에 필수적인 질소, 칼슘, 마그네슘, 인, 칼륨 등이 포함된 분변토를 배출한다. 이 분변토를 사용하면 화학 비료를 적게 쓸 수 있어서 땅의 산성화를 막는 데에 도움이 된다. 또한 지렁이는 표면과 땅속을 오가면서 지표면의 물질과 땅속의 흙을 순환시킨다. 이때 땅속에 수많은 미세한 굴들이 상하좌우로 형성되고 공극이 많아진다. 공극은 식물의 뿌리가 성장하는 데에 도움을 준다. 아울러 비가 오면 공극에 빗물이 스며들게 되어 식물에 필요한 수분을 저장할 뿐만 아니라 지하수를 확보하는 데에 도움이 된다.

둘째, 환경을 위해 지렁이가 쓰인다. 우리나라에서는 하루 1만7,000t 정도의 음식물 쓰레기가 발생하고 이로 인해 한 해 동안 25조 원 정도의 비용이 낭비되고 있다. 또한 음식물 쓰레기가 버려지면 썩어서 토양과 물이 오염된다. 이를 제대로 처리하기 위해서는 많은 돈과 노력을 들여 대규모의 시설을 지어야 하고, 지역 주민들과 갈등을 빚기도 한다. 그러나 음식물 쓰레기를 지렁이가 먹으면 이런 문제를 해결하는 데에 도움이 된다. 혐오스러워 보이지만 지렁이는 음식물 쓰레기를 줄이는 일등 공신이다.

아직 우리나라에서는 지렁이를 농업과 음식물 쓰레기 처리에 대규모로 이용하는 경우가 많지 않다. 지렁이의 먹는 염분 농도가 낮아야 하기 때문에 국이나 찌개를 많이 먹는 우리 음식문화에서는 소금기를 낮추는 별도의 처리가 필요하다. 또한 살아 있는 생명인 지렁이는 적합한 환경이 아니면 살 수 없다. 온도는 늘 15~25도로, 흙의 수분은 20%로 유지해야 하는 관리의 어려움이 있다. 지렁이를 이용하기가 쉽지 않지만 음식물 쓰레기의 해결과 농업에의 쓰임을 고려한다면 지렁이를 활용하는 방안은 널리 보급되어야 한다. 최근 지렁이는 주목받고 있으며 각 가정에서의 활용도 차츰 늘어나고 있다.

① 지렁이는 환경오염을 막는 데에 도움이 된다.
② 공극이 적어지면 더 많은 빗물을 저장할 수 있다.
③ 분변토는 토양을 기름지게 하므로 농업에 유용하다.
④ 음식물 쓰레기를 처리할 때 여러 가지 문제가 발생한다.
⑤ 지렁이를 이용할 때는 염도, 습도, 온도 등을 고려해야 한다.

오늘날은 누구든지 인터넷 검색을 통해 원하는 정보를 손쉽게 얻을 수 있다. 그러나 이러한 정보를 삭제할 수 있는 권한은 특정 기업에 있기 때문에 개인이 자신과 관련된 정보를 삭제·폐기하는 데는 많은 시간과 노력이 소요된다. '잊힐 권리'는 바로 이러한 인터넷 환경에서 나온 개념이다. 잊힐 권리란 인터넷에서 생성·저장·유통되는 개인 정보에 대해 유통 기한을 정하거나 이의 수정, 삭제, 영구적인 폐기를 요청할 수 있는 권리를 말한다.

이러한 잊힐 권리의 법제화에 대해 찬성과 반대 의견이 대립하고 있다. 찬성 측은 무엇보다 개인의 인권 보호를 위해 잊힐 권리를 법제화해야 한다고 주장한다. 인쇄 매체 시대에는 시간이 지나면 기사가 사람들의 기억 속에서 점차 잊혔기 때문에 그로 인한 피해가 한시적이었다. 반면 인터넷 시대에 한 번 보도된 기사는 언제든지 다시 찾을 수 있기 때문에 기사와 관련된 사람이 소위 '신상 털기'로 인한 피해를 지속적으로 입을 수 있다. 또한 인터넷 환경에서는 개인에 대한 정보를 쉽게 검색할 수 있어서 한 개인의 신원을 종합적으로 파악하는 이른바 '프로파일링'도 가능해졌다. 이러한 행위들이 무차별적으로 이루어진다면 당사자는 매우 큰 정신적·물질적 피해를 입을 수 있기 때문에 이를 방지할 수 있는 강제적인 규제가 필요하다는 것이다.

반면 또 다른 권리의 측면에서 법제화를 반대하는 입장도 있다. 표현의 자유를 제한하고 알 권리를 침해할 가능성이 있다는 것이다. 잊힐 권리가 법제화되면 언론사는 삭제나 폐기를 요구 받을 만한 민감한 기사를 보도하는 데 조심스러워질 수밖에 없어 표현의 자유가 제한될 수 있다. 그리고 기사나 자료가 과도하게 삭제될 경우 정부나 기업, 특정인과 관련된 정보에 대한 국민의 알 권리가 침해될 수 있다. 또한 반대 측은 현실적인 측면에서도 문제가 있다고 본다. 인터넷에 광범위하게 퍼져 있는 개인의 정보를 찾아 지우는 것은 기술적으로 대단히 어렵다. 게다가 잊힐 권리를 현실에 적용할 때 투입되는 비용 문제 역시 기업에는 큰 부담이 될 수 있다.

인터넷 환경에 둘러싸인 현대인에게 잊힐 권리는 중요한 문제라고 볼 수 있다. 잊힐 권리가 악용되는 일이 없기 위해서는 아직도 세부적으로 고려하고 논의해야 할 사항이 많다. 앞으로 잊힐 권리를 둘러싼 문제들이 어떻게 해결되어 나가는지 계속 관심을 갖고 지켜볼 필요가 있다.

① 상반된 두 입장을 제시한 후 이를 절충하고 있다.
② 문제 상황을 언급한 후 해결책을 구체화하고 있다.
③ 이론의 한계를 단계적인 순서에 따라 설명하고 있다.
④ 학설이 나타난 배경과 그 학문적 성과를 분석하고 있다.
⑤ 원리를 설명한 후 구체적 사례를 들어 이해를 돕고 있다.

태양빛은 흰색으로 보이지만 실제로는 다양한 파장의 가시광선이 혼합되어 나타난 것이다. 프리즘을 통과시키면 흰색의 가시광선은 파장에 따라 붉은빛부터 보랏빛까지의 무지갯빛으로 분해된다. 가시광선의 파장의 범위는 390~780nm 정도인데 보랏빛이 가장 짧고 붉은빛이 가장 길다. 빛의 진동수는 파장과 반비례하므로 진동수는 보랏빛이 가장 크고 붉은빛이 가장 작다. 태양빛이 대기층에 입사하여 산소나 질소 분자와 같은 공기 입자(직경 0.1~1nm 정도), 먼지 미립자, 에어로졸(직경 1~100,000nm 정도) 등과 부딪치면 여러 방향으로 흩어지는데 이러한 현상을 산란이라 한다. 산란은 입자의 직경과 빛의 파장에 따라 '레일리(Rayleigh) 산란'과 '미(Mie) 산란'으로 구분된다.

레일리 산란은 입자의 직경이 파장의 1/10보다 작을 경우에 일어나는 산란을 말하는데 그 세기는 파장의 네제곱에 반비례한다. 대기의 공기 입자는 직경이 매우 작아 가시광선 중 파장이 짧은 빛을 주로 산란시키며, 파장이 짧을수록 산란의 세기가 강하다. 따라서 맑은 날에는 주로 공기 입자에 의한 레일리 산란이 일어나서 보랏빛이나 파란빛이 강하게 산란되는 반면 붉은빛이나 노란빛은 약하게 산란된다. 산란되는 세기로는 보랏빛이 가장 강하겠지만 우리 눈은 보랏빛보다 파란빛을 더 잘 감지하기 때문에 하늘은 파랗게 보이는 것이다. 만약 태양빛이 공기 입자보다 큰 입자에 의해 레일리 산란이 일어나면 공기 입자만으로는 산란이 잘 되지 않던 긴 파장의 빛까지 산란되어 하늘의 파란빛은 상대적으로 엷어진다.

미 산란은 입자의 직경이 파장의 1/10보다 큰 경우에 일어나는 산란을 말하는데 주로 에어로졸이나 구름 입자 등에 의해 일어난다. 이때 산란의 세기는 파장이나 입자 크기에 따른 차이가 거의 없다. 구름이 흰색으로 보이는 것은 미 산란으로 설명된다. 구름 입자(직경 20,000nm 정도)처럼 입자의 직경이 가시광선의 파장보다 매우 큰 경우에는 모든 파장의 빛이 고루 산란된다. 이 산란된 빛이 동시에 우리 눈에 들어오면 모든 무지갯빛이 혼합되어 구름이 하얗게 보인다. 이처럼 대기가 없는 달과 달리 지구는 산란 효과에 의해 파란 하늘과 흰 구름을 볼 수 있는 것이다.

① 가시광선의 파란빛은 보랏빛보다 진동수가 작다.
② 프리즘으로 분해한 태양빛을 다시 모으면 흰색이 된다.
③ 파란빛이 가시광선 중에서 레일리 산란의 세기가 가장 크다.
④ 빛의 진동수가 2배가 되면 레일리 산란의 세기는 16배가 된다.
⑤ 달의 하늘에서는 공기 입자에 의한 태양빛의 산란이 일어나지 않는다.

언뜻 단순해 보이는 읽고 쓰기의 내력은 꽤 길고 복잡하다. 출발은 5만 년 전 언어의 발명으로 거슬러 올라간다. 언어는 집단 내 의사소통과 집단 구성원 간 협동을 도왔다. 또한 인간이 개념을 통해 자문자답할 수 있게 되고 그 결과, 학습·창작 욕구를 불태울 수 있게 된 데도 언어의 역할이 컸다. 뒤이어 언어를 담는 문자가 발명되면서 인류는 또 한 번 높이 도약했다.

대량 인쇄술 발명은 여기에 터보 엔진 같은 역할을 했다. 인간은 한눈에 단어를 이해한다고 생각하지만 뇌는 글꼴에서 의미를 곧바로 얻지 않는다. 문자열을 부분으로 쪼개고, 그것들을 다시 문자·음절·형태소 등의 위계로 재구성하는 작업을 거친다. 이와 같은 분해와 재결합이 모두 자동으로, 무의식적으로 이루어지기 때문에 모를 뿐이다.

다시 말해 읽기는 뇌신경에 길을 내고 닦은 결과물이다. 실험에 따르면 글을 읽을 줄 아는 성인의 뇌와 문맹 성인의 뇌를 비교하면 전자가 좌반구 자원을 훨씬 더 많이 이용하고 언어의 기억 폭도 더 커진다. 뇌과학자 드앤은 "오늘날 뇌과학은 여러 유형의 정보를 조합, 통합하는 능력이 언어와 연결되어 있다고 규정한다."며 "인간이 초월적 사고 능력을 갖게 된 건 그 덕분"이라고 설명했다. 독서는 뇌가 새로운 능력을 학습, 지능을 어떻게 확대하는지 명확히 보여준다.

많은 사람이 자동화로 인한 인간의 위기와 부(富)의 양극화를 걱정한다. 그런데 실상 그 못지않게 우려해야 할 게 '지(知)의 양극화'이다. "오늘날처럼 대중이 '짧고 쉬우며 직관적인' 이미지에만 반응하면 자칫 사고마저 얕고 단순해질 수 있으며, 이를 방치하면 획일적 대중과 창의적 소수 간 격차는 점점 더 벌어질 수 있다"는 목소리가 높다. 그럴 경우, 가짜 뉴스와 선동을 앞세운 포퓰리즘의 위험도 커진다. 출판과 저널리즘 품질 면에서도 글로벌 양극화의 징후가 뚜렷하다. 어떤 신기술도, 그 기술이 만들 새 세상도 인간이 생각하는 능력을 잃는다면 사상누각일 수밖에 없다. 인류가 꿈꾸는 미래 역시 '그 너머'를 생각하는 능력에 좌우될 것이기 때문이다.

① 언어의 발명으로 인간은 발달할 수 있게 되었다.
② 인간은 한번에 단어를 이해하지 않는다.
③ 글을 읽는 것으로 뇌를 일정부분 발달시킬 수 있다.
④ 짧고 직관적인 이미지만 수용하면 사고능력이 떨어진다.
⑤ 자동화와 신기술을 통해 읽기부족을 극복할 수 있다.

## 17 다음 글의 내용과 일치하는 것은?

서양 철학은 존재에 대한 물음에서 시작되었다. 고대 그리스 철학자 파르메니데스는 있는 것은 있고 없는 것은 없다고 말했다. 그는 어떤 존재가 있다가 없어지고 없다가 있게 되는 일은 불가능하다며 존재는 영원하며 절대적이고 불변성을 가지는 것이라 하였다. 이에 반해 헤라클레이토스는 존재의 생성과 변화를 긍정했다. 그는 존재하는 모든 것이 변화의 과정 중에 있으며 끊임없이 생성과 소멸을 반복하는 것으로 생각했다. 존재에 대한 두 철학자의 견해는 플라톤의 이데아론에 영향을 주었다. 플라톤은 존재를 끊임없이 변하는 존재와 영원히 변하지 않는 존재로 나누었다. 그는 우리가 경험하는 현실 세계의 존재는 변한다고 생각했다. 그리고 현실 세계에 존재하는 모든 것의 근원을 이데아로 상정하고 이데아를 영원하고 불변하는 존재, 그 자체로 완전한 진리로 여겼다. 반면에 현실 세계의 존재는 이데아를 모방한 것일 뿐 이데아와 달리 불완전하다고 보았다. 또한, 감각을 통해 인식할 수 있는 현실 세계의 존재와 달리 이데아는 오직 이성에 의해서만 인식할 수 있다는 이성 중심의 사유를 전개했다. 플라톤의 이러한 철학적 견해는 이후 서양 철학의 주류가 되었다.

그러나 플라톤의 견해를 바탕으로 한 서양 철학의 주류적 입장은 근대에 이르러 니체에 의해 강한 비판을 받았다. 헤라클레이토스의 견해를 받아들인 니체는 영원히 변하지 않는 존재, 절대적이고 영원한 진리는 없다고 주장했다. 또한, 우리가 사는 현실 세계가 유일한 세계라면서 '신은 죽었다'라고 선언하며 신 중심의 초월적 세계, 합리적 이성 체계 모두를 부정했다. 니체는 플라톤의 이원론이 진리를 영원불변한 것으로 고정하고, 현실 너머의 이상 세계와 초월적 대상을 생명의 근원으로 설정함으로써 인간이 현실의 삶을 부정하도록 만들었다고 보았다. 그래서 생명의 근원과 삶의 의미를 상실한 인간은 허무에 직면하게 되었다는 것이다.

① 헤라클레이토스와 니체는 존재가 변화한다고 생각했다.
② 파르메니데스와 플라톤은 존재가 불완전하다고 여겼다.
③ 플라톤과 헤라클레이토스는 영원히 변하지 않는 존재가 있다고 보았다.
④ 파르메니데스는 헤라클레이토스와 달리 존재의 생성을 긍정했다.
⑤ 플라톤은 니체와 달리 존재의 근원을 감각을 통해 인식할 수 있다고 보았다.

**18** 다음 글의 마지막 줄에 들어갈 말로 가장 적절한 것은? 난도 ★☆☆

경제 성장으로 인해 우리의 소득이 증가하고 또 물질적인 풍요가 이루어진다면 우리는 행복한 생활을 누리게 되는 것일까? 이러한 의문을 처음 제기한 사람은 미국의 이스털린 교수이다. 그는 여러 국가를 대상으로 다년간의 조사를 하여 사람들이 느끼는 행복감을 지수화(指數化)하였다. 그 결과 한 국가 내에서는 소득이 높은 사람이 낮은 사람에 비해 행복하다고 응답하는 편이었으나, 국가별 비교에서는 이와 다른 결과가 나타났다. 즉, 소득 수준이 높은 국가의 국민들이 느끼는 행복 지수와 소득 수준이 낮은 국가의 국민들이 느끼는 행복 지수가 거의 비슷하게 나온 것이다. 아울러 한 국가 내에서 가난했던 시기와 부유해진 이후의 행복감을 비교해도 행복감을 느끼는 사람의 비율이 별로 달라지지 않았다는 사실을 확인했다. 이처럼 최저의 생활 수준만 벗어나 일정한 수준에 다다르면 경제 성장은 개인의 행복에 이바지하지 못하게 되는데, 이러한 현상을 가리켜 '이스털린의 역설'이라 부른다.

이스털린 이후에도 많은 학자들은 행복과 소득의 관련성에 관심을 갖고 왜 이러한 괴리 현상이 나타나는지 연구했다. 이들은 우선 사람들이 행복을 자신의 절대적인 수준이 아닌 다른 사람과 비교한 상대적인 수준에서 느끼는 것으로 보았다. 그리고 시간이 지나면서 늘어난 자신의 소득에 적응하게 되면 행복감이 이전보다 둔화한다고 보았다. 또 '인간 욕구 단계설'을 근거로 소득이 높아지면 의식주와 같은 기본 욕구보다 성취감과 같은 자아실현 욕구가 상해시므로 행복의 질이 달라진다고 해석했다. 이러한 연구 결과를 바탕으로 이들은 부유한 국가일수록 경제 성장보다는 분배 정책과 함께 자아실현의 기회를 늘려주는 정책을 펴야 한다고 주장하고 있다.

1인당 국민소득이 1만 달러에서 2만 달러로 올라간다고 해도 사람들이 그만큼 더 행복해진다고 말하기는 어렵다. 즉, 경제 성장이 사람들의 소득 수준을 전반적으로 향상시켜 경제적인 부유함을 더 누릴 수 있게 할 수는 있어도 행복감마저 그만큼 더 높여줄 수는 없는 것이다. 한 마디로 _____

① 행복은 소득과 꼭 정비례하는 것은 아니다.
② 개인은 자아를 실현할 때 행복을 얻게 되는 것이다.
③ 국가가 국민의 행복감을 좌우할 수 있는 것은 아니다.
④ 개개인의 마음가짐이 행복을 결정한다고 말할 수 있다.
⑤ 행복은 성장보다 분배를 더 중시할 때 이루어질 수 있다.

**19** ㉠에 들어갈 내용으로 적절한 것은?

> 정보 통신 기술의 발달로 개인에 대한 정보가 데이터베이스화되면서 개인정보 유출로 인한 피해가 증가하고 있다. 이에 따라 최근 개인정보를 보호해야 한다는 사회적 인식이 커지고 있다. 개인은 자신에 관한 정보가 언제, 누구에게, 어느 범위까지 알려지고 이용될 것인지를 스스로 결정할 수 있는 권리를 가지는데, 이러한 권리를 '개인정보자기결정권'이라고 한다. 이는 타인에 의해 개인정보가 함부로 공개되지 않도록 보장받을 권리와 개인정보에 대해 열람, 삭제, 정정 등의 행위를 요구할 수 있는 권리 등을 포함한다. 우리나라는 헌법 제17조에 명시된 사생활의 비밀과 자유가 보장되어야 한다는 내용을 주된 근거로 개인정보자기결정권이 기본권 중 하나임을 인정하고 있다.
>
> 헌법 제17조에서는 타인에 의해 자유를 제한받지 않을 권리를 보장하는데, 이러한 권리는 일반적으로 소극적 성격의 권리로 해석된다. 이는 적극적으로 타인에게 일정한 행위를 요구할 수 있는 청구권적 성격을 포괄하기 어려워, 헌법 제17조만으로는 개인정보자기결정권을 보장하는 근거가 불충분하다는 견해가 있다. 그것은 개인정보자기결정권이 ( ㉠ )하기 때문이다.

① 공익을 목적으로 타인의 개인정보를 자유롭게 이용할 수 있는 권리에 해당

② 특정 대상에 대한 개인적 견해와 같은 사적인 정보를 보호받을 권리를 포함

③ 개인정보가 정보 주체의 동의가 없더라도 개인정보 처리자에게 제공되도록 허용

④ 정보 주체의 이익보다 개인정보의 활용으로 인한 사회적 이익을 우선하여 보장

⑤ 개인정보에 대한 열람, 삭제, 정정 등을 적극적으로 요구할 수 있는 권리를 포함

국가는 자국의 힘이 외부의 군사적 위협을 견제하기에 충분치 않다고 판단할 때나, 역사와 전통 등의 가치가 위협받는다고 느낄 때 다른 나라와 동맹을 맺는다. 동맹결성의 핵심적인 이유는 동맹을 통해서 확보되는 이익이며 이는 동맹관계 유지의 근간이 된다.

동맹의 종류는 그 형태에 따라 방위조약, 중립조약, 협상으로 나눌 수 있다. 먼저 방위조약은 조약에 서명한 국가 중 어느 한 국가가 침략을 당했을 경우, 다른 모든 서명국이 공동방어를 위해서 참전하기를 약속하는 것이다. 다음으로 중립조약은 서명국 중 한 국가가 제3국으로부터 침략을 받더라도, 서명국들 간에 전쟁을 선포하지 않고 중립을 지킬 것을 약속하는 것이다. 마지막으로 협상은 서명국 중 한 국가가 제3국으로부터 침략을 당했을 경우, 서명국 간에 공조체제를 유지할 것인지에 대해 차후에 협의할 것을 약속하는 것이다. 정리하면 세 가지 유형 중 방위조약의 경우는 동맹국의 전쟁에 개입해야 한다는 강제성이 있기에 동맹국 간의 정치 · 외교적 관계의 정도가 매우 가깝다. 또한, 조약의 강제성으로 인해 전쟁 발발 시 동맹관계 속에서 국가가 펼칠 수 있는 정치 · 외교적 자율성은 매우 낮다. 즉 방위조약이 동맹국 간의 자율성이 가장 낮고, 다음으로 중립조약, 협상 순으로 자율성이 높아진다. 한 연구에 따르면, 1816년부터 1965년까지 약 150년간 맺어진 148개의 군사동맹 중에서 73개는 방위조약, 39개는 중립조약, 36개는 협상의 형태인데, 평균 수명은 방위조약이 115개월, 중립조약이 94개월, 협상은 68개월 정도였다. 따라서 _____ (가)

① 동맹관계가 멀고 자율성이 높을수록 그 수명이 연장되었음을 알 수 있다.
② 동맹관계가 멀고 자율성이 낮을수록 그 수명이 단축되었음을 알 수 있다.
③ 동맹관계가 가깝고 자율성이 높을수록 그 수명이 연장되었음을 알 수 있다.
④ 동맹관계가 가깝고 자율성이 낮을수록 그 수명이 단축되었음을 알 수 있다.
⑤ 동맹관계가 가깝고 자율성이 낮을수록 그 수명이 연장되었음을 알 수 있다.

한 일본의 건축가는 놀이 기구가 기능적 놀이 단계, 기술적 놀이 단계, 사회적 놀이 단계의 순서로 발전해 간다고 밝혔다. 기능적 놀이 단계란 놀이 기구에 갖추어진 놀이의 기능을 아이들이 초보적으로 체험하는 것을 말하고, 기술적 놀이 단계란 고도의 기술을 이용하여 노는 것으로 놀이 기구를 활용하는 기술을 향상하는 것 자체가 놀이인 단계를 말한다. 마지막으로 사회적 놀이 단계란 놀이 기구를 활용하여 아이들끼리 새로운 규칙을 정하여 놀이를 하는 단계를 의미한다. 아이들은 기능적 놀이 단계에서 사회적 놀이 단계로 나아가며 더 큰 재미와 흥미를 느끼게 된다.

그러나 우리 주변 놀이터의 놀이 기구들은 아직 기능적 단계에 머물러 있는 경우가 대부분이다. 규정의 준수만을 강조하여 대부분의 아이들에게 재미없고 지루한 놀이터가 된 것이다. 어떠한 것이든 아이들은 다르게 표현하거나 사용하고 싶어 하는 반달리즘의 경향을 보이는데, 그들에게는 그게 놀이이기 때문이다. 놀이터에서 발생하는 이러한 반달리즘 경향의 원인은 다양성과 창의성이 부족한 놀이 기구에서 찾을 수 있다.

또한 안전과 규정만을 내세워 재미없고 지루한 놀이터는 오히려 사고의 위험을 상대적으로 높이는 결과를 초래할 수도 있다. 왜냐하면 놀이터의 놀이 기구가 단순하고 수준이 낮다고 느낄 때, 아이들은 본래 용도와 기능에 맞지 않는 방법으로 놀고 싶은 유혹에 쉽게 빠지기 때문이다. 그리고 이러한 유혹은 사고로 이어질 수 있다. 예를 들어, 미끄럼틀에 붙여 놓은 '거꾸로 올라가지 마시오.'라는 경고 문구가 오히려 아이들에게 거꾸로 올라가고 싶은 욕구를 불러일으키는 것이다. 사실 이러한 경고 문구는 미끄럼틀이 올라갔다가 미끄러져 내려오는 것 말고는 다르게 응용할 수 없는 놀이 기구임을 드러내는 것이다. 그리고 더 큰 문제는 놀이터에 이러한 미끄럼틀밖에 없다는 것이다.

어른들은 아이들이 사회적 놀이 단계로 넘어가려고 하면 위험하다고 생각하며 이를 말리기에 급급하다. 그러나 이보다 중요한 것은 아이들이 안전을 스스로 확보할 수 있는 능력, 즉 위험한 상황에서 스스로 안전하게 대처하는 능력을 키우는 것이다. 안전은 아이들을 조심스럽게 키워야 보장되는 것이 아니라, 아이들이 위험을 스스로 다룰 수 있어야 보장되는 것이라는 것을 다시 한 번 생각해 볼 필요가 있다.

놀이는 도전을 의미한다. 다시 말해서 하지 않던 것을 해 보거나 할 수 없었던 것을 날마다 조금씩 도전해 가는 과정 자체가 놀이인 것이다. 물론 놀이터에서 자주 다쳐서는 결코 안 된다. 하지만 도전하는 과정에서 아이들이 겪는 회복 가능한 수준의 작은 부상은 무엇이 위험한 것이고, 그러한 일을 겪지 않으려면 어떻게 조심해야 하는지 아이들 스스로 깨닫게 하는 데에 도움이 된다. 초등학생들을 대상으로 하는 놀이터를 유아 수준의 놀이터로 만들어 놓고, 안전한 놀이터를 만들었다고 자만하는 것은 오히려 아이들에게 스스로 안전한 방법을 찾을 기회를 주지 않는 것이다. 이제 놀이터는 아이들이 진취적인 행동과 긍정적인 사고를 키워 갈 수 있도록 (          ㉠          ) 공간이 되어야 한다.

① 도전과 모험을 즐길 수 있는
② 위험도 마음껏 즐길 수 있는
③ 안전하고 편안하게 놀 수 있는
④ 누구의 간섭도 받지 않을 수 있는
⑤ 자기의 수준보다 높은 수준의 놀이 기구가 많은

　　만화는 자유로운 과장법과 생략법을 써서 단순·경묘 그리고 암시적인 특징을 노리는 것이 순수회화와 구별되는 점이다. 만화로 시국을 풍자할 수 있고 인간 생활의 표리를 표현할 수도 있으며, 은유와 비유로써 우의성을 담기도 한다. ① 일반회화가 새로운 시각이나 조형으로 사물을 미화하고 표현하는 데 역점을 둔다면, 만화는 그 사물의 숨겨진 내면의 성격이나 단면을 파헤쳐 표현하거나 다른 사물과 비유, 암시하거나 과장, 풍자함으로써 보다 많은 독자나 관중의 호응을 받고자 하는 데 역점을 둔다.

　　② 만화의 유형을 크게 분류하면 그 대상에 따라 성인 만화와 아동 만화로 나뉜다. 성인 만화는 다시 내용에 따라 시사 만화·유머 만화·극화로 나눌 수 있다. 또한 표현양식에 따라 한 칸(1컷) 만화와 네 칸(4컷) 만화 그리고 네 장면 이상이 연결되어 일의 진행을 차례로 표현하는 연속 만화로 분류된다. ③ 1910년에서 1920년 사이에는 1컷 신문 만화가 비교적 시사성을 많이 띠었으나, 1924년부터 시작된 4칸 연재만화는 시사적인 공감을 유발시키기보다는 주로 우스꽝스러운 유머에 치중한 것이었다.

　　④ 유럽에서는 만화를 캐리커처라고 부르며, 영국·미국 등지에서는 전반적으로 카툰이라고 부른다. 또 여러 장면을 연결시킨 유머 만화는 코믹 스트립스라고 부른다. 근래에 와서는 대체로 만화로 그린 인물화를 캐리커처라고 부르는데, 그 어원은 이탈리아어의 caricare('과장한다'는 뜻)에서 유래한다.

　　⑤ 남프랑스의 라스코 동굴벽화와 스페인의 알타미라 동굴벽화에 넘겨진 고대 원시인의 벽화와 초기 피라미드 내부에 그려진 벽화 속에는 동물들을 의인화한 그림들이 남아 있는데 이것을 만화의 원조로 볼 수 있다. 기원전 1세기 때의 것으로 고대 로마 시대의 항아리 등에 그려진 「솔로몬 왕의 심판」 같은 것은 그 내용성과 표현기법에 있어 근대만화의 형식을 갖추고 있다. 르네상스 시대에는 레오나르도 다 빈치가 사보나롤라의 사형집행을 캐리커처로 그리는 등 많은 데생 형식의 만화를 그렸다.

　　언어 지도는 자료를 기입해 넣는 방식에 따라 몇 가지로 나누는데, 그중 한 분류법이 진열 지도와 해석 지도로 나누는 방식이다. 전자가 원자료를 해당 지점에 직접 기록하는 기초 지도라면, 후자는 원자료를 언어학적 관점에 따라 분석, 가공하여 지역적인 분포 상태를 제시하고 설명하는 지도를 말한다.

　　진열 지도는 각 지점에 해당하는 방언형을 지도에 직접 표시하거나 적절한 부호로 표시하는데, 언어학적으로 비슷한 어형은 비슷한 모양의 부호를 사용한다. ( ㉠ ) '누룽지'의 방언형으로 '누렁기, 누룽지, 소데끼, 소디끼' 등이 있다면, '누렁기, 누룽지'와 '소데끼, 소디끼'를 각각 비슷한 부호로 사용하는 것이다.

　　한편, 해석 지도는 방언형이 많지 않을 때 주로 이용하며, 연속된 지점에 동일한 방언형이 계속 나타나면 등어선(等語線)을 그어 표시한다. 등어선은 언어의 어떤 특징과 관련되느냐에 따라 그 굵기에 차이를 두어 표시하기도 한다. 이때 지역적으로 드물게 나타나는 이질적인 방언형은 종종 무시되기도 한다.

① 결국　　　　　　　　　　　　　　　　② 한편
③ 가령　　　　　　　　　　　　　　　　④ 그래서
⑤ 하지만

　　배양육의 장점은 온실가스를 대폭 줄일 수 있다는 점이다. 기존 연구에 의하면 배양육은 가축 사육방식보다 온실가스 배출량의 78%~96% 가량 줄일 수 있다.

　　( ㉠ ) 배양육은 식품 안전성이 매우 뛰어나다는 장점을 지닌다. 항생제나 합성 호르몬 등과 같은 육류에 포함된 나쁜 성분이 없을뿐더러 유통구조가 단순하여 대장균과 같은 세균으로부터도 안전하다.

　　( ㉡ ) 최근 온실가스를 대폭 저감시켜 준다는 배양육의 장점이 틀릴 수도 있다는 연구 결과가 발표돼 시선을 끌었다.

|  | ㉠ | ㉡ |
|---|---|---|
| ① | 먼저 | 하지만 |
| ② | 그래도 | 그럼에도 |
| ③ | 그래서 | 결론적으로 |
| ④ | 그럼에도 | 그래도 |
| ⑤ | 그 밖에도 | 그런데 |

학급에서 발생하는 괴롭힘 상황에 대한 전통적인 접근 방법은 '가해자 – 피해자 모델'이다. 이 모델에서는 가해자와 피해자의 개인적인 특성 때문에 괴롭힘 상황이 발생한다고 본다. 개인의 특성이 원인이기 때문에 문제의 해결에서도 개인적인 처방이 중시된다. 예를 들어, 가해자는 선도하고 피해자는 치유 프로그램에 참여하도록 한다. ( ⓣ ) '가해자 – 피해자 모델'로는 괴롭힘 상황을 근본적으로 해결하지 못한다. 왜냐하면 이 모델은 괴롭힘 상황에서 방관자의 역할을 고려하지 못하기 때문이다. 학급에서 일어난 괴롭힘 상황에는 가해자와 피해자뿐만 아니라 방관자가 존재한다. 방관자는 침묵하거나 모르는 척하는데, 이런 행동은 가해자를 소극적으로 지지하게 되는 것이다. ( ⓛ ) 방관만 하던 친구들이 적극적으로 나선다면 괴롭힘을 멈출 수 있다. 피해자는 보호를 받게 되고 가해자는 자기의 행동을 되돌아볼 수 있게 된다. 반면 방관자가 무관심하게 대하거나 알면서도 모르는 척한다면 괴롭힘은 지속된다. 따라서 방관자의 역할이야말로 학급의 괴롭힘 상황을 해결할 때 가장 주목해야 할 부분이다. 이러한 방관자의 역할을 이해하고 학급 내 괴롭힘 상황을 근본적으로 해결하기 위한 새로운 모델이 '가해자 – 피해자 – 방관자모델'이다. 이 모델에서는 방관하는 행동이 바로 괴롭힘 상황을 유지하게 만드는 근본적인 원인이라고 생각한다. 즉 괴롭힘 상황에서 방관자는 단순한 제3자가 아니라 가해자와 마찬가지의 책임이 있다고 보는 것이나.

|  | ⓣ | ⓛ |
|---|---|---|
| ① | 결국 | 결국 |
| ② | 그래서 | 만약 |
| ③ | 그래서 | 결국 |
| ④ | 하지만 | 만약 |
| ⑤ | 하지만 | 결국 |

**26** ㉠, ㉡에 들어갈 접속어로 알맞은 것은?  난도 ★★☆

> 선별 효과 이론에 따르면, 개인은 미디어 메시지에 선택적으로 노출되고, 그것을 선택적으로 인지하며, 선택적으로 기억한다. ( ㉠ ) '가' 후보를 싫어하는 사람은 '가' 후보의 메시지에 노출되는 것을 꺼릴 뿐만 아니라, 그것을 부정적으로 인지하고, 그것의 부정적인 면만을 기억하는 경향이 있다.
>
> 한편 보강 효과 이론에 따르면, 미디어 메시지는 개인의 태도나 의견의 변화로 이어지지 못하고, 기존의 태도와 의견을 보강하는 차원에 머무른다. ( ㉡ ) '가' 후보의 정치 메시지는 '가' 후보를 좋아하는 사람에게는 긍정적인 태도를 강화시키지만, 그를 싫어하는 사람에게는 부정적인 태도를 강화시킨다. 이 두 이론을 종합해 보면, 신문의 후보 지지 선언이 유권자의 후보 선택에 크게 영향을 미치지 못한다는 것을 알 수 있다.

|   | ㉠ | ㉡ |
|---|---|---|
| ① | 그리고 | 결국 |
| ② | 그리고 | 한편으로 |
| ③ | 그러나 | 또한 |
| ④ | 예를 들어 | 가령 |
| ⑤ | 예를 들어 | 또한 |

**27** 글의 흐름으로 보아, 〈보기〉의 문장이 들어가기에 가장 적절한 곳은?  난도 ★☆☆

— **보 기** —

> 반면에 감속할 때는 연료 공급이 중단되어 엔진이 정지되고 전기모터는 배터리를 충전한다.

> 자동차의 매연으로 인한 대기 오염이 갈수록 심해지면서 각국에서는 앞다투어 환경오염을 줄일 수 있는 자동차를 생산하는 데 박차를 가하고 있다. 그중 상용화에 성공한 대표적인 사례로 친환경차인 하이브리드(hybrid) 자동차를 들 수 있다. '하이브리드'란 두 가지의 기능을 하나로 합쳤다는 의미로, 내연기관 엔진만 장착한 기존의 자동차와 달리 하이브리드 자동차는 내연기관 엔진에 전기모터를 함께 장착한 것이 특징이다. ( ① ) 하이브리드 자동차는 차량 속도나 주행 상태 등에 따라 내연기관 엔진과 전기모터의 힘을 적절히 조절하여 에너지 효율을 높인다. ( ② ) 시동을 걸 때는 전기모터만 사용하지만, 가속하거나 등판 할 때처럼 많은 힘이 필요하면 전기모터가 엔진을 보조하여 구동력을 높인다. ( ③ ) 정속 주행은 속도에 따라 두 유형이 있는데, 저속 정속 주행할 때는 전기모터만 작동하지만, 고속 정속 주행할 때는 엔진과 전기모터가 함께 작동한다. ( ④ ) 또한 잠깐 정차할 때는 엔진이 자동으로 정지하여 차량의 공회전에 따른 불필요한 연료 소비와 배기가스 발생을 차단한다. ( ⑤ ) 하이브리드 자동차는 기존의 내연기관 자동차와 비교했을 때, 전기모터 시스템이 추가로 내장되면서 차체가 무거워지고, 가격도 비싸진다는 단점이 있다. 또한 구조가 복잡해서 차량 정비에 어려움이 가중되고, 근본적으로 배기가스를 배출할 수밖에 없다는 한계가 있다.

**28** 글의 흐름으로 보아, 〈보기〉의 문장이 들어가기에 가장 적절한 곳은? 난도 ★★★

| 보 기 |

소비자들은 대안에 대한 평가가 어려울 때 보통 비교하고자 하는 속성의 중간 대안을 선택하여 자신의 결정을 합리화하려는 심리가 강하다.

소비자들은 제품을 선택할 때 여러 개의 제품 중 본인이 가장 좋다고 생각하는 제품을 선택한다. 그런데 이때 소비자는 제품을 둘러싼 상황에 영향을 받기 마련이다. ( ① ) 이에 대한 현상을 설명하는 것으로 맥락 효과가 있는데, 맥락 효과의 대표적 유형에는 타협 효과가 있다.

타협 효과는 시장에 두 가지 제품만 존재하는 상황에서 세 번째 제품이 추가될 때, 속성이 중간 수준인 제품의 시장점유율이 높아지는 현상을 말한다. ( ② ) 예를 들어 가격이 비싸면서 처리 속도가 우수한 컴퓨터와 가격이 저렴하면서 처리 속도가 떨어지는 컴퓨터가 있을 때, 중간 정도의 가격과 처리 속도를 지닌 컴퓨터가 등장하면 중간 수준인 새로운 제품을 선택하는 소비자가 많아진다. ( ③ ) 이러한 현상이 발생하는 원인은 소비자의 성향에 기인한다. ( ④ ) 맥락 효과는 이처럼 제품에 대한 소비자의 선택 변화 현상을 상황 맥락과 연관 지음으로써 소비 심리의 양상을 경제학적으로 밝혀냈다는 데 그 가치가 있다. ( ⑤ ) 그리고 최근에는 소비자의 구매 행위를 분석하는 마케팅 분야에서 지속적으로 활용되고 있다.

**29** 글의 흐름으로 보아, 〈보기〉의 문장이 들어가기에 가장 적절한 것은? 난도 ★☆☆

| 보 기 |

따라서 여러 종목의 주식으로 이루어진 포트폴리오를 구성하는 경우, 그 종목 수가 증가함에 따라 위험은 점차 감소하게 된다.

대부분의 사람들이 주식 투자를 하는 목적은 자산을 증식하는 것이지만, 항상 이익을 낼 수는 없으며 이익에 대한 기대에는 언제나 손해에 따른 위험이 동반된다. 이러한 위험을 줄이기 위해서 일반적으로 투자자는 포트폴리오를 구성하는데, 이때 전반적인 시장 상황에 상관없이 나타나는 위험인 '비체계적 위험'과 시장 상황에 연관되어 나타나는 위험인 '체계적 위험' 두 가지를 동시에 고려해야 한다. ( ① )

비체계적 위험이란 종업원의 파업, 경영 실패, 판매의 부진 등 개별 기업의 특수한 상황과 관련이 있는 것으로 '기업 고유 위험'이라고도 한다. ( ② ) 기업의 특수 사정으로 인한 위험은 예측하기 어려운 상황에서 돌발적으로 일어날 수 있는 것들로, 여러 주식에 분산투자함으로써 제거할 수 있다. 즉 어느 회사의 판매 부진에 의한 투자 위험은 다른 회사의 판매 신장으로 인한 투자 수익으로 상쇄할 수가 있으므로, 서로 상관관계가 없는 종목이나 분야에 나누어 투자해야 한다. ( ③ )

반면에 체계적 위험은 시장의 전반적인 상황과 관련한 것으로, 예를 들면 경기 변동, 인플레이션, 이자율의 변화, 정치 사회적 환경 등 여러 기업들에게 공통적으로 영향을 주는 요인들에서 기인한다. ( ④ ) 체계적 위험은 주식 시장 전반에 관한 위험이기 때문에 비체계적 위험에 대응하는 분산투자의 방법으로도 감소시킬 수 없으므로 '분산 불능 위험'이라고도 한다. ( ⑤ )

┤ 보 기 ├

그러던 12세기 무렵 독서 역사에 큰 변화가 일어나는데, 그것은 유럽 수도원의 필경사들 사이에서 시작된, 소리를 내지 않고 읽는 묵독의 발명이었다.

20세기 후반부터 급격히 보급된 인터넷 기술 덕택에 가히 혁명이라 할 만한 새로운 독서 방식이 등장했다. 검색형 독서라고 불리는 이 방식은, 하이퍼텍스트 문서나 전자책의 등장으로 책의 개념이 바뀌고 정보의 저장과 검색이 놀라우리만치 쉬워진 환경에서 가능해졌다. ( ① ) 독자는 그야말로 사용자로서, 필요한 부분만 골라 읽을 수 있을 뿐 아니라 읽고 있는 텍스트의 일부를 잘라 내거나 읽던 텍스트에 다른 텍스트를 추가할 수도 있다. ( ② ) 독서가 거대한 정보의 바다에서 길을 잃지 않고 항해하는 것에 비유될 정도로 정보처리적 읽기나 비판적 읽기가 중요하게 되었다. 그렇다면 과거에는 어떠했을까?

초기의 독서는 소리 내어 읽는 음독 중심이었다. ( ③ ) 고대 그리스인들은 쓰인 글이 완전해지려면 소리 내어 읽는 행위가 필요하다고 생각했다. 또한 초기의 두루마리 책은 띄어쓰기나 문장 부호 없이 이어 쓰는 연속 기법으로 표기되어 어쩔 수 없이 독자가 자기 목소리로 문자의 뜻을 더듬어 가며 읽어 봐야 글을 이해할 수 있었다. 흡사 종교 의식을 치르듯 성서나 경전 을 진지하게 암송하는 낭독이나, 필자나 전문 낭독가가 낭독하는 것을 들음으로써 간접적으로 책을 읽는 낭독 – 듣기가 보편 적이었다.

( ④ ) 공동생활에서 소리를 최대한 낮춰 읽는 것이 불가피했던 것이다. 비슷한 시기에 두루마리 책을 완전히 대체하게 된 책자형 책은 주석을 참조하거나 앞부분을 다시 읽는 것을 가능하게 하여 묵독을 도왔다. 묵독이 시작되자 낱말의 간격이나 문장의 경계 등을 표시할 필요성이 생겨 띄어쓰기와 문장 부호가 발달했다. ( ⑤ ) 이와 함께 반체제, 에로티시즘, 신앙심 등 개인적 체험을 기록한 책도 점차 등장했다. 이러한 묵독은 꼼꼼히 읽는 분석적 읽기를 가능하게 했다.

(가) 그러나 수령이나 관찰사 또는 서울의 해당 관원들은 자신들과 관련된 문제가 신문고를 통해 왕에게 알려지는 것을 꺼려서 백성들에게 압력을 행사하거나 회유를 통해 신문고를 치지 못하게 할 때가 많았다. 또한 중죄인을 다스리는 의금부에 대한 백성들의 두려움도 신문고에 접근하는 것을 어렵게 했다. 이러한 이유로 신문고는 결국 중종 이후 그 기능이 상실되어 유명무실해졌다.

(나) 신문고를 치고자 하는 사람은 그것이 설치된 의금부의 당직청을 찾았다. 그러면 신문고를 지키는 영사(令史)가 의금부 관리에게 이 사실을 보고했다. 보고를 받은 관리는 사유를 확인하여 역모에 관한 일이면 바로 신문고를 치게 하였다. 그러나 정치의 득실이나 억울한 일에 대해서는 절차를 밟았다는 확인서를 조사한 다음에야 북 치는 것을 허락했다.

(다) 조선 시대 백성들이 억울함과 원통함을 호소할 수 있는 통로로 신문고가 있었다. 신문고는 태종이 중국의 제도를 본떠 만든 것으로, 억울한 일을 당한 백성들이 북을 쳐서 왕에게 직접 호소할 수 있도록 한 것이다. 그러나 아무 때나 신문고를 칠 수 있는 것은 아니었다. 서울에 사는 사람들은 먼저 담당 관원에게 호소해야 했다. 그래서 해결이 되지 않으면 사헌부를 찾아가고, 그래도 해결이 되지 않을 때야 비로소 신문고를 칠 기회가 주어졌다. 지방에 사는 사람들도 고을 수령, 관찰사, 사헌부의 순으로 호소한 후에도 만족하지 못하게 되면 신문고를 칠 기회가 주어졌다.

(라) 신문고를 치면 의금부의 관원이 왕에게 보고하였으며, 보고된 사안에 대해 왕이 지시를 내리면 해당 관청에서는 5일 안에 처리해야 했다. 신문고를 친 사람의 억울함이 사실이면 이를 해결해 주었고, 거짓이면 엄한 벌을 내렸으며, 그 일과 관련된 담당 관원에게는 철저하게 책임을 물었다.

① (나) – (다) – (라) – (가)
② (나) – (라) – (다) – (가)
③ (다) – (가) – (나) – (라)
④ (다) – (나) – (라) – (가)
⑤ (라) – (다) – (나) – (가)

**32** 다음 글의 문단을 순서에 맞게 나열한 것은?

난도 ★★☆

(가) 울산 울주에는 한국 미술사의 첫 장을 장식하는 암각화가 있다. 이것에는 넓고 평평한 돌 위에 상징적인 기호와 사실적으로 표현된 동물들의 모습이 새겨져 있다. 한편 한국 조형 미술을 대표하는 것으로 금강역사상과 같은 석굴암의 부조상들이 있다. 이것들 또한 돌에 형상을 새긴 것이다. 이들의 표현 방법에 대해 살펴보도록 하자.

(나) 이러한 부조의 특성을 완벽하게 소화하여 평면에 가장 입체적으로 승화시킨 것이 석굴암 입구 좌우에 있는 금강역사상이다. 이들은 제각기 다른 자세로 금방이라도 벽 속에서 튀어나올 것 같은 착각을 준다. 팔이 비틀리면서 평행하는 사선의 팽팽한 근육은 힘차고, 손가락 끝은 오므리며 온 힘이 한곳에 응결된 왼손의 손등에 솟은, 방향과 높낮이를 달리하는 다섯 갈래 뼈의 강인함은 실로 눈부시다.

(다) 암각화에는 선조와 요조가 사용되었다. 선조는 선으로만 새긴 것을 말하며, 요조는 형태의 내부를 표면보다 약간 낮게 쪼아내어 형태의 윤곽선을 표현한 것이다. 이러한 점에서 요조는 쪼아 낸 면적만 넓을 뿐이지 기본적으로 선조의 범주에 든다고 하겠다. 따라서 선으로 대상을 표현했다는 점에서 암각화는 조각이 아니라 회화라고 볼 수 있다.

(라) 한편 조각과 회화의 성격을 모두 띠고 있는 것으로 부조가 있다. 부조는 벽면 같은 곳에 부착된 형태로 도드라지게 반입체를 만드는 것이다. 평면에 밀착된 부분과 평면으로부터 솟아오른 부분 사이에 생기는 미묘하고도 섬세한 그늘은 삼차원적인 공간 구성을 통한 실재감을 주게 된다. 이처럼 부조는 평면 위에 입체로 대상을 표현하므로 중량감을 수반하게 되고 공간과 관련을 맺는다. 이것이 부조에서 볼 수 있는 조각의 측면이다.

① (가) – (나) – (다) – (라)
② (가) – (다) – (나) – (라)
③ (가) – (다) – (라) – (나)
④ (다) – (가) – (나) – (라)
⑤ (다) – (가) – (라) – (나)

(가) 이렇듯 적정기술은 새로운 기술이 아니다. 우리가 알고 있는 여러 기술 중의 하나로, 어떤 지역의 직면한 문제를 해결하는 데 적절하게 사용된 기술이다. 1970년 이후 적정기술을 기반으로 많은 제품이 개발되어 현지에 보급됐지만 그 성과에 대해서는 여전히 논란이 있다. 이는 기술의 보급만으로는 특정 지역의 빈곤 탈출과 경제적 자립을 이룰 수 없기 때문이다. 빈곤 지역의 문제 해결을 위해서는 기술 개발 이외에도 지역 문화에 대한 이해와 현지인의 교육까지도 필요하다.

(나) 1970년대 이후부터 세계적으로 '적정기술(Appropriate Technology)'에 대한 활발한 논의가 있어왔다. 넓은 의미로 적정기술은 인간 사회의 환경, 윤리, 도덕, 문화, 사회, 정치, 경제적인 측면들을 두루 고려하여 인간의 삶의 질을 향상시킬 수 있는 기술이다. 좁은 의미로는 가난한 자들의 삶의 질을 향상시키는 기술이다.

(다) 이를 해결하기 위해 그는 항아리 두 개와 모래흙 그리고 물만 있으면 채소나 과일을 장기간 보관할 수 있는 저온조를 만들었다. 이것은 물이 증발할 때 열을 빼앗아 가는 간단한 원리를 이용했다. 한여름에 몸에 물을 뿌리고 시간이 지나면 시원해지는데, 이는 물이 증발하면서 몸의 열을 빼앗아 가기 때문이다. 항아리의 물이 모두 증발하면 다시 보충해서 사용하면 된다.

(라) 적정기술이 사용된 대표적 사례는 아바(Abba, M. B.)가 고안한 항아리 냉장고이다. 아프리카 나이지리아의 시골 농장에는 전기, 교통, 물이 부족하다. 이곳에서 가장 중요한 문제 중의 하나는 곡물을 저장할 시설이 없다는 것이다.

① (나) – (가) – (라) – (다)

② (나) – (라) – (가) – (다)

③ (나) – (라) – (다) – (가)

④ (라) – (다) – (가) – (나)

⑤ (라) – (다) – (나) – (가)

(가) SSD는, 컴퓨터 시스템과 SSD 사이에 데이터를 주고받을 수 있도록 연결하는 부분인 '인터페이스', 데이터를 저장하는 '메모리' 그리고 인터페이스와 메모리 사이의 데이터 교환 작업을 제어하는 '컨트롤러', 외부 장치와 SSD 간의 처리 속도 차이를 줄여주는 '버퍼 메모리'로 이루어져 있다. 이 중에 주목해야 할 것이 데이터를 저장하는 메모리다. 이 메모리를 무엇으로 쓰는지에 따라 '램 기반 SSD'와 '플래시메모리 기반 SSD'로 나뉜다.

(나) 그래서 HDD의 대안으로 제시된 것이 바로 'SSD(Solid State Drive)'이다. SSD의 용도나 외관, 설치 방법 등은 HDD와 유사하다. 하지만 SSD는 HDD가 자기디스크를 사용하는 것과 달리 반도체를 이용해 데이터를 저장한다는 차이가 있다. 그리고 물리적으로 움직이는 부품이 없으므로 작동 소음이 작고 전력 소모가 적다. 이런 특성 때문에 휴대용 컴퓨터에 SSD를 사용하면 전지 유지 시간을 늘릴 수 있다는 이점이 있다.

(다) 컴퓨터를 구성하고 있는 여러 가지 장치 중에서 가장 핵심적인 역할을 담당하고 있는 3가지 요소는 중앙처리장치(CPU), 주기억장치, 보조기억장치이다. 보통 주기억장치로 '램'을, 보조기억장치로 'HDD(Hard Disk Drive)'를 쓴다. 이 세 장치의 성능이 컴퓨터의 전반적인 속도를 좌우한다고 할 수 있다.

(라) CPU나 램은 내부의 미세 회로 사이를 오가는 전자의 움직임만으로 데이터를 처리하는 반도체 재질이기 때문에 고속으로 동작할 수 있다. 그러나 HDD는 원형의 자기디스크를 물리적으로 회전시키며 데이터를 읽거나 저장하기 때문에 자기디스크를 아무리 빨리 회전시킨다 해도 반도체의 처리 속도를 따라갈 수 없다. 게다가 디스크의 회전 속도가 빨라질수록 소음이 심해지고 전력 소모량이 급속도로 높아지는 단점이 있다. 이 때문에 CPU와 램의 동작 속도가 하루가 다르게 향상되고 있지만, HDD의 동작 속도는 그렇지 못했다.

① (가) - (다) - (라) - (나)
② (가) - (나) - (라) - (다)
③ (다) - (가) - (나) - (라)
④ (다) - (라) - (가) - (나)
⑤ (다) - (라) - (나) - (가)

(가) 언어는 배우는 아이들이 있어야 지속된다. 그러므로 성인들만 사용하는 언어가 있다면 그 언어의 운명은 어느 정도 정해진 셈이다. 언어학자들은 이런 방식으로 추리하여 인류 역사에 드리워진 비극에 대해 경고한다. 한 언어학자는 현존하는 북미 인디언 언어의 약 80%인 150개 정도가 빈사 상태에 있다고 추정한다. 알래스카와 시베리아 북부에서는 기존 언어의 90%인 40개 언어, 중앙아메리카와 남아메리카에서는 23%인 160개 언어, 오스트레일리아에서는 90%인 225개 언어, 그리고 전 세계적으로는 기존 언어의 50%인 대략 3,000개의 언어들이 소멸해 가고 있다고 한다. 사용자 수가 10만 명을 넘는 약 600개의 언어들은 비교적 안전한 상태에 있지만, 세계 언어 수의 90%에 달하는 그 밖의 언어는 21세기가 끝나기 전에 소멸할지도 모른다.

(나) 왜 우리는 위험에 처한 언어에 관심을 가져야 하나? 언어적 다양성은 인류가 지닌 언어 능력의 범위를 보여 준다. 언어는 인간의 역사와 지리를 담고 있으므로 한 언어가 소멸한다는 것은 역사적 문서를 소장한 도서관 하나가 통째로 불타 없어지는 것과 비슷하다. 또 언어는 한 문화에서 시, 이야기, 노래가 존재하는 기반이 되므로, 언어의 소멸이 계속되어 소수의 주류 언어만 살아남는다면 이는 인류의 문화적 다양성까지 해치는 셈이 된다.

(다) 언어가 이처럼 대규모로 소멸하는 원인은 중첩적이다. 토착 언어 사용지들의 거주지가 파괴되고, 종족 말살과 동화(同化) 교육이 이루어지며, 사용 인구가 급격히 감소하는 것 외에 '문화적 신경가스'라고 불리는 전자 매체가 확산되는 것도 그 원인이 된다. 물론 우리는 소멸을 강요하는 사회적, 정치적 움직임들을 중단시키는 한편, 토착어로 된 교육 자료나 문학 작품, 텔레비전 프로그램 등을 개발함으로써 언어 소멸을 어느 정도 막을 수 있다. 나아가 소멸 위기에 처한 언어라도 20세기의 히브리어처럼 지속적으로 공식어로 사용할 의지만 있다면 그 언어를 부활시킬 수도 있다.

(라) 합리적으로 보자면, 우리가 지구상의 모든 동물이나 식물 종들을 보존할 수 없는 것처럼 모든 언어를 보존할 수는 없으며, 어쩌면 그래서는 안 되는지도 모른다. 여기에는 도덕적이고 현실적인 문제들이 얽혀 있기 때문이다. 어떤 언어 공동체가 경제적 발전을 보장해 주는 주류 언어로 돌아설 것을 선택할 때, 그 어떤 외부 집단이 이들에게 토착 언어를 유지하도록 강요할 수 있겠는가? 또한, 한 공동체 내에서 이질적인 언어가 사용되면 사람들 사이에 심각한 분열을 초래할 수도 있다. 그러나 이러한 문제가 있더라도 전 세계 언어의 50% 이상이 빈사 상태에 있다면 이를 그저 바라볼 수만은 없다.

① (가) – (나) – (라) – (다)
② (가) – (다) – (나) – (라)
③ (가) – (다) – (라) – (나)
④ (나) – (다) – (가) – (라)
⑤ (나) – (라) – (가) – (다)

(가) 이렇게 지구와 달은 서로의 인력 때문에 자전 속도가 줄게 되는데, 이 자전 속도와 관련된 운동량은 '지구 – 달 계'내에서 달의 공전 궤도가 늘어나는 것으로 보존된다. 왜냐하면 일반적으로 외부에서 작용하는 힘이 없다면 운동량은 보존되기 때문이다. 이렇게 하여 결국 달의 공전 궤도는 점점 늘어나고, 달은 지구로부터 점점 멀어지는 것이다.

(나) 이때 달과 가까운 쪽 지구의 '부풀어 오른 면'은 지구와 달을 잇는 직선에서 벗어나 지구 자전 방향으로 앞서게 되는데, 그 이유는 지구가 하루 만에 자전을 마치는 데 비해 달은 한 달 동안 공전 궤도를 돌기 때문이다. 달의 인력은 이렇게 지구 자전 방향으로 앞서가는 부풀어 오른 면을 반대 방향으로 다시 당기고, 그로 인해 지구의 자전은 방해를 받아 속도가 느려진다. 한 편 지구보다 작고 가벼운 달의 경우에는 지구보다 더 큰 방해를 받아 자전 속도가 더 빨리 줄게 된다.

(다) 산호 화석에 나타난 미세한 성장선을 세면 산호가 살던 시기의 1년의 날수를 알 수 있다. 산호는 낮과 밤의 생장 속도가 다르기 때문에 하루의 변화가 성장선에 나타나고 이를 세면 1년의 날수를 알 수 있는 것이다. 이런 방법으로 웰스는 약 4억 년 전인 중기 데본기의 1년이 지금의 365일보다 더 많은 400일 정도임을 알게 되었다. 1년의 날수가 줄어들었다는 것은 지구의 하루가 길어졌다는 말이 된다.

(라) 그렇다면 지구의 하루는 왜 길어지는 것일까? 그것은 바로 지구의 자전이 느려지기 때문이다. 지구의 자전은 달과 밀접한 관련을 맺고 있다. 지구가 달을 끌어당기는 힘이 있듯이 달 또한 지구를 끌어당기는 힘이 있다. 달은 태양보다 크기는 작지만 지구와의 거리는 태양보다 훨씬 가깝기 때문에 지구의 자전에 미치는 영향은 달이 더 크다. 달의 인력은 지구의 표면을 부풀어 오르게 한다. 그리고 이 힘은 지구와 달 사이의 거리에 따라 다르게 작용하여 달과 가까운 쪽에는 크게, 그 반대쪽에는 작게 영향을 미치게 된다. 결국 지구 표면은 달의 인력과 지구 – 달의 원운동에 의한 원심력의 영향을 받아 그림처럼 양쪽이 부풀어 오르게 된다.

① (다) – (가) – (라) – (나)

② (다) – (나) – (가) – (라)

③ (다) – (나) – (라) – (가)

④ (다) – (라) – (가) – (나)

⑤ (다) – (라) – (나) – (가)

(가) 기계론적 관점은, 세계에는 어떤 궁극의 목적이란 존재하지 않고 오직 기계적인 법칙만이 존재한다고 보는 관점이다. 이 관점에 따르면 세계는 정교한 기계이기 때문에 이를 설명하는 데 필요한 질량, 속도 등의 역학적 개념들만으로 세계의 현상들을 설명해야 한다고 본다. 따라서 세계가 오늘날과 같이 변화한 것에 어떤 궁극적인 목적은 없고 오직 인과관계의 법칙성만이 존재한다고 본다. 이와 달리, 목적론적 관점은, 세계에는 어떤 궁극적인 목적이 전제되어 있고 세계는 이것을 향해 운동하고 있다고 보는 관점이다. 그래서 세계가 오늘날과 같이 변화한 것은 이상적인 목적을 향해 가는 과정이기 때문에 지금의 세계는 완전하지 않다고 본다.

(나) 이와 달리 목적론적 관점에서 아낭케는 질료적 조건이라는 의미의 필연을 뜻한다. 여기서 '질료(質料)'는, 이상적인 목적인 '형상(形相)'이 현실에서 구현되기 위해 필연적으로 존재하는 조건이다. 목적론적 관점을 지닌 플라톤은, 현실에 구현되기 이전의 형상은 그 자체로 완벽한데, 질료가 형상을 그대로 담아내지 못하기 때문에 현실에 오차나 무질서가 있다고 생각한다. 즉 플라톤이 생각하는 아낭케는, 형상이 현실에 구현되기 위해 반드시 있어야 하는 질료적 조건으로서의 필연이라는 의미를 지닌다. 동시에 질료가 형상을 완벽하게 받아들이지 못하는 한계가 있으므로 아낭케는 극복해야 할 어떤 것이라는 의미도 지니게 된다.

(다) 기계론적 관점에서 아낭케는 법칙성이라는 의미의 필연을 뜻한다. 데모크리토스의 이론은 이런 기계론적 관점의 아낭케를 잘 보여 준다. 이성의 작용도 일종의 원자 운동이라고 본 데모크리토스는 모양, 위치, 배열이라는 특징을 지니는 원자들이 특정하게 부딪치면 그것이 원인이 되어 정해진 결과들이 나온다는 역학적 인과 관계의 법칙만을 인정한다. 이런 법칙성이 바로 기계론적 관점에서 말하는 아낭케이다.

(라) '아낭케'는 고대 그리스 신화에서 피할 수 없는 운명이나 필연성 등을 상징하는 여신으로 등장한다. 이처럼 신화적 상상력으로 세계의 현상들을 바라보는 관점이 지배적이었던 시기에 아낭케는 '운명으로서의 필연'이라는 의미를 가지고 있었다. 그런데 철학적 사유가 생겨남에 따라 아낭케는 일종의 이론적인 개념이 되었다. 이 과정에서 아낭케는 세계의 현상을 바라보는 관점들에 따라서 여러 가지 의미를 가지게 되었다. 특히 철학적 개념으로서의 아낭케는 세계의 현상을 바라보는 두 가지 서로 다른 관점인 기계론적 관점과 목적론적 관점에 따라 상당히 다른 의미를 지니게 된다.

① (가) - (나) - (다) - (라)
② (가) - (다) - (라) - (나)
③ (라) - (가) - (다) - (나)
④ (라) - (나) - (가) - (다)
⑤ (라) - (다) - (가) - (나)

(가) 16세기 중반 일본에 도입된 조총은 다루는 데 특별한 무예나 기술이 필요하지 않았다. 그 결과 신분이 낮은 계층인 조총 무장 보병이 주요한 전투원으로 등장할 수 있었다. 한편 중국의 절강병법은 이러한 일본군에 대응하기 위해 고안된 전술로, 조총과 함께 다양한 근접전 병기를 갖춘 보병을 편성한 전술이었다. 이 전술은 주력이 천민을 포함한 일반 농민층이었는데, 개인의 기량은 떨어지더라도 각각의 병사를 특성에 따라 편제하고 운용하여 전체의 전투력을 높일 수 있었다. 근접전용 무기도 주변에서 쉽게 구할 수 있는 것이 이용되었다.

(나) 조선 전기 조선군의 전술에서는 기병을 동원한 활쏘기와 돌격 그리고 이를 뒷받침하는 보병의 다양한 화약 병기 및 활의 사격 지원을 중시했다. 이는 여진족이나 왜구와의 전투에 효과적이었는데, 상대가 아직 화약 병기를 갖추지 못한 데다 전투 규모도 작았기 때문이다. 하지만 이러한 전술적 우위는 일본군의 조총 공격에 의해 상쇄되었다.

(다) 조선에서의 새로운 무기 수용과 전술의 변화는 단순한 군사적 변화에 그치지 않고 정치적, 경제적 변화를 수반하였다. 군의 규모는 관노와 사노 등 천민 계층까지 충원되면서 급격히 커졌고, 군사력을 유지하기 위해 백성에 대한 통제도 엄격해졌다. 성인 남성에게 이름과 군역 등이 새겨진 호패를 차게 하였으며, 거주지의 변동이 있을 때마다 관가에 보고하게 하였다.

(라) 조선군의 전술은 절강병법을 일부 수용하면서 기병 중심에서 보병 중심으로 급속히 전환되었다. 조총병인 포수와 각종 근접전 병기로 무장한 살수에 전통적 기예인 활을 담당하는 사수를 포함시켜 편제한 삼수병 체제에서 보병 중심 전술이 확립되었음을 볼 수 있다. 17세기 중반 이후 조총의 신뢰성과 위력이 높아지면서 삼수 내의 무기 체계의 분포에도 변화가 시작되었다. 상대적으로 사격 기술을 익히기 어렵고 주요 재료를 구하기 어려웠던 활 대신, 조총이 차지하는 비중이 점점 증가했다.

① (가) - (나) - (다) - (라)

② (가) - (나) - (라) - (다)

③ (나) - (가) - (라) - (다)

④ (나) - (라) - (가) - (다)

⑤ (다) - (라) - (가) - (나)

(가) 자연의 아름다움이란 자연 그 자체에 깃든 외부적 실재가 아니다. 잡식성 영장류인 인간이 오랜 세월 진화하면서 생존과 번식에 유리했던 특정한 환경을 잘 찾아가게끔 그 환경에 대해 느끼는 긍정적인 정서일 뿐이다.

(나) 사람들은 사막보다 푸른 초원을 더 아름답다고 생각한다. 이처럼 인간이 왜 특정한 환경이나 공간적 배치를 더 아름답다고 생각하는지 일반적인 설명이 필요하다. 조경 연구자 제이 애플턴의 '조망과 피신' 이론에 따르면, 인간은 남들에게 들키지 않고 바깥을 내다볼 수 있는 곳을 선호하게끔 진화했다. 장애물에 가리지 않는 열린 시야는 물이나 음식물 같은 자원을 찾거나 포식자나 악당이 다가오는 것을 재빨리 알아차리는 데 유리하다. 눈이 달려 있지 않은 머리 위나 등 뒤를 가려 주는 피난처는 나를 포식자나 악당으로부터 보호해 준다. 산등성이에 난 동굴, 저 푸른 초원 위의 그림 같은 집, 동화 속 공주가 사는 성채, 한쪽 벽면이 통유리로 된 2층 카페 등은 모두 조망과 피신을 동시에 제공하기 때문에 우리의 마음을 사로잡는다.

(다) 20세기의 위대한 건축가 프랭크 로이드 라이트의 작품들은 진화 미학으로 잘 설명된다. 라이트가 설계한 집은 정문에서 낮은 천장, 붙박이 벽난로, 널찍한 통유리창이 어우러지면서 바깥 풍경에 대한 조망과 아늑한 보금자리를 동시에 선사해 준다. 특히 천장의 높이를 제각각 다르게 하고 지붕 바로 아래에 주요한 생활 공간을 몰아넣음으로써 마치 울창한 나무 그늘 아래에 사는 듯한 느낌을 준다. 라이트는 그의 대표작인 「낙수장(落水莊, Falling Water)」을 계곡의 폭포 바로 위에 세움으로써 피신처에서 느끼는 안락한 기분을 한층 강화시켰다.

(라) '조망과 피신' 이론은 그저 재미로 흘려듣는 이야기가 아니다. 그것은 잘 몰랐던 사실에 대한 구체적인 예측을 제공하는 과학 이론이다. 첫째, 사람들은 어떤 공간의 한복판보다는 언저리를 선호할 것이다. 언저리에서 그 공간 전체를 가장 잘 조망할 수 있기 때문이다. 둘째, 나무 그늘이나 지붕, 차양, 파라솔 아래처럼 머리 위를 가려 주는 곳을 측면이나 후면만 가려 주는 곳보다 선호할 것이다. 셋째, 온몸을 사방으로 드러내는 곳보다 측면이나 후면을 가려 주는 곳을 더 선호할 것이다.

① (가) – (나) – (라) – (다)
② (나) – (가) – (라) – (다)
③ (나) – (라) – (다) – (가)
④ (다) – (가) – (라) – (나)
⑤ (다) – (라) – (나) – (가)

**[40~41] 다음 글을 읽고 물음에 답하시오.**

칸트는 감성적 차원의 사랑과 실천적 차원의 사랑이 다르다고 설명한다. 감성적 차원의 사랑은 남녀 간의 사랑같이 인간의 경향성에 근거한 사랑이며, 실천적 차원의 사랑은 의무로서의 사랑이라 할 수 있다. 칸트는 감성적 차원의 사랑보다는 실천적 차원의 사랑에 더 주목하고 가치를 부여한다.

칸트에 따르면 인간은 도덕법칙을 실천하려고 하는 선의지를 지닌 존재이다. 여기서 선의지란 선을 지향하는 의지로 그 자체만으로 조건 없이 선한 것이다. 그는 인간이 도덕적 존재가 될 수 있는 것은 이성이 인간에게 도덕법칙을 의무로 부여하기 때문이라고 말한다. 칸트에게 의무란 도덕법칙에 대한 존경심 때문에 어떤 행위를 필연적으로 해야만 하는 것이다. 이때 보편적으로 적용할 수 있는 도덕법칙은 '너는 무엇을 해야 한다'라는 명령의 형식으로 나타나며, 칸트는 선의지에 따라 의무로부터 비롯된 행위를 실천하는 것만이 도덕적 가치가 있다고 보았다.

칸트의 관점에서 감성적 차원의 사랑은 욕구나 자연적 경향성에 이끌리는 감정이기 때문에, 의무로 강제하거나 명령을 통해 일으킬 수 있는 것이 아니다. 그는 어떤 경향성과도 무관하거나 심지어 경향성을 거스르지만, 도덕법칙을 ⓐ 따르려는 의무로서의 사랑을 실천하는 것만이 참된 도덕적 가치를 지닌다고 보았다. 그리고 실천적 차원의 사랑만이 보편적인 도덕법칙으로 명령될 수 있으며, 인간에 대한 실천적 차원의 사랑은 모든 인간이 갖는 서로에 대한 의무라고 말한다.

**40** 글에 대해 이해한 내용으로 적절하지 않은 것은?   난도 ★★☆

① 칸트는 인간에게 그 자체로 선한 선의지가 내재되어 있다고 보았다.
② 칸트는 감성적 차원을 사랑은 명령을 통해 일으킬 수 없다고 보았다.
③ 칸트는 사랑이 인간에게 도덕법칙을 의무로 부여한다고 보았다.
④ 칸트는 사랑을 감성적 차원과 실천적 차원으로 구분하여 설명하였다.
⑤ 칸트는 보편적으로 적용할 수 있는 도덕법칙이 있다고 보았다.

**41** ⓐ의 의미로 쓰인 문장은?   난도 ★★☆

① 아무도 어머니의 음식 솜씨를 따를 수 없다.
② 경찰이 범인의 뒤를 따르다.
③ 우리 집 개는 아버지를 유난히 따른다.
④ 그는 아버지의 뜻을 따라서 법대에 진학했다.
⑤ 법에 따라 일을 처리하다.

**[42~43]** 다음 글을 읽고 물음에 답하시오.

종전에는 공인이 아닌 사람들의 개인적 혹은 내밀한 정보 등은 정보로서의 가치를 가지고 유통되는 경우가 드물었지만 요즘은 불특정 다수의 정보가 널리 유통, 축적되고 있어 정보 주체가 입을 수 있는 피해의 유형, 범위 등이 점점 커지고 있다. 따라서 이미 생성된 정보들의 유통에 대해 적절한 선에서 통제하고, 또 그러한 정보들이 지닌 사회적 역할 등이 다하면 각종 조치를 통하여 정보에 접근할 수 없도록 할 필요성이 대두되었는데, 이런 배경에서 생겨난 것이 '잊혀질 권리'이다. 이는 정보의 수집, 관리, 통제 등의 과정이 위법인지 합법인지 따지기보다 진실한 정보이긴 하지만 그것이 반복적으로 나타날 때 피해를 겪을 수 있는 사람이 정보 처리자 등에게 자신의 개인 정보를 삭제 또는 링크 삭제 등의 방법으로 검색에 나타나지 않도록 요구할 수 있는 권리를 의미한다.

　　　㉠　　　잊혀질 권리를 인정하기 시작하면서 다른 권리와의 충돌 문제가 표면화되고 있다. 먼저 잊혀질 권리를 강조할 경우 언론·출판의 자유와 알 권리가 위축될 수 있다. 특히 언론사의 기사나 관련 자료를 삭제하는 것이 쉬워지면 사회적 압력이나 권력자들의 필요에 의해 언론·출판의 자유가 위축되고 권력 감시 기능이 약화될 수 있다. 또한 기록물로서의 언론 기사가 삭제될 경우 역사 왜곡이나 당시의 사회적 상황에 대한 이해가 불완전해지는 사태가 발생할 수도 있다. 따라서 사적 권리 혹은 인격권이라고 볼 수 있는 잊혀질 권리와 공적 가치라고 할 수 있는 언론·출판의 자유와 알 권리 간의 균형이 중요하게 요구되고 있다.

또한 잊혀질 권리를 강조하나 보면 일반 기업과 같은 정보 처리자들이 축적, 보관하고 있는 소비자 관련 각종 자료 등이 삭제되거나 마케팅을 위한 활용에 심각한 제한이 나타날 수 있다. 만약 잊혀질 권리를 강조하며 개인 정보 이용을 전면 금지하거나 광범위하게 금지하게 되면 사실상 영업이 불가능해질 수도 있다. 이러한 문제를 해결하기 위해 현재 대부분의 사업자들은 해당 기업의 서비스를 이용하는 사람들에게 개인정보의 보관 기간을 선택할 수 있게 하거나 수집하는 개인 정보를 최소화하는 등의 방향을 추구하고 있다. 그럼에도 불구하고 소비자 피해를 막기 위해 거래 기록을 일정 기간 보존하는 것이 의무화되어 있는 등 소비자의 잊혀질 권리가 일정 정도 제한되는 경우도 있어, 잊혀질 권리와 영업의 자유 중 어느 것이 우선시되어야 하는지는 일괄하여 정의하기 어려운 측면이 있다.

## 42 ㉠에 들어갈 접속어로 가장 알맞은 것은?
난도 ★★☆

① 그리고
② 그래서
③ 그런데
④ 결국
⑤ 또한

## 43 위 글의 다음에 올 내용으로 자연스러운 것은?
난도 ★★☆

① 잊혀질 권리의 정의와 관련 법령
② 두 권리의 충돌을 해결할 수 있는 방법
③ 잊혀질 권리로 인하여 피해 받는 개인
④ 영업의 자유로 보장받을 수 있는 권리
⑤ 잊혀질 권리로 보장 받을 수 있는 정보의 범위

**[44~45]** 다음 글을 읽고 물음에 답하시오.

한 경제의 움직임은 그 경제를 구성하는 사람들의 움직임을 나타내기 때문에 우리는 경제를 이해하고 합리적인 판단을 내리기 위해서 각 개인들의 의사결정 과정과 관련된 네 가지의 측면을 살펴볼 필요가 있다.

먼저 모든 선택에는 대가가 있다는 것이다. 우리가 무엇을 얻고자 하면, 대개 그 대가로 무엇인가를 포기해야 한다. 예를 들어 가정에서는 가계 수입으로 음식이나 옷을 살 수도 있고, 가족 여행을 떠날 수도 있을 것이다. 이 중에서 어느 한 곳에 돈을 쓴다는 것은, 그만큼 다른 용도에 쓰는 것을 포기함을 의미한다.

다음으로 선택할 때는 '기회비용'을 고려해야 한다는 것이다. 모든 일에는 대가가 있기 때문에, 선택의 과정을 이해하기 위해서는 다른 선택을 할 경우의 득과 실을 따져볼 필요가 있는 것이다. 이때 어떤 선택을 위해 포기한 다른 선택으로부터 얻을 수 있는 이득을 기회비용이라고 한다. 사실 대부분의 사람들은 이미 기회비용을 고려하여 행동하고 있다. 어떤 운동선수가 대학 진학과 프로팀 입단 중에서 프로팀 입단을 선택했다면, 이것은 대학 진학에 따른 기회비용을 고려하여 결정한 것이다.

그리고 합리적 선택은 한계비용과 한계이득을 고려하여 이루어진다. 한계비용이란 경제적 선택의 과정에서 한 단위가 증가할 때마다 늘어나는 비용을 의미하고, 한계이득이란 한 단위가 증가할 때마다 늘어나는 이득을 의미한다. 합리적인 사람은 어떤 선택의 한계이득이 한계비용보다 큰 경우에만 그러한 선택을 하게 될 것이다. 예를 들어 어느 항공사에서 특정 구간의 항공료를 50만 원으로 책정했는데, 비행기가 10개의 빈자리를 남겨둔 채 목적지로 출발하게 되었다. 이때, ㉠ <u>대기하고</u> 있던 승객이 30만 원을 지불하고 이 비행기를 이용할 용의가 있다고 하면 항공사는 이 승객을 태워주어야 한다. 빈자리에 이 승객을 태워서 추가되는 한계비용은 고작해야 그 승객에게 제공되는 기내식 정도일 것이므로, 승객이 이 한계비용 이상의 항공료를 ㉡ <u>지불할</u> 용의가 있는 한, 그 사람을 비행기에 태우는 것이 당연히 이득이기 때문이다.

마지막으로 사람들은 경제적 유인에 따라 반응한다. 사람들은 이득과 비용을 ㉢ <u>비교해서</u> 결정을 내리기 때문에, 이득이나 비용의 크기가 변화하면 선택을 달리하게 된다. 예를 들어 참외 가격이 ㉣ <u>상승하면</u> 사람들은 참외 대신 수박을 더 사 먹을 것이다. 이와 함께 참외 생산의 수익성이 증가했기 때문에 참외 과수원 주인들은 인부들을 더 고용해서 참외 수확량을 ㉤ <u>증대시키고자</u> 할 것이다. 이처럼 공급자와 수요자의 선택에 있어서 가격이라는 경제적 유인은 매우 중요하다.

**44** 밑줄 친 '기회비용'에 해당하는 것이 아닌 것은?  난도 ★☆☆

① 부모님께 어버이날 선물을 드리느라 못산 '게임 아이템'
② 아르바이트와 학원 다니는 것 중 학원을 선택했을 때 '아르바이트 비'
③ 점심 때 짜장과 짬뽕 중 짜장을 시켰을 때 '짬뽕'
④ 영화를 보다가 너무 재미없어서 나왔을 때 '영화 티켓 값'
⑤ 친구랑 놀까 공부할까 고민하다 공부했을 때 '친구와 놀아서 얻는 기쁨'

**45** ㉠~㉤을 바꿔 쓴 말로 적절하지 않은 것은?  난도 ★☆☆

① ㉠ : 기다리고  ② ㉡ : 치를
③ ㉢ : 빗대어서  ④ ㉣ : 오르면
⑤ ㉤ : 늘리고자

**[46~47]** 다음 글을 읽고 물음에 답하시오.

둘 이상의 기업이 자본과 조직 등을 합하여 경제적으로 단일한 지배 체제를 형성하는 것을 '기업 결합'이라고 한다. 기업은 이를 통해 효율성 증대나 비용 절감, 국제 경쟁력 강화와 같은 긍정적 효과들을 기대할 수 있다. 하지만 기업이 속한 사회에는 간혹 역기능이 나타나기도 하는데, 시장의 경쟁을 제한하거나 소비자의 이익을 ⊙ 침해하는 경우가 그러하다. 가령, 시장 점유율이 각각 30%와 40%인 경쟁 기업들이 결합하여 70%의 점유율을 갖게 될 경우, 경쟁이 제한되어 지위를 ⓒ 남용하거나 부당하게 가격을 인상할 수 있는 것이다. 이 때문에 정부는 기업 결합의 취지와 순기능을 보호하는 한편, 시장과 소비자에게 끼칠 ⓒ 폐해를 가려내어 이를 차단하기 위한 법적 조치를 강구하고 있다.

하지만 기업 결합의 위법성을 섣불리 판단해서는 안 되므로 여러 단계의 심사 과정을 거치도록 하고 있다. 이 심사는 기업 결합의 성립 여부를 확인하는 것부터 시작한다. 여기서는 해당 기업 간에 단일 지배 관계가 형성되었는지가 ⓔ 관건이다. 예컨대 주식 취득을 통한 결합의 경우, 취득 기업이 피취득 기업을 경제적으로 지배할 정도의 지분을 확보하지 못하면, 결합의 성립이 인정되지 않고 심사도 종료된다.

반면에 결합이 성립된다면 정부는 그것이 영향을 줄 시장의 범위를 ⓜ 획정함으로써, 그 결합이 동일 시장 내 경쟁자 간에 이루어진 수평 결합인지, 거래 단계를 달리하는 기업 간의 수직 결합인지, 이 두 결합 형태가 아니면서 특별한 관련이 없는 기업 산의 혼합 결합인지를 규명하게 된다.

문제는 어떻게 시장을 획정할 것인지인데, 대개는 한 상품의 가격이 오른다고 가정할 때 소비자들이 이에 얼마나 민감하게 반응하여 다른 상품으로 옮겨 가는지를 기준으로 한다. 그 민감도가 높을수록 그 상품들은 서로에 대해 대체재, 즉 소비자에게 같은 효용을 줄 수 있는 상품에 가까워진다. 이 경우 생산자들이 동일 시장 내의 경쟁자일 가능성도 커진다. 이런 분석에 따라 시장의 범위가 정해지면, 그 결합이 시장의 경쟁을 제한하는지를 판단하게 된다.

하지만 설령 그럴 우려가 있는 것으로 판명되더라도 곧바로 위법으로 보지는 않는다. 정부가 당사자들에게 결합의 장점이나 불가피성에 관해 항변할 기회를 부여하여 그 타당성을 검토한 후에, 비로소 시정조치 부과 여부를 결정하게 된다.

**46** ⊙~ⓜ의 사전적 의미로 적절하지 않은 것은?　　난도 ★★☆

① ⊙ : 사라져 없어지게 함
② ⓒ : 본래의 목적이나 범위를 벗어나 함부로 행사함
③ ⓒ : 폐단으로 생기는 해
④ ⓔ : 어떤 사물이나 문제 해결의 가장 중요한 부분
⑤ ⓜ : 경계 따위를 명확히 구별하여 정함

**47** 위 글의 주제로 옳은 것은?　　난도 ★★★

① 기업 결합의 단계
② 기업 결합의 부작용
③ 기업 결합의 장점과 단점
④ 기업 결합의 부작용을 막기 위한 정부의 대책
⑤ 기업 결합으로 인한 시장 혼란

**[48~49]** 다음 글을 읽고 물음에 답하시오.

(가) 하지만 케인스는 고전학파의 주장과 달리 장기에는 가격이 ⓐ 신축적이지만 단기에는 ⓑ 경직적이라고 생각했다. 그는 오랜 경기 침체와 대규모의 실업이 발생했던 1930년대 대공황의 원인이 이러한 시장의 가격 경직성에 있다고 주장했다. 가격 경직성이 심할수록 소비나 투자 등 총수요가 변동할 때 극심한 경기 변동 현상이 유발된다고 보았기 때문이다. 또한 노동 시장에서의 가격인 임금이 경직적인 경우 기업의 노동 수요 감소가 임금 하락으로 상쇄되는 대신 대규모 실업을 불러일으킨다고 주장했다.

(나) 이러한 케인스의 주장은 케인스학파에 의해 발전된다. 케인스학파는 경기 변동을 시장 균형으로부터의 이탈과 회복, 즉 불균형 상태와 균형 상태가 반복되는 현상으로 보고, 총수요 변동이 유발한 불균형 상태가 가격 경직성으로 말미암아 오래 지속할 수 있다고 보았다. 따라서 이들은 정부가 재정 정책이나 통화 정책 등 경기 안정화 정책을 통해 경제의 총수요를 관리함으로써 경기 변동을 조절해야 한다고 주장했다. 가격 경직성의 존재에도 불구하고 정부의 '보이는 손'을 통해 시장의 균형이 회복될 수 있다고 본 것이다. 특히 1950년대 이후 컴퓨터의 발달과 통계학의 발전으로 거시 계량 모형이 개발되어 경기 예측과 정책 효과 분석에 이용됨에 따라 케인스학파는 정책을 통해 경기 변동을 제거할 수 있을 것으로 기대했다.

(다) 시장은 수요와 공급이 일치하지 않는 불균형이 발생할 경우 가격 변화에 의해 균형을 회복한다. 예를 들어, 시장에서 초과 공급이 발생하면 가격 하락으로 수요량이 늘고 공급량이 줄면서 균형이 회복된다. 이러한 시장의 가격 조정 기능과 관련하여 거시 경제학에서는 시간대를 단기와 장기로 구분한다. 단기는 가격 조정이 원활히 이루어지지 않아 시장 불균형이 지속하는 시간대이며, 장기는 신축적 가격 조정에 의해 시장 균형이 달성되는 시간대이다. 그런데 단기의 지속 시간, 즉 시장 불균형이 발생한 이후 다시 균형을 회복하는 데 걸리는 시간에 대해 서로 다른 입장들이 존재해 왔다.

(라) 1930년대 이전까지 경제학의 주류를 이루었던 고전학파는, 시장은 가격의 신축적인 조정에 의해 항상 균형을 달성한다고 보았다. 이른바 '보이지 않는 손'에 의한 시장의 자기 조정 능력을 신뢰하는 입장으로, 이에 따르면 단기는 존재하지 않는다. 즉 불균형이 발생할 경우 즉시 가격이 변화하여 시장은 균형을 회복한다는 것이다. 따라서 고전학파는 호황이나 불황이 나타나는 경기 변동 현상은 발생하지 않는다고 보았다.

**48** 위 글의 문단을 순서에 맞게 나열한 것은?     난도 ★★☆

① (나) – (가) – (다) – (라)　　　　② (다) – (라) – (가) – (나)
③ (다) – (가) – (나) – (라)　　　　④ (라) – (가) – (나) – (다)
⑤ (라) – (다) – (가) – (나)

**49** ⓐ : ⓑ의 관계와 가장 유사한 관계를 가진 것은?     난도 ★★☆

① 예술 : 문학　　　　　　　　　② 원만한 : 무난한
③ 세속적 : 통속적　　　　　　　④ 원숙하다 : 미숙하다
⑤ 흡족하다 : 대견하다

사진이 등장하면서 회화는 대상을 사실적으로 재현(再現)하는 역할을 사진에 넘겨주게 되었고, 그에 따라 화가들은 회화의 의미에 대해 고민하게 되었다. 19세기 말 등장한 인상주의와 후기 인상주의는 전통적인 회화에서 중시되었던 사실주의적 회화 기법을 거부하고 회화의 새로운 경향을 추구하였다.

인상주의 화가들은 색이 빛에 의해 시시각각 변화하기 때문에 대상의 고유한 색은 존재하지 않는다고 생각하였다. 인상주의 화가 모네는 대상을 사실적으로 재현하는 회화적 전통에서 벗어나기 위해 빛에 따라 달라지는 사물의 색채와 그에 따른 순간적 인상을 표현하고자 하였다.

모네는 대상의 세부적인 모습보다는 전체적인 느낌과 분위기, 빛의 효과에 주목했다. 그 결과 빛에 의한 대상의 순간적 인상을 포착하여 대상을 빠른 속도로 그려 내었다. 그에 따라 그림에 거친 붓 자국과 물감을 덩어리로 찍어 바른 듯한 흔적이 남아 있는 경우가 많았다. 이로 인해 대상의 윤곽이 뚜렷하지 않아 색채 효과가 형태 묘사를 압도하는 듯한 느낌을 준다. 이와 같은 기법은 그가 사실적 묘사에 더 이상 치중하지 않았음을 보여 주는 것이었다. 그러나 모네 역시 대상을 '눈에 보이는 대로' 표현하려 했다는 점에서 이전 회화에서 추구했던 사실적 표현에서 완전히 벗어나지는 못했다는 평가를 받았다.

후기 인상주의 화가들은 재현 위주의 사실적 회화에서 근본적으로 벗어나는 새로운 방식을 추구하였다. 후기 인상주의 화가 세잔은 "회화에는 눈과 두뇌가 필요하다. 이 둘은 서로 도와야 하는데, 모네가 가진 것은 눈뿐이다."라고 말하면서 사물의 눈에 보이지 않는 형태까지 찾아 표현하고자 하였다. 이러한 시도는 회화란 지각되는 세계를 재현하는 것이 아니라 대상의 본질을 구현해야 한다는 생각에서 비롯되었다.

세잔은 하나의 눈이 아니라 두 개의 눈으로 보는 세계가 진실이라고 믿었고, 두 눈으로 보는 세계를 평면에 그리려고 했다. 그는 대상을 전통적 원근법에 억지로 맞추지 않고 이중 시점을 적용하여 대상을 다른 각도에서 바라보려 하였고, 이를 한 폭의 그림 안에 표현하였다. 세잔은 사물의 본질을 표현하기 위해서는 '보이는 것'을 그리는 것이 아니라 '아는 것'을 그려야 한다고 주장하였다. 그 결과 자연을 관찰하고 분석하여 사물은 본질적으로 구, 원통, 원뿔의 단순한 형태로 이루어졌다는 결론에 도달하였다. 그의 이러한 화풍은 입체파 화가들에게 직접적인 영향을 미치게 되었다.

**50** 윗글의 내용과 일치하지 않는 것은?   난도 ★★☆

① 사진은 화가들이 회화의 의미를 고민하는 계기가 되었다.
② 전통 회화는 대상을 사실적으로 묘사하는 것을 중시했다.
③ 모네의 작품은 색채 효과가 형태 묘사를 압도하는 듯한 느낌을 주었다.
④ 모네는 대상의 고유한 색 표현을 위해서 전통적인 원근법을 거부하였다.
⑤ 세잔은 사물이 본질적으로 구, 원통, 원뿔의 형태로 구성되어 있다고 보았다.

CHAPTER 01

**51** 위 글의 주제로 옳은 것은?   난도 ★★☆

① 인상주의의 태동과 흐름
② 인상주의에서 모네와 세잔의 영향력
③ 회화에서 사진이 미친 영향력
④ 빛이 그림에 미치는 효과와 나타내는 기법
⑤ 원근감을 표현할 수 있는 기법

**52** 제시문의 뒤에 올 내용으로 옳은 것은?   난도 ★☆☆

① 인상주의가 입체파에 미친 영향
② 전기 인상주의와 후기 인상주의의 차이점
③ 있는 그대로 나타낼 수 있는 그림의 기법
④ 사실적 회화 다음의 새로운 회화의 경향
⑤ 인상주의에 대한 비판과 해결책

2002년 월드컵 조별 예선에서 우리나라가 폴란드를 이기고 사상 처음 1승을 거두자 'Be the Reds'라고 새겨진 티셔츠 수요가 폭발했다. 하지만 실제 월드컵 기간 동안 불티나게 팔린 티셔츠로 수익을 본 업체는 모조품을 판매하는 업체와 이를 제조하는 업체였다. 오히려 정품을 생산해 대리점에서 판매하는 스포츠 브랜드 업체는 수익을 내지 못했다. 실제로 많은 브랜드 업체들은 월드컵 이후 수요가 폭락해 팔지 못한 재고로 난처했다. 도대체 왜 이런 상황이 ⊙ 벌어졌을까?

이 현상의 원인을 설명하기 위해서는 공급 사슬망의 '채찍 효과(Bullwhip effect)'를 우선 이해해야 한다. 아기 기저귀라는 상품을 예로 들어보면, 상품 특성상 소비자 수요는 일정한데 소매점 및 도매점 주문 수요는 들쑥날쑥했다. 그리고 이러한 주문 변동폭은 '최종 소비자 – 소매점 – 도매점 – 제조업체 – 원자재 공급업체'로 이어지는 공급 사슬망에서 최종 소비자로부터 멀어질수록 더 증가하였다. 공급 사슬망에서 이와 같이 수요 변동폭이 확대되는 현상을 공급 사슬망의 '채찍 효과'라 한다. 이는 채찍을 휘두를 때 손잡이 부분을 작게 흔들어도 이 파동이 끝 쪽으로 갈수록 더 커지는 현상과 유사하기 때문에 붙여진 이름이다.

그렇다면 이런 채찍 효과가 생기는 이유는 무엇일까? 여러 가지 이유가 있지만 첫 번째는 수요의 왜곡이다. 소비자의 수요가 갑자기 늘면 소매점은 앞으로 수요 증가를 기대하는 심리로 기존 주문량보다 더 많은 양을 도매점에 주문하게 된다. 그리고 도매점도 같은 이유로 소매점 주문량보다 더 많은 양을 제조업체에 주문한다. 즉, 공급 사슬망에서 최종 소비자로부터 멀어질수록 점점 더 심하게 왜곡되는 현상이 발생하는 것이다. 티셔츠를 공급하는 제조업체에서 물량이 한정돼 있으면 한꺼번에 많은 양을 주문하는 도매업체에게 우선권을 주는 것은 당연하다. 결국 물건을 공급받기 위해서 업체들은 경쟁적으로 더 많은 주문을 해 공급을 보장받으려 한다. 결국 '수요의 왜곡'이 발생한다.

채찍 효과가 일어나는 두 번째 이유는 공급 사슬망에서 최종 소비자로부터 멀어질수록 대량 주문 방식을 요하기 때문이다. 예를 들면 소비자는 소매점에서 물건을 한두 개 단위로 구입하지만 소매점은 도매상에서 물건을 박스 단위로 주문한다. 그리고 다시 도매점은 제조업체에 트럭 단위로 주문을 한다. 이처럼 최종 소비자로부터 멀어질수록 기본 주문 단위가 커진다. 그런데 이렇게 주문 단위가 커질수록 재고량이 증가하게 되고, 재고량 증가는 변화에 민첩하게 대응하지 못하게 하는 원인이 된다.

채찍 효과의 세 번째 원인은 주문 발주에서 도착까지의 발주 실행 시간에 의한 시차 때문이다. 물건을 주문했다고 바로 물건이 도착하지 않는다. 주문을 처리하고 물류가 이동하는 시간이 있기 때문이다. 그런데 문제는 각 공급 사슬망 주체의 발주 실행 시간이 저마다 다르다는 데에 있다. 예를 들어 소매점이 도매점으로 주문을 했을 때 물건을 받기까지 걸리는 시간이 3~4일 정도라면, 도매점이 제조업체에 주문을 했을 때 물건을 받기까지는 몇 주 정도가 걸릴 수도 있다. 즉 최종 소비자로부터 멀어질수록 이런 물류 이동 시간이 증가하게 된다. 그리고 이처럼 발주 실행 시간이 길어지면 주문량이 많아지고, 이는 재고량 증가로 이어질 수 있다.

공급 사슬망에서 채찍 효과로 인해 발생하는 재고는 기업 입장에서는 큰 부담이 될 수 있다. 왜냐하면 재고를 쌓아둘 공간을 마련하거나 재고를 손상 없이 관리하는 데 큰 비용이 들기 때문이다. 그러므로 공급 사슬망에서 각 주체들 간에 수요와 공급 정보를 공유함으로써 불필요한 재고를 줄여야 한다.

**53** 위 글의 서술방식으로 적절한 것은?  난도 ★★★

① 사회 현상과 관련된 이론의 문제점을 지적하고 있다.

② 사회 현상의 발생 원인을 관련 개념을 통해 설명하고 있다.

③ 사회 현상과 관련된 원인을 역사적 변천 과정에 따라 설명하고 있다.

④ 사회 현상의 원인에 대한 대립적 의견들을 소개하고 그 공통점과 차이점을 설명하고 있다.

⑤ 사회 현상의 원인을 파악하기 위해 가설을 설정하고 실험을 통해 그 타당성을 검증하고 있다.

**54** 다음 밑줄 친 단어 중 위 글의 ㉠과 같은 뜻으로 쓰인 것은?  난도 ★★☆

① 가슴팍이 떡 벌어진 게 여간 다부진 몸매가 아니었다.

② 그쪽은 서남쪽으로 쫙 벌어진 들판이었다.

③ 갈수록 그와 실력 차이가 벌어졌다.

④ 그녀와 사이가 벌어진 지가 오래다.

⑤ 찬반 논쟁이 벌어져 토론장은 후끈 달아올랐다.

**[55~56] 다음 글을 읽고 물음에 답하시오.**

유비 논증은 두 대상이 몇 가지 점에서 유사하다는 사실이 확인된 상태에서 어떤 대상이 추가적 특성을 갖고 있음이 알려졌을 때 다른 대상도 그 추가적 특성을 가지고 있다고 추론하는 논증이다. 유비 논증은 이미 알고 있는 전제에서 새로운 정보를 결론으로 도출하게 된다는 점에서 유익하기 때문에 일상생활과 과학에서 흔하게 쓰인다. 특히 의학적인 목적에서 포유류를 대상으로 행해지는 동물 실험이 유효하다는 주장과 그에 대한 비판은 유비 논증을 잘 이해할 수 있게 해 준다.

유비 논증을 활용해 동물 실험의 유효성을 주장하는 쪽은 인간과 실험동물이 유사성을 보유하고 있기 때문에 신약이나 독성 물질에 대한 실험동물의 반응 결과를 인간에게 안전하게 적용할 수 있다고 추론한다. 이를 바탕으로 이들은 동물 실험이 인간에게 명백하고 중요한 이익을 준다고 주장한다.

도출한 새로운 정보가 참일 가능성을 유비 논증의 개연성이라 한다. 개연성이 높기 위해서는 비교 대상 간의 유사성이 커야 하는데 이 유사성은 단순히 비슷하다는 점에서의 유사성이 아니고 새로운 정보와 관련 있는 유사성이어야 한다. 예를 들어 동물 실험의 유효성을 주장하는 쪽은 실험동물로 많이 쓰이는 포유류가 인간과 공유하는 유사성, 가령 비슷한 방식으로 피가 순환하며 허파로 호흡을 한다는 유사성은 실험 결과와 관련 있는 유사성으로 보기 때문에 자신들의 유비 논증은 개연성이 높다고 주장한다. 반면에 인간과 꼬리가 있는 실험동물은 꼬리의 유무에서 유사성을 갖지 않지만 그것은 실험과 관련이 없는 특성이므로 무시해도 된다고 본다.

그러나 동물 실험을 반대하는 쪽은 유효성을 주장하는 쪽을 유비 논증과 관련하여 두 가지 측면에서 비판한다. 첫째, 인간과 실험동물 사이에는 위와 같은 유사성이 있다고 말하지만 그것은 기능적 차원에서의 유사성일 뿐이라는 것이다. 인간과 실험동물의 기능이 유사하다고 해도 그 기능을 구현하는 인과적 메커니즘은 동물마다 차이가 있다는 과학적 근거가 있는데도 말이다. 둘째, 기능적 유사성에만 주목하면서도 막상 인간과 동물이 고통을 느낀다는 기능적 유사성에는 주목하지 않는다는 것이다. 인간은 자신의 고통과 달리 동물의 고통은 직접 느낄 수 없지만 무엇인가에 맞았을 때 신음 소리를 내거나 몸을 움츠리는 동물의 행동이 인간과 기능적으로 유사하다는 것을 보고 유비 논증으로 동물이 고통을 느낀다는 것을 알 수 있는데도 말이다.

요컨대 첫째 비판은 동물 실험의 유효성을 주장하는 유비 논증의 개연성이 낮다고 지적하는 반면 둘째 비판은 동물도 고통을 느낀다는 점에서 동물 실험의 윤리적 문제를 제기하는 것이다. 인간과 동물 모두 고통을 느끼는데 인간에게 고통을 끼치는 실험은 해서는 안 되고 동물에게 고통을 끼치는 실험은 해도 된다고 생각하는 것은 공평하지 않다고 생각하기 때문이다. 결국 윤리성의 문제도 일관되지 않게 쓰인 유비 논증에서 비롯된 것이다.

**55** 위 글에 대한 이해로 적절하지 않은 것은?　　　　　　　　　　　　　　　난도 ★★★

① 유비 논증의 개념과 유용성을 소개하고 있다.
② 동물 실험의 유효성 주장에 유비 논증이 활용되고 있다.
③ 동물 실험을 예로 들어 유비 논증이 높은 개연성을 갖기 위한 조건을 설명하고 있다.
④ 동물 실험 유효성 주장이 유비 논증을 잘못 적용하고 있다는 비판을 소개하고 있다.
⑤ 동물 실험 유효성 주장이 갖는 현실적 문제들을 유비 논증의 차원을 넘어서 살펴보고 있다.

**56** 위 글에서 설명한 유비 논증의 예에 해당하는 것은?　　　　　　　　　　　　난도 ★★★

① 1531년에 나타난 혜성이 76년 뒤인 1607년에 나타났다. 그 뒤 또 76년 뒤인 1683년에 나타났다. 그 다음 혜성은 76년 뒤인 1759년에 나타날 것이다.
② 교사는 모두 임용고시를 통과해야한다. 회란이는 교사이다. 회란이는 임용고시에 통과했을 것이다.
③ A화석은 5억 년 되었다. 어떻게 이 화석이 5억 년 되었는지 알 수 있는가? 그것은 이 화석이 5억 년 된 지층에서 발견되었기 때문이다. 어떻게 그 지층이 5억 년 되었는지 알 수 있는가? 그 지층에서 A화석이 발견되었기 때문이다.
④ 내가 알고 있는 어떤 개는 몹시 사납고 물려는 버릇이 있다. 나는 공원에서 산책을 하다가 그 개와 비슷하게 생긴 다른 개를 만났다. 그래서 이 개도 사납고 물려는 버릇이 있을 것이라고 추측했다.
⑤ 우리 민족은 노래 부르는 것을 좋아하는 것을 과거를 살펴보면 알 수 있다. 농부들이 논에 모를 심거나 타작을 할 때도 노래 부르며 하였고 사람이 죽을 때도 노래 부르며 상여를 메고. 각종 명절 민속행사에도 노래가 빠지지 않았다.

(가) 여성의 정치 참여가 낮은 이유는 크게 세 가지이다. 첫째는 정치의 성격 자체가 남성에게 유리하기 때문이다. 흔히 정치를 '권력을 얻기 위한 경쟁'이라고 하는데, '권력'이나 '경쟁'은 여성보다 남성에게 더 친숙하다. 남학생 간의 잦은 힘겨루기를 떠올려 보면 이를 쉽게 이해할 수 있다. 둘째는 남성과 여성의 사회화 과정의 차이이다. 사회가 남자아이에게는 활동성을 강조하는 데 비해, 여자아이에게는 얌전하게 가정을 벗어나지 않도록 교육한다. 이렇게 사회화되는 차이 때문에 여성이 정치 참여에 소극적인 것이다. 셋째는 여성의 정치 참여를 방해하는 제도 때문이다. 이미 남성 중심으로 짜인 정치 구조에 여성이 새로 들어가기란 상당히 어렵다. 예를 들어, 한 선거구에서 여러 명의 의원을 선출하면 여성의 당선 확률이 높아지는데, 실제로는 많은 나라가 한 명의 의원만을 선출하기 때문에 계속 남성 정치인이 당선되는 면이 있다.

(나) 다른 하나는, 제도를 통해 여성 정치인의 수를 늘리는 것이다. 이를 위해 의석 할당제나 후보 할당제를 적극적으로 시행할 필요가 있다. 의석 할당제는 의원 수의 일부를 여성의 몫으로 정하는 것이고 후보 할당제는 의원 수가 아니라 의원이 될 수 있는 후보의 일정 비율을 여성으로 정하는 제도이다. 스웨덴이나 핀란드 등의 나라는 일찍부터 의석 할당제를 도입하여 여성 정치인의 수가 대폭 증가하였다.

(다) 세상의 절반은 여성이다. 그러나 정치 분야에 진출한 여성은 매우 적다. 유엔 인류발전보고서(2004년)에 따르면 여성의 정치 참여율이 가장 높은 스웨덴의 여성 의원 비율이 45.3%이고 미국은 14%, 한국은 5.9%에 지나지 않는다. 그렇다면 이렇게 여성의 정치 참여가 낮은 이유는 무엇이며 참여를 늘릴 방안에는 어떤 것이 있을까?

(라) 이렇게 쉽지 않은 여성의 정치 참여를 늘리는 방법 중 하나는, 정치에 대한 생각을 바꾸는 것이다. 정치를 '권력을 얻기 위한 경쟁'으로 보면 여성의 정치 참여에 어려움이 있지만, 정치를 나눔과 돌봄, 공존과 조화로 보면 여성의 정치 참여는 한결 쉬워진다. 왜냐하면 일반적으로 여성은 경쟁보다는 나눔, 힘보다는 설득이나 조화에 더 가치를 두는 편이기 때문이다.

**57** 위 글의 문단을 순서에 맞게 나열한 것은?　　　　　　　　　　　　　난도 ★★☆

① (가) – (나) – (라) – (다)

② (가) – (라) – (나) – (다)

③ (나) – (가) – (다) – (라)

④ (다) – (가) – (라) – (나)

⑤ (다) – (라) – (가) – (나)

**58** 위 글의 주제로 옳은 것은?　　　　　　　　　　　　　　　　　　난도 ★★☆

① 양성평등의 중요성

② 정치에서 성별에 따른 차이점

③ 여성의 정치 참여의 장점과 단점

④ 여성 정치인이 앞으로 취해야할 태도

⑤ 여성의 정치 참여를 늘릴 방법

영화에 제시되는 시각적 정보는 이미지 트랙에, 청각적 정보는 사운드 트랙에 ⓐ 실려 있다. 이 중 사운드 트랙에 담긴 영화 속 소리를 통틀어 영화 음향이라고 한다. 음향은 다양한 유형으로 존재하면서 영화의 장면을 적절히 표현하는 효과를 발휘한다.

음향은 소리의 출처가 어디에 있는지에 따라 몇 가지 유형으로 나뉜다. 화면 안에 음원이 있는 소리로서 주로 현장감을 높이는 소리를 '동시 음향', 화면 밖에서 발생하여 보이지 않는 장면을 표현하는 소리를 '비동시 음향'이라고 한다. 한편 영화 속 현실에서는 발생할 수 없는 소리, 즉 배경 음악처럼 영화 밖에서 조작되어 들어온 소리를 '외재 음향'이라고 한다. 이와 달리 영화 속 현실에서 발생한 소리는 모두 '내재 음향'이다. 이러한 음향들은 감독의 표현 의도에 맞게 단독으로, 혹은 적절히 ⓑ 합쳐져 활용된다.

음향은 종종 인물의 생각이나 심리를 극적으로 제시하는 데 활용된다. 화면을 가득 채운 얼굴과 함께 인물의 목소리를 들려주면 인물의 속마음이 효과적으로 표현된다. 인물의 표정은 드러내지 않은 채 심장 소리만을 크게 들려줌으로써 인물의 불안정한 심정을 표현하는 예도 있다. 주인공의 심장이 요동치는 소리가 관객에게 그대로 들릴 때, 관객은 자신의 심장이 두근거리는 듯한 느낌을 받게 된다.

의도적으로 소리를 없앨 수도 있다. 이른바 '데드 트랙(Dead Track)'은 강렬한 인상의 음향만큼 효과적이다. 갑자기 의도적으로 소리를 제거한 영상이 나올 때, 관객은 주의를 집중하여 화면을 더 자세히 보게 된다. 이로써 인물이 처한 상황에 ⓒ 빠져들게 되어 인물의 심리를 더 깊이 이해하게 된다.

음향은 장면을 자연스럽게 잇는 접착제로도 쓰인다. 뒤 장면이 제시될 때까지 앞 장면의 소리를 지속시키거나 앞 장면의 끝부분부터 뒤 장면의 음향을 미리 사용하면 장면 사이의 시간과 공간의 간극을 메울 수 있다. 장면과 장면의 소리가 ⓓ 겹쳐지게 할 수도 있다. 가령 아침에 알람 소리와 함께 시계로 손을 뻗는 인물의 모습을 제시한 후, 오후에 전화벨 소리와 함께 전화기로 손을 뻗는 동작을 보여주면 두 장면이 자연스럽게 이어진다.

영화의 화면이 누군가의 얼굴이라면 음향은 그 사람의 목소리이다. 목소리를 듣지 않고 표정만으로는 그 내면을 온전히 알기 어렵듯, 음향이 빠진 화면만으로는 관객이 그 화면에 담긴 내적 의미를 ⓔ 알기 어렵다. 이처럼 음향은 영화의 장면 및 줄거리와 밀접한 관계를 유지하며 주제나 감독의 의도를 표현하는 중요한 요소이다.

**59** 위 글의 내용으로 옳지 않은 것은? 난도 ★★☆

① 영화 음향은 다양한 유형으로 존재한다.
② 음향은 감독의 의도를 표현하고 있다.
③ 음향으로 인물의 생각이나 심리를 제시할 수 있다.
④ 소리를 없애는 것도 일종의 음향 효과이다.
⑤ 배경 음악은 영화 안에 내재된 내재 음향이다.

**60** 위 글의 ⓐ~ⓔ와 바꾸어 쓸 수 있는 말로 적절하지 않은 것은? 난도 ★★☆

① ⓐ : 수록되어      ② ⓑ : 결합되어
③ ⓒ : 몰입하게      ④ ⓓ : 첨가되게
⑤ ⓔ : 파악하기

우리 몸에는 외부의 환경이나 미생물로부터 스스로를 지키기 위한 자기 방어 시스템이 있는데, 이를 자연치유력이라고 한다. 우리 몸은 이상이 생겼을 때 자기 진단과 자기 수정을 통해 이를 정상적으로 회복하기 위해 노력한다. 인체의 자연치유력 중 하나인 '오토파지'는 세포 안에 쌓인 불필요한 단백질과 망가진 세포 소기관을 분해해 세포의 에너지원으로 사용하는 현상이다.

평소에는 우리 몸이 항상성을 유지할 정도로 오토파지가 최소한으로 일어나는데, 인체가 오랫동안 영양소를 섭취하지 못하거나 해로운 균에 감염되는 등 스트레스를 받으면 활성화된다. 예를 들어 밥을 제때에 먹지 않아 영양분이 충분히 공급되지 않으면 우리 몸은 오토파지를 통해 생존에 필요한 아미노산과 에너지를 얻는다. 이외에도 몸속에 침투한 세균이나 바이러스를 오토파지를 통해 제거하기도 한다.

그렇다면 오토파지는 어떤 과정을 거쳐 일어날까? 세포 안에 불필요한 단백질과 망가진 세포 소기관이 쌓이면 세포는 세포막을 이루는 구성 성분을 이용해 이를 이중막으로 둘러싸 작은 주머니를 만든다. 이 주머니를 '오토파고솜'이라고 ⓐ 부른다. 오토파고솜은 세포 안을 둥둥 떠다니다가 리소좀을 만나서 합쳐진다. '리소좀'은 단일막으로 둘러싸인 구형의 구조물로 그 속에 가수분해효소를 가지고 있어 오토파지 현상을 주도하는 역할을 한다. 오토파고솜과 리소좀이 합쳐지면 '오토파고리소좀'이 되는데 리소좀 안에 있는 가수분해효소가 오토파고솜 안에 있던 쓰레기들을 잘게 부수기 시작한다. 분해가 끝나면 막이 터지면서 막 안에 들어 있던 질긴 조직들이 쏟아져 나온다. 그리고 이 조각들은 에너지원으로 쓰이거나 다른 세포 소기관을 만드는 재료로 재활용된다.

이러한 오토파지가 정상적으로 작동하지 않으면 불필요한 단백질과 망가진 세포 소기관이 세포 안에 쌓이면서 세포 내 항상성이 무너져 노화나 질병을 초래한다. 그래서 과학자들은 여러 가지 실험을 통해 오토파지를 활성화시키는 방법을 연구하거나 오토파지를 이용해 병을 치료하는 방법을 찾고 있다. 자연치유력에는 오토파지 이외에도 '면역력', '아포토시스' 등이 있다. '면역력'은 질병으로부터 우리 몸을 지키는 방어 시스템이다. '아포토시스'는 개체를 보호하기 위해 비정상 세포, 손상된 세포, 노화된 세포가 스스로 사멸하는 과정으로 우리 몸을 건강한 상태로 유지하게 한다. 이러한 현상들을 통해 우리는 우리 몸을 지킬 수 있는 것이다.

## 61  위 글의 제목으로 가장 적절한 것은?

난도 ★★☆

① 리소좀의 구조와 기능
② 오토파지를 이용한 인체의 자연치유력
③ 세포의 면역력으로 질병을 예방하는 방법
④ 아포토시스의 원리로 노화를 막는 방법
⑤ 오토파지를 활성화시켜 자기 면역 방어하기

## 62  문맥상 의미가 ⓐ와 가장 가까운 것은?

난도 ★★★

① 그는 속으로 쾌재를 불렀다.
② 푸른 바다가 우리를 부른다.
③ 그 가게에서는 값을 비싸게 불렀다.
④ 도덕 기준이 없는 혼돈 상태를 아노미라고 부른다.
⑤ 그녀는 학교 앞을 지나가는 친구를 큰 소리로 불렀다.

[63~64] 다음 글을 읽고 물음에 답하시오.

직장인 A씨는 셔츠 정기 배송 서비스를 신청하여 일주일간 입을 셔츠를 제공 받고, 입었던 셔츠는 반납한다. A씨는 셔츠를 직접 사러 가거나 세탁할 필요가 없어져 시간을 절약할 수 있게 되었다. 이처럼 소비자가 회원 가입 및 신청을 하면 정기적으로 원하는 상품을 배송받거나, 필요한 서비스를 언제든지 이용할 수 있는 경제 모델을 '구독경제'라고 한다.

신문이나 잡지 등 정기 간행물에만 적용되던 구독 모델은 최근 들어 그 적용 범위가 점차 넓어지고 있다. 이로 인해 사람들은 소유와 관리에 대한 부담은 줄이면서 필요할 때 사용할 수 있는 방식으로 소비를 할 수 있게 되었다. 이러한 구독경제에는 크게 세 가지 유형이 있다. 첫 번째 유형은 정기 배송 모델인데, 월 사용료를 지불하면 칫솔, 식품 등의 생필품을 지정 주소로 정기 배송해 주는 것을 말한다. 두 번째 유형은 ㉠ 무제한 이용 모델로, 정액 요금을 내고 영상이나 음원, 각종 서비스 등을 무제한 또는 정해진 횟수만큼 이용할 수 있는 모델이다. 세 번째 유형인 장기 렌털 모델은 구매에 목돈이 들어 경제적 부담이 될 수 있는 자동차 등의 상품을 월 사용료를 지불하고 이용하는 것을 말한다.

**CHAPTER 01**

**63** 윗글의 전개 방식으로 옳은 것은?                난도 ★★☆

① 한 가지 대상을 소개하고 유형별로 설명하고 있다.
② 구체적 현상을 분석하여 일반적 원리를 추출하고 있다.
③ 이론에 대한 여러 가지 견해를 소개하고 이를 비교 평가하고 있다.
④ 다른 대상과의 비교를 통해 한 가지 대상을 설명하고 있다.
⑤ 기존의 통념을 비판하고 새로운 대상을 제시하고 있다.

**64** 밑줄 친 ㉠에 해당하는 사례는?                난도 ★★☆

① 매일 요구르트가 하나씩 오는 야쿠르트 배달
② 한 달에 8,900원을 내면 모든 노래를 들을 수 있는 음원 서비스
③ 한 달에 39,000원을 내고 36개월간 빌리는 안마의자
④ 일 년에 12만 원을 내고 월 1회 잡지를 받는 구독 서비스
⑤ 일 년에 3만 원을 내고 이용하는 정수기

**[65~66] 다음 글을 읽고 물음에 답하시오.**

정조 임금이 애초 10년을 잡았던 수원 화성의 ㉠ 공사를 2년 7개월 만에 끝낼 수 있었던 까닭은 무엇일까? 그것은 정약용이 발명한 '유형거(游衡車)'라는 특별한 수레 덕분이었다. 그렇다면 기존의 수레에 비해 유형거가 공학적으로 높은 평가를 받는 까닭은 무엇일까?

첫째, 여느 수레는 짐을 나르는 ㉡ 기능에만 치우쳐 있는 것에 비해, 유형거는 짐을 쉽게 운반할 수 있을 뿐만 아니라 짐을 싣는 작업도 지렛대의 원리를 반영하여 쉽게 할 수 있도록 설계되었다. 유형거는 무게를 견디고 분산시키는 바퀴와 복토, 짐을 싣는 곳인 차상, 수레 손잡이, 여두 등으로 이루어져 있다. 돌부리에 찔러 넣어 돌을 들어 올리는 여두(輿頭)는 소 혀와 같은 모양으로 만들어 돌을 쉽게 올려놓을 수 있도록 하였고, 수레 손잡이는 끝부분을 점점 가늘고 둥글게 하여 손으로 쉽게 조작하도록 하였다. 이 손잡이 부분을 잡고 올리면 여두가 낮아져 돌을 쉽게 차상에 올려놓을 수 있고, 다시 손잡이를 내리면 돌이 손잡이 쪽으로 미끄러지게 된다.

둘째, 유형거는 소에서 얻는 주동력 외에 보조 동력을 더할 수 있었다. 이는 수레가 흔들림에 따라 싣고 있는 돌이 차상 위에서 앞뒤로 움직이는 것을 이용한 것으로, 바퀴 축과 차상 사이에 설치한 '복토(伏兎)'라는 반원형의 장치 덕분이다. 상식적으로는 복토로 인해 짐을 싣는 부분이 높아져 수레가 흔들리는 만큼 무게 중심도 계속 변화하여 수레를 안정적으로 ㉢ 운용하기 어렵다. 그럼에도 복토를 설치함으로써 얻을 수 있는 보조 동력을 정약용은 놓치지 않았던 것이다. 즉, 유형거가 움직일 때 수레 손잡이를 들어 올리면 돌은 정지 마찰력을 극복하고 견인줄에 의해 멈출 때까지 수레의 진행 방향으로 여두 부근까지 미끄러지는데, 이때 생긴 에너지는 수레에 추진력을 더한다. 수레를 운전하는 ㉣ 입장에서는 그만큼 보조 동력을 얻는 셈이다.

셋째, 유형거는 손잡이의 조작으로 수레에 가해지는 충격을 완화시킬 수 있었다. 기존의 수레는 거친 길을 달리면서 받는 충격을 완화하기가 힘들었으나, 유형거는 수레를 운용하는 사람이 손에 익은 경험을 통해 유형거가 받는 충격을 감지하고 그 힘을 상쇄하기 위하여 손잡이를 ㉤ 조작하는 방식으로 완충 제어를 하였다. 언덕을 오를 때는 손잡이를 올리고 내려갈 때는 손잡이를 내림으로써 수레가 앞뒤로 흔들거리며 진동하는 현상을 제어하는 것이다.

이상으로 볼 때 유형거는 단순한 수레라고 할 수 없다. 유형거는 편리하게 짐을 실을 수 있는 지게차이자 운행 중 덜컹으로 얻을 수 있는 보조 동력까지 갖추고, 불안정한 수레의 움직임을 보다 안정적으로 제어할 수 있는 완충 장치까지 갖춘 위대한 발명품이었다.

**65** 위 글의 표제와 부제로 가장 적절한 것은?

난도 ★★☆

① 유형거의 우수성 – 구조적 특징 분석을 중심으로

② 유형거의 미학적 특성 – 복토의 운용상 장점을 중심으로

③ 효과적인 운반 수단이 된 유형거 – 실제 운용한 사람의 경험을 중심으로

④ 수레 발달의 역사 – 기존 수레와 유형거의 차이를 중심으로

⑤ 유형거의 변화 과정 – 유형거의 장단점과 작동 원리를 중심으로

**66** 문맥을 고려할 때 밑줄 친 말이 ㉠~㉤의 동음이의어가 아닌 것은?

난도 ★★★

① ㉠ : 정부는 자국 공사를 소환하려 하였다.

② ㉡ : 그는 나무를 깎는 기능을 연마하였다.

③ ㉢ : 지구의 자원을 효율적으로 운용해야 한다.

④ ㉣ : 경기장 입구는 입장하는 사람들로 북새통이다.

⑤ ㉤ : 사건을 조작하여 여론을 유리하게 돌리려 했다.

**[67~68] 다음 글을 읽고 물음에 답하시오.**

(가) 18세기 산업혁명으로 시작된 생산혁명은 19세기 백화점이 일으킨 유통혁명을 통해 소비혁명으로 이어졌다. 대량 소비 시대가 되자 사람들의 소비 형태도 바뀌었다. 무엇을 소유했는지에 따라 사람을 판단하면서 사람들은 주위를 의식하며 자기를 나타내기 위한 상품을 고르게 되었다. 소비를 결정하는 요인이 '필요'가 아니라 '자기 과시'로 옮겨간 것이다.

(나) 이와 같은 현상에 주목한 베블런은 자신의 책『유한계급 이론』을 통해 개별 소비자의 소비 형태는 독립적으로 이루어지지 않고 다른 소비자의 영향을 받는다고 주장했다. 그는 '나는 보통 사람들과 신분이 다르다'는 점을 과시하는 부유층이나 이를 모방하려는 계층이 과시적 소비를 한다고 말했다. 과시적 소비가 일어나면 저렴한 상품 대신 고가의 상품에 대한 수요가 증가해 가격이 오르는데도 수요가 줄어들지 않고 오히려 증가하는 현상이 일어난다. 이렇게 과시적 소비로 인해 가격이 올라도 수요가 늘어나는 현상을 '베블런 효과'라고 한다. 그리고 이러한 과시적 소비의 대상이 되는 상품을 '베블런 재(財)'라고 한다.

(다) 라이벤슈타인은 이와 같은 현상을 더욱 깊이 있게 다루어 '밴드왜건 효과'와 '스놉 효과'를 발표하였다. 과시적 소비는 일부 상류층과 신흥 부유층을 중심으로 일어나는 것이 보통이지만 주위 사람들이 이를 흉내 내면서 사회 전체로 퍼져나가는 현상을 밴드왜건 효과라고 이름 붙인 것이다. 밴드왜건은 행진할 때 대열의 선두에서 행렬을 이끄는 악대차를 의미하는데 악단이 지나가면 사람들이 영문도 모르고 무작정 뒤따르면서 군중들이 더욱더 불어나는 것에 비유한 것으로 밴드왜건 효과는 '모방 효과'라고도 부른다.

(라) 그런데 모방 효과가 널리 퍼져 더 이상 과시적 소비가 차별 효용을 상실하게 될 때 일부 사람들은 평범한 사람들이 접근할 수 있는 상품 대신 더욱 진귀한 물건을 찾는다. 이로 인해 기존 상품의 수요가 줄어들게 되는데 이를 '스놉 효과'라고 한다. 즉 모방 효과와는 반대로 특정 제품에 대한 소비가 증가하게 되면 그 제품의 수요가 줄어들고 새로운 상품의 수요로 옮겨 가는 현상이다. 보통 가격이 비싸서 쉽게 구매하기 어려운 고가의 명품 등이 이에 해당하는데, 명품이라 알려진 제품이 대대적인 판촉 행사를 한 후 단골 손님이 줄어드는 현상으로 설명할 수 있다. 이는 '남보다 돋보여야 한다'는 속물근성에 기반을 두고 있어 '속물 효과'라고도 부른다.

(마) 이와 같이 베블런은 재화의 가격이 하락하면 소비량이 증가한다는 기존의 경제 이론과는 다른 관점에서 현실의 소비 형태를 설명했고, 라이벤슈타인은 현대인들이 주위 사람들의 소비 형태에 따라 자신의 소비 형태를 결정하는 두 가지 모습을 이론으로 나타내었다. 그들의 연구는 소비 형태로 계층을 판단하는 현대 자본주의 사회의 모습을 설명할 수 있다는 점에서 의의가 있다.

**67** 위 글의 주제로 옳은 것은?  난도 ★★☆

① 생산과 유통의 혁명
② 소비 형태의 변화와 설명 이론
③ 라이벤슈타인의 밴드왜건, 스놉 효과
④ 베블런과 라이벤슈타인의 비교와 대조
⑤ 현대 자본주의의 속물적인 모습

**68** 각 문단에 대한 설명으로 적절하지 않은 것은?  난도 ★★★

① (가) 문단에서 일어나는 현상을 나머지 문단에서 설명하고 있다.
② (나) 문단은 이론의 특징을 요약하고 있다.
③ (나)~(라) 문단은 같은 현상 세분화하여 설명하고 있다.
④ (다) 문단과 (라) 문단은 대조의 방식으로 설명하고 있다.
⑤ (마) 문단은 (나)~(라) 문단을 요약하고 있다.

미래주의는 20세기 초 이탈리아 시인 마리네티의 '미래주의 선언'을 시작으로, 화가 발라, 조각가 보치오니, 건축가 상텔리아, 음악가 루솔로 등이 참여한 전위예술 운동이다. 당시 산업화에 뒤처진 이탈리아는 산업화에 대한 열망과 민족적 자존감을 ㉠ 고양시킬 수 있는 새로운 예술을 필요로 하였다. 이에 산업화의 특성인 속도와 운동에 주목하고 이를 예술적으로 표현하려는 미래주의가 등장하게 되었다.

특히 미래주의 화가들은 질주하는 자동차, 사람들로 북적이는 기차역, 광란의 댄스홀, 노동자들이 일하는 공장 등 활기찬 움직임을 보여 주는 모습을 주요 소재로 삼아 산업 사회의 역동적인 모습을 표현하였다. 그들은 대상의 움직임의 ㉡ 추이를 화폭에 담아냄으로써 대상을 생동감 있게 형상화하려 하였다. 이를 위해 미래주의 화가들은, 시간의 흐름에 따른 대상의 움직임을 하나의 화면에 표현하는 분할주의 기법을 사용하였다. '질주하고 있는 말의 다리는 4개가 아니라 20개다.'라는 미래주의 선언의 내용은, 분할주의 기법을 통해 대상의 역동성을 ㉢ 지향하고자 했던 미래주의 화가들의 생각을 잘 드러내고 있다.

분할주의 기법은 19세기 사진작가 머레이의 연속 사진 촬영 기법에 영향을 받은 것으로, 이미지의 겹침, 역선(力線), 상호 침투를 통해 대상의 연속적인 움직임을 효과적으로 표현하였다. 먼저 이미지의 겹침은 화면에 하나의 대상을 여러 개의 이미지로 중첩시켜서 표현하는 방법이다. 마치 연속 사진처럼 화가는 움직이는 대상의 잔상을 바탕으로 시간의 흐름에 따른 대상의 움직임을 겹쳐서 나타내었다. 다음으로 힘의 선을 나타내는 역선은, 대상의 움직임의 궤적을 여러 개의 선으로 구현하는 방법이다. 미래주의 화가들은 사물이 각기 특징적인 움직임을 갖고 있다고 보고, 이를 역선을 통해 표현함으로써 사물에 대한 화가의 느낌을 드러내었다. 마지막으로 상호 침투는 대상과 대상이 겹쳐서 보이게 하는 방법이다. 역선을 사용하여 대상의 모습을 나타내면 대상이 다른 대상이나 배경과 구분이 모호해지는 상호 침투가 발생해 대상이 사실적인 형태보다는 ㉣ 왜곡된 형태로 표현된다. 이러한 방식으로 미래주의 화가들은 움직이는 대상의 속도와 운동을 효과적으로 나타낼 수 있었다.

기존의 전통적인 서양 회화가 대상의 고정적인 모습에 ㉤ 주목하여 비례, 통일, 조화 등을 아름다움의 요소로 보았다면, 미래주의 회화는 움직이는 대상의 속도와 운동이라는 미적 가치에 주목하여 새로운 미의식을 제시했다는 점에서 의의를 찾을 수 있다. 이러한 미래주의 회화는 이후 모빌과 같이 나무나 금속으로 만들어 입체적 조형물의 운동을 보여 주는 키네틱 아트가 등장하는 데 영감을 제공한 것으로 평가되고 있다.

**69** 위 글에서 언급된 내용이 아닌 것은?    난도 ★★☆

① 미래주의에 참여한 예술가들
② 미래주의가 등장하게 된 배경
③ 미래주의 화가들이 사용한 기법
④ 미래주의 회화가 발전해 온 과정
⑤ 미래주의 화가들이 추구한 미의식

**70** ㉠~㉤의 사전적 의미로 적절하지 않은 것은?    난도 ★★★

① ㉠ : 정신이나 기분 따위를 북돋워서 높임
② ㉡ : 시간의 경과에 따라 변하여 나감
③ ㉢ : 어떤 목표로 뜻이 쏠리어 향함
④ ㉣ : 사실과 다르게 해석하거나 그릇되게 함
⑤ ㉤ : 자신의 의견이나 주의를 굳게 내세움

음악사학자들은 서양 음악의 기원을 고대 그리스 음악에서 찾는다. 그러나 고대 그리스인들이 향유하던 음악이 실제로 어떠했는지는 분명치 않다. 그 이유는 음악적 실체를 밝힐 문헌 자료가 충분치 않고, 현존하는 자료의 대부분이 음악 그 자체보다는 이론이 어떠했는지의 정보에 편중되어 있기 때문이다. 한 가지 분명한 사실은 그들에게 음악은 기예 영역이라기보다 학문적 영역이었다는 점인데, 이는 고대 그리스 음악 이론에 ⊙ 내재한 수학적인 사고에서 쉽게 찾아볼 수 있다.

음악에서 수학적인 관계를 처음으로 밝혀낸 학자는 바로 고대 그리스의 수학자 피타고라스이다. "만물은 수(數)로 이루어져 있다."라고 한 그의 주장을 뒷받침하는 대표적인 분야가 곧 음악이었다. 피타고라스는 하프를 직접 연주하면서 소리를 분석하여, 하프에서 나오는 소리가 가장 듣기 좋게 조화를 이루는 경우에 하프 현의 길이가 간단한 정수비를 나타낸다는 사실을 밝혀냈다. '도와 한 옥타브 위의 도'는 2 : 1, '도와 솔의 5도'는 3 : 2, '솔과 그 위 도'의 4도는 4 : 3의 비를 이룬다는 것 등이 그것인데, 5도에 기초한 피타고라스 음률이 곧 오늘날 우리가 음정이라 하는 것의 기원이며, 음향학의 출발이기도 하다.

음악을 수학의 눈으로 이해하려는 시도만 있었던 것은 아니었다. 최초의 음악 이론가로 알려져 있는 아리스토제누스는 피타고라스의 음악관을 비판하며 실제적 측면에서 음악을 바라보았다. 그는 '감각적 지각'이 수적 비율보다 음악을 판단하는 데에 더 근본적이라 주장하며, 이를 미적 체험의 바탕으로 삼았다. 예를 들어 5도를 아름답다고 들었을 때, 그것이 왜 아름답게 들리는지를 수리적 추리를 통해 이해하려고 했던 피타고라스와는 달리, 아리스토제누스는 귀로 지각된 소리를 근거로 음악의 아름다움을 판단한다.

아리스토제누스는 경험적이고 현상론적인 입장에서 오늘날 서양 음악의 기초가 되는 리듬과 멜로디에 관한 이론을 제시하고 당시 통용되던 음악 현상들을 실제적으로 정리하였다. 논리보다는 경험을 중시하는 그의 학문 성향은 음악주의자라고 불리는 후대의 많은 이론가들에게 받아들여졌으며, 음악을 수학적으로 풀이하려는 피타고라스주의자들에게는 비판받았다. 이 두 전통에 ⓛ 배어 있는 대립적 성향은 비단 이론뿐 아니라, 창작·연주·감상에 이르는 다양한 음악 활동을 평가하는 잣대로 자리매김하여 오늘에 이르고 있다.

**71** 위 글의 주제로 옳은 것은?  난도 ★★★

① 음률의 정수비 분석

② 음악이론에 내재한 수학적인 사고

③ 피타고라스 학파와 아리스토제누스 학파

④ 리듬과 멜로디를 통한 음악의 이해

⑤ 서양 음악 이론의 맥을 형성한 고대 그리스의 두 음악 이론

**72** ⊙과 ⓛ을 공통으로 대치할 수 있는 말로 가장 적절한 것은?  난도 ★★★

① 겹쳐 있는                    ② 들어 있는

③ 쏠려 있는                    ④ 안겨 있는

⑤ 얹혀 있는

**[73~74] 다음 글을 읽고 물음에 답하시오.**

난민이란 넓은 의미에서는 국적국에 대한 충성 관계를 포기함으로써 법률상 또는 사실상 국적국의 외교적 보호를 받을 수 없는 사람을 말한다. 하지만 자연재해나 전쟁에 의해 생존권을 박탈당해 국외로 탈출한다든가, 전적으로 생활 조건의 개선을 목적으로 떠난다든가, 정치적 ㉠압제에 대한 반발을 이유로 망명한다든가 하는 등 국제 사회가 복잡해질수록 난민이 발생하는 ㉡사유도 매우 다양해지고 있다.

국제 사회는 이러한 난민들에게 최소한의 법적 보호라도 부여하기 위하여 국제 난민법을 발전시켜 왔다. 국제 난민법상 난민의 정의는 난민 협약(1951) 제1조에서 찾는 것이 보통이다. 난민 협약에서는 난민을 '인종, 종교, 국적 또는 특정 사회 집단의 구성원 신분 또는 정치적 의견을 이유로 ㉢박해를 받을 우려가 있다는 충분한 이유가 있는 공포로 인하여 국적국 밖에 있는 자로서 그 국적국의 보호를 받을 수 없거나 또는 그러한 공포로 인하여 그 국적국의 보호를 받는 것을 원하지 아니하는 자 및 무국적자로서 종전의 상주 국가로 돌아갈 수 없거나 또는 그러한 공포로 인하여 종전의 상주 국가로 돌아가는 것을 원하지 아니하는 자'로 정의하고 있다.

이러한 난민 협약에 따른 난민의 정의에는 몇 가지 자격 요건을 명시하고 있다. 첫째는 박해 또는 박해의 공포가 있어야 한다는 것이다. 난민의 지위를 얻기 위해서는 박해를 받을 우려에 대한 충분한 이유와 공포가 존재해야 하는데, 그중에서도 박해와 그 공포는 난민의 성격을 결정짓는 핵심적 요소이다. 그러나 ㉣보편적으로 수용될 만한 박해의 정의가 존재하지 않기 때문에 박해나 공포를 생명 또는 자유에 대한 위협이라는 실체적 의미로 파악하기도 한다. 공포는 박해보다도 더욱 주관적 관념이지만 공포에 충분한 이유가 있어야 한다는 것은 그러한 심리 상태가 객관적 상황에 의하여 뒷받침되어야 함을 의미한다.

둘째는 박해의 사유가 인종, 종교, 국적, 특정 사회 집단의 구성원 신분 또는 정치적 의견에 해당해야 한다는 것이다. 이때 인종이란 피부색, 계통 또는 민족이나 종족의 기원 등으로 해석할 수 있으며, 종교란 종교 선택의 자유, 종교적 예배, 의식, 행사, 선교에 의하여 자신의 종교를 표명할 자유로 해석할 수 있다. 국적이란 단순한 시민적 지위가 아니라 특정 종족이나 종교적, 문화적, 언어적 공동체의 기원 및 구성원을 포함하는 ㉤광의적 개념이다. 또 특정 사회 집단의 구성원 신분이란 민족적 또는 사회적 출신, 재산, 가문 또는 기타 지위 등과 유사한 의미로 이해할 수 있는 개념으로 비교적 폭넓게 적용 가능한 규정이다.

셋째는 난민의 위치는 국적국 밖에 있어야 한다는 것이다. 무국적자라 하더라도 종전의 상주국 밖에 있어야 하며, 자국 내에서 이루어진 이주 및 피난으로는 난민의 지위를 획득할 수 없다. 난민 협약은 국적국 또는 종전 상주국 밖에 있는 자가 정부 또는 종전 상주국의 보호를 받을 수 없거나 그 국가의 보호를 원하지 아니할 것을 요구하고 있는데, 보호를 받을 수 없다는 것은 전쟁, 내전 또는 기타 중대한 소요 사태 등과 같은 당사자의 의사와 관련이 없는 사정을 의미하며, 보호를 원하지 않는다는 것은 공포로 인하여 국적국의 보호를 거부하는 것을 의미한다.

**73** 위 글의 전개 방식으로 가장 적절한 것은?　　　　　　　　　　　　　　　　　　　　난도 ★★★

① 난민 문제를 발생시키는 여러 국제 사회 문제를 비판하며 그 대안을 탐색하고 있다.

② 난민 문제가 대두되게 된 역사적 배경을 설명한 후 이에 따른 문제들을 분석하고 있다.

③ 난민들을 바라보는 관점이 시간의 흐름에 따라 변화한 양상을 순차적으로 살피고 있다.

④ 다양한 사례를 들어 난민 구호에 대한 관심을 촉구하며 난민 구호가 시급함을 강조하고 있다.

⑤ 난민의 일반적 개념을 제시한 후 현 국제법에 따라 난민으로 정의되기 위해 필요한 요건을 설명하고 있다.

**74** ㉠~㉤의 사전적 의미로 적절하지 않은 것은?　　　　　　　　　　　　　　　　　　난도 ★★★

① ㉠ : 권력이나 폭력으로 남을 꼼짝 못하게 강제로 누름

② ㉡ : 대상을 두루 생각하는 일

③ ㉢ : 못살게 굴어서 해롭게 함

④ ㉣ : 모든 것에 두루 미치거나 통하는 것

⑤ ㉤ : 어떤 말의 개념을 넓은 범위로 확대해서 해석하는

이익이 분화되고 가치가 다원화됨에 따라 현대사회에서는 크고 작은 사회 갈등이 발생한다. 민주주의는 이러한 갈등을 일으키는 다양한 가치와 이해관계를 조정하는 정치 체제로, 궁극적으로 사회 통합을 추구한다. 특히 현대 민주주의에서는 구성원 간의 사회적 합의를 ㉠ 도출해 내기 위해 의회의 역할이 강조된다. 의회는 법률을 제정·개정·폐지하는 '입법 과정'을 통해 갈등을 관리할 수 있기 때문이다. 최적의 입법 과정은 발생 가능성이 있는 사회 갈등을 예방하는 '사전적 관리기능'과 이미 존재하는 사회 갈등을 조정하는 '사후적 관리기능'을 모두 담당할 수 있어야 한다.

사전적 관리기능은 입법을 위해 의제를 설정하는 순간부터 작동하며, 입법과 관련하여 발생할 수 있는 사회 갈등을 사전에 예방하기 위한 것이다. 즉 사전적 관리기능에서는 입법이나 정책이 사회에 미칠 수 있는 영향과 그로 인해 발생할 수 있는 갈등을 체계적으로 분석하여 예방 방안을 마련하는 것이 중요하다. 이를 위해 중립성과 전문성을 갖춘 평가 기관이 갈등 영향을 사전에 분석하고 평가하여 그 결과를 해당 법률안과 함께 의회에 제출하는데, 이 내용이 부정적이라면 입법은 무산될 수 있다. 또한 광범위하고 다양한 국민 의견을 청취하여 분석하고, 이것이 원활하게 입법에 반영될 수 있도록 입법 커뮤니케이션을 활성화해야 한다. 여기에는 정부 등 공적 주체는 물론 시민의 활발한 참여와 관심이 ㉡ 수반되어야 한다.

사후적 관리기능은 이미 발생하여 현재 존재하는 사회 갈등을 해결하는 것이다. 사회 갈등은 사회적 비용이 발생하는 등 부정적인 결과를 ㉢ 초래하기 때문에 갈등 현안이 발생하면 의회는 이에 적극적으로 대처하기 위한 활동을 하게 된다. 우선 여론 수렴을 위해 여론 조사나 공청회 등을 진행하고, 갈등의 당사자들이나 시민 대표단이 포함된 참여 기구를 구성한다. 이 때 참여 기구의 인적 구성은 사회적 합의를 이끌어 낼 수 있도록 대표성과 중립성이 ㉣ 담보되어야 한다. 참여 기구는 적극적인 의사소통과 숙의를 통해 사회 갈등의 해결 방안을 제시해야 하며, 입법적 조치를 제시하는 경우에는 입법의 방향과 주요 내용, 쟁점 사항에 대한 의견을 의회에 제출해야 한다. 의회는 이를 토대로 갈등 현안에 대한 조치를 내리게 되는데, 필요에 따라 법률의 제정·개정·폐지라는 입법적 조치를 할 수 있고, 예산상 조치를 하거나 갈등 당사자들에게 중재안을 제시할 수 도 있다.

시민의 정치 참여가 강조되는 현대 민주주의에서 의회가 시민과 소통하고 협력하여 사회 갈등을 해결하는 것은 매우 중요하다. 특히 의회가 시민의 폭넓은 참여를 보장하는 최적의 입법 과정을 ㉤ 정립하는 것은 우리 사회의 통합을 위해 꼭 필요한 일이다.

**75** 위 글의 주장으로 가장 적절한 것은?　　　　　　　　　　　　　　　　　　난도 ★★★

① 입법 과정에 시민이 관심을 갖고 적극적으로 참여해야 의회를 견제할 수 있다.

② 사회 갈등으로 발생한 사회적 비용은 갈등 당사자들의 협의를 통해 해결해야 한다.

③ 입법 과정에서 사회 갈등이 유발될 수 있기 때문에 입법 과정은 국민에게 맡겨야 한다.

④ 시민의 참여를 바탕으로 한 입법 과정은 사회 갈등을 해결하는 데 중요한 역할을 할 수 있다.

⑤ 민주주의에서는 시민의 가치 충돌로 발생하는 갈등을 인정함으로써 다원화된 사회를 만들 수 있다.

**76** 문맥상 ㉠~㉤와 바꾸어 쓰기에 적절하지 않은 것은?　　　　　　　　　　　　난도 ★★☆

① ㉠ : 이끌어

② ㉡ : 뒤따라야

③ ㉢ : 가져오기

④ ㉣ : 나누어져야

⑤ ㉤ : 바로 세우는

현대 예술 철학의 대표적인 이론가이자 비평가인 단토는 예술의 종말을 선언하였다. 그는 자신이 예술의 종말을 주장할 수 있었던 계기를 1964년 맨해튼의 스테이블 화랑에서 열린 앤디 워홀의 〈브릴로 상자〉의 전시회에서 찾고 있다. 그는 워홀의 작품 〈브릴로 상자〉가 일상의 사물, 즉 슈퍼마켓에서 판매하고 있는 브릴로 상자와 지각적 측면에서 차이가 없음에 주목하여 예술의 본질을 찾는 데 몰두하기 시작하였다.

워홀의 〈브릴로 상자〉를 통해, 그는 동일하거나 유사한 두 대상이 있을 때, 하나는 일상의 사물이고 다른 하나는 예술 작품인 이유를 탐색하였다. 그 결과 어떤 대상이 예술 작품이 되기 위해서는 그것이 '무엇에 관함(aboutness)'과 '구현(embody)'이라는 두 가지 요소를 필수적으로 갖추고 있어야 한다는 결론에 이르렀다. 여기서 '무엇에 관함'은 내용 또는 의미, 즉 예술가가 의도한 주제를 가지고 있어야 함을 가리키며, '구현'은 그것을 적절한 매체나 효과적인 방식을 통해 나타내는 것을 말한다. 따라서 그에 따르면 예술 작품은 해석되어야 할 주제를 가질 수 있어야 한다.

이후 단토는 예술의 역사에 대한 성찰을 통해 워홀의 〈브릴로 상자〉가 1964년보다 훨씬 이른 시기에 등장했다면 예술 작품으로서의 지위를 부여받지 못했을 것이라고 주장하면서, '예술계(artworld)'라는 개념을 도입하였다. 그가 말하는 '예술계'란 어떤 대상을 예술 작품으로 식별하기 위해 선행적으로 필요한 것으로, 당대 예술 상황을 주도하는 지식과 이론 그리고 태도 등을 포괄하는 체계를 가리킨다. 1964년의 〈브릴로 상자〉가 예술 작품으로서의 지위를 갖는 것은, 일상의 사물과 유사하게 보이는 대상도 예술 작품으로 인정할 수 있다는 새로운 믿음 체계가 있었기에 가능했다는 것이다.

단토는 예술의 역사를 일종의 '내러티브(이야기)'의 역사로 파악해야 한다고 주장하였다. 르네상스 시대부터 인상주의에 이르기까지 지속된 이른바 '바자리의 내러티브'는 대표적인 예이다. 모방론을 중심 이론으로 삼았던 바자리는 생생한 시각적 경험을 가져다주는 정확한 재현이 예술의 목적이자 추동 원리라고 보았는데, 이러한 바자리의 재현의 내러티브는 사진과 영화의 등장, 비서구 사회의 문화적 도전 등의 충격으로 뿌리째 흔들리기 시작하였다. 이러한 상황에서 당대의 예술가들은 예술은 무엇인가, 예술은 무엇을 해야 하는가에 대한 질문을 던지게 되고, 그에 따라 예술은 모방에서 벗어나 철학적 내러티브로 변하게 되었다. 이러한 상황에서 예술사를 예술이 자신의 본질을 찾아 진보해 온 발전의 역사로 보는 단토는, 워홀의 〈브릴로 상자〉에서 예술의 종말을 발견하게 되었던 것이다.

〈브릴로 상자〉로 촉발된 단토의 예술 종말론은 더 이상 예술이 존재할 수 없게 되었다는 주장이 아니라, 예술이 철학적 단계에 이름에 따라 그 이전의 내러티브가 종결되었음을 의미하는 것이라 할 수 있다. 그런 점에서 그의 예술 종말론은 비극적 선언이 아닌 낙관적 전망으로 해석할 수 있다. 단토는 예술 종말론을 통해 예술이 추구해야 할 특정한 방향이 없는 시기, 예술이 성취해야 하는 과업에 대해 고민할 필요가 없는 시기, 즉 예술 해방기의 도래를 천명한 것이기 때문이다.

**77** 위 글에서 다루고 있는 내용이 아닌 것은? 난도 ★★☆

① 단토가 파악한 내러티브로서의 예술사

② 단토가 예술 종말론을 주장하게 된 계기

③ 단토의 예술 종말론이 지닌 긍정적 함의

④ 단토가 제안한 예술계의 지위 회복 방법

⑤ 단토가 제시한 예술 작품이 갖추어야 할 필수 조건

**78** 위 글의 내용으로 보아 단토의 견해에 부합하기 어려운 진술은? 난도 ★★★

① 오늘날의 예술이 무엇인가 알기 위해서는 철학적으로 사고하는 접근이 필요하다.

② 예술 작품의 본질을 정의하려던 시도가 결국 실패한 것은 그것을 정의할 수 없기 때문이다.

③ 예술 작품은 그것을 예술로 존재하게 하는 지식과 이론 등에 의해 예술 작품으로 인정받는다.

④ 예술의 종말 이후에도 시각적 재현을 위주로 하는 그림은 그려지겠지만, 그것이 재현의 내러티브를 발전시키지는 않는다.

⑤ 한 시기에 예술 작품일 수 있는 것이 다른 시기에는 예술 작품으로 간주되지 않을 수도 있다.

# CHAPTER

# 02 | 자료해석

## 과목 체크
- 20문제를 25분 동안 풀어야 한다.
- 평균 1문제당 1분 15초로, 표 해석, 그래프 해석 문제를 고려할 때 넉넉한 시간은 아니므로 문제를 푸는 기술과 요령을 익혀야 한다.

---

**제1유형  응용수리**

### ■ 유형설명

응용수리는 높은 난도의 문제는 아니기 때문에 빠르게 풀어 시간을 아껴야 하는 유형이다. 기존까지 간단한 공식을 이용하여 해결하는 문제가 많이 출제되었지만, 최근엔 표, 그래프 유형에 섞여 출제되는 경향이 있다.

**출제자의 TIP**

어려운 공식을 적용하는 문제는 출제되지 않습니다. 하지만 실전문제 **TIP** 에 들어 있는 공식 정도는 반드시 암기해 둡시다.

**예제**

다음은 세 회사의 올해 매출액을 나타낸 도표이다. '을' 회사의 작년 매출액은 얼마인가?

〈매출액 및 증가율〉

| 회 사 | 올해 매출액(천만 원) | 전년 대비 증감률(%) |
|---|---|---|
| 갑 | 630 | 15.0 |
| 을 | 678 | 20.0 |
| 병 | 654 | 18.0 |

① 525.5천만 원  ② 542.4천만 원

③ 565천만 원  ④ 756천만 원

**정답체크**

'을' 회사의 작년 매출액을 $x$천만 원이라고 한다면,

'을' 회사의 올해 매출액은 전년 대비 20% 증가했으므로

$x \times 1.2 = 678$(천만 원)이 된다.

∴ $x = 565$(천만 원)

정답 ③

## ■ 유형설명

표 해석은 주어진 표 형식의 데이터를 분석하여 제시된 문제를 해결하는 유형이다. 최근에는 그래프 해석 문제와 결합되어 출제되는 경향이 있으므로 주어진 자료를 빠르게 파악하는 능력이 요구된다.

### 예제

다음 중 밑줄 친 부분의 거리가 가장 긴 것은?

〈도량형 환산표〉

| 구 분 | 1m (미터) | 1inch (인치) | 1fee (피트) | 1yard (야드) | 1mile (마일) | 1자 (尺) | 1간 (間) |
|---|---|---|---|---|---|---|---|
| 1m (미터) | 1 | 39.37 | 3.2808 | 1.0936 | 0.0006 | 3.3 | 0.55 |
| 1inch (인치) | 0.0254 | 1 | 0.0833 | 0.0278 | | 0.0838 | 0.014 |
| 1feet (피트) | 0.3048 | 12 | 1 | 0.333 | 0.00019 | 1.0058 | 0.1676 |
| 1yard (야드) | 0.9143 | 36 | 3 | 1 | 0.0006 | 3.0175 | 0.5029 |
| 1mile (마일) | 1,609.3 | 63360 | 5280 | 1760 | 1 | 5,310.8 | 885.12 |
| 1자(尺) | 0.30303 | 11.93 | 0.09942 | 0.3314 | 0.0002 | 1 | 0.1667 |
| 1간(間) | 1.818 | 71.582 | 5.965 | 1.9884 | 0.0011 | 6 | 1 |

① 김 하사는 공수기본 교육 때 1,600피트 상공에서 강하하였다.
② 박 중사는 체력훈련을 위해 매일 520미터 트랙 10바퀴를 뛰었다.
③ 공병 중대가 우리 진지 정면에 580야드의 철조망을 설치하였다.
④ 충주 고을 사람을 동원하여 1,500자(尺)의 성을 쌓아 왜적의 침입에 대비했다.

### 정답체크

m(미터)를 기준으로 환산하여 비교해 본다.
① 1,600피트 : $1,600 \times 0.3048 = 487.68(m)$
② 520m
③ 5800야드 : $580 \times 0.9143 = 530.294(m)$
④ 1,500자 : $1,500 \times 0.303 = 454.5(m)$
따라서 ③의 5800야드가 가장 길다.

정답 ③

**그래프해석**

## ■ 유형설명

그래프 해석은 주어진 그래프를 분석하여 제시된 문제를 해결하는 유형이다. 기본적으로 선그래프, 막대그래프, 원그래프 등 다양한 그래프가 제시되며, 최근에는 표 해석이 결합된 문제가 출제되기도 한다.

### 예제

다음은 (가) 무역상사의 상반기 월별 매출액과 수익을 나타낸 그래프이다. 다음 중 옳지 않은 것은?

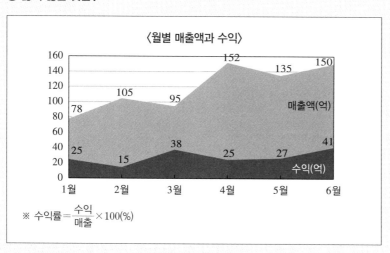

〈월별 매출액과 수익〉

$$※ \ 수익률 = \frac{수익}{매출} \times 100(\%)$$

① 1월부터 6월까지 평균 수익률은 약 15%이다.
② 매출액 대비 수익이 가장 높은 달은 3월이고, 가장 낮은 달은 2월이다.
③ 전월 대비 매출액의 증가율이 가장 높은 달은 4월이다.
④ 6월은 1월보다 수이률이 낮다.

### 정답체크

그래프를 정리하면 다음과 같다.

| 월 | 매출액(억) | 수익(억) | 수익률(%) |
|---|---|---|---|
| 1 | 78 | 25 | 32 |
| 2 | 105 | 15 | 14 |
| 3 | 95 | 38 | 40 |
| 4 | 152 | 25 | 16 |
| 5 | 135 | 27 | 20 |
| 6 | 150 | 41 | 27 |

1월부터 6월까지 평균 수익률은 약 24%이다.

정답 ①

## ■ 수리능력

**TIP**

**증가 · 감소**

- $x$가 a%만큼 증가 : $\left(1+\dfrac{a}{100}\right)x$

- $x$가 a%만큼 감소 : $\left(1-\dfrac{a}{100}\right)x$

**분산과 표준편차**

- (분산)$=\dfrac{\{(편차)^2의\ 총합\}}{(변량의\ 개수)}$
- (표준편차)$=\sqrt{(분산)}$
- (가중평균)$=\dfrac{(A값\times A의\ 가중치)+(B값\times B의\ 가중치)+\cdots+(N값\times N의\ 가중치)}{(A의\ 가중치)+\cdots+(N의\ 가중치)}$

**수**

- 연속한 두 자연수 : $x,\ x+1$
- 연속한 세 자연수 : $x-1,\ x,\ x+1$
- 연속한 두 짝수(홀수) : $x,\ x+2$
- 연속한 세 짝수(홀수) : $x-2,\ x,\ x+2$
- 십의 자리 숫자가 $x$, 일의 자리 숫자가 $y$인 두 자리 자연수 : $10x+y$
- 백의 자리 숫자가 $x$, 십의 자리 숫자가 $y$, 일의 자리 숫자가 $z$인 세 자리 자연수 : $100x+10y+z$

**01** 어떤 수에서 1을 빼고 3을 곱한 후 다시 2를 빼고 −3을 곱했다. 여기에 15를 더한 값을 −3으로 나누었더니 그 결과가 2가 되었다. 어떤 수는 얼마인가? 　　　　난도 ★☆☆

① 2　　　　　　　　　　　　② 3
③ 4　　　　　　　　　　　　④ 5

**02** 다음 표는 A고등학교 1학년 학생 30명을 대상으로 한 시험 점수표이다. 평균이 70점일 때 점수가 70점인 학생은 몇 명인가?

난도 ★☆☆

| 점수(점) | 50 | 55 | 60 | 65 | 70 | 75 | 80 | 합 계 |
|---|---|---|---|---|---|---|---|---|
| 학생 수(명) | 1 | 2 | | 3 | | 7 | 6 | 30 |

① 3명      ② 4명

③ 6명      ④ 8명

---

**03** 다음은 어느 해 9월 22일의 환율표이다. 아래 표를 참고했을 때, 전부 원화로 환산할 경우 가장 많은 원화를 보유한 사람은?

난도 ★★☆

| 미국(달러, USD) | 일본(엔, JPY) | 중국(위안, CNY) | 유로(유로,EUR) |
|---|---|---|---|
| 1$=1,209 | ￥100=1106.48 | 1￥=170.46 | 1€=1370.04 |

① 미화 1,500달러가 들어 있는 예금통장을 가진 홍길동

② 일본 여행에서 쓰고 남은 130,000엔을 가진 옆집 아저씨

③ 중국에 12,000위안 제품을 수출한 농공단지 K회사 사장

④ 독일 잡지사에서 원고료 1,050유로를 받은 고바우 씨

---

**04** 다음은 부사관과 신입생 선발 전형 결과 자료이다. 가장 높은 점수를 받은 사람은 누구인가? (단, 체력검정, 면접, 학생부평가에 각각 20%, 30%, 50%의 가중치를 적용함)

난도 ★★☆

〈지원자별 점수표〉

(단위 : 점)

| 선발 전형 | 체력검정 | 면 접 | 학생부평가 |
|---|---|---|---|
| A | 90 | 90 | 80 |
| B | 90 | 100 | 70 |
| C | 90 | 80 | 90 |
| D | 100 | 100 | 60 |

① A      ② B

③ C      ④ D

**05** A뷔페 메뉴의 열량을 조사하여 도수분포표로 나타낸 것이다. 400kcal 미만의 메뉴가 전체 메뉴의 50%일 때 700kcal 이상의 메뉴는 모두 몇 가지인가?                    난도 ★★☆

| 열량(kcal) | 도 수 |
|---|---|
| $100^{이상} \sim 200^{미만}$ | 11 |
| $200^{이상} \sim 300^{미만}$ | 17 |
| $300^{이상} \sim 400^{미만}$ | 12 |
| $400^{이상} \sim 500^{미만}$ | 18 |
| $500^{이상} \sim 600^{미만}$ | 10 |
| $600^{이상} \sim 700^{미만}$ | 6 |
| $700^{이상} \sim$ |  |

① 4가지                          ② 6가지
③ 8가지                          ④ 10가지

**06** 다음은 부사관 지원자를 대상으로 희망 병과를 조사하여 나타낸 상대도수분포표이다. 전차승무 지원자 수가 전술통신 지원자 수의 2배일 때 전차승무 지원자의 상대도수를 구하면?                    난도 ★☆☆

| 희망 병과 | 상대도수 |
|---|---|
| 야전포병 | 0.21 |
| 인간정보 | 0.12 |
| 전차승무 |  |
| 전투공병 | 0.10 |
| 전술통신 |  |
| 이동관리 | 0.18 |
| 합 계 | 1 |

① 0.13                          ② 0.18
③ 0.26                          ④ 0.39

**07** 코로나19 극복을 위해 중앙정부와 지방자치단체에서 A지역에 지급한 생활안정지원금 내역을 조사하여 나타낸 표이다. 2년 동안 중앙정부와 지방자치단체에서 지급한 금액의 차는?　　난도 ★★☆

〈생활안정지원금 지원 내역〉

(단위 : 만 원)

| 연 도 | 2020년 | 2021년 |
| --- | --- | --- |
| 중앙정부 | 828,574 | 873,061 |
| 지방자치단체 | 521,009 | 478,098 |

① 67억 3,532만 원　　　　　　② 68억 2,853만 원
③ 68억 7,530만 원　　　　　　④ 70억 2,528만 원

**08** 다음 그림에서 $\overline{AB}$의 길이가 15cm이고 $\overline{AM}=\frac{1}{2}\overline{AB}$, $\overline{MC}=\frac{1}{3}\overline{BM}$일 때, $\overline{MC}$의 길이는?　　난도 ★☆☆

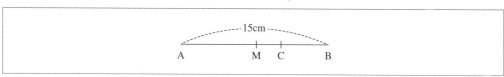

① 2.5cm　　　　　　② 3cm
③ 3.5cm　　　　　　④ 4cm

**09** 전체 학생 수가 50명인 학급의 영어와 수학 쪽지 시험의 점수별 학생 수를 나타낸 표이다. $a+b$의 값은?

난도 ★☆☆

(단위 : 명)

| 수학(점) \ 영어(점) | 1 | 2 | 3 | 4 | 5 |
|---|---|---|---|---|---|
| 1 | 0 | 2 | 1 | 2 | 0 |
| 2 | 3 | $a$ | 4 | 2 | 2 |
| 3 | 0 | 3 | 5 | $b$ | 3 |
| 4 | 0 | 4 | 3 | 3 | 2 |
| 5 | 1 | 0 | 1 | 1 | 0 |

① 5명      ② 6명

③ 7명      ④ 8명

**10** A포대의 부대원 400명의 계급별 분포를 나타낸 표이다. 장교, 부사관, 병의 비가 3 : 4 : 5일 때 병장은 몇 명인가?

난도 ★☆☆

| 〈계급별 분포〉 | | |
|---|---|---|
| 계 급 | | 비율(%) |
| 장 교 | | |
| 부사관 | | |
| 병 | 병 장 | |
| | 상 병 | 18 |
| | 일 병 | 24 |
| | 이 병 | 22 |

① 60명      ② 80명

③ 100명      ④ 200명

■ **수열**

**TIP**

수열의 종류

• 등차수열 : 첫째항부터 차례로 일정한 수를 더하여 만든 수열

  예 {1, 3, 5, 7, …} : 첫째 항이 1이고 공차가 2인 등차수열

• 등비수열 : 첫째항부터 차례로 일정한 수를 곱하여 만든 수열

  예 {$a$, $2a$, $4a$, $8a$, …} : 첫째 항이 $a$이고 공비가 2인 등차수열

• 계차수열 : 앞의 항과의 차가 일정한 규칙을 가지는 수열

  예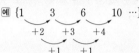

• 피보나치 수열 : 앞의 두 항의 합이 그다음 항을 이루는 수열

  예 {1, 1, 2, 3, 5, 8, …} : $a_n + a_{n+1} = a_{n+2}$의 규칙을 가지는 피보나치 수열

• 건너뛰기 수열 : 두 개 이상의 수열이 일정한 간격을 두고 번갈아 가며 나타나는 수열

  예 {1, 1, 3, 3, 5, 9, …} : 홀수항의 공차가 2, 짝수항의 공비가 3인 건너뛰기 수열

**11** 일정한 규칙으로 수를 나열할 때, 빈칸에 들어갈 수로 알맞은 것은?   난도 ★★☆

$$\frac{1}{2} \quad \frac{2}{3} \quad 1 \quad \frac{8}{5} \quad \frac{8}{3} \quad \frac{32}{7} \quad (\ \ )$$

① $\dfrac{128}{11}$    ② $\dfrac{32}{9}$    ③ 8    ④ 4

**12** 일정한 규칙으로 수를 나열할 때, 빈칸에 들어갈 수로 알맞은 것은?   난도 ★★★

$$\frac{1}{2} \quad \frac{1}{4} \quad 1 \quad \frac{1}{2} \quad \frac{3}{2} \quad \frac{3}{4} \quad 2 \quad (\ \ ) \quad \frac{5}{2} \quad \frac{4}{5} \quad 3$$

① 1    ② $\dfrac{4}{3}$    ③ $\dfrac{5}{3}$    ④ 3

**13** 일정한 규칙으로 수를 나열할 때, 빈칸에 들어갈 수로 알맞은 것은?   난도 ★★★

$$2 \quad 2 \quad 1 \quad 2 \quad 2 \quad 6 \quad 3 \quad 4 \quad (\ \ ) \quad 5 \quad 6 \quad 9$$

① 5    ② 6    ③ 7    ④ 8

## ■ 거리/속력/시간

**TIP**

거리/속력/시간 관련 공식

거리를 $s$, 속력을 $v$, 시간을 $t$라 할 때, $s = vt$, $v = \dfrac{s}{t}$, $t = \dfrac{s}{v}$

**14** 둘레가 6km인 트랙을 처음에는 분당 180m의 속력으로 달리다가 나중에는 분당 75m의 속력으로 걸어서 한 바퀴를 돌았다. 전체 소요 시간이 45분이었다면 달린 시간은 몇 분인가?　　　　　난도 ★★☆

① 20분
② 25분
③ 28분
④ 30분

**15** 시속 60km/h의 자가용을 이용하면 10분이 소요되는 거리를 자전거로 달렸을 때 25분이 걸렸다면 자전거의 속력은?　　　　　난도 ★★☆

① 220m/분
② 240m/분
③ 360m/분
④ 400m/분

**16** 올라갈 때는 3km/시간의 속력으로, 내려올 때는 올라갈 때보다 7km 먼 길을 5km/시간의 속력으로 걸어서 6시간 12분이 걸렸다면, 내려올 때 거리는 몇 km인가?　　　　　난도 ★★☆

① 13km
② 14km
③ 15km
④ 16km

**17** 동생은 100m/분의 속력으로 걸어가고, 형은 동생이 출발한 지 10분 뒤에 자전거로 500m/분의 속력으로 출발하였다. 동생은 출발한 지 몇 분 만에 형과 만나는가?　　　　　난도 ★★★

① 2분 30초
② 5분 30초
③ 10분 30초
④ 12분 30초

## ■ 경우의 수

**경우의 수**

- 합의 법칙 : 두 사건 $A$, $B$가 동시에 일어나지 않을 때, 사건 $A$가 일어나는 경우의 수가 $m$, 사건 $B$가 일어나는 경우의 수가 $n$이면,
  사건 $A$ 또는 $B$가 일어나는 경우의 수 : $m+n$
- 곱의 법칙 : 두 사건 $A$, $B$에 대하여 사건 $A$가 일어나는 경우의 수가 $m$이고, 그 각각의 경우에 대하여 사건 $B$가 일어나는 경우의 수가 $n$이면,
  사건 $A$와 사건 $B$가 동시에, 잇달아 일어나는 경우의 수 : $m \times n$

**확률**

- $P(A)=\dfrac{(\text{사건 A가 일어나는 경우의 수})}{(\text{일어날 수 있는 모든 경우의 수})}=\dfrac{a}{n}$
- 확률의 성질
  - 임의의 사건 $A$가 일어날 확률을 $P(A)$라고 하면 $0 \leq P(A) \leq 1$이다.
  - 반드시 일어나는 사건의 확률은 1이고, 절대로 일어날 수 없는 사건의 확률은 0이다.
- 확률의 덧셈과 곱셈
  사건 $A$가 일어날 확률을 $p$, 사건 $B$가 일어날 확률을 $q$라고 하면,
  - 사건 $A$, $B$가 동시에 일어나지 않을 때 사건 $A$ 또는 사건 $B$가 일어날 확률 : $p+q$
  - 사건 $A$, $B$가 서로 영향을 주지 않을 때 사건 $A$와 사건 $B$가 동시에 일어날 확률 : $p \times q$
- 기댓값의 계산
  - 사건 $A$가 일어날 확률을 $p$, 이때 받는 상금을 $a$원이라면 기댓값은 $a \times p$(원)이다.
  - 동시에 일어나지 않는 두 사건 $A$, $B$에 대하여 상금의 기댓값은 (사건 $A$에 대한 기댓값)+(사건에 $B$에 대한 기댓값)이다.

**18** 특공 조장으로 임무를 부여받은 김 하사는 팀원을 이끌고 주둔지(A)에서 출발하여 참고점(B)를 통과하여 목표지점(C)로 빠른 경로를 이용하여 신속하게 침투하고자 한다. 김 하사가 선택할 수 있는 경로는 모두 몇 가지인가? (단, 왔던 길을 반복해서 갈 수 없고 최단거리를 이용해야 함)  난도 ★★☆

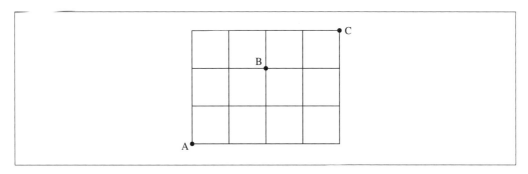

① 12가지                    ② 16가지
③ 18가지                    ④ 24가지

**19** 학교에 동아리 활동 부서가 7개 있고, 방과 후 활동반이 6개 있다. 이때 한 개의 동아리 활동 부서와 한 개의 방과 후 활동반을 선택하는 방법은 모두 몇 가지인가? 난도 ★☆☆

① 6가지　　　　　　　　　　　　② 7가지

③ 13가지　　　　　　　　　　　④ 42가지

**20** 주머니에 20개의 구슬이 있다. 이 중 파란 구슬은 5개이다. 구슬 두 개를 뽑았을 때 두 개 모두 파란 구슬일 확률은? (단, 한 번 꺼낸 구슬은 다시 넣지 않음) 난도 ★★☆

① $\dfrac{1}{16}$　　　　　　　　　　② $\dfrac{1}{19}$

③ $\dfrac{1}{36}$　　　　　　　　　　④ $\dfrac{9}{40}$

**21** 맞으면 넘어지는 표적이 있다. 두 사람이 표적을 맞힐 확률이 각각 $\dfrac{4}{7}$, $\dfrac{5}{9}$일 때, 적어도 하나의 표적이 넘어질 확률은? 난도 ★★★

① $\dfrac{20}{63}$　　　　　　　　　　② $\dfrac{59}{63}$

③ $\dfrac{71}{63}$　　　　　　　　　　④ $\dfrac{17}{21}$

■ 금액

**22** 동기들과 식사를 하고 식비를 계산하려고 한다. 1인당 10,000원씩 내면 36,000원이 부족하고, 15,000원씩 내면 9,000원이 남는다. 1인당 식비는 얼마인가? 난도 ★★☆

① 13,500원  ② 13,800원
③ 14,000원  ④ 14,500원

**23** 원가 30,000원의 상품 A에 운반비 1,000원과 수수료 1,000원을 가산하여 매입하였다. 상품 A에 20%의 이익을 더해서 정가를 매겼다가 고객의 요구로 10% 할인하여 판매하였다. 상품 A를 판매한 후 이익은 얼마인가? (단, 매입 시 제비용은 상품의 원가에 포함함) 난도 ★★★

① 320원  ② 2,400원
③ 2,560원  ④ 3,840원

**24** 다음은 5월 어느 소매점의 거래 장부이다. 이 소매상이 5월에 상품을 판매하여 얻은 이익은 얼마인가? (단, 물건을 팔 때는 먼저 들어온 상품부터 먼저 판매하는 것으로 함) 난도 ★★☆

| 날 짜 | 내 역 |
|---|---|
| 5월 5일 | A상품 100개를 한 개당 1,000원씩 주고 사왔다. |
| 5월 8일 | A상품 100개를 한 개당 1,200원씩 주고 사왔다. |
| 5월 10일 | B상품 100개를 한 개당 1,400원에 사왔다. |
| 5월 15일 | A상품 150개를 한 개당 1,500원씩 받고 판매하였다. |

① 15,000원  ② 45,000원
③ 65,000원  ④ 75,000원

## ■ 날짜/요일/시간

**25** 어떤 달의 5일이 화요일이라면 그달의 28일은 무슨 요일인가?   난도 ★☆☆

① 목요일                          ② 금요일
③ 토요일                          ④ 일요일

**26** 어느 해 5월 4일이 수요일이라면 그달의 세 번째 월요일은 며칠인가?   난도 ★☆☆

① 5월 16일                       ② 5월 17일
③ 5월 23일                       ④ 5월 24일

**27** 어떤 달의 2일과 말일이 토요일이라면 다음 달 말일은 무슨 요일인가?   난도 ★★☆

① 일요일                          ② 월요일
③ 화요일                          ④ 목요일

## ■ 농도

**TIP**

농도

- (소금물의 농도)= $\dfrac{(소금의\ 양)}{(소금물의\ 양)} \times 100(\%)$
- (소금의 양)= $\dfrac{(소금물의\ 농도)}{100} \times (소금물의\ 양)$

**28** 15%의 소금물 200g을 8%의 소금물로 만들기 위해서는 몇 g의 물을 더 넣어야 하는가? 　난도 ★☆☆

① 175g　　　　　　　　　　　　　② 140g

③ 120g　　　　　　　　　　　　　④ 105g

**29** 13%의 소금물 150g을 장독대에 놔두었더니 15%의 소금물로 변했다. 증발한 물의 양은 얼마인가?

난도 ★★☆

① 13g　　　　　　　　　　　　　② 15g

③ 20g　　　　　　　　　　　　　④ 22.5g

**30** 7%의 소금물 400g에 소금 60g과 물을 더 넣어 10%의 소금물을 만들었다. 이때 더 넣은 물의 양은 얼마인가?

난도 ★★☆

① 360g　　　　　　　　　　　　　② 380g

③ 400g　　　　　　　　　　　　　④ 420g

**31** 8%의 소금물 240g에 15%의 소금물을 섞어서 12%의 소금물을 만들었다. 이때 15% 소금물의 양은 얼마인가?

난도 ★★☆

① 240g　　　　　　　　　　　　　② 280g

③ 320g　　　　　　　　　　　　　④ 360g

## ■ 인원/개수

TIP

**최대공약수와 최소공배수**
- 최대공약수 : 공약수 중에서 가장 큰 수
- 최소공배수 : 공배수 중에서 가장 작은 수

```
예  2 ) 12   18
    3 )  6    9
         2    3
```

∴ 최대공약수 : $2 \times 3 = 6$
∴ 최소공배수 : $2 \times 3 \times 2 \times 3 = 36$

**구성비와 증감률**
- (구성비) $= \dfrac{(일부)}{(전체)} \times 100(\%)$
- (증감률) $= \dfrac{(비교년도 \ 수) - (기준년도 \ 수)}{(기준년도 \ 수)} \times 100(\%)$

**32** 우유 54개와 귤 135개를 최대한 많은 학생들에게 나누어 주려고 한다. 우유와 귤을 각각 똑같은 개수로 나누어 준다고 할 때, 최대 몇 명에게 나누어 줄 수 있는가?　　　　　난도 ★☆☆

① 18명　　　　　　　　　　　　② 27명
③ 36명　　　　　　　　　　　　④ 54명

**33** 중대는 대대 정훈장교의 강연을 듣기 위해 강당에 모였다. 의자를 배열하는데 7명씩 앉으면 3명이 못 앉고, 8명씩 앉으면 의자 2개가 남고 1명이 앉지 못한다. 중대 병력은 모두 몇 명인가?　　　　　난도 ★★☆

① 122명　　　　　　　　　　　　② 125명
③ 129명　　　　　　　　　　　　④ 131명

**34** 전체 학생이 300명인 A 고등학교 학생회장단 선거에 3명의 후보가 출마하였다. 체험학습 중인 22명의 학생이 투표에 불참하고, 나머지는 모두 투표하였다. 득표 수가 투표한 학생 수의 50%를 초과하면 당선된다고 할 때, 갑 후보가 당선되려면 아직 개표하지 않은 나머지 투표에서 최소한 몇 % 이상 득표해야 하는가?

난도 ★★☆

| 후보자 | 갑 | 을 | 병 |
|---|---|---|---|
| 득표 수(표) | 88 | 53 | 37 |

① 49%  
③ 51%  

② 50%  
④ 52%

**35** 다음은 (가)읍의 학교별 학생 수와 감기 발생률을 조사하여 나타낸 표이다. (가)읍 전체 학생의 감기 발생률은 몇 %인가? (단, 소수 둘째 자리에서 반올림함)

난도 ★☆☆

| 〈(가)읍의 학교별 학생 수와 감기 발생률〉 | | | |
|---|---|---|---|
| 학 교 | 초등학교 | 중학교 | 고등학교 |
| 학생 수(명) | 250 | 230 | 164 |
| 발생률(%) | 24 | 30 | 25 |

① 25.7%  
③ 27.2%  

② 26.4%  
④ 27.6%

## ■ 일/일률/톱니바퀴

**36** 서로 맞물려 돌고 있는 톱니바퀴 A와 B가 있다. 톱니의 수가 16개인 A는 18초에 12바퀴를 회전하고 한다. 톱니의 수가 40개인 톱니바퀴 B가 2바퀴를 회전하는 데 걸리는 시간은?　난도 ★☆☆

① 10.5초　　　　　　　　　　　　② 10초

③ 8.5초　　　　　　　　　　　　④ 7.5초

**37** 부대 주변 제초 작업을 하는데 A소대가 하면 6시간이 걸리고, B소대가 하면 10시간이 걸린다. A소대가 먼저 1시간 작업한 후에 B소대와 함께 작업하였고, 일정시간 A소대와 B소대가 함께 작업한 후 A소대는 철수하고 B소대가 3시간을 더 작업하여 모든 작업을 끝냈다. 이때 A소대와 B소대가 함께 일한 시간은?　난도 ★★☆

① 1.5시간　　　　　　　　　　　② $\frac{7}{4}$시간

③ 2시간　　　　　　　　　　　　④ $2\frac{1}{3}$시간

**38** 기계 A로 5일, B로 8일을 일하면 마칠 수 있는 작업이 있다. 이때 A로 7일, B로 4일 일하면 마칠 수 있다. A와 B가 함께 일하면 며칠이 걸리겠는가?　난도 ★★★

① 6일　　　　　　　　　　　　　② 7일

③ 8일　　　　　　　　　　　　　④ 10일

**TIP**

**표 해석 문제의 특징**
• 주어진 표에 대한 소개와 문제가 제시된다.
• 보기 해결을 위한 제목, 단위, 항목(변수), 데이터, 각주 등이 제시된다.
• 보기는 크게 선다형과 선택형이 출제된다.
• 표에 나온 문자의 의미를 잘 이해해야 한다.

**자료의 종류**
• 일반적 자료 : 동일한 시점에서 여러 개의 항목(사람, 집단, 국가 등)을 측정한 것으로 최댓값과 최솟값, 대소 비교 및 순서 비교, 비중 계산, 항목 간의 관계 등을 알 수 있다.
• 시계열 자료 : 하나의 항목을 여러 시점에 따라 측정한 것으로 연도별, 반기별, 분기별, 월별, 주별, 일별 등 다양한 시간 단위로 제공된다. 증가(감소)하는 추세인지, 어느 정도 증가(감소)했는지, 전년(전분기) 대비 증가(감소)했는지 등을 알 수 있다.

**01** 다음 중 인구 밀도가 가장 높은 지역은?　　　　　　　　　　난도 ★☆☆

〈지역별 인구 밀도〉

(단위 : km$^2$, 명)

| 지 역 | A | B | C | D |
|---|---|---|---|---|
| 면 적 | 89.5 | 45.6 | 121.6 | 78.1 |
| 인 구 | 25,987 | 14,091 | 75,472 | 43,752 |

※ (인구 밀도)$=\dfrac{(인구)}{(면적)}$

① A　　　　　　　　　　　　　　② B
③ C　　　　　　　　　　　　　　④ D

**02** 다음은 A고와 B고의 2007년부터 2011년까지 5년간 대학의 입학자 및 졸업자를 나타낸 표이다. 다음 설명 중 옳은 것은? 난도 ★☆☆

〈입학 및 졸업생 현황〉

(단위 : 명)

| 구 분 | | 2007년 | | 2008년 | | 2009년 | | 2010년 | | 2011년 | |
|---|---|---|---|---|---|---|---|---|---|---|---|
| | | A 고 | B 고 | A 고 | B 고 | A 고 | B 고 | A 고 | B 고 | A 고 | B 고 |
| 입 학 | 인문계 | 31 | 53 | 25 | 57 | 34 | 44 | 28 | 40 | 30 | 53 |
| | 자연계 | 25 | 50 | 24 | 56 | 35 | 57 | 16 | 60 | 16 | 77 |
| 졸 업 | 인문계 | 26 | 44 | 26 | 45 | 31 | 45 | 21 | 49 | 26 | 43 |
| | 자연계 | – | – | 12 | 43 | 14 | 58 | 22 | 48 | 16 | 50 |

① A고 입학생 수 대비 B고 입학생 수의 비율이 가장 높은 해는 2010년이다.
② 입학생 수가 가장 많은 해에 졸업생 수도 가장 많다.
③ B고 자연계 입학자는 매년 증가하고 있다.
④ A고 입학생 수는 자연계보다 인문계가 항상 많다.

**03** 무궁화 기업(주)의 주요 주주들의 주식 보유 현황을 나타낸 표이다. 다음 설명 중 옳지 않은 것은? (단, 의결권주는 투표권이 있고, 무의결권주는 투표권이 없으며, 투표권은 의결권주 보유비율로 정해짐) 난도 ★★☆

〈주식 보유 현황〉

(단위 : %)

| 주 주 | 주식보유 비율 | 의결권주 비율 | 무의결권주 비율 |
|---|---|---|---|
| A | 28.5 | 23.5 | 5.0 |
| B | 18.1 | 15.1 | 3.0 |
| C | 12.4 | 10.4 | 2.0 |
| D | 11.4 | 10.4 | 1.0 |
| E | 9.2 | 8.2 | 1.0 |
| F | 8.0 | 8.0 | |
| G | 6.1 | 6.1 | |
| H | 3.6 | 3.6 | |
| K | 1.8 | 1.8 | |
| L | 0.9 | 0.9 | |
| 합 계 | 100 | 88.0 | 12.0 |

① 보유율 상위 3명의 의결권주 비율은 전체 의결권주의 50% 이하이다.
② 가장 많은 수의 주식을 보유하고 있는 주주는 A다.
③ 주주 H는 주주 K보다 투표권이 두 배 많다.
④ 주주 C와 주주 D의 투표권은 같다.

[04~05] 가정집에서 쓰는 전기요금은 사용량에 따라 요금이 다르게 부과된다. 다음 가정용 전기요금표를 보고 물음에 답하시오.

〈전력사용요금 부과표〉

(단위 : 원)

| 사용량 | 기본요금 | 1kwh당 요금 |
|---|---|---|
| 100kwh 이하 | 1,200 | 80 |
| 100kwh 초과 200kwh 이하 | 2,500 | 150 |
| 200kwh 초과 300kwh 이하 | 4,200 | 240 |
| 300kwh 초과 400kwh 이하 | 5,600 | 350 |

**04** 한 달에 전기를 200kwh를 사용한 가정에서의 전기요금은 얼마인가?  난도 ★★☆

① 31,200원 　　　　　　　　　　② 32,500원

③ 25,500원 　　　　　　　　　　④ 17,200원

**05** 전기를 한 달에 301kwh를 사용한 가정은 300kwh를 사용한 가정보다 전기요금을 얼마 더 내야 하는가?

난도 ★★☆

① 1,350원 　　　　　　　　　　② 1,550원

③ 1,750원 　　　　　　　　　　④ 5,950원

**[06~07]** 다음은 회사별 A제품의 매출 비중을 나타낸 표이다. 물음에 답하시오.

〈4년간 회사별 매출 비율〉

(단위 : %)

| 회사 \ 연도 | 2010 | 2011 | 2012 | 2013 |
|---|---|---|---|---|
| 갑 | 30 | 25 | 20 | 20 |
| 을 | 15 | 20 | 25 | 25 |
| 병 | 20 | 25 | 30 | 35 |
| 정 | 35 | 30 | 25 | 20 |
| 총 판매수량(개) | 80,000 | 90,000 | 120,000 | 100,000 |

**06** 2011년 '갑' 회사의 판매수량은?  난도 ★☆☆

① 18,000개            ② 20,000개

③ 22,500개            ④ 24,000개

**07** 다음 설명 중 옳지 않은 것은?  난도 ★★☆

① 판매수량이 가장 적은 회사는 2010년의 '을'이다.

② 4년 동안 회사별 판매수량의 합은 '병'이 가장 많다.

③ '정'의 판매수량은 점점 줄어들고 있다.

④ '갑'의 2010년과 2012년의 판매수량은 같다.

**08** 다음은 2019년도 육 · 해 · 공군 · 특전사 · 해병대 부사관 선발평가 결과를 나타낸 표이다. 다음 설명 중 옳지 않은 것은?

난도 ★★☆

〈부사관 선발평가 결과〉

(단위 : 명)

| 구 분 | 응시자 | 1차 합격 | 2차(최종) 합격 | 임관 인원 |
|---|---|---|---|---|
| 육 군 | 13,014 | 9,761 | 4,392 | 3,125 |
| 해 군 | 2,780 | 2,391 | 1,674 | 667 |
| 공 군 | 1,489 | 566 | 383 | 358 |
| 특전사 | 2,798 | 2,482 | 1,365 | 1,203 |
| 해병대 | 3,509 | 3,246 | 1,674 | 1,596 |
| 합 계 | 23,590 | 18,446 | 9,488 | 6,949 |

※ 시험 순서는 필기시험 – 1차 선발 – 체력 및 면접 – 최종 신발 – 양성과정 교육 – 임관으로 진행됨

① 육군, 해군, 특전사 중 양성과정에서 포기한 인원이 많은 군부터 나열하면 육군 – 해군 – 특전사 순이다.

② 공군, 특전사, 해병대 중 응시자 대비 임관율이 높은 군부터 나열하면 해병대 – 특전사 – 공군 순이다.

③ 체력과 면접에서는 육군의 경쟁률이 가장 높다고 할 수 있다.

④ 전체적으로 응시자 대비 임관율은 30%를 넘는 수준이다.

[09~10] 다음은 제품 A의 모델별 가격변화를 나타낸 표이다. 물음에 답하시오.

**〈제품 A의 모델별 가격〉**

(단위 : 원)

| 모델＼연도 | 2013년 | 2014년 | 2015년 | 2016년 |
|---|---|---|---|---|
| 모델 1 | 120,000 | 114,000 | 125,400 | 137,940 |
| 모델 2 | 100,000 | 105,000 | 115,500 | 127,050 |
| 모델 3 | 150,000 | 135,000 | 121,500 | 109,350 |
| 모델 4 | 130,000 | 143,000 | 128,700 | 115,830 |
| 모델 5 | 90,000 | 108,000 | 129,600 | 155,520 |

**09** 2014년 대비 2015년 모델 1의 가격 상승 비율은?  난도 ★☆☆

① 5%  ② 8%

③ 10%  ④ 12%

**10** 2014년 모델 4는 모델 2보다 몇 % 더 비싼가? (단, 소수 둘째 자리에서 반올림함)  난도 ★★☆

① 36.2%  ② 36.5%

③ 37.3%  ④ 38.8%

**11** 다음은 주요 도시의 생활폐기물 발생 현황에 대한 자료이다. 자료를 보고 설명한 것으로 옳은 것은?

난도 ★★☆

### 〈주요 도시별 1일 쓰레기 배출량〉

(단위 : 천 가구, t/일)

| 도 시 | 가구 수 | 종량제 방식 혼합배출 | | | 재활용품 분리배출 | 음식물 분리배출 | 총 량 |
|---|---|---|---|---|---|---|---|
| | | 가연성 | 불연성 | 기 타 | | | |
| 서 울 | 4,362 | 2,502 | 239 | 16 | 3,217 | 2,610 | 8,584 |
| 부 산 | 1,508 | 776 | 76 | 77 | 1,195 | 670 | 2,794 |
| 대 구 | 1,042 | 1,067 | 108 | 1 | 762 | 620 | 2,558 |
| 인 천 | 1,246 | 668 | 204 | 5 | 420 | 690 | 1,987 |
| 광 주 | 622 | 332 | 153 | 18 | 116 | 475 | 1,094 |
| 대 전 | 641 | 430 | 60 | 16 | 455 | 430 | 1,391 |
| 울 산 | 471 | 477 | 222 | 23 | 376 | 310 | 1,408 |
| 세 종 | 138 | 155 | 15 | 0 | 112 | 50 | 332 |
| 합 계 | 10,030 | 6,407 | 1,077 | 156 | 6,653 | 5,855 | 20,148 |

① 1가구당 평균 음식물 쓰레기 배출량은 광주가 가장 많고 세종이 가장 적다.

② 쓰레기 총배출량 중 종량제 방식의 혼합배출이 모든 도시에서 50% 미만이다.

③ 쓰레기 배출총량은 가구 수에 비례한다.

④ 가구 수가 다섯 번째로 많은 도시가 음식물 분리배출량도 다섯 번째로 많다.

**[12~13]** 다음은 지방자치단체에서 지역주민을 대상으로 하는 아카데미 운영과 관련된 자료이다. 물음에 답하시오.

〈아카데미 운영 관련 자료〉

| 연 도<br>항 목 | 2015년 | 2016년 | 2017년 | 2018년 | 2019년 |
|---|---|---|---|---|---|
| 아카데미 운영비(만 원) | 85,680 | 89,964 | 91,260 | 79,200 | 87,600 |
| 참석 연인원(명) | 57,120 | 64,260 | 70,200 | 72,000 | 73,000 |
| 1인당 운영비(만 원) | 1.5 | 1.4 | | | |
| 1인당 참석 횟수(회) | 1.6 | 1.8 | | | |
| 전체 주민 수(명) | | | 35,100 | 36,000 | 36,500 |

※ (1인당 운영비)$=\dfrac{(아카데미 운영비)}{(참석 연인원)}$, (1인당 참석 횟수)$=\dfrac{(참석 연인원)}{(전체 주민 수)}$

**12** 다음 설명 중 옳지 않은 것은?  난도 ★★☆

① 2019년 아카데미 운영비는 전년 대비 10% 이상 증가하였다.

② 5년 동안 1인당 운영비는 일정한 폭으로 감소하고 있다.

③ 2017년은 2016년 대비 운영비와 참석 연인원이 증가하였으나 1인당 운영비는 감소하였다.

④ 2017년부터 2019년까지 3년간 1인당 참석 횟수는 2회로 같다.

**13** 2015년 이 자치단체의 전체 주민 수는 몇 명인가?  난도 ★★☆

① 89,964명  ② 53,550명

③ 38,080명  ④ 35,700명

**14** 어느 중대의 부사관 평가항목은 다음과 같이 업무목표와 개인목표로 구분되어 있다. 1차로 업무목표를 평가하고, 업무목표 동점자가 발생하였을 경우 개인목표 점수가 높은 사람을 이 달의 장병으로 선발한다. 다음 중 이 달의 장병으로 선발된 사람은?

난도 ★★☆

(단위 : 점)

| 평가항목 | | 가중치 | A | B | C | D |
|---|---|---|---|---|---|---|
| 업무<br>목표 | 업무 달성 정도 | 40 | 9 | 7 | 10 | 8 |
| | 관리비 절감 | 50 | 10 | 7 | 9 | 8 |
| | 사병 관리 | 10 | 9 | 6 | 10 | 6 |
| 개인<br>목표 | 체력 검정 | 50 | 7 | 9 | 8 | 9 |
| | 영 어 | 30 | 7 | 9 | 6 | 8 |
| | 병과별 지식 | 20 | 6 | 10 | 9 | 7 |

① A

② B

③ C

④ D

[15~16] 다음은 현역 입영병 중 귀향자 현황에 대한 자료이다. 물음에 답하시오.

**〈입영병 중 귀향자 현황〉**

(단위 : 명)

|  | 내과 | 신경과 | 정신과 | 외과 | 안과 | 이비인후과 | 피부과 | 비뇨기과 | 치과 | 합계 |
|---|---|---|---|---|---|---|---|---|---|---|
| 전군 | 1,460 | 92 | 5,570 | 1,826 | 231 | 85 | 164 | 83 | 40 | 9,551 |
| 육군 | 338 | 19 | 589 | 187 | 16 | 12 | 55 | 13 | 14 | 1,243 |

**15** 위 표에 대한 설명으로 옳지 않은 것은?     난도 ★★☆

① 전군 및 육군의 귀향 사유는 정신과 관련이 가장 많다.

② 귀향자 중 육군이 차지하는 비중은 약 13%이다.

③ 육군의 귀향 사유 중 이비인후과 관련 질환이 가장 적다.

④ 상위 3개 분야 관련 귀향 사유는 전군 및 육군에서 90% 이상을 차지한다.

**16** 전군 대비 육군의 비율이 상대적으로 높은 진료과는?     난도 ★★☆

① 치과                      ② 피부과

③ 내과                      ④ 신경과

[17~18] 다음은 부사관 지원자들을 대상으로 1, 2차에 거쳐 시행한 희망 병과에 대한 조사 결과를 나타낸 표이다.
물음에 답하시오.

〈부사관 지원자 희망 병과 조사〉

(단위 : 명)

| 2차 \ 1차 | 보병 | 포병 | 기갑 | 공병 | 화생방 | 수송 | 정보 | 병참 | 군사경찰 | 계 |
|---|---|---|---|---|---|---|---|---|---|---|
| 보병 | 128 | 21 | 18 | 23 | 12 | 20 | 13 | 9 | 11 | 255 |
| 포병 | 11 | 65 | 13 | 12 | 9 | 9 | 11 | 3 | 4 | 137 |
| 기갑 | 14 | 10 | 38 | 15 | 12 | 7 | 5 | 4 | 3 | 108 |
| 공병 | 9 | 9 | 18 | 35 | 7 | 3 | 4 | 6 | 7 | 98 |
| 화생방 | 15 | 5 | 9 | 11 | 32 | 3 | 6 | 4 | 2 | 87 |
| 수송 | 18 | 8 | 10 | 8 | 17 | 15 | 3 | 8 | 6 | 93 |
| 정보 | 17 | 6 | 5 | 4 | 2 | 7 | 23 | 5 | 4 | 73 |
| 병참 | 9 | 9 | 7 | 11 | 9 | 5 | 9 | 20 | 4 | 83 |
| 군사경찰 | 4 | 4 | 8 | 3 | 7 | 5 | 10 | 7 | 18 | 66 |
| 계 | 225 | 137 | 126 | 122 | 107 | 74 | 84 | 66 | 59 | 1,000 |

**17** 1, 2차 조사에서 희망 병과를 바꾸지 않은 지원자는 전체의 몇 %인가?  난도 ★ ☆ ☆

① 14.6%
② 35.6%
③ 36.2%
④ 37.4%

**18** 위 표에 대한 설명으로 옳지 않은 것은?  난도 ★ ★ ☆

① 포병은 1차 조사와 2차 조사 시 희망자 수가 같다.
② 1차 조사에 비해 2차 조사에서 희망자가 줄어든 병과는 4개이다
③ 보병은 2차 조사 시에 희망자 수가 10% 이상 감소하였다.
④ 전체 지원자의 50% 이상이 1, 2차 조사에서 모두 보병, 포병, 기갑 병과에 지원하였다.

**19** 영수는 6개월 전 1달러당 1,015.7원에 환전하여 여행을 다녀왔다. 여행 후 남은 405달러를 다시 원화로 환전하려고 한다. 영수가 얻는 외환차익은 얼마인가? (단, 일의 자리 이하는 버림)  난도 ★★☆

〈주요 국가 외환시세표〉

(단위 : 원)

| 통화명 | 송금 | | 현찰 | |
|---|---|---|---|---|
| | 보낼 때 | 받을 때 | 살 때 | 팔 때 |
| 유럽연합 EUR | 1,412.2 | 1,384.3 | 1,426.21 | 1,370.3 |
| 미국 USD | 1,085.4 | 1,064.6 | 1,015.7 | 1,056.2 |
| 일본 JPY 100 | 1,314.7 | 1,289.5 | 1,324.9 | 1,279.3 |

※ 달러 : 1달러, 엔화 : 100엔, 유로 : 1유로 기준

① 32,600원

② 16,400원

③ 6,200원

④ 12,700원

[20~21] 다음은 학생 10명의 방학 중 활동 내용에 대한 자료이다. 물음에 답하시오.

**〈방학 중 활동 내용〉**

| 번 호 | 1 | 2 | 3 | 4 | 5 | 6 | 7 | 8 | 9 | 10 |
|---|---|---|---|---|---|---|---|---|---|---|
| 이 름 | 박사 | 가희 | 영자 | 철식 | 오심 | 종말 | 홍가 | 매미 | 말코 | 만보 |
| 성 별 | 남 | 여 | 여 | 남 | 여 | 여 | 남 | 남 | 남 | 남 |
| 헌혈(회) | 2 | 1 | 2 | $x$ | $y$ | 3 | 2 | 1 | 1 | 1 |
| 자원봉사(회) | 2 | 3 | 1 | 2 | 1 | 3 | 4 | 3 | 3 | 4 |
| 자습(시간) | 5 | 4 | 3 | 4 | 5 | 6 | 2 | 4 | 3 | 3 |
| 독서(권) | 5 | 6 | 7 | 3 | 4 | 5 | 6 | 7 | 3 | 6 |
| 운동(시간) | 2.5 | 2 | 2 | 3 | 2.5 | 1.5 | 3 | 2.5 | 2 | 2 |

**20** 남학생과 여학생의 자원봉사 시간이 1회당 각각 3시간, 2시간일 때 전체 자원봉사 활동 평균 시간은?

난도 ★★☆

① 2.6시간
② 5.4시간
③ 7시간
④ 8시간

**21** 위 표에 대한 설명으로 옳은 것은?

난도 ★★★

① 여학생의 1일 평균 운동 시간은 남학생의 0.5배이다.
② 평균 헌혈 횟수가 남학생 1.5회, 여학생 2.25회라면, 철식이와 오심이의 헌혈 횟수는 같다.
③ 남학생의 평균 독서량은 5권, 여학생의 평균 독서량은 5.5권이다.
④ 자습시간이 가장 많은 학생은 종말이고, 여학생 중 자습시간이 가장 적은 학생은 홍가이다.

**다음은 스포츠 종목별 관객 수의 비율과 경기장 수입을 나타낸 자료이다. 물음에 답하시오.**

**〈종목별 관객의 비율〉**

농구 20%
배구 15%
축구 19%
야구 46%

**〈종목별 경기장 수입〉**

(단위 : 명, 원)

| | 관객 수 | 1인당 입장료 | 입장료 수입 | 매점 수입 | 총 수입 |
|---|---|---|---|---|---|
| 야구장 | 13,202 | 5,000 | 66,010,000 | 40,120,000 | 106,130,000 |
| 축구장 | 5,453 | 6,000 | | 6,620,000 | 39,338,000 |
| 배구장 | 4,305 | 12,000 | | 17,390,000 | 69,050,000 |
| 농구장 | | 9,000 | | 12,641,300 | 64,301,300 |
| 합 계 | 28,700 | | 202,048,000 | 76,771,300 | 278,819,300 |

※ 1일 총관객 수는 28,700명임

**22** 입장료 수입 총액은 매점 수입 총액의 몇 배인가?   난도 ★☆☆

① 1.37배
② 2.63배
③ 3.79배
④ 4.93배

**23** 다음 중 옳은 것은?   난도 ★★★

① 배구장과 농구장의 입장료 수입은 같다.
② 축구장 입장료 수입은 야구장 입장료 수입의 50% 이상이다.
③ 관객 1인당 매점 수입은 야구장이 가장 많다.
④ 4종목의 입장료 수입 합계액은 총수입의 75% 이상을 차지한다.

[24~25] 다음은 2016년부터 2018년까지 3년간 우리나라 수출액 상위 10대 품목을 나타낸 표이다. 물음에 답하시오.

〈최근 3년간 수출액 상위 10대 품목〉

(단위 : 백만 달러)

| 순위 \ 연도 | 2016년 | | 2017년 | | 2018년 | |
|---|---|---|---|---|---|---|
| | 품 목 | 금 액 | 품 목 | 금 액 | 품 목 | 금 액 |
| 1위 | 반도체 | 62,005 | 반도체 | 97,937 | 반도체 | 126,706 |
| 2위 | 자동차 | 40,637 | 선박 구조물 | 42,182 | 석유제품 | 46,350 |
| 3위 | 선박 구조물 | 34,268 | 자동차 | 41,690 | 자동차 | 40,887 |
| 4위 | 무선통신기 | 29,664 | 석유제품 | 35,037 | 디스플레이 | 24,856 |
| 5위 | 석유제품 | 26,472 | 디스플레이 | 27,543 | 자동차부품 | 23,119 |
| 6위 | 자동차부품 | 24,415 | 자동차부품 | 23,134 | 합성수지 | 22,960 |
| 7위 | 합성수지 | 17,484 | 무선통신기 | 22,099 | 선박 구조물 | 21,275 |
| 8위 | 디스플레이 | 16,582 | 합성수지 | 20,436 | 철강판 | 19,669 |
| 9위 | 철강판 | 15,379 | 철강판 | 18,111 | 무선통신기 | 17,089 |
| 10위 | 플라스틱제 | 9,606 | 컴퓨터 | 9,177 | 컴퓨터 | 10,760 |
| 10대 품목 수출액 | | 276,513 | | 337,345 | | 353,671 |
| 총 수출액 | | 495,543 | | | | 604,565 |
| 총 수출 대비 10대 품목 수출액 비중(%) | | | | 59.0 | | 58.5 |

CHAPTER 02

**24** 위 표에 대한 설명으로 옳은 것을 모두 고르면?                    난도 ★★☆

(ㄱ) 10대 수출 품목의 수출액이 전체 수출의 55% 이상이다.

(ㄴ) 2017년 대비 2018년 선박 구조물 수출액은 50% 이상 감소하였다.

(ㄷ) 2018년에는 반도체를 약 126억 달러 수출하였다.

(ㄹ) 2016~2017년에는 반도체, 자동차, 선박 구조물이 1~3위를 차지하고 있다.

① (ㄱ), (ㄴ)                         ② (ㄱ), (ㄷ)

③ (ㄱ), (ㄹ)                         ④ (ㄷ), (ㄹ)

**25** 2017년 우리나라의 연간 총 수출액은 얼마인가?                    난도 ★★☆

① 약 495,543백만 달러                ② 약 571,771백만 달러

③ 약 590,001백만 달러                ④ 약 604,565백만 달러

**[26~27]** 다음은 국회의원 선거의 정당별 당선자에 대한 자료를 나타낸 표이다. 물음에 답하시오.

### 〈정당별 국회의원 당선자〉

(단위 : 명)

| 정당 | A 당 | B 당 | C 당 | D 당 | 무소속 | 합계 |
|------|------|------|------|------|--------|------|
| 지역구 | 110 | 105 | 16 | 1 | 21 | 253 |
| 비례대표 | 14 | 16 | 13 | 4 | | 47 |

### 〈국회의원 당선자 학력〉

(단위 : 명)

| 학력 | 고졸 이하 | 전문대졸 | 대졸 | 대학원수료 | 대학원 졸 | 합계 |
|------|-----------|----------|------|------------|-----------|------|
| 지역구 | 1 | 1 | 104 | 16 | 131 | 253 |
| 비례대표 | 3 | | 14 | 3 | 27 | 47 |

### 〈국회의원 당선자 직업〉

(단위 : 명)

| 직업별 | 국회의원 | 정치인 | 변호사 | 회사원 | 교육자 | 출판업 | 기타 | 합계 |
|--------|----------|--------|--------|--------|--------|--------|------|------|
| 지역구 | 138 | 61 | 13 | 2 | 8 | 2 | 29 | 253 |
| 비례대표 | | 21 | 3 | 1 | 10 | | 12 | 47 |

### 〈국회의원 당선자 나이〉

(단위 : 명)

| 구분 | 성별 | | 연령별 당선인 수 | | | | | | 당선인 수 |
|------|------|------|------------|-----------|-----------|-----------|-----------|--------|-----------|
| | 남 | 여 | 30세 미만 | 30~40세 미만 | 40~50세 미만 | 50~60세 미만 | 60~70세 미만 | 70세 이상 | |
| 지역구 | 227 | 26 | 0 | 1 | 42 | 140 | 66 | 4 | 253 |
| 비례대표 | 22 | 25 | 1 | 1 | 8 | 21 | 15 | 1 | 47 |

**26** 위 표의 내용으로 알 수 있는 것은? 난도 ★☆☆

① 전직 국회의원의 소속 정당

② 학력이 대학원 졸업이면서 30~40세 미만인 당선자 수

③ 정당별 의원 수

④ 연령별 당선인 성별

**27** 당선인들이 의정활동을 할 경우 A당과 B당이 아래 〈조건〉에 의하여 서로 다른 1당 또는 2개의 당과 연합하여 안건을 가결시킬 수 있는 방법은? 난도 ★★★

┤ **조 건** ├

(ㄱ) 100석이 넘는 당(A당과 B당)끼리는 서로 연합할 수 없다.

(ㄴ) 연합한 정당의 의원은 당명에 반하는 투표를 할 수 없다.

(ㄷ) 의장은 B당에서 1명이 선출되며 투표권이 없다.

(ㄹ) 기권은 없으며, 투표자의 과반수 이상으로 가결한다.

(ㅁ) 무소속도 당선자 전원을 하나의 정당으로 간주한다.

|     | A당 | B당 |
|-----|------|------|
| ① | 3가지 | 2가지 |
| ② | 3가지 | 3가지 |
| ③ | 4가지 | 2가지 |
| ④ | 4가지 | 3가지 |

**28** 다음은 10개국의 16세 이상 연간 담배소비량을 나타낸 표이다. 설명 중 옳지 않은 것은? 난도 ★★★

### 〈1인당 연간 담배소비량〉

(단위 : g)

| 국 가 \ 연 도 | 2014년 | 2015년 | 2016년 | 2017년 |
|---|---|---|---|---|
| 한 국 | 2,054 | 1,581 | 1,719 | 1,605 |
| 이스라엘 | 888 | 840 | 828 | 766 |
| 체 코 | 2,297 | 2,373 | 2,350 | 2,345 |
| 스웨덴 | 836 | 833 | 818 | 1,017 |
| 노르웨이 | 824 | 918 | 652 | 824 |
| 프랑스 | 1,028 | 1,040 | 1,042 | 1,057 |
| 독 일 | 1,625 | 1,613 | 1,524 | 1,523 |
| 그리스 | 3,032 | 2,946 | 2,611 | 2,470 |
| 스페인 | 1,548 | 1,538 | 1,534 | 1,478 |
| 스위스 | 1,470 | 1,406 | 1,352 | 1,331 |

① 2014년과 2017년 한 해 동안 가장 많은 담배를 소비하는 나라는 그리스 – 체코 – 한국 순이다.

② 독일과 이스라엘의 1인당 흡연량은 매년 감소하고 있다.

③ 2014년 대비 2017년 1인당 흡연량의 감소율이 가장 큰 나라는 한국이다.

④ 2016년 1인당 소비량이 가장 많은 나라는 가장 적은 나라의 4배 이상이다.

**29** 민간부사관 지원자 1,000명을 대상으로 원서 접수 전에 모병관의 학교 방문을 통한 대면 홍보와 동영상을 통한 홍보 후에 지원 분야(군)를 변경한 인원을 나타낸 표이다. 〈보기〉의 설명 중 옳은 것을 모두 고른 것은?

난도 ★★★

〈홍보 전과 홍보 후의 지원 분야 변경 인원〉

(단위 : 명)

| 홍보 후 지원분야 / 홍보 전 지원분야 | 육 군 | | 해 군 | | 특전사 | | 합 계 |
|---|---|---|---|---|---|---|---|
| | 모병관 | 동영상 | 모병관 | 동영상 | 모병관 | 동영상 | |
| 육 군 | – | – | 6 | 16 | 12 | 52 | 86 |
| 해 군 | 29 | 11 | – | – | 9 | 28 | 77 |
| 특전사 | 2 | 9 | 5 | 8 | – | – | 47 |
| 전 체 | 54 | 20 | 11 | 24 | 21 | 80 | 210 |

※ 지원자 수가 늘어난 것은 유입(이익)으로, 지원자 수가 줄어든 것은 유출(손해)로 판단함

┤ 보 기 ├

(ㄱ) 모병관의 학교 방문과 동영상 홍보를 통해서 유입이 가장 많은 것은 특전사이다.

(ㄴ) 육군은 모병관의 대면 홍보가 동영상 홍보보다 더 효과적이라 할 수 있다.

(ㄷ) 동영상 홍보를 통한 육군으로의 유입은 20명이지만 동영상을 통해 타군으로 유출된 인원이 68명이므로 동영상 홍보를 통한 순 유출은 48명이다.

(ㄹ) 해군에서 타군으로 지원 분야를 바꾼 인원은 77명이다.

① (ㄱ), (ㄴ)

② (ㄱ), (ㄴ), (ㄷ)

③ (ㄱ), (ㄷ), (ㄹ)

④ (ㄱ), (ㄴ), (ㄷ), (ㄹ)

[30~31] 다음은 학교 이전에 대한 지역 주민 설문 조사 결과를 나타낸 표이다. 물음에 답하시오.

**〈학교 이전에 대한 지역 주민 설문 조사 결과〉**

(단위 : %)

| 구 분 | | 학교 이전에 관한 의견 | | | |
| --- | --- | --- | --- | --- | --- |
| | | 무조건 찬성 | 조건부 찬성 | 반 대 | 합 계 |
| 교명 변경에 대한 의견 | 무조건 찬성 | 3.1 | 9 | 14.7 | 26.8 |
| | 조건부 찬성 | 9.3 | 26.1 | 11.3 | 46.7 |
| | 반 대 | 8.5 | 13.6 | 4.4 | 26.5 |
| | 합 계 | 20.9 | 48.7 | 30.4 | 100 |

※ 찬성 : 무조건 찬성＋조건부 찬성

**30** 주민 설문 조사 결과를 잘못 해석한 것은?  난도 ★☆☆

① 학교 이전과 교명 변경에 모두 찬성하는 비율은 47.5%이다.

② 교명 변경에는 찬성하지만 학교 이전에 반대하는 비율은 26.0%이다.

③ 학교 이전에는 찬성하지만 교명 변경에 반대하는 비율은 22.1%이다.

④ 두 가지 사안에 대해 똑같이 응답한 비율은 32.6%이다.

**31** 교명 변경에 찬성하는 비율과 학교 이전에 찬성하는 비율을 옳게 비교한 것은?  난도 ★☆☆

① 교명 변경에 찬성하는 비율이 3.9% 더 높다.

② 학교 이전에 찬성하는 비율이 3.9% 더 높다.

③ 교명 변경에 찬성하는 비율이 4.9% 더 높다.

④ 학교 이전에 찬성하는 비율이 4.9% 더 높다.

[32~34] 다음은 7월 한 달 동안 (가) 지역의 4개 극장별 관객 비율과 극장별 · 등급별 좌석 판매 비율 및 관람료를 나타낸 표이다. 물음에 답하시오.

〈극장별 관객 비율〉

(단위 : %)

| 극 장 | A극장 | B극장 | C극장 | D극장 |
|---|---|---|---|---|
| 비 율 | 25 | 20 | 25 | 30 |

※ 7월 4개 극장의 총 관객 수는 24,000명임

〈극장별 · 등급별 좌석 판매 비율 및 관람료〉

(단위 : %, 원)

| 상영관 | A극장 | B극장 | C극장 | D극장 | 관람료 |
|---|---|---|---|---|---|
| 이코노미 | 60 | 70 | 70 | 60 | 4,000 |
| 스탠다드 | 30 | 20 | 10 | 20 | 5,000 |
| 프라임 | 10 | 10 | 20 | 20 | 6,000 |

**32** 다음 중 가장 많은 좌석을 판매한 극장과 좌석 등급은?　　　　　　난도 ★☆☆

① A극장 이코노미　　　　　　　　　② B극장 이코노미
③ C극장 이코노미　　　　　　　　　④ D극장 이코노미

**33** B극장이 스탠다드석을 판매하고 얻은 수익은 얼마인가?　　　　　　난도 ★★☆

① 13,440,000원　　　　　　　　　② 9,000,000원
③ 7,000,000원　　　　　　　　　　④ 4,800,000원

**34** 표에 대한 설명 중 옳지 않은 것은?　　　　　　난도 ★★☆

① D극장의 스탠다드석 판매 수익의 합과 C극장의 프라임석 판매 수익의 합은 같다.
② A극장과 B극장의 관객 수의 차는 1,200명이다.
③ A극장과 C극장의 관객 수는 같다.
④ A극장보다 C극장의 관람료 수입이 더 많다.

[35~37] A사의 2022년 상반기 사원 채용 결과를 나타낸 표이다. 물음에 답하시오.

〈상반기 사원 채용 결과〉

(단위 : %)

| 선발분야 ＼ 유형 지원자(명) | 학교추천 200 | 공개채용 500 | 경력채용 150 | 기능보유자 350 |
|---|---|---|---|---|
| 관리직 | 0 | 1 | 30 | 0 |
| 생산직 | 30 | 5 | 10 | 20 |
| 판매직 | 10 | 10 | 20 | 0 |
| 기능직 | 25 | 2 | 10 | 20 |
| 합 계 | 65 | 18 | 70 | 40 |

※ (경쟁률) $= \dfrac{(지원자\ 수)}{(합격자\ 수)}$

**35** 선발자 수가 가장 많은 추천 유형은?  난도 ★☆☆

① 학교추천　　　　　　　　　② 공개채용
③ 경력채용　　　　　　　　　④ 기능보유자

**36** 생산직 채용 인원은 모두 몇 명인가?  난도 ★☆☆

① 128명　　　　　　　　　　② 145명
③ 165명　　　　　　　　　　④ 170명

**37** 표에 대한 다음 설명 중 옳은 것을 모두 고른 것은?  난도 ★★☆

(ㄱ) 전체 경쟁률은 약 2.58 : 1이다.
(ㄴ) 학교추천 기능직 선발 인원이 공개채용 판매직 선발 인원보다 많다.
(ㄷ) 판매직 선발 인원은 120명이다.
(ㄹ) 경쟁률이 가장 높은 분야는 공개채용이다.

① (ㄱ), (ㄴ)　　　　　　　　② (ㄱ), (ㄹ)
③ (ㄴ), (ㄷ)　　　　　　　　④ (ㄴ), (ㄹ)

**[38~39]** 다음은 2019년 자전거 교통사고 현황을 나타낸 표이다. 물음에 답하시오.

〈자전거 교통사고 현황〉

| 구 분 | 발생 건수(건) | 사망자 수(명) | 치사율(%) | 부상자 수(명) |
|---|---|---|---|---|
| 중앙선 침범 | 472 | 12 | 2.5 | 514 |
| 신호위반 | 438 | 10 | 2.3 | 459 |
| 안전거리 미확보 | 161 | 3 | 1.9 | 176 |
| 안전운전 의무 불이행 | 3,557 | 43 | 1.2 | 3,805 |
| 교차로 통행방법 위반 | 191 | | ⊙ | 200 |
| 보행자 보호의무 위반 | 82 | 0 | 0 | 88 |
| 기 타 | 735 | 10 | 1.4 | 778 |
| 합 계 | 5,636 | 78 | | 6,020 |

※ (치사율)$=\dfrac{(사망자\ 수)}{(발생\ 건수)}\times100\%$

**38** ⊙에 들어갈 수로 알맞은 것은?    난도 ★☆☆

① 0                     ② 0.9

③ 1.3                  ④ 4.5

**39** 표에 대한 설명 중 옳지 않은 것은?    난도 ★☆☆

① 모든 위반 사례에서 사고 1건당 부상자는 1명 이상 발생하였다.

② 안전의무 불이행으로 인한 사고는 전체 발생 건수의 약 63%이다.

③ 신호위반으로 인한 치사율은 교차로 통행방법 위반으로 인한 치사율보다 2배 이상 높다.

④ 기타 사고를 제외하고 발생 건수가 많을수록 사망자 수도 많이 발생하였다.

**[40~41]** 다음은 2016년부터 2019년까지 국유재산 현황을 나타낸 표이다. 물음에 답하시오.

**〈국유재산 현황〉**

(단위 : 억 원)

| 연 도 | 2016년 | 2017년 | 2018년 | 2019년 |
|---|---|---|---|---|
| 토 지 | 4,670,080 | 4,630,098 | 4,677,016 | 4,848,771 |
| 건 물 | 652,422 | 677,188 | 699,211 | 726,592 |
| 공작물 | 2,756,345 | 2,821,660 | 2,887,831 | 2,876,134 |
| 입목죽 | 80,750 | 128,387 | 88,025 | 79,661 |
| 선박 · 항공기 | 23,355 | 23,178 | 25,524 | 27,582 |
| 기계기구 | 6,342 | 9,252 | 10,524 | 10,149 |
| 무체재산권 | 11,334 | 11,232 | 11,034 | 11,171 |
| 유가증권 | 2,243,460 | 2,456,556 | 2,418,389 | 2,670,304 |
| 합 계 | 10,444,088 | 10,757,551 | 10,817,554 | 11,250,364 |

**40** 표에 대한 설명으로 옳은 것은?　　　　　　난도 ★★★

① 2016년에 비해 2019년에는 모든 재산이 증가하였다.

② 유가증권 총액은 지속적으로 증가하고 있다.

③ 2016년부터 재산의 가액이 매년 증가하고 있는 것은 2종류 이상이다.

④ 2017년 입목죽은 전년 대비 59% 이상 증가하였다.

**41** 2017년 국유재산 상위 3가지 유형이 국유재산 전체에서 차지하는 비중은 몇 %인가? (단, 소수 둘째 자리에서 반올림함)　　　　　　난도 ★★★

① 90.8%　　　　　　② 91.5%

③ 92.1%　　　　　　④ 92.6%

[42~43] 다음은 2011년부터 2014년까지 주요 국가의 국방비 및 GDP 대비 비율을 나타낸 표이다. 물음에 답하시오.

〈주요 국가의 국방비 및 GDP 대비 비율〉

(단위 : 억 달러, %)

| 구 분 | 2011년 | | 2012년 | | 2013년 | | 2014년 | |
|---|---|---|---|---|---|---|---|---|
| | 국방비 | GDP 대비 비율 | 국방비 | GDP 대비 비율 | 국방비 | GDP 대비 비율 | 국방비 | GDP 대비 비율 |
| 미 국 | 6,992 | 4.8 | 6,598 | 4.7 | 6,909 | 4.8 | 6,870 | 4.6 |
| 중 국 | 602 | 1.4 | 764 | 1.5 | 764 | 1.3 | 902 | 1.2 |
| 러시아 | 405 | 2.4 | 383 | 3.1 | 419 | 4.4 | 516 | 2.8 |
| 한 국 | 290 | 2.5 | 223 | 2.5 | 257 | 2.3 | 273 | 2.4 |
| 사우디아라비아 | 382 | 8.2 | 413 | 11.0 | 452 | 10.1 | 485 | 8.1 |
| 이스라엘 | 148 | 7.4 | 135 | 6.9 | 152 | 7.0 | 152 | 6.2 |

**42** GDP 대비 국방비의 비중이 큰 나라부터 순서대로 나열한 것은?

난도 ★☆☆

① 미국 – 중국 – 러시아 – 사우디아라비아 – 한국 – 이스라엘
② 미국 – 중국 – 사우디아라비아 – 러시아 – 한국 – 이스라엘
③ 미국 – 중국 – 사우디아라비아 – 한국 – 러시아 – 이스라엘
④ 사우디아라비아 – 이스라엘 – 미국 – 러시아 – 한국 – 중국

**43** 표에 대한 설명 중 옳은 것을 모두 고른 것은?

난도 ★★☆

(ㄱ) 2014년 한국의 GDP는 2011년 대비 감소하였다.
(ㄴ) 미국의 GDP는 4년 동안 항상 한국의 20배 이상이다.
(ㄷ) 2013년 중국의 GDP는 전년 대비 증가하였다.
(ㄹ) 2011년 사우디아라비아의 GDP는 이스라엘의 3배 이상이다.

① (ㄱ), (ㄴ)
② (ㄱ), (ㄷ)
③ (ㄴ), (ㄷ)
④ (ㄴ), (ㄹ)

[44~45] 다음은 우리나라 각 시도별 벼 생산량을 나타낸 표이다. 물음에 답하시오.

### 〈각 시도별 벼 생산량〉

| 구 분 | 논벼와 밭벼 | | 논벼 | | |
|---|---|---|---|---|---|
| | 면적(ha) | 생산량(t) | 면적(ha) | 10a당 생산량(kg) | 생산량(t) |
| 전라남도 | 154,091 | 725,094 | 153,919 | 471 | 724,643 |
| 충청남도 | 132,174 | 709,215 | 132,171 | 537 | 709,209 |
| 전라북도 | 112,146 | 604,509 | 112,141 | 539 | 604,503 |
| 경상북도 | 97,465 | 529,210 | 97,465 | 543 | 529,210 |
| 경기도 | 76,642 | 373,740 | 76,642 | 488 | 373,740 |
| 경상남도 | 65,979 | 332,096 | 65,979 | 503 | 332,096 |
| 충청북도 | 33,247 | 173,916 | 33,247 | 523 | 173,916 |
| 강원도 | 28,640 | 150,901 | 28,640 | 527 | 150,901 |
| 인천광역시 | 10,233 | 50,268 | 10,233 | 491 | 50,268 |
| 광주광역시 | 5,026 | 24,663 | 5,020 | 491 | 24,644 |
| 합 계 | 729,814 | 3,744,450 | 729,585 | 513 | 3,743,868 |

※ 1ha＝100a, (단위당 생산량)＝$\dfrac{(총\ 생산량)}{(재배면적)}$

## 44 표에 대한 설명 중 옳지 않은 것은?　난도 ★☆☆

① 경상남도의 10a당 논벼 생산량은 500kg을 넘지 못하고 있다.
② 논벼의 단위 면적(ha)당 생산량은 전남이 가장 적다.
③ 전체 재배면적이 넓을수록 전체 생산량도 많다.
④ 생산량 상위 3개 지역의 생산량이 전국 벼 생산량의 50% 이상을 차지하고 있다.

## 45 전라남도의 밭벼 재배 면적이 172ha라 하면 10a당 밭벼 생산량은 몇 kg인가? (단, 소수점 이하는 버림)

난도 ★★☆

① 26.2kg　　　　　　　　　② 262kg
③ 46.1kg　　　　　　　　　④ 461kg

**TIP**

그래프 해석 문제의 특징
• 주어진 그래프에 대한 소개와 문제가 제시된다.
• 보기 해결을 위한 각종 그래프가 제시된다.
• 문제에 따라 표 자료와 연관시켜 문제를 해결해야 하는 경우도 존재한다.
• 보기는 크게 선다형과 선택형이 출제된다.
• 문제에서 요구하는 것이 무엇인지, 그리고 그래프 제목과 범례의 문자적 의미가 무엇인지 명확히 이해해야 한다.

자료의 종류
• 선그래프 : 주로 시간적 추이를 나타낼 때 사용되고, 그래프의 기울기를 통해 변화 정도를 쉽게 파악할 수 있다.
• 막대그래프 : 각 수량의 대소 비교를 판단할 때 사용된다.
• 원그래프 : 내용의 구성비를 나타낼 때 사용된다.
• 점그래프 : 지역분포를 비롯하여 도시, 지방, 기업, 상품 등의 평가나 위치, 성격을 표시하는 데 적합하다.
• 누적막대그래프 : 시간적 변화를 보는 데 적합하다.
• 방사형그래프 : 원 중심에서의 거리에 따라 각 수량의 관계를 나타내는 그래프이다.

**CHAPTER 02**

**01** 다음은 2015년 대비 2020년의 인구 감소율을 나타낸 그래프이다. 2015년 한국의 인구가 4,950만 명이었다면 2020년 한국의 인구는 약 몇 명이겠는가?  난도 ★☆☆

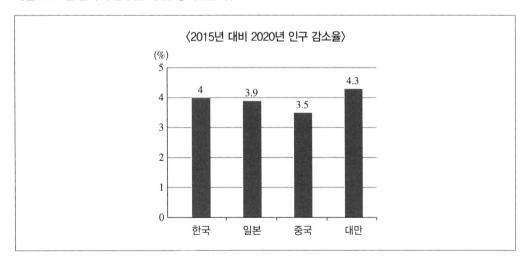

① 4,497만 명  ② 4,704만 명
③ 4,752만 명  ④ 4,947만 명

**02** A기업의 2015년부터 2018년까지 수출 건수와 수출액을 나타낸 그래프이다. 1건당 수출액의 규모가 가장 컸던 해는? 난도 ★☆☆

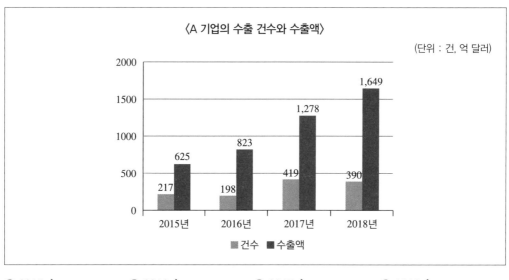

① 2015년　　　　② 2016년　　　　③ 2017년　　　　④ 2018년

**03** 다음은 A도시의 근로자 500명을 대상으로 산업별 종사자 비율을 나타낸 그래프이다. 〈보기〉에서 옳은 것을 모두 고르면? 난도 ★★☆

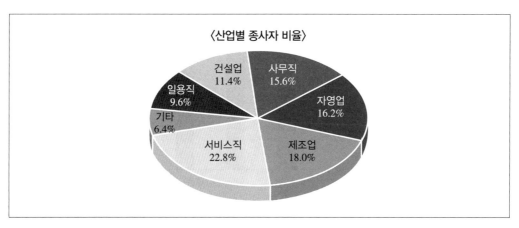

───────────────── **보 기** ─────────────────

(ㄱ) 서비스직 종사자 수는 건설업 종사자 수의 2배이다.

(ㄴ) 자영업과 사무직의 종사자 수의 차는 3명이다.

(ㄷ) 서비스직 종사자 수는 228명이다.

(ㄹ) 일용직 종사자 수와 기타 종사자 수의 합은 160명이다.

① (ㄱ), (ㄴ)　　　② (ㄱ), (ㄷ)　　　③ (ㄴ), (ㄷ)　　　④ (ㄴ), (ㄹ)

**04** 다음은 2015년부터 2018년까지 4대 운송 수단별 운송 비율을 나타낸 그래프이다. 다음 〈보기〉의 설명 중 옳은 것을 모두 고른 것은? 난도 ★★☆

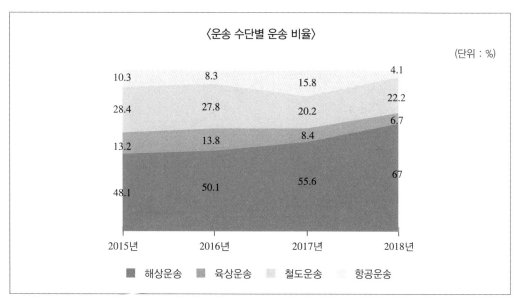

〈운송 수단별 운송 비율〉

(단위 : %)

■ 해상운송　■ 육상운송　■ 철도운송　■ 항공운송

┤ 보 기 ├

(ㄱ) 운송 수단 중 전년 대비 증가율이 가장 큰 것은 2018년 해상운송이고, 감소율이 가장 큰 것은 2018년 항공운송이다.

(ㄴ) 2016년 철도 운송량은 육상 운송량의 2배 이상이다.

(ㄷ) 전체에서 해상운송과 육상운송의 운송 비율은 매년 증가하고 있다.

(ㄹ) 2015년 대비 2016년 항공화물의 감소율만큼 해상운송을 이용했다고 할 수 있다.

① (ㄱ), (ㄴ)　　　　　　　　② (ㄱ), (ㄹ)

③ (ㄴ), (ㄷ)　　　　　　　　④ (ㄴ), (ㄹ)

**05** 문화 · 스포츠 관련 산업 분야의 소비자 물가지수를 나타낸 그래프이다. 다음 설명 중 옳지 않은 것은?

난도 ★★☆

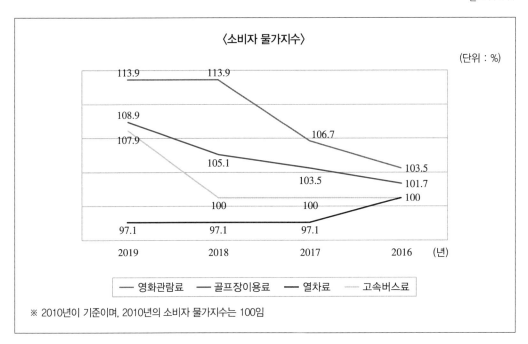

① 10년 동안 소비자 물가지수의 상승률이 가장 높은 항목은 영화관람료이다.
② 2019년 골프장 이용료 물가지수는 2016년 대비 8.9% 상승하였다.
③ 2019년 열차 요금이 2016년 열차 요금보다 더 저렴하다.
④ 2010년 고속버스 요금이 25,000원이라면 2018년 고속버스 요금 또한 25,000원이다.

**06** 다음은 2013년부터 2018년까지 바이오산업의 투자액 및 투자 건수를 나타낸 그래프이다. 그래프에 대한 설명 중 옳지 않은 것은? 난도 ★★☆

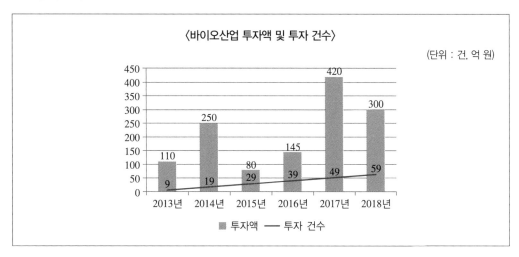

① 투자액이 가장 많은 해는 2017년, 가장 적은 해는 2015년이다.
② 전년 대비 투자 건수의 증가율이 가장 낮은 해는 2018년이다
③ 1건당 투자액이 가장 많은 해는 2014년이다.
④ 2017년 투자액은 전년 대비 약 1.9배 증가하였다.

**07** 다음은 어느 해 전방 모 부대의 월별 누적 휴가자 수를 나타낸 그래프이다. 휴가자가 가장 적은 달과 가장 많은 달을 옳게 짝 지은 것은? 난도 ★☆☆

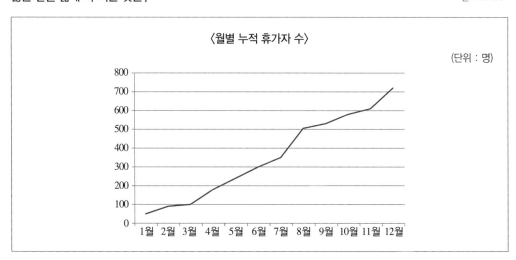

|   | 가장 적은 달 | 가장 많은 달 |
|---|---|---|
| ① | 1월 | 12월 |
| ② | 2월 | 12월 |
| ③ | 3월 | 8월 |
| ④ | 4월 | 8월 |

**[08~09]** 다음은 2014년부터 2019년까지 대일 무역 현황을 나타낸 그래프이다. 물음에 답하시오.

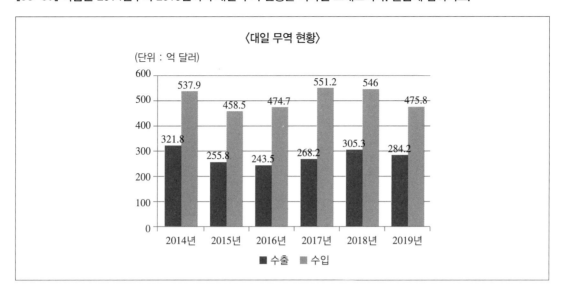

**08**  2018년 대비 2019년 무역 적자 감소액은 얼마인가?    난도 ★☆☆

① 240.7억 달러
② 70.2억 달러
③ 49.1억 달러
④ 21.1억 달러

**09**  그래프에 대한 설명 중 옳지 않은 것은?    난도 ★☆☆

① 수입액이 가장 많은 해에 적자 규모도 가장 컸다.
② 전년 대비 적자 규모가 가장 크게 늘어난 해는 2016년이다.
③ 2017년 이후 적자 규모는 줄어들고 있다.
④ 적자 규모가 가장 적은 해는 2019년이다.

**[10~11]** 다음은 농가인구와 경지면적 및 시설작물 재배면적을 나타낸 그래프이다. 물음에 답하시오.

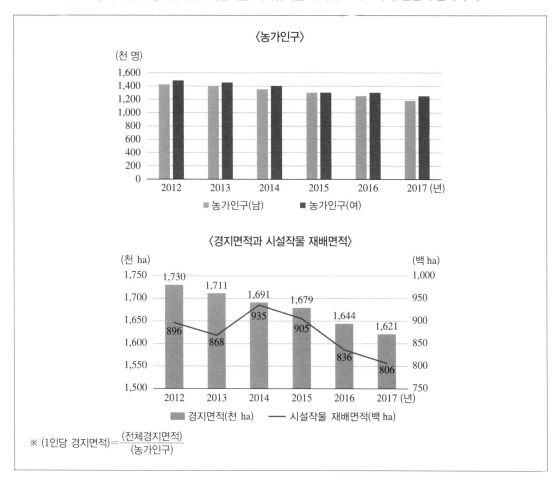

**10**  다음 중 옳지 않은 것은?

난도 ★☆☆

① 경지면적은 매년 줄어들고 있다.
② 농가인구는 남자보다 여자가 항상 더 많은 것은 아니다.
③ 1인당 경지면적은 매년 1ha 이상이다.
④ 농가인구의 합이 300만 명을 넘은 적은 한 번도 없다.

**11**  전체 경지면적 대비 시설작물 재배면적의 비율이 5% 이하인 해의 전체 경지면적 대비 시설작물 재배 면적의 비율은?

난도 ★★★

① 4.27%
② 4.5%
③ 4.97%
④ 5% 이하인 해는 없다.

**[12~13]** 다음은 학교 수, 학생 수, 교원 수에 대한 자료이다. 물음에 답하시오.

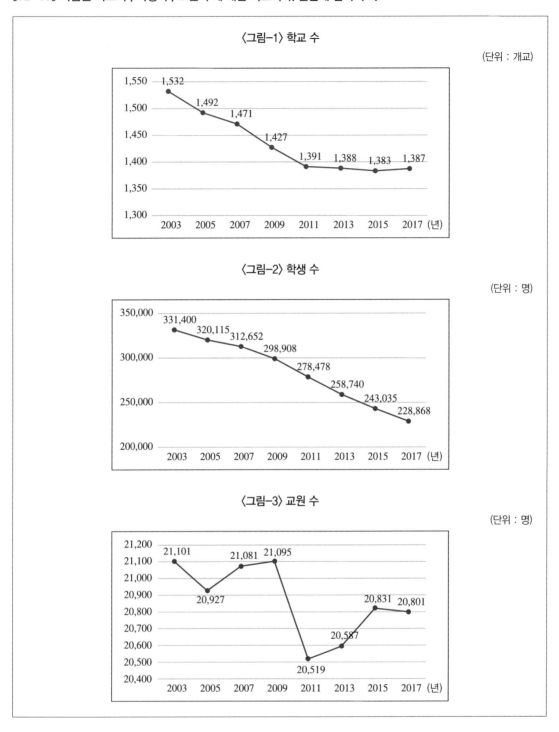

〈그림-1〉 학교 수

(단위 : 개교)

〈그림-2〉 학생 수

(단위 : 명)

〈그림-3〉 교원 수

(단위 : 명)

**12** 그래프에 대한 설명 중 옳지 않은 것은? 난도 ★☆☆

① 2003년 대비 2017년 감소율이 기장 낮은 것은 교원 수이다.

② 조사 기간 동안 교사 1인당 학생 수는 감소하고 있다.

③ 학생 수는 매년 평균 1만 명 이상 감소하고 있다.

④ 학교당 평균 학생 수는 2017년보다 2003년이 더 많다.

**13** 학교 수가 가장 많이 감소한 해의 범위는? 난도 ★☆☆

① 2003~2005년

② 2007~2009년

③ 2009~2011년

④ 2013~2015년

[14~15] 어느 지역의 선거 결과를 분석한 결과 연령대별 유권자 구성비와 연령대별 투표율을 나타낸 것이다. 물음에 답하시오.

〈연령대별 투표율〉

| 연령대 | 10대 | 20대 | 30대 | 40대 | 50대 | 60대 | 70대 |
|--------|------|------|------|------|------|------|------|
| 투표율(%) | 53.6 | 52.7 | 50.5 | 54.3 | 60.8 | 71.7 | 73.3 |

〈유권자 구성비〉

(단위 : %)

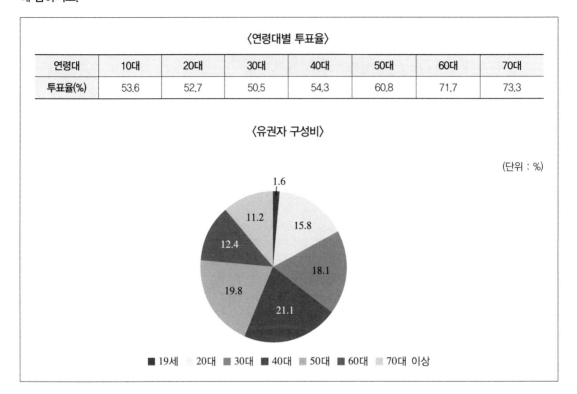

■ 19세　20대　■ 30대　■ 40대　■ 50대　■ 60대　■ 70대 이상

**14** 표와 그래프에 대한 설명 중 옳지 않은 것은?　　　　난도 ★★☆

① 60대 투표자 수는 10대 투표자 수보다 10배 이상 많다.

② 연령대별 유권자 구성 비율은 40대와 50대가 타 연령층에 비해 높다.

③ 이번 선거에서 투표에 참여한 사람은 60대가 50대보다 많다.

④ 40대 이후 연령대가 높을수록 투표율이 높아지고 있다.

**15** 이 지역의 인구가 100만 명일 때 투표에 참여한 19세는 총 몇 명인가?　　　　난도 ★☆☆

① 5,360명

② 6,000명

③ 8,576명

④ 21,360명

**[16~17]** 다음은 물놀이 사고 원인과 사고자 수를 나타낸 그래프이다. 물음에 답하시오.

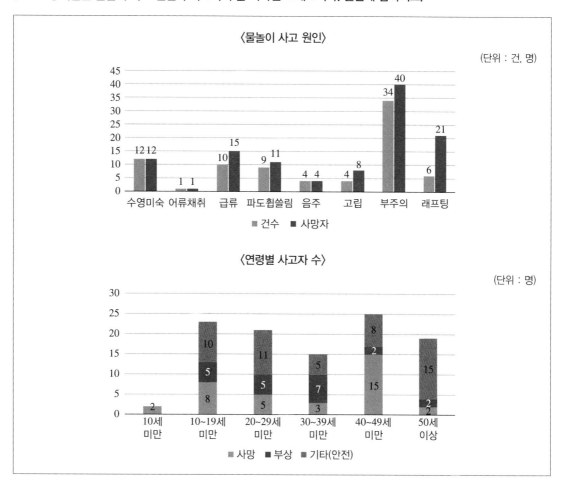

**16** 물놀이 사고 발생 건수 대비 사망자 수가 가장 많은 사고 유형은?   난도 ★☆☆

① 급류                    ② 고립
③ 부주의                  ④ 래프팅

**17** 다음 설명 중 옳지 않은 것은?   난도 ★★☆

① 물놀이 사고 1건당 사망자 수는 1.4명이다.
② 사고자가 가장 많이 발생하는 연령은 40대이다.
③ 40세 이상 사망자 수가 39세 이하 사망자 수보다 많다.
④ 사고 발생 건수 및 사망자 수가 가장 많이 발생하는 원인은 '부주의'이다.

[18~19] 다음은 A제과의 빙과류 누적 매출액을 나타낸 그래프이다. 물음에 답하시오.

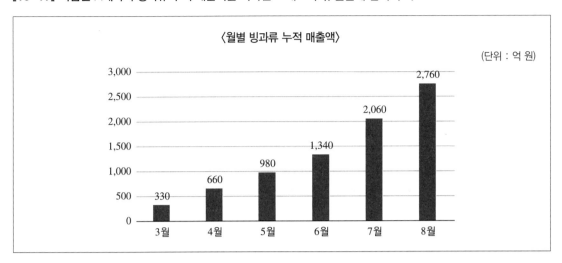

〈월별 빙과류 누적 매출액〉

(단위 : 억 원)

18  다음 〈보기〉 중 옳은 것을 모두 고르면?                                     난도 ★★★

┤ 보 기 ├

(ㄱ) 3월과 4월의 매출액은 같다.

(ㄴ) 6월 매출액은 5월 매출액 대비 360억 원 증가하였다.

(ㄷ) 5월 매출액은 4월 매출액보다 감소하였다.

(ㄹ) 매출액이 가장 많은 달은 8월이다.

① (ㄱ), (ㄴ)                              ② (ㄱ), (ㄷ)
③ (ㄱ), (ㄴ), (ㄹ)                         ④ (ㄷ), (ㄹ)

19  6월 매출액 대비 7월 매출액 증가율은?                                     난도 ★☆☆

① 100.0%                                 ② 65.0%
③ 53.7%                                  ④ 35.0%

[20~21] 다음은 본고사와 모의고사를 비교한 도표이다. 물음에 답하시오.

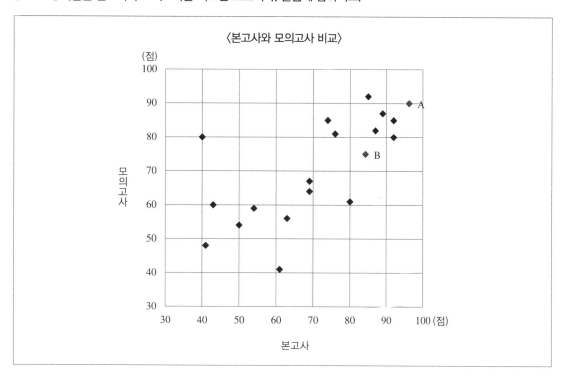

〈본고사와 모의고사 비교〉

## 20 B에 대한 설명 중 옳지 않은 것은?

난도 ★★☆

① 본고사 석차는 7위이다.

② 모의고사 석차는 10위이다.

③ 모의고사 성적보다 본고사 성적이 더 좋다.

④ 평균은 80점 이상이다.

## 21 위 그래프에 대한 설명 중 옳은 것은?

난도 ★★★

① 모의고사보다 본고사 성적이 좋은 학생은 본고사 성적보다 모의고사 성적이 좋은 학생보다 적다.

② 모의고사와 본고사 모두 80점 이상을 얻은 학생은 11명이다.

③ 모의고사 대비 본고사 성적이 20% 이상 하락한 학생은 2명이다.

④ A는 모의고사보다 본고사 성적이 더 낮다.

**[22~23]** 다음은 2017년과 2018년의 병과별 지원율을 나타낸 그래프이다. 물음에 답하시오.

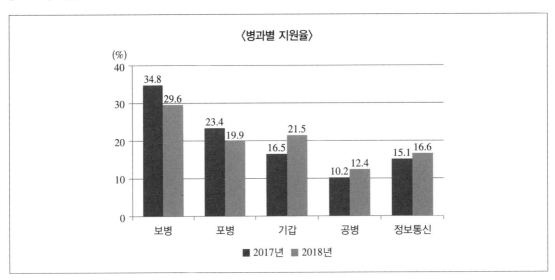

**22** 2017년 기갑 병과를 지원한 지원자 수는 66명이다. 2018년에 전체 지원자 수가 전년보다 10% 증가하였다면 기갑 병과의 2018년 지원자 수는 2017년보다 몇 명 더 증가하였는가? (단, 소수 첫째 자리에서 반올림함)

난도 ★★☆

① 29명  　　　　　　　　　　② 30명
③ 31명  　　　　　　　　　　④ 32명

**23** 2018년 전체 지원자 수가 250명일 때 보병과 공병 지원자 수의 차는?

난도 ★☆☆

① 12명  　　　　　　　　　　② 43명
③ 62명  　　　　　　　　　　④ 74명

[24~25] 2022년 A제품의 가격 상승률을 나타낸 그래프이다. 전년도 4분기 A 제품의 가격이 10,000원일 때, 물음에 답하시오. (단, 10원 이하는 버림)

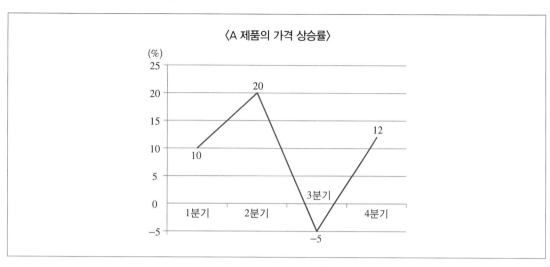

〈A 제품의 가격 상승률〉

**24** 1~4분기 중 A 제품의 가격이 가장 높을 때는 언제인가?　　　　난도 ★☆☆

① 1분기　　　　　　　　　　　② 2분기
③ 3분기　　　　　　　　　　　④ 4분기

**25** 그래프에 대한 설명 중 옳지 않은 것은?　　　　난도 ★★☆

① 1~4분기 중 A 제품의 가격이 가장 쌀 때는 1분기이다.
② 1~4분기 중 A 제품의 가격이 가장 비쌀 때는 14,000원이다.
③ 1~4분기 중 A 제품이 가장 비쌀 때와 가장 쌀 때의 차는 3,500원이다.
④ 2분기 A 제품의 가격은 13,200원이다.

교육은 우리 자신의 무지를 점차 발견해 가는 과정이다.

– 윌 듀란트 –

CHAPTER

# 03 | 공간능력

**과목 체크**

- 18문제를 10분 동안 풀어야 한다.
- 입체도형 및 전개도 문제 풀이를 위해서는 풀이 방식에 대한 사전 이해가 필요하다.
- 반복 학습을 통해 문제 유형을 익히도록 한다.

## 제1·2유형 전개도

### ■ 유형설명

주어진 입체도형(정육면체)과 일치하는 전개도를 찾는 유형과 주어진 전개도와 일치하는 입체도형(정육면체)을 찾는 유형이다. 실제 시험에서는 각각 5문제씩 출제된다.

**출제자의 TIP**

- 꼭짓점을 기준으로 회전할 수 있습니다.

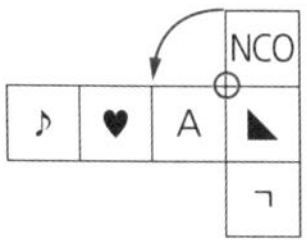


- 4개의 연속된 면일 경우 시작 면과 끝 면은 맞닿아 있습니다.

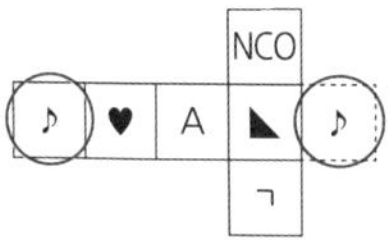


- 전개도상 연속되지 않은 두 면은 정육면체에서도 맞닿을 수 없습니다.

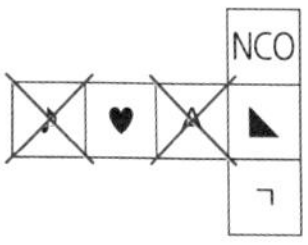


- 기준방향을 설정하고 볼 수 있어야 합니다.
  ※ A의 오른쪽 : ◣
  A의 위쪽 : NCO

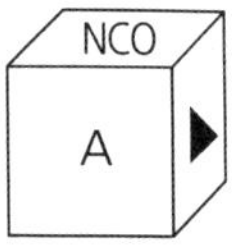


### 예제

**다음 전개도의 입체도형으로 알맞은 것은?**

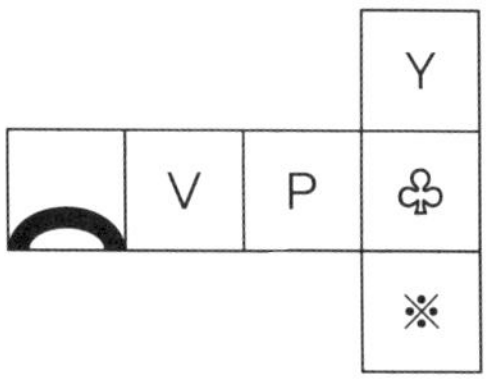


①
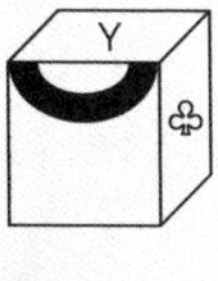


②
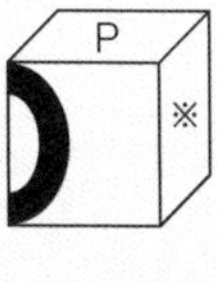


③
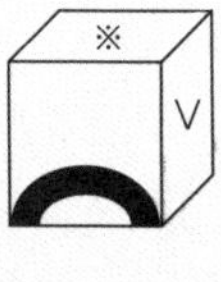


④
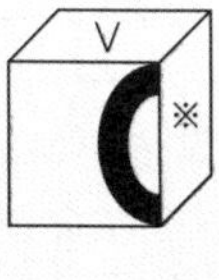


**정답체크**

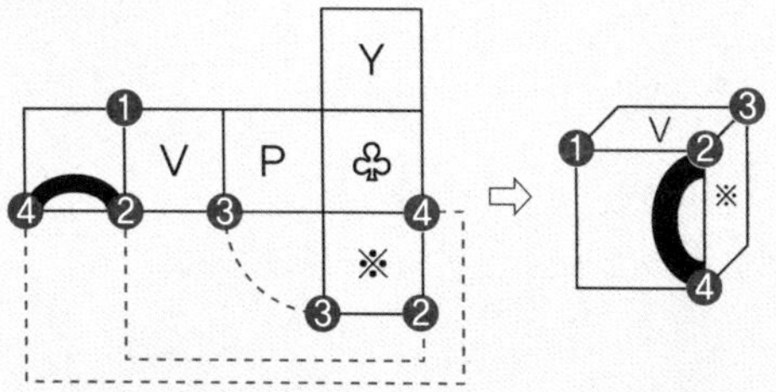


꼭짓점에 ❶부터 ❹까지의 번호를 동일한 위치에 기입

❶부터 ❹가 겹치는 면을 체크

**정답** ④

## ■ 유형설명

본 유형은 주어진 도형에 포함된 블록 개수를 세는 유형이다. 실제 시험에서는 4문제가 출제된다.

### 예제

**아래에 제시된 그림과 같이 쌓기 위해 필요한 블록의 수를 고르시오.**

\* 블록은 모양과 크기가 모두 동일한 정육면체임

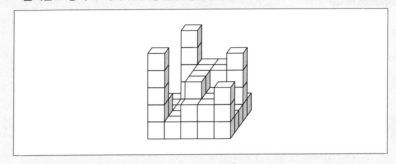

① 54개        ② 55개        ③ 56개        ④ 57개

**정답체크**

(1) 층 단위 풀이

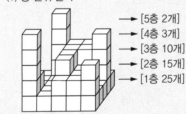

→ [5층 2개]
→ [4층 3개]
→ [3층 10개]
→ [2층 15개]
→ [1층 25개]

(2) 열 단위 풀이

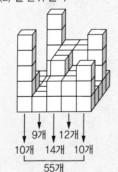

9개   12개
10개  14개  10개
55개

**정답** ②

## ■ 유형설명

특정 위치(정면, 좌측, 우측, 상단)에서 블록을 바라보았을 때 일치하는 단면을 찾는 유형이다. 실제 시험에서는 4문제가 출제된다.

본 문제의 경우, 각 방향에서 바라보았을 때 줄별로 가장 높은 층의 블록을 찾아 체크한다면 문제를 쉽게 해결할 수 있습니다.

〈정면에서 바라보았을 때〉

1열 2열 3열  4열 5열

〈좌·우측에서 바라보았을 때〉

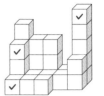

〈상단에서 바라보았을 때〉

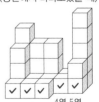

1열 2열 3열  4열 5열

### 예제

**아래에 제시된 블록들을 표시한 방향에서 바라봤을 때의 모양으로 알맞은 것을 고르시오.**

* 블록은 모양과 크기가 모두 동일한 정육면체임
* 바라보는 시선의 방향은 블록의 면과 수직을 이루며 원근에 의해 블록이 작게 보이는 효과는 고려하지 않음

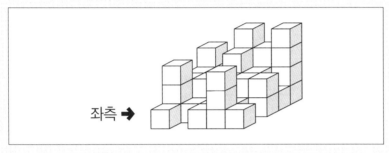

좌측 ➜

①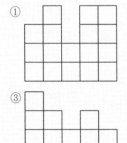

②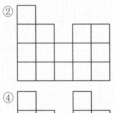

③

④

좌측에서 바라보았을 때, 4층 – 3층 – 2층 – 3층 – 3층으로 구성되어 있다.

정답 ②

CHAPTER 03

**[01~15]** 다음에 이어지는 물음에 답하시오.

- 입체도형을 펼쳐 전개도를 만들 때, 전개도에 표시된 그림(예 : ▮, ◣ 등)은 회전의 효과를 반영함. 즉, 본 문제의 풀이과정에서 보기의 전개도상에 표시된 "▮"와 "▬"은 서로 다른 것으로 취급함.
- 단, 기호 및 문자(예 : ☎, ♤, ♨, K, H 등)의 회전에 의한 효과는 본 문제의 풀이과정에 반영하지 않음. 즉, 입체도형을 펼쳐 전개도를 만들 때, "⊡"의 방향으로 나타나는 기호 및 문자도 보기에서는 "☎"의 방향으로 표시하며 동일한 것으로 취급함.

**01** 다음 입체도형의 전개도로 알맞은 것은?

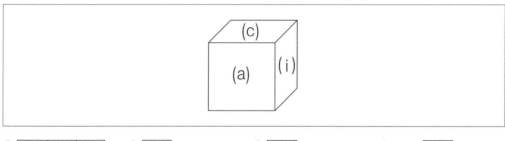

① 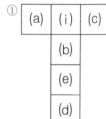  ② 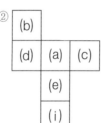  ③ 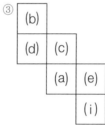  ④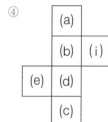

**02** 다음 입체도형의 전개도로 알맞은 것은?

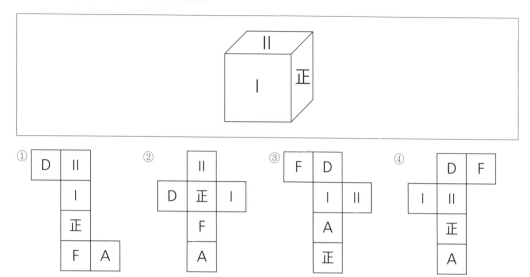

**03** 다음 입체도형의 전개도로 알맞은 것은?

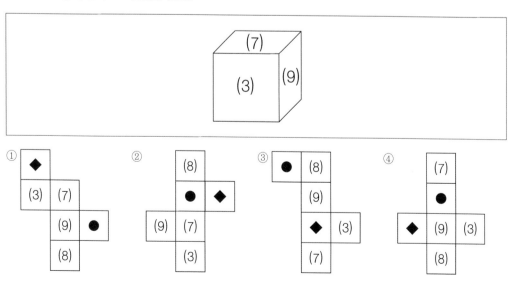

**04** 다음 입체도형의 전개도로 알맞은 것은?

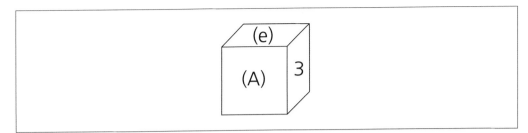

① 

|     |   | ♪   |   |
|-----|---|-----|---|
| (a) | 7 | (A) |   |
|     |   | (e) | 3 |

② 

|     | ♪   |
|-----|-----|
| (a) | (e) |
| 7   |     |
| 3   | (A) |

③ 

| 7   |   |
|-----|---|
| (a) |   |
| ♪   | 3 |
| (e) |   |
| (A) |   |

④ 

| (a) | 3   |
|-----|-----|
| (e) | (A) |
|     | 7   |
|     | ♪   |

**05** 다음 입체도형의 전개도로 알맞은 것은?

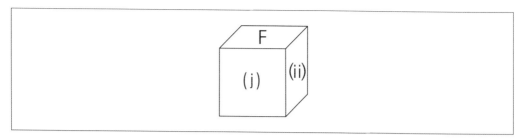

① 
| 1 | A |
|---|---|
| 6 | F |

(j) (ii)

② 
| | | 1 | |
| A | F | 6 | (ii) |
| | | (j) | |

③ 
| | | | F |
| A | (j) | 1 | (ii) |
| | | | 6 |

④ 
| (ii) |
| 6 |
| F | (j) |
| 1 |
| A |

**06** 다음 입체도형의 전개도로 알맞은 것은?

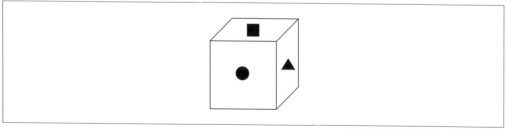

①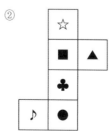

② 

③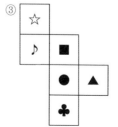

④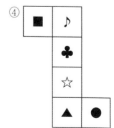

**07** 다음 입체도형의 전개도로 알맞은 것은?

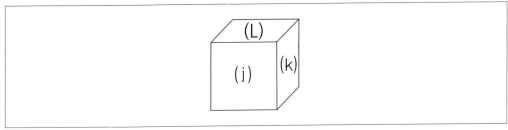

① 
| ♨ | 6 | (L) |
|---|---|---|
|   | (j) |   |
|   | 2 |   |
|   | (k) |   |

② 
| 2 | (k) | (j) |
|---|---|---|
|   | ♨ |   |
|   | (L) |   |
|   | 6 |   |

③ 
| (j) | (k) |   |
|---|---|---|
|   | 6 |   |
|   | ♨ |   |
|   | (L) | 2 |

④ 
|   | (L) |   |
|---|---|---|
|   | 2 |   |
| ♨ | (j) | (k) |
|   | 6 |   |

**08** 다음 입체도형의 전개도로 알맞은 것은?

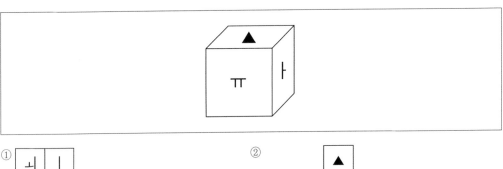

①
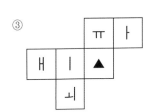

②
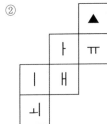

③

④
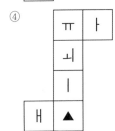

**09** 다음 입체도형의 전개도로 알맞은 것은?

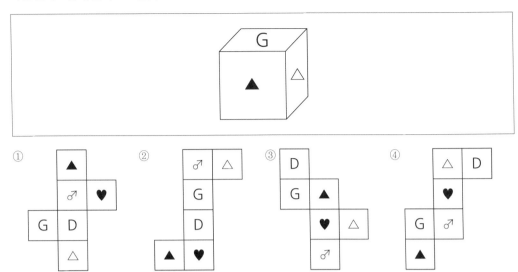

**10** 다음 입체도형의 전개도로 알맞은 것은?

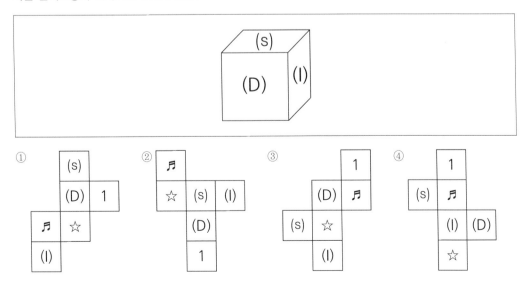

**11** 다음 입체도형의 전개도로 알맞은 것은?

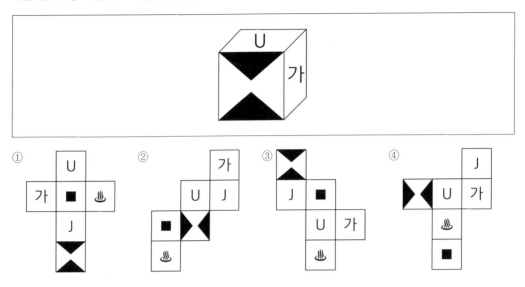

**12** 다음 입체도형의 전개도로 알맞은 것은?

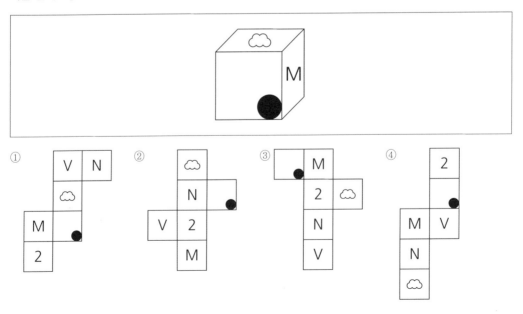

**13** 다음 입체도형의 전개도로 알맞은 것은?

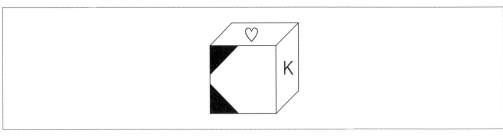

①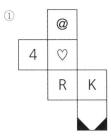

②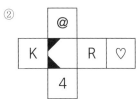

③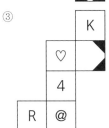

④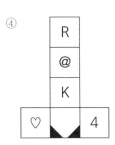

다음 입체도형의 전개도로 알맞은 것은?

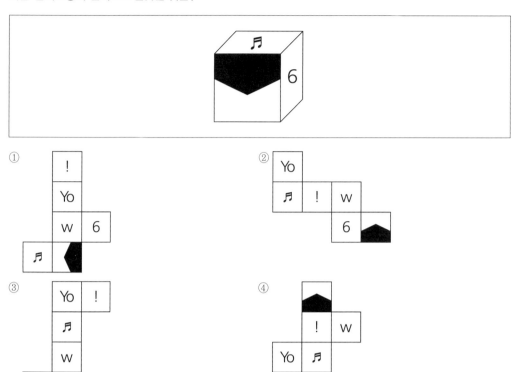

① 

② 

③ 

④

**15** 다음 입체도형의 전개도로 알맞은 것은?

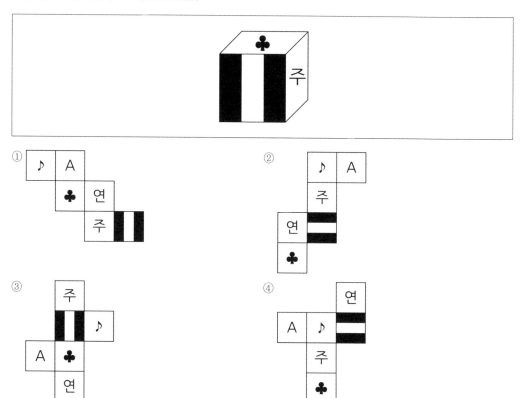

**[01~15]** 다음에 이어지는 물음에 답하시오.

- 전개도를 접을 때 전개도상의 그림, 기호, 문자가 입체도형의 겉면에 표시되는 방향으로 접음.
- 전개도를 접어 입체도형을 만들 때, 전개도에 표시된 그림(예 : ▮, ◣ 등)은 회전의 효과를 반영함. 즉, 본 문제의 풀이과정에서 보기의 전개도상에 표시된 "▮"와 "▬"은 서로 다른 것으로 취급함.
- 단, 기호 및 문자(예 : ☎, ♧, ♨, K, H 등)의 회전에 의한 효과는 본 문제의 풀이과정에 반영하지 않음. 즉, 전개도를 접어 입체도형을 만들 때, "☏"의 방향으로 나타나는 기호 및 문자도 보기에서는 "☎"의 방향으로 표시하며 동일한 것으로 취급함.

**01** 다음 전개도의 입체도형으로 알맞은 것은?

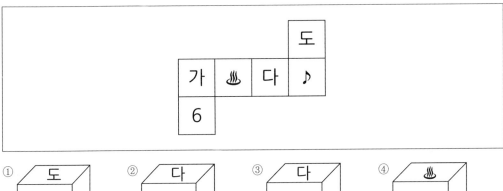

① 　② 　③ 　④

**02** 다음 전개도의 입체도형으로 알맞은 것은?

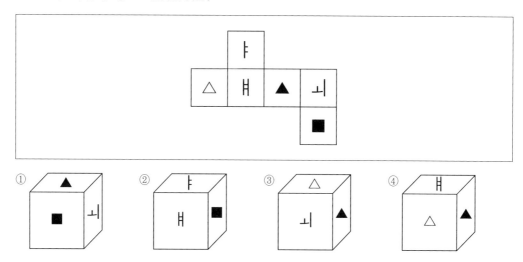

**03** 다음 전개도의 입체도형으로 알맞은 것은?

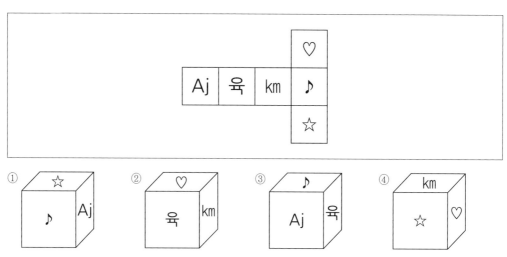

**04** 다음 전개도의 입체도형으로 알맞은 것은?

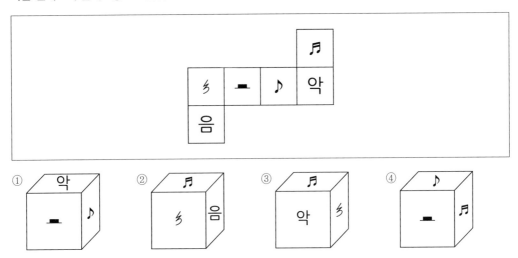

**05** 다음 전개도의 입체도형으로 알맞은 것은?

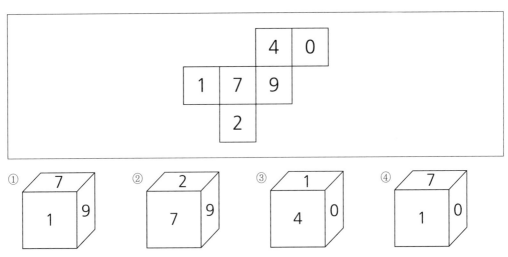

**06** 다음 전개도의 입체도형으로 알맞은 것은?

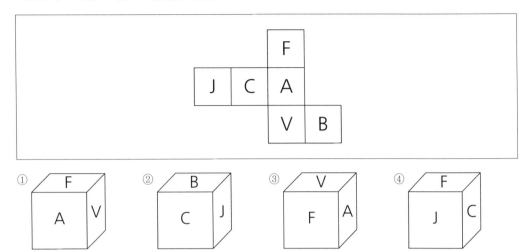

**07** 다음 전개도의 입체도형으로 알맞은 것은?

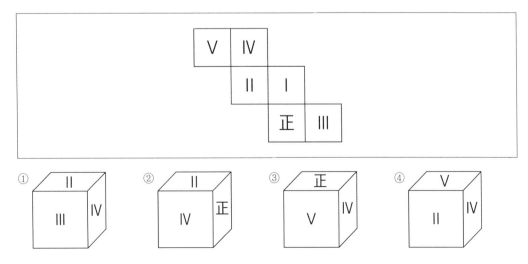

**08** 다음 전개도의 입체도형으로 알맞은 것은?

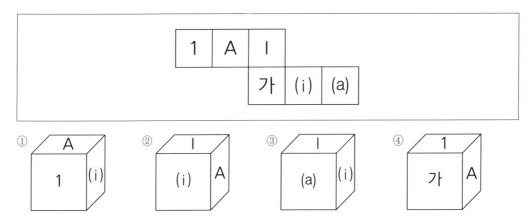

**09** 다음 전개도의 입체도형으로 알맞은 것은?

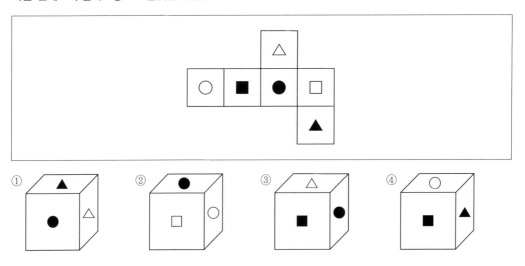

**10** 다음 전개도의 입체도형으로 알맞은 것은?

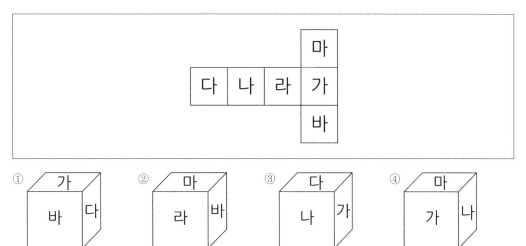

**11** 다음 전개도의 입체도형으로 알맞은 것은?

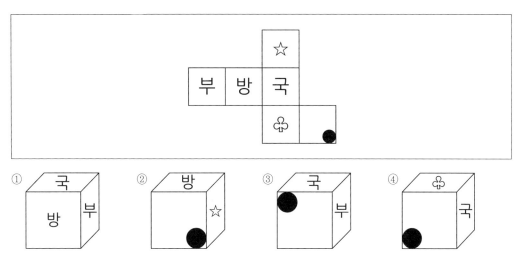

**12** 다음 전개도의 입체도형으로 알맞은 것은?

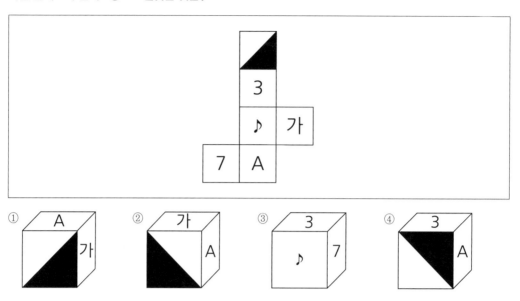

**13** 다음 전개도의 입체도형으로 알맞은 것은?

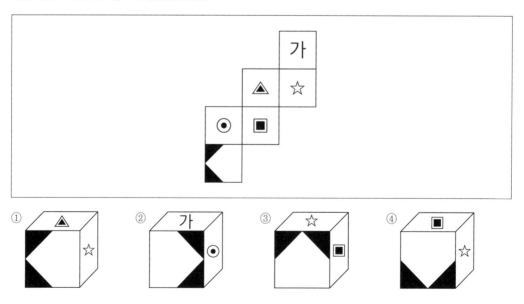

**14** 다음 전개도의 입체도형으로 알맞은 것은?

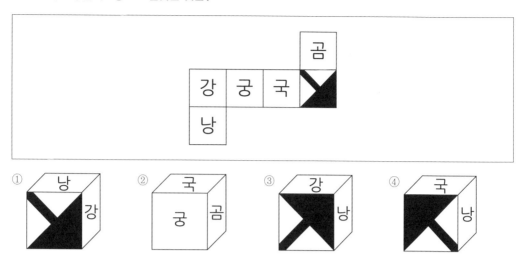

**15** 다음 전개도의 입체도형으로 알맞은 것은?

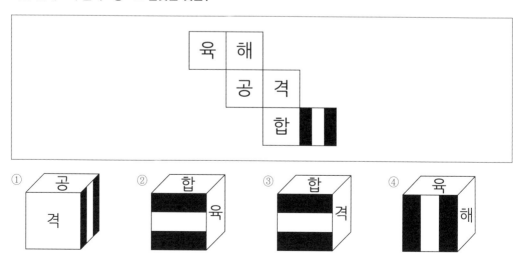

[01~17] 아래에 제시된 그림과 같이 쌓기 위해 필요한 블록의 수를 고르시오.

* 블록은 모양과 크기가 모두 동일한 정육면체임

**01**

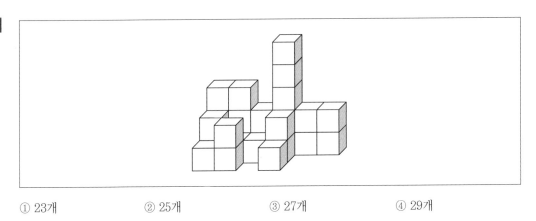

① 23개        ② 25개        ③ 27개        ④ 29개

**02**

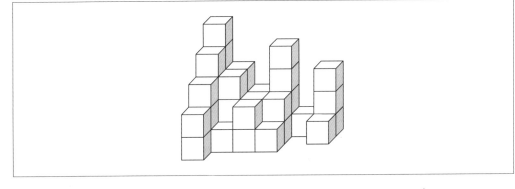

① 37개        ② 38개        ③ 39개        ④ 40개

**03**

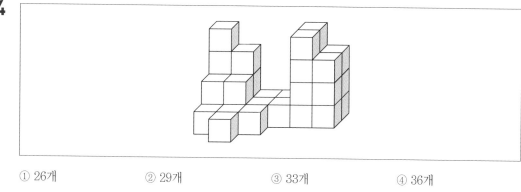

① 59개       ② 61개       ③ 63개       ④ 65개

**04**

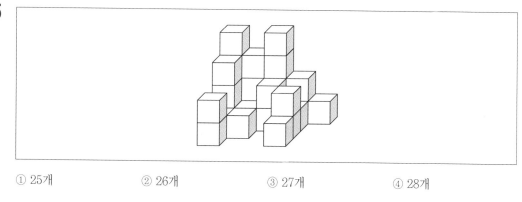

① 26개       ② 29개       ③ 33개       ④ 36개

**05**

① 25개       ② 26개       ③ 27개       ④ 28개

**06**

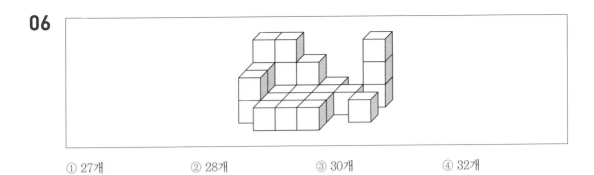

① 27개       ② 28개       ③ 30개       ④ 32개

**07**

① 30개       ② 32개       ③ 34개       ④ 36개

**08**

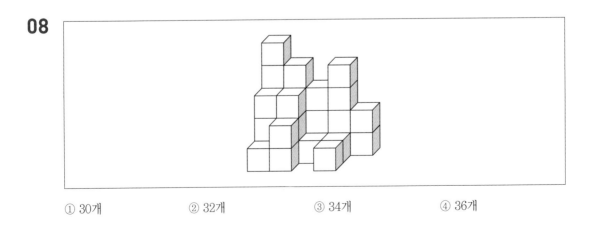

① 30개       ② 32개       ③ 34개       ④ 36개

**09**

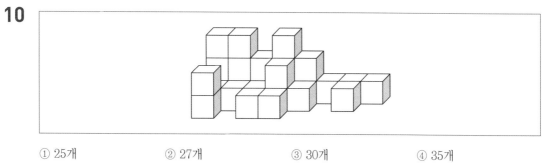

① 41개      ② 43개      ③ 45개      ④ 47개

**10**

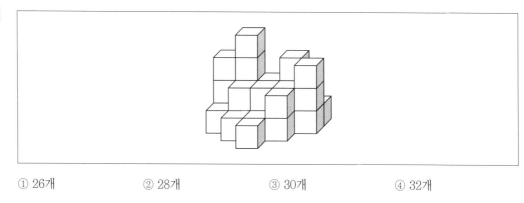

① 25개      ② 27개      ③ 30개      ④ 35개

**11**

① 26개      ② 28개      ③ 30개      ④ 32개

**12**

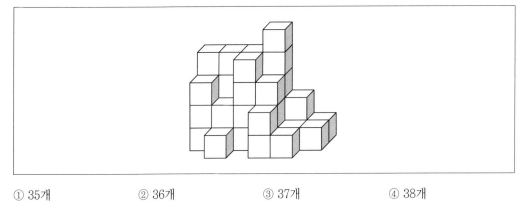

① 35개      ② 36개      ③ 37개      ④ 38개

**13**

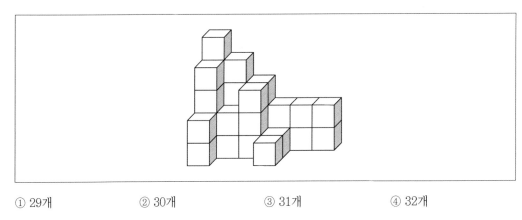

① 29개      ② 30개      ③ 31개      ④ 32개

**14**

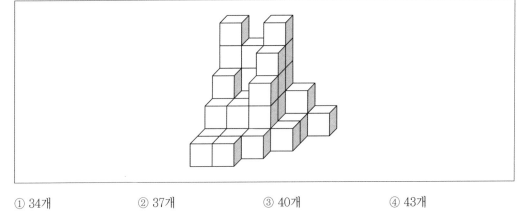

① 34개      ② 37개      ③ 40개      ④ 43개

**15**

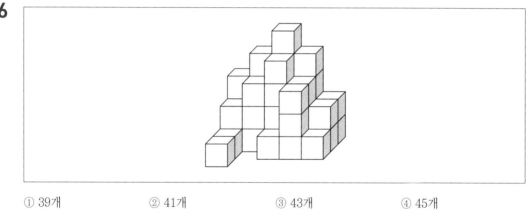

① 26개　　　　② 28개　　　　③ 30개　　　　④ 32개

**16**

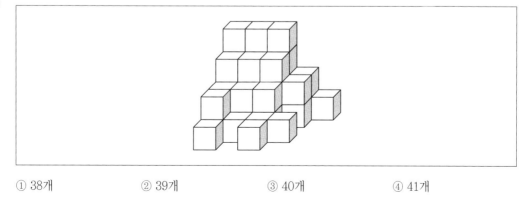

① 39개　　　　② 41개　　　　③ 43개　　　　④ 45개

**17**

① 38개　　　　② 39개　　　　③ 40개　　　　④ 41개

[01~17] 아래에 제시된 블록들을 화살표 표시한 방향에서 바라봤을 때의 모양으로 알맞은 것을 고르시오.

* 블록은 모양과 크기가 모두 동일한 정육면체임
* 바라보는 시선의 방향은 블록의 면과 수직을 이루며 원근에 의해 블록이 작게 보이는 효과는 고려하지 않음

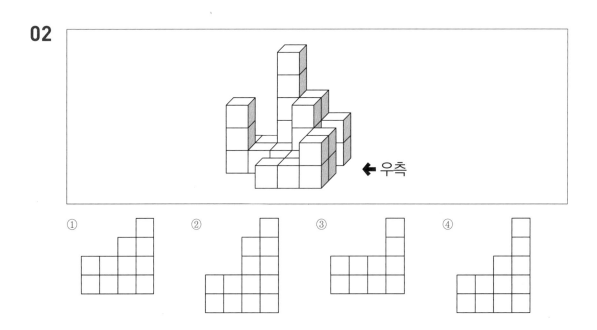

**03**

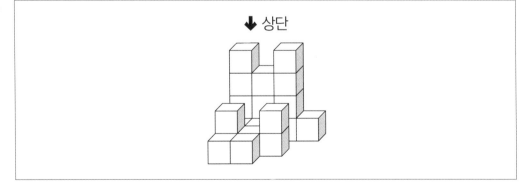

← 우측

① 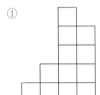   ②    ③    ④

**04**

↓ 상단

① 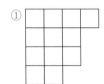   ②    ③    ④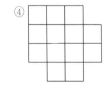

**05**

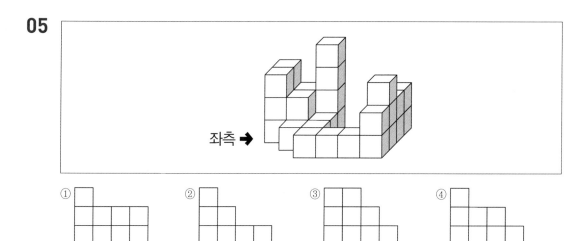

좌측 ➡

① ② ③ ④

**06**

⬇ 상단

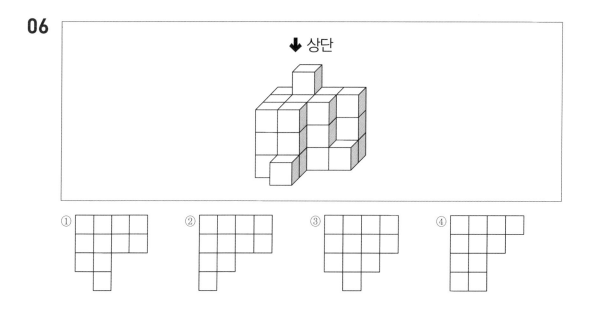

① ② ③ ④

**07**

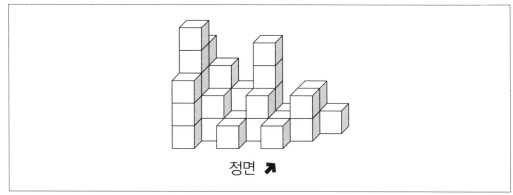

정면 ➚

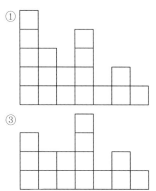

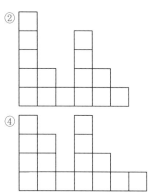

**08**

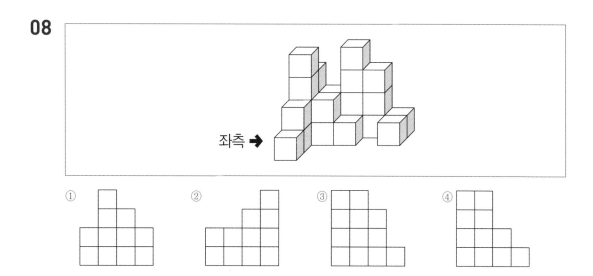

CHAPTER 03

**09**

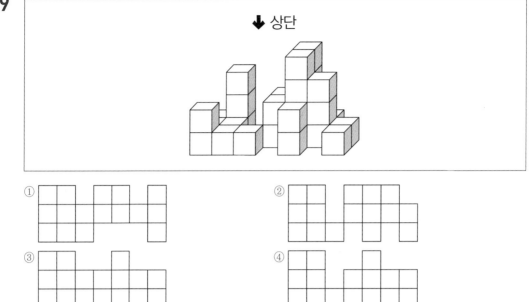

↓ 상단

① ② ③ ④

**10**

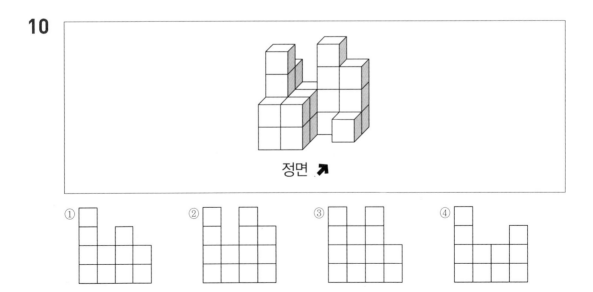

정면 ↗

① ② ③ ④

**11**

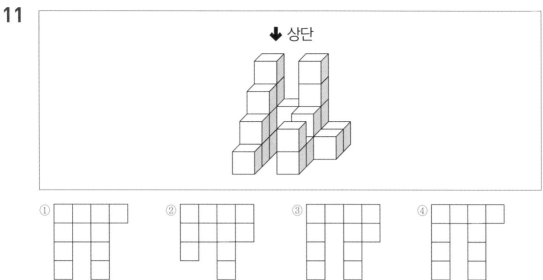

**12**

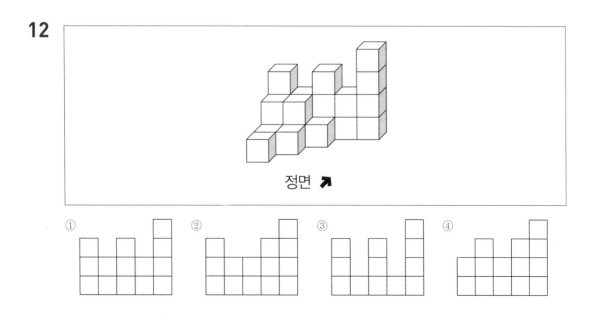

**13**

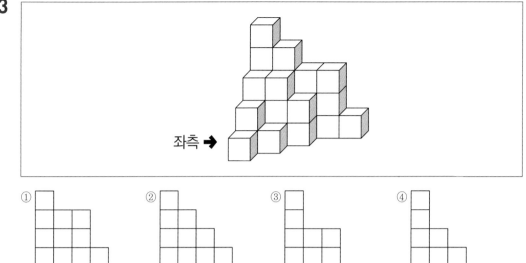

① ② ③ ④

**14**

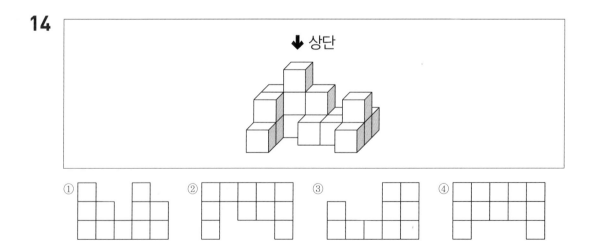

① ② ③ ④

**15**

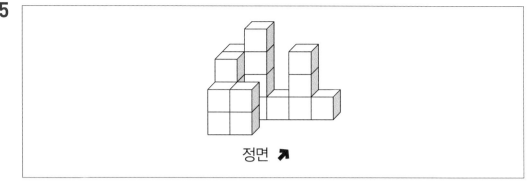

정면 ↗

①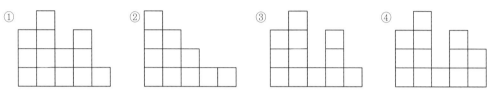

②

③

④

**16**

좌측 ➡

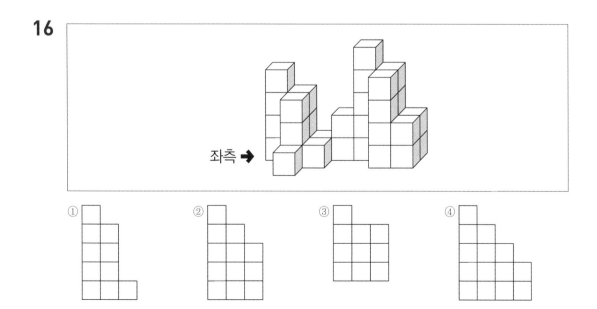

①

②

③

④

**17**

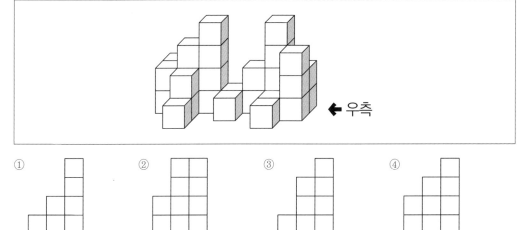

← 우측

① ② ③ ④

# 04 | 지각속도

**과목 체크**

- 지각속도는 총 30문제를 3분 동안 풀어야 한다.
- 평균 1문제당 6초에 풀어야 하므로, 빠른 인지능력을 요구한다.
- 틀릴 경우 감점이 되므로, 모두 다 푸는 것보다 정확히 푸는 것이 중요하다.

## 제1유형 | 좌우 비교

### ■ 유형설명

〈보기〉에 문자 · 숫자 · 기호 등으로 구성된 일련의 짝들이 제시된다. 나열된 대응 관계를 파악하고, 문제에서 제시한 것을 비교하여 일치 여부를 판단하는 유형이다. 총 20문제가 출제되며 5문제씩 4Set로 나누어져 있다.

**출제자의 TIP**

다음의 두 방법 중 자신이 빠르게 풀어나갈 방법을 택하여 연습하도록 합니다.

- 왼쪽을 기준으로 오른쪽에 나열된 문자 · 숫자 · 기호 등이 올바르게 대응하는지 일일이 표시하며, 순서대로 풀어나갑니다.
- 〈보기〉에 있는 대응 하나를 택하여, 아래 5문제를 한꺼번에 확인합니다.

### 예제

다음 〈보기〉의 왼쪽과 오른쪽 문자의 대응을 참고하여 각 문제의 대응이 같으면 답안지에 '① 맞음'을, 틀리면 '② 틀림'을 선택하시오.

──┤ 보기 ├──

| 가 = ① | 나 = ② | 다 = ③ | 라 = ④ | 마 = ⑤ |
|---|---|---|---|---|
| 바 = ⑥ | 사 = ⑦ | 아 = ⑧ | 자 = ⑨ | 차 = ⑩ |

| 사 다 바 라 차 ─ ⑦ ⑧ ⑥ ④ ⑨ | ① 맞음  ② 틀림 |
|---|---|

**정답체크**

⑦ ⑧ ⑥ ④ ⑨ → ⑦ ③ ⑥ ④ ⑩

**정답** ②

문자 찾기 유형은 좌우 비교 유형보다 빠르게 해결할 수 있으므로, 좌우 비교 유형보다 먼저 풀이하는 것을 추천합니다.

## ■ 유형설명

왼쪽에 굵은 글씨체로 표시된 문자·숫자·기호 등을 오른쪽에 나열된 보기 중에서 찾아 그 개수를 세는 문제이다. 총 10문제가 출제되며, 난도는 어렵지 않으나 정답이 10개 이상인 것들이 있어 실수하기 쉽다.

### 예제

다음의 〈보기〉에서 각 문제의 왼쪽에 표시된 굵은 글씨체의 기호, 문자, 숫자의 개수를 모두 세어 오른쪽에서 찾으시오.

| | 〈보 기〉 | 〈개 수〉 |
|---|---|---|
| ㄴ | 매사 올바른 사고와 판단으로 건설적인 제안을 하는 늘 푸른 젊은 이들 | ① 5개　② 7개　③ 9개　④ 11개 |

**정답체크**

매사 올바른 사고와 판단으로 건설적인 제안을 하는 늘 푸른 젊은이들 (11개)

정답 ④

**[01~20]** 다음 〈보기〉의 왼쪽과 오른쪽 기호의 대응을 참고하여 각 문제의 대응이 같으면 답안지에 '① 맞음'을, 틀리면 '② 틀림'을 선택하시오.

| 보 기 |

| atat = ♣ | toto = ♨ | with = 🎭 | onon = ☹ | inin = ♡ |
| ofof = ♀ | asas = ♥ | byby = ♫ | upon = ☢ | that = ★ |

| **01** | with byby onon ofof toto | – | 🎭 ♫ ☹ ♀ ♥ | ① 맞음 ② 틀림 |
| **02** | atat onon inin ofof byby | – | ♣ ☹ ♡ ☢ ♫ | ① 맞음 ② 틀림 |
| **03** | ofof inin asas onon toto | – | ♀ ♡ ♥ 🎭 ♨ | ① 맞음 ② 틀림 |
| **04** | inin that with atat upon | – | ♡ ♥ 🎭 ♣ ☢ | ① 맞음 ② 틀림 |
| **05** | asas that inin with atat | – | ♫ ★ ♡ 🎭 ♣ | ① 맞음 ② 틀림 |

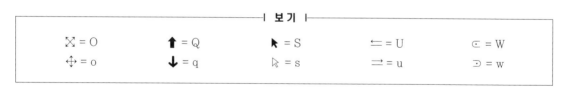

| 보 기 |

| ⊠ = O | ⬆ = Q | ⬈ = S | ⇐ = U | ⊏ = W |
| ⊕ = o | ⬇ = q | ⇗ = s | ⇌ = u | ⊃ = w |

| **06** | ⬆ ⬈ ⇗ ⊏ ⊕ | – | Q s S W O | ① 맞음 ② 틀림 |
| **07** | ⬈ ⊏ ⊕ ⬆ ⇐ | – | S W O Q U | ① 맞음 ② 틀림 |
| **08** | ⊕ ⇌ ⊃ ⊠ ⬆ | – | o u w O Q | ① 맞음 ② 틀림 |
| **09** | ⬇ ⇐ ⊏ ⊕ ⬈ | – | q U W O S | ① 맞음 ② 틀림 |
| **10** | ⊃ ⇗ ⬇ ⇌ ⊏ | – | w s Q u W | ① 맞음 ② 틀림 |

| desk = 11 | apple = 39 | cat = 24 | table = 13 | ball = 92 |
| pen = 19 | print = 35 | now = 45 | good = 56 | tall = 76 |

| **11** | apple table good print pen | − | 39 13 56 56 19 | ① 맞음 ② 틀림 |
| **12** | pen good table ball tall | − | 19 56 13 45 76 | ① 맞음 ② 틀림 |
| **13** | good tall desk print pen | − | 56 76 39 35 19 | ① 맞음 ② 틀림 |
| **14** | now table apple tall desk | − | 19 13 39 76 11 | ① 맞음 ② 틀림 |
| **15** | tall now desk ball cat | − | 76 45 11 92 24 | ① 맞음 ② 틀림 |

| ㄲ = ◇ | ㄸ = ◈ | ㅆ = ◖ | ㅉ = ◗ | ㅃ = ▨ |
| ㅛ = ▧ | ㅕ = ▤ | ㅐ = ▦ | ㅔ = ◁ | ㅜ = ◀ |

| **16** | ㄲ ㅃ ㅐ ㅜ ㅕ | − | ◇ ▨ ◁ ◀ ▤ | ① 맞음 ② 틀림 |
| **17** | ㄸ ㅛ ㅐ ㅜ ㄲ | − | ◈ ▧ ◁ ◀ ◈ | ① 맞음 ② 틀림 |
| **18** | ㅛ ㅔ ㅜ ㅉ ㅕ | − | ▧ ◀ ◁ ◗ ▤ | ① 맞음 ② 틀림 |
| **19** | ㅕ ㅃ ㄲ ㅛ ㅐ | − | ▤ ▨ ◈ ▧ ◁ | ① 맞음 ② 틀림 |
| **20** | ㅆ ㅃ ㅐ ㅛ ㅜ | − | ◗ ▨ ▦ ▧ ◀ | ① 맞음 ② 틀림 |

[21~30] 다음의 〈보기〉에서 각 문제의 왼쪽에 표시된 굵은 글씨체의 기호, 문자, 숫자의 개수를 모두 세어 오른쪽에서 찾으시오.

| | | 〈보 기〉 | | 〈개 수〉 | | |
|---|---|---|---|---|---|---|
| **21** | ‰ | ‰ ※ ÷ × ‰ ⊖ ± ₩ ∗ ∗ % ‰ ⊕ ⊖ ± ₩ ∗ ∗ % ‰ % ‰ % ‰ ‰ ⊖ ± ₩ ∗ ∗ % ‰ % ‰ ∗ ‰ % | ① 2개 | ② 4개 | ③ 6개 | ④ 8개 |
| **22** | ⊘ | 🗌 🗋 🗇 ⊡ 🗌 🗌 🗒 🗓 △ ⊠ 🗌 🗏 ⊠ △ 🗌 🗌 🗑 🗒 ◫ 🗌 🗌 ◪ 🗌 🗌 ⊠ 🗌 △ 🗌 🗌 🗌 🗑 🗌 | ① 2개 | ② 4개 | ③ 6개 | ④ 8개 |
| **23** | 소화 | 소진 소강 소유 소화 소급 소금 소설 소식 소문 소작 소화 소진 소강 소유 소급 소금 소설 소화 소식 소문 소작 소화 소장 소년 | ① 2개 | ② 4개 | ③ 6개 | ④ 8개 |
| **24** | Ᏼ | ♭ẞ Ᏼ Ᏼ Ᏼ ♭ ♭ Ᏼ Ᏼ Ᏼ Ᏼ ẞ Ᏼ Ᏼ Ᏼ ẞ Ᏼ Ᏼ Ᏼ Ᏼ Ᏼ ♭ ♭ Ᏼ Ᏼ Ᏼ ẞ Ᏼ Ᏼ Ᏼ ẞ | ① 2개 | ② 4개 | ③ 6개 | ④ 8개 |
| **25** | ㅂ | 백두산 정기 삼천리 강산 무궁화 대한은 온누리의 빛 화랑의 핏줄타고 자라난 우리 그 이름 용감하다 대한 육군 | ① 2개 | ② 4개 | ③ 6개 | ④ 8개 |
| **26** | ▽ | ▲ △ ○ ◎ ◇ ▽ ▼ ☆ ★ △ ▲ ▽ ※ ◎ ◇ ◇ ◆ ※ ▽ ◎ ◎ ◇ ◇ ◆ ▼ ☆ ★ △ ▲ △ ○ ◎ ◇ ▽ | ① 2개 | ② 4개 | ③ 6개 | ④ 8개 |
| **27** | 4 | 0104735892834578903987642349044908976 5234957869256499 | ① 2개 | ② 4개 | ③ 6개 | ④ 8개 |
| **28** | (h) | (g)(e)(k)(m)(h)(n)(p)(o)(q)(r)(h)(y)(w)(e)(d)(g)(h)(e)(k)(m) (n)(p)(o)(h)(q)(r)(y)(w)(e)(d)(h)(q)(r)(y)(w)(e)(h)(d)(g)(e) | ① 2개 | ② 4개 | ③ 6개 | ④ 8개 |
| **29** | $mm^3$ | $cm^3$ $m^3$ $km^3$ fm nm $mm^3$ $\mu m$ mm cm km $mm^2$ $cm^3$ $m^2$ $km^2$ $\mu g$ nm $\mu m$ mm cm km $mm^3$ $mm^2$ $cm^2$ $m^2$ kg | ① 2개 | ② 4개 | ③ 6개 | ④ 8개 |
| **30** | ◆ | ✧ ◈ ◼ ◉ ▲ ▽ ▼ ◼ ◼ ◆ ◉ ⊗ ✦ ▼ ◉ ▲ ▲ ✧ ◎ ▽ ▲ ✧ ✧ ▽ ▽ ▲ ◼ △ ▽ ◼ ◆ ◉ ⊗ ⊗ ◎ ◼ ◉ ◇ ⊗ ◼ ◆ ◼ ◇ △ ▽ ◎ | ① 2개 | ② 4개 | ③ 6개 | ④ 8개 |

**[01~20]** 다음 〈보기〉의 왼쪽과 오른쪽 기호의 대응을 참고하여 각 문제의 대응이 같으면 답안지에 '① 맞음'을, 틀리면 '② 틀림'을 선택하시오.

┤ 보 기 ├

| | | | | |
|---|---|---|---|---|
| 순대 = ↘ | 김밥 = ↗ | 라면 = ⇐ | 튀김 = ⇒ | 떡볶이 = ↩ |
| 콜라 = ⇌ | 사이다 = ↗ | 환타 = ╱ | 햄버거 = ↘ | 치킨 = ↘ |

| | | |
|---|---|---|
| **01** 순대 튀김 사이다 햄버거 콜라   –   ↘ ⇒ ↗ ↘ ⇌ | ① 맞음 ② 틀림 |
| **02** 김밥 튀김 환타 치킨 떡볶이   –   ↗ ⇒ ╱ ↘ ↩ | ① 맞음 ② 틀림 |
| **03** 튀김 치킨 사이다 콜라 라면   –   ⇒ ↘ ↗ ⇌ ↩ | ① 맞음 ② 틀림 |
| **04** 사이다 치킨 콜라 떡볶이 김밥   –   ↗ ↘ ⇌ ↩ ↗ | ① 맞음 ② 틀림 |
| **05** 햄버거 튀김 김밥 콜라 사이다   –   ↘ ⇒ ↗ ╱ ↗ | ① 맞음 ② 틀림 |

┤ 보 기 ├

| | | | | |
|---|---|---|---|---|
| 지리산 = 샨 | 백두산 = 션 | 한라산 = 숀 | 소백산 = 순 | 무등산 = 샌 |
| 월출산 = 센 | 북한산 = 송 | 설악산 = 샹 | 무악산 = 셩 | 금강산 = 생 |

| | | |
|---|---|---|
| **06** 지리산 한라산 무등산 북한산 무악산  –  샨 숀 샌 송 생 | ① 맞음 ② 틀림 |
| **07** 한라산 북한산 소백산 금강산 무등산  –  숀 송 순 샨 샌 | ① 맞음 ② 틀림 |
| **08** 소백산 무악산 금강산 지리산 월출산  –  순 셩 생 샨 센 | ① 맞음 ② 틀림 |
| **09** 금강산 지리산 백두산 북한산 설악산  –  샌 샨 션 송 샹 | ① 맞음 ② 틀림 |
| **10** 무악산 지리산 금강산 설악산 백두산  –  셩 샨 샌 샹 션 | ① 맞음 ② 틀림 |

━━━━━━━━━| 보기 |━━━━━━━━━

| ❶② = 자 | ①❷ = 저 | ❺⑥ = 쟈 | ⑤❻ = 정 | ❽⑨ = 젱 |
| ❸4 = 즁 | ③❹ = 종 | ❼8 = 즇 | ⑦❽ = 죵 | ⑨❽ = 쟁 |

| 11 | ①❷ ⑦❽ ③❹ ❽⑨ ❶② – 저종즁젱자 | ① 맞음 ② 틀림 |
|---|---|---|
| 12 | ❺⑥ ⑦❽ ⑨❽ ❸4 ⑤❻ – 쟈젱쟁즁정 | ① 맞음 ② 틀림 |
| 13 | ③❹ ❺⑥ ⑦❽ ①❷ ❸4 – 종쟈죵저즁 | ① 맞음 ② 틀림 |
| 14 | ⑦❽ ❸4 ①❷ ❽⑨ ❼8 – 죵즁저젱죵 | ① 맞음 ② 틀림 |
| 15 | ⑨❽ ❺⑥ ❶② ③❹ ❽⑨ – 쟁정자종쟁 | ① 맞음 ② 틀림 |

━━━━━━━━━| 보기 |━━━━━━━━━

| ◁ = ⋈ | ▷ = ⋈ | ◯ = ⊡ | ◯ = ⊠ | ↚ = ⦅ |
| ⇀ = ⦆ | ∠ = ① | ⊒ = ⑪ | ⊿ = ① | 🛆 = ⊖ |

| 16 | ▷ ◯ ∠ ⊿ ⇀ – ⋈ ⊠ ⑪ ⊖ ⦆ | ① 맞음 ② 틀림 |
|---|---|---|
| 17 | ◯ ↚ ◁ 🛆 ∠ – ⊡ ⦆ ⋈ ⊖ ① | ① 맞음 ② 틀림 |
| 18 | ⊒ ⇀ ◯ 🛆 ▷ – ⑪ ⦆ ⊡ ⊖ ⋈ | ① 맞음 ② 틀림 |
| 19 | ⊿ ◯ 🛆 ◁ ⊒ – ① ⊠ ⊖ ⋈ ⑪ | ① 맞음 ② 틀림 |
| 20 | ∠ ⇀ ▷ ⊿ ◁ – ⑪ ⦆ ⋈ ① ⊡ | ① 맞음 ② 틀림 |

**[21~30]** 다음의 〈보기〉에서 각 문제의 왼쪽에 표시된 굵은 글씨체의 기호, 문자, 숫자의 개수를 모두 세어 오른쪽에서 찾으시오.

| | | 〈보 기〉 | 〈개 수〉 |
|---|---|---|---|
| **21** | ≐ | ≒ ≔ ≐ ≕ ≖ ≗ ≘ ∸ ≘ ≐ ≉ ≋ ≒ ≔ ≕ ≐ ≖ ≗ ≘ ∸<br>≐ ≘ ≉ ∺ ≅ ≠ ≃ | ① 2개 ② 4개 ③ 6개 ④ 8개 |
| **22** | ハ | ロ ハ ㄱ タ 入 丁 ヒ ハ 又 乙 又 乇 ハ 弋 厶 乙 又 乙 又<br>乇 又 乙 又 乇 タ 入 丁 ヒ ハ 入 丁 | ① 2개 ② 4개 ③ 6개 ④ 8개 |
| **23** | Ⅲ | Ⅲ ⅢⅠ 丅 Ⅲ ㅜ ㅛ ㅛ ㅕ ㅕ Ⅲ ㅑ ㅑ ㅑ ••• Ⅲ •••• ••••• Ⅲ<br>Ⅲ ⅢⅠ 丅 ㅜ ㅛ ㅛ ㅕ ㅕ Ⅲ ㅑ ㅑ ㅑ ••• •••• Ⅲ ㅜ ㅛ ㅛ Ⅲ<br>ⅢⅡ | ① 2개 ② 4개 ③ 6개 ④ 8개 |
| **24** | △ | △▽▼△▽▼△▲▽▽▽▲▽▽△▽▼△▽▼△<br>▲▼▼▽▼▼△▲▲▲△ | ① 2개 ② 4개 ③ 6개 ④ 8개 |
| **25** | ㅁ | 고드름 여드름 여름 고드름 여드름 여름 고드<br>름 여드름 여름 고드름 여드름 여름 | ① 6개 ② 8개 ③ 10개 ④ 12개 |
| **26** | ▤ | ▥▨▤▧▦▩▣□▤■▥▨▧▦▥▨▧▤▦▩▣<br>□■▥▨▧▦▩▣□■▩▣▥▤▨ | ① 2개 ② 4개 ③ 6개 ④ 8개 |
| **27** | ⅓ | ⅔ ¼ ¾ ⅓ ⅛ ⅜ ⅝ ⅞ ½ ⅔ ¼ ¾ ⅛ ⅜ ⅝ ⅔ ⅓ ¼ ¾ ⅛<br>⅜ ⅓ ⅝ ⅞ ½ ⅔ ¼ ¾ ⅛ ⅜ ⅝ ⅞ ½ ⅓ ⅞ ½ ⅓ | ① 3개 ② 5개 ③ 7개 ④ 9개 |
| **28** | Τ | Α Β Τ Γ Δ Ε Ζ Η Θ Ι Α Β Γ Δ Ε Τ Ζ Η Θ Ι Κ<br>Λ Μ Ν Ξ Κ Λ Μ Ν Ξ Α Β Γ Δ Τ Ε Ζ Η Θ Ι Κ Λ<br>Μ Τ Ν Ξ | ① 2개 ② 4개 ③ 6개 ④ 8개 |
| **29** | ㅨ | ㅥ ㅦ ㅧ ㅨ ㅩ ㅪ ㅨ ㅫ ㅬ ㅭ ㅮ ㅯ ㅪ ㅨ ㅫ ㅬ ㅭ ㅮ ㅯ ㅰ ㅨ<br>ㅱ ㅨ ㅲ ㅳ ㅨ ㅴ | ① 2개 ② 4개 ③ 6개 ④ 8개 |
| **30** | ⑦ | ①②❶③④❷⑦⑤⑥❻②❶③④❷⑤⑥❻⑧⑧②<br>❶③④❷⑤⑥❻⑥⑦①❼②③③ | ① 2개 ② 4개 ③ 6개 ④ 8개 |

[01~20] 다음 〈보기〉의 왼쪽과 오른쪽 기호의 대응을 참고하여 각 문제의 대응이 같으면 답안지에 '① 맞음'을, 틀리면 '② 틀림'을 선택하시오.

┤ 보기 ├

| ん = ㄴ | ら = ㄱ | つ = 刀 | づ = 几 | し = 兀 |
| じ = 允 | ふ = ↑ | ぶ = 小 | こ = ㅌ | ご = ㅈ |

| 01 | ん つ ぶ ご じ － ㄴ 几 小 ㅈ 允 | ① 맞음 ② 틀림 |
| 02 | つ し じ こ ら － 刀 允 兀 ㅌ ㄱ | ① 맞음 ② 틀림 |
| 03 | ぶ づ ふ ん し － 小 刀 ↑ ㄴ 兀 | ① 맞음 ② 틀림 |
| 04 | ご づ ら こ じ － ㅈ 几 ㄱ 小 允 | ① 맞음 ② 틀림 |
| 05 | じ し つ ふ こ － 允 兀 刀 ↑ ㅌ | ① 맞음 ② 틀림 |

┤ 보기 ├

| ㉑ = ㄱ | ㉠ = ㄸ | ㉢ = ㅁ | ㉣ = ㅅ | ㉪ = ㅈ |
| ㉍ = ㉮ | ㉎ = ㄸ | ㉏ = ㅃ | ㉐ = ㉬ | ㉓ = 차 |

| 06 | ㉑ ㉎ ㉣ ㉪ ㉍ － ㄱ ㄸ 차 ㅈ ㉮ | ① 맞음 ② 틀림 |
| 07 | ㉏ ㉣ ㉓ ㉑ ㉍ － ㅃ ㅅ 차 ㄸ ㉮ | ① 맞음 ② 틀림 |
| 08 | ㉐ ㉪ ㉍ ㉣ ㉎ － ㉬ 차 ㉮ ㅅ ㄸ | ① 맞음 ② 틀림 |
| 09 | ㉢ ㉓ ㉑ ㉐ ㉎ － ㅁ 차 ㄱ ㅃ ㄸ | ① 맞음 ② 틀림 |
| 10 | ㉣ ㉏ ㉪ ㉎ ㉢ － ㅅ ㅃ ㅈ ㉬ ㅁ | ① 맞음 ② 틀림 |

CHAPTER 04

| 소 = 25 | 골 = 34 | 곰 = 57 | 단 = 82 | 답 = 13 |
| 조 = 52 | 존 = 43 | 준 = 75 | 중 = 28 | 쏙 = 31 |

| 11 | 골 중 존 소 답 — 34 75 43 25 13 | ① 맞음 ② 틀림 |
|----|----|----|
| 12 | 중 곰 조 쏙 단 — 28 57 52 31 82 | ① 맞음 ② 틀림 |
| 13 | 준 답 골 조 소 — 43 13 34 43 25 | ① 맞음 ② 틀림 |
| 14 | 조 소 준 곰 답 — 52 25 75 57 13 | ① 맞음 ② 틀림 |
| 15 | 쏙 단 골 답 조 — 31 82 34 13 25 | ① 맞음 ② 틀림 |

| ▤▥ = 카 | ▤▧ = 캬 | ▨▧ = 쿠 | ▩▨ = 큐 | ◐◑ = 코 |
| ◑● = 교 | ▭▯ = 케 | ▯▭ = 켸 | ▲◿ = 커 | ▲◪ = 켜 |

| 16 | ▤▥ ▩▨ ◐◑ ▲◪ ▨▧ — 캬 큐 코 커 쿠 | ① 맞음 ② 틀림 |
|----|----|----|
| 17 | ◐◑ ▭▯ ▲◪ ▩▨ ◑● — 코 케 커 캬 교 | ① 맞음 ② 틀림 |
| 18 | ▯▭ ▲◿ ▲◪ ▩▨ ▩▨ — 케 커 켜 캬 큐 | ① 맞음 ② 틀림 |
| 19 | ▲◿ ▩▨ ▭▯ ▤▥ ▨▧ — 커 큐 케 카 코 | ① 맞음 ② 틀림 |
| 20 | ▨▧ ▩▨ ▲◪ ◐◑ ◑● — 쿠 캬 켜 코 교 | ① 맞음 ② 틀림 |

**[21~30] 다음의 〈보기〉에서 각 문제의 왼쪽에 표시된 굵은 글씨체의 기호, 문자, 숫자의 개수를 모두 세어 오른쪽에서 찾으시오.**

| | | 〈보 기〉 | 〈개 수〉 |
|---|---|---|---|
| **21** | 9 | 368369368369368369368369368369369 | ① 2개　② 4개　③ 6개　④ 8개 |
| **22** | e | The key to happiness is inside one's own heart | ① 2개　② 4개　③ 6개　④ 8개 |
| **23** | Ⓒ | ⒶⒷⒹⒹⒷⒶⒹⒶⒹⒷⒶⒶⒷⒹⒶⒷⒶⒷⒹⒸⒶ<br>ⒷⒹⒷⒶⒸⒶⒷⒹⒸⒶⒷⒸⒹⒷⒶ | ① 2개　② 4개　③ 6개　④ 8개 |
| **24** | ☺ | ◙☼☺▼⨸✡⌚☺◎☯✋⚾◎☯✋⚐❂☺☼☃<br>✌☺▼⨸✡⌚▼⨸✡⌚⚾◎☯✋⚐❂ | ① 2개　② 4개　③ 6개　④ 8개 |
| **25** | ㅅ | 위국헌신 상호존중 책임완수 위국헌신 상호존중 책임완수 위국헌신 상호존중 책임완수 위국헌신 상호존중 책임완수 | ① 2개　② 4개　③ 6개　④ 8개 |
| **26** | ☃ | ✋♙⚐☢☨卐®✂☃✂◬◎☞♡♧☎✂✂☃◬<br>◎☞♡♧ | ① 2개　② 4개　③ 6개　④ 8개 |
| **27** | ㅺ | ㅻ ㅺ ㅼ ㅽ ㅾ ㆂ ㅻ ㅼ ㅽ ㅺ ㅾ ㆂ ㅻ ㅼ ㅽ ㅾ ㆂ ㅻ ㅼ ㅽ ㅾ<br>ㆂ ㅺ ㅻ ㅼ ㅽ ㅾ ㅺ ㆂ ㆂ ㅻ ㅼ ㅽ ㅽ ㅾ ㆂ ㅻ ㅼ ㅽ | ① 2개　② 4개　③ 6개　④ 8개 |
| **28** | ② | ①③④⑤⑥⑦②⑧⑨①③④⑤⑥⑦⑧②⑨①<br>③④⑤⑥⑦⑧⑨⑧⑨①③④⑤⑥ | ① 2개　② 4개　③ 6개　④ 8개 |
| **29** | ◐ | ○●◐◎⊙◔◐◓◒◕○◐●◎⊙◓◐◒◕○<br>●◔◒◕○◓◒◕◎⊙◓ | ① 2개　② 4개　③ 6개　④ 8개 |
| **30** | 갉 | 갊갈걺곲갉간갈값갔갖갊갈걺곲갉간갈값갔갖갊<br>갈걺곲갔갖걺곲갉간갈값갉갔갖 | ① 2개　② 4개　③ 6개　④ 8개 |

[01~20] 다음 〈보기〉의 왼쪽과 오른쪽 기호의 대응을 참고하여 각 문제의 대응이 같으면 답안지에 '① 맞음'을, 틀리면 '② 틀림'을 선택하시오.

| 보기 |

| ㉠ = 123 | ㄱ = 321 | ㉡ = 234 | ㄴ = 432 | ㉢ = 345 |
| ㄷ = 543 | ㉣ = 456 | ㄹ = 654 | ㉤ = 567 | ㅁ = 765 |

| **01** | ㅁ ㄱ ㉡ ㄹ ㄷ　－　765 321 234 456 543 | ① 맞음 ② 틀림 |
| **02** | ㉡ ㄷ ㄱ ㉤ ㉠　－　234 543 123 567 321 | ① 맞음 ② 틀림 |
| **03** | ㄴ ㄷ ㄹ ㉠ ㅁ　－　432 456 654 123 765 | ① 맞음 ② 틀림 |
| **04** | ㄹ ㉢ ㉤ ㅁ ㉡　－　654 345 765 567 234 | ① 맞음 ② 틀림 |
| **05** | ㉤ ㉡ ㄱ ㉠ ㄴ　－　567 234 321 123 432 | ① 맞음 ② 틀림 |

| 보기 |

| * = ㄲ | % = ㄳ | °F = ㄵ | ※ = ㄶ | ℃ = ㄺ |
| ¥ = ㄻ | ☝ = ㄿ | ☂ = ㄽ | ∂ = ㄾ | ∞ = ㅍ |

| **06** | % ☂ ∂ ℃ °F　－　ㄳ ㄽ ㄿ ㄺ ㄵ | ① 맞음 ② 틀림 |
| **07** | ∂ * °F ☝ ℃　－　ㄾ ㄲ ㄵ ㄽ ㄺ | ① 맞음 ② 틀림 |
| **08** | ℃ ※ % ¥ ∂　－　ㄺ ㄵ ㄳ ㄻ ㄾ | ① 맞음 ② 틀림 |
| **09** | ☝ ∂ ∞ % *　－　ㄿ ㄾ ㅍ ㄵ ㄲ | ① 맞음 ② 틀림 |
| **10** | °F ∞ ☂ % ¥　－　ㄵ ㄺ ㄽ ㄶ ㄻ | ① 맞음 ② 틀림 |

─ **보기** ─

| 3 = ⓐ | 6 = ⓒ | 9 = ⓔ | 12 = ⓖ | 15 = ⓘ |
|---|---|---|---|---|
| 2 = ⓚ | 4 = ⓜ | 5 = ⓞ | 8 = ⓠ | 10 = ⓢ |

| **11** | 3 12 8 4 6　–　ⓐ ⓖ ⓠ ⓚ ⓒ | ① 맞음　② 틀림 |
|---|---|---|
| **12** | 2 6 15 8 10　–　ⓚ ⓜ ⓘ ⓠ ⓢ | ① 맞음　② 틀림 |
| **13** | 15 10 2 8 3　–　ⓘ ⓢ ⓚ ⓠ ⓒ | ① 맞음　② 틀림 |
| **14** | 2 10 3 6 4　–　ⓚ ⓢ ⓖ ⓒ ⓜ | ① 맞음　② 틀림 |
| **15** | 6 4 10 15 12　–　ⓐ ⓜ ⓢ ⓘ ⓖ | ① 맞음　② 틀림 |

**CHAPTER 04**

─ **보기** ─

| te = ❝ | st = ✄ | ing = ℂ | pa = ✈ | ss = ✔ |
|---|---|---|---|---|
| ar = ✚ | my = ✪ | so = ✎ | ld = ✝ | ier = ✐ |

| **16** | te ing so my ss　–　❝ ℂ ✎ ✪ ✔ | ① 맞음　② 틀림 |
|---|---|---|
| **17** | ld st ar ld te　–　✝ ✄ ✚ ✐ ❝ | ① 맞음　② 틀림 |
| **18** | ar so pa st my　–　✚ ✝ ✈ ❝ ✪ | ① 맞음　② 틀림 |
| **19** | so ier my ar pa　–　✎ ✔ ✪ ✚ ✈ | ① 맞음　② 틀림 |
| **20** | ing te ss so ier　–　ℂ ❝ ✈ ✎ ✐ | ① 맞음　② 틀림 |

[21~30] 다음의 〈보기〉에서 각 문제의 왼쪽에 표시된 굵은 글씨체의 기호, 문자, 숫자의 개수를 모두 세어 오른쪽에서 찾으시오.

| | | 〈보 기〉 | 〈개 수〉 |
|---|---|---|---|
| **21** | ♧ | ♣♡♤♠⊙☏‰♧℉♣♡♤♠⊙☏‰♧℉℉♣♧<br>♡♤♠⊙♣♡♤♠⊙☏‰℉♣♡♤♠⊙☏ | ① 1개 ② 3개 ③ 6개 ④ 7개 |
| **22** | ≤ | ≥≨≤≧≦≨≤≩≰≱≥≨≤≧≦≤≨≤≩≰<br>≤≱≥≨≤≧≦≨≤≩≰≱ | ① 2개 ② 4개 ③ 6개 ④ 8개 |
| **23** | ∯ | ∫ ∬ ∭ ∮ ∯ ∰ ∱ ∲ ∳ ∫ ∬ ∯ ∭ ∮ ∰ ∱ ∲ ∳ ∫ ∬<br>∯ ∭ ∮ ∰ ∯ ∱ ∲ ∳ | ① 2개 ② 4개 ③ 6개 ④ 8개 |
| **24** | ∴ | ∵ ∶ ∴ ∷ ∸ ∹ ∺ ∻ ∵ ∴ ∶ ∷ ∸ ∹ ∺ ∴ ∻ ∵ ∶<br>∷ ∴ ∸ ∹ ∺ ∻ ∴ | ① 3개 ② 5개 ③ 7개 ④ 8개 |
| **25** | ㆇ | ㆈㆉㆊㆋㆇㆌㆈㆉㆊㆋㆌㆈㆉㆊㆋㆌㆈㆇㆉㆊ<br>ㆋㆌㆈㆉㆊㆋㆌ | ① 2개 ② 4개 ③ 6개 ④ 8개 |
| **26** | ▨ | ▤▧▦▩▣□▤▨■▥▨▧▦▥▨▧▤▦▩□▣<br>□■▥▧ | ① 1개 ② 3개 ③ 5개 ④ 7개 |
| **27** | ㆅ | ㆆ ㅶ ㅷ ㅎ ㆅ ㅸ ㅹ ㆀ ㆁ ㆂ ㆃ ㆅ ㅎ ㆆ ㅶ ㅷ ㅎ ㆅ ㅸ ㅹ ㆀ<br>ㆁ ㆂ ㆃ ㆅ ㅎ ㅹ ㆀ ㆁ ㆂ | ① 2개 ② 4개 ③ 6개 ④ 8개 |
| **28** | ↗ | ↙ ↗ ↖ ↘ ↗ ↕ ↙ ↖ ↘ ↗ ↕ ↙ ↗ ↖ ↗<br>↘ ↕ ↙ ↗ ↖ ↘ ↕ ↖ ↘ | ① 2개 ② 4개 ③ 6개 ④ 8개 |
| **29** | ⓘ | ⓙⓚⓛⓘⓣⒿⓙⓚⓛⓘⓣⒿⓘⓙⓚⓛⓘⓣⒿ | ① 2개 ② 4개 ③ 6개 ④ 8개 |
| **30** | Б | В Б Е Ё Б Ъ Ы Б Ь Б Э В Е Ё Ъ Ы Б Ь Э В Е<br>Ё Ъ Б Ы Ь Э | ① 2개 ② 4개 ③ 6개 ④ 8개 |

[01~20] 다음 〈보기〉의 왼쪽과 오른쪽 기호의 대응을 참고하여 각 문제의 대응이 같으면 답안지에 '① 맞음'을, 틀리면 '② 틀림'을 선택하시오.

---

| ┤ 보기 ├ |
|---|

| 可 = 13 | 甘 = 26 | 干 = 39 | 各 = 48 | 江 = 62 |
|---|---|---|---|---|
| 介 = 83 | 巨 = 75 | 甲 = 49 | 巾 = 21 | 犬 = 19 |

---

| **01** | 可甲江干介　－　13 21 62 39 83 | ① 맞음 ② 틀림 |
|---|---|---|
| **02** | 各犬巨干甘　－　48 19 83 39 26 | ① 맞음 ② 틀림 |
| **03** | 江介甲各巾　－　62 83 49 48 19 | ① 맞음 ② 틀림 |
| **04** | 甲巾可干各　－　49 21 13 39 48 | ① 맞음 ② 틀림 |
| **05** | 巨巾江可犬　－　75 21 62 83 19 | ① 맞음 ② 틀림 |

---

| ┤ 보기 ├ |
|---|

| ♪ = ㄲ | ♫ = ㅆ | ♪ = ㅉ | ♬ = ㅃ | ♫ = ㄸ |
|---|---|---|---|---|
| ♯ = ㅑ | ♮ = ㅕ | ♭ = ㅛ | ♬ = ㅜ | ♬ = ㅠ |

---

| **06** | ♪ ♬ ♭ ♬ ♯　－　ㄲ ㅃ ㅕ ㅜ ㅑ | ① 맞음 ② 틀림 |
|---|---|---|
| **07** | ♬ ♬ ♪ ♪ ♬　－　ㅜ ㅠ ㄸ ㅉ ㅃ | ① 맞음 ② 틀림 |
| **08** | ♮ ♫ ♪ ♯ ♭　－　ㅕ ㅆ ㅉ ㅑ ㅛ | ① 맞음 ② 틀림 |
| **09** | ♬ ♬ ♬ ♫ ♪　－　ㅃ ㅜ ㅠ ㅃ ㅉ | ① 맞음 ② 틀림 |
| **10** | ♫ ♮ ♯ ♬ ♭　－　ㄸ ㅕ ㅑ ㅆ ㅠ | ① 맞음 ② 틀림 |

| 11 | % ? 〈 / + − 죽 쟉 젝 줍 종 | ① 맞음 ② 틀림 |
|---|---|---|
| 12 | ? + $ ! % − 쟉 종 작 줍 죽 | ① 맞음 ② 틀림 |
| 13 | + * W / $ − 종 작 쪽 잭 적 | ① 맞음 ② 틀림 |
| 14 | 〈 % $ 〉 W − 잭 죽 적 젝 쪽 | ① 맞음 ② 틀림 |
| 15 | W + ? * $ − 쪽 종 쟉 적 적 | ① 맞음 ② 틀림 |

| 16 | km mm cm² kHz mm² − 납 금 동 보 답 | ① 맞음 ② 틀림 |
|---|---|---|
| 17 | mm² mg Hz cm² cm − 답 낫 보 도 글 | ① 맞음 ② 틀림 |
| 18 | Hz kg cm mm² mg − 단 부 글 금 낫 | ① 맞음 ② 틀림 |
| 19 | km² kHz mm² mm Hz − 동 단 답 금 보 | ① 맞음 ② 틀림 |
| 20 | kg km mm km² kHz − 부 납 금 동 보 | ① 맞음 ② 틀림 |

**[21~30]** 다음의 〈보기〉에서 각 문제의 왼쪽에 표시된 굵은 글씨체의 기호, 문자, 숫자의 개수를 모두 세어 오른쪽에서 찾으시오.

| | | 〈보 기〉 | 〈개 수〉 |
|---|---|---|---|
| **21** | ⅘ | ⅕⅖⅘⅗⅙⅚⅛⅘⅜⅝⅞⅕⅘⅖⅗⅙⅚⅘⅛ ⅜⅝⅘⅞⅚⅕⅖⅘⅗ | ① 2개 ② 4개 ③ 6개 ④ 8개 |
| **22** | 0 | 119133913011398130311913391301139 8 1303 | ① 2개 ② 4개 ③ 6개 ④ 8개 |
| **23** | Ã | ÀÁÂÃÄÅÀÁÂÃÄÅÀÁÂÄÅÀÃÁÂÄÅÀÁ ÂÄÅÃÀÁÂÄÅ | ① 2개 ② 4개 ③ 6개 ④ 8개 |
| **24** | ㅂ | 적을 알고 나를 알면 백번 싸워도 위태롭지 않고, 적을 알지 못하고 나를 알면 한번 이기고 한번은 진다. 적을 알지 못하고 나를 알지 못하면 싸움마다 반드시 지게 될 것이다. | ① 2개 ② 4개 ③ 6개 ④ 8개 |
| **25** | 김 | 심심갑겁깁김심겁깁깁심갑심겁심갑김김겁깁 깁갑갑겁겁겁갑김겁겁김갑갑김갑깁갑심심겁 심깁 | ① 2개 ② 4개 ③ 6개 ④ 8개 |
| **26** | e | To believe with certainty we must begin with doubting. | ① 2개 ② 4개 ③ 6개 ④ 8개 |
| **27** | ㅗ | 어머니도 모르고 아버지도 모르고 심지어 친구도 모르는 그의 행방 | ① 2개 ② 4개 ③ 6개 ④ 8개 |
| **28** | 巛 | 川巾巛刂儿彡氵爪彳巛川巾刂儿彡氵爪巛彳 川巾刂儿彡氵巛爪彳儿彡氵爪川巾刂 | ① 2개 ② 4개 ③ 6개 ④ 8개 |
| **29** | ω̲ | ϵ̲ α̲ ω α a̲… ả ◇̲ ω̲ Δ̲ ○̲ ⬙̲ ϵ̲ α̲ ω α ω̲ a̲… ả ◇̲ Δ̲ α a̲… ả ◇̲ Δ̲ ○̲ ⬙̲ ω̲ ϵ̲ α̲ ω̲ ω α | ① 2개 ② 4개 ③ 6개 ④ 8개 |
| **30** | 광주 | 경주 광주 나주 여주 무주 광주 진주 제주 울주 성주 완주 상주 충주 광주 원주 남양주 양주 파주 영주 충주 여주 나주 무주 광주 | ① 2개 ② 4개 ③ 6개 ④ 8개 |

CHAPTER 04

[01~20] 다음 〈보기〉의 왼쪽과 오른쪽 기호의 대응을 참고하여 각 문제의 대응이 같으면 답안지에 '① 맞음'을, 틀리면 '② 틀림'을 선택하시오.

┤ 보 기 ├

| 0点 = ☆ | 4点 = ★ | 8点 = ♤ | 12点 = ♠ | 16点 = ♡ |
| 1点 = ♥ | 5点 = ♧ | 10点 = ♣ | 15点 = ☏ | 20点 = ☎ |

| 01 | 0点 5点 15点 12点 20点 　－　 ☆ ♣ ☏ ♠ ☎ | ① 맞음 ② 틀림 |
| --- | --- | --- |
| 02 | 1点 12点 10点 4点 0点 　－　 ♥ ♠ ♤ ★ ☆ | ① 맞음 ② 틀림 |
| 03 | 5点 16点 1点 10点 4点 　－　 ♧ ♥ ♡ ♣ ★ | ① 맞음 ② 틀림 |
| 04 | 12点 4点 0点 1点 16点 　－　 ♠ ★ ☆ ♥ ♡ | ① 맞음 ② 틀림 |
| 05 | 10点 8点 4点 16点 15点 　－　 ♣ ♤ ★ ♡ ☎ | ① 맞음 ② 틀림 |

┤ 보 기 ├

| ヒ = ◇ | ハ = ◆ | ロ = ■ | 入 = □ | ム = △ |
| 스 = ▲ | 丁 = ▼ | 尸 = ▽ | 女 = ◁ | 人 = ◀ |

| 06 | ハ 尸 入 人 ム 　－　 ◆ ▽ ◀ □ △ | ① 맞음 ② 틀림 |
| --- | --- | --- |
| 07 | ヒ 丁 人 女 人 　－　 ◇ ▲ ▼ ◁ ◀ | ① 맞음 ② 틀림 |
| 08 | 入 ム 女 尸 丁 　－　 □ △ ◁ ▽ ▼ | ① 맞음 ② 틀림 |
| 09 | 女 人 ヒ ハ 스 　－　 ◁ ◀ ◆ ◇ ▲ | ① 맞음 ② 틀림 |
| 10 | 스 丁 ロ 尸 入 　－　 ▲ ▼ ■ ◁ □ | ① 맞음 ② 틀림 |

| ℂ = iii | £ = Ⅲ | ≒ = iv | ≥ = Ⅳ | ≤ = v |
|---|---|---|---|---|
| 《 = Ⅴ | 》 = vi | Å = Ⅵ | ∽ = vii | ∬ = Ⅶ |

| 11 | ℂ £ ≥ ≤ ∬ | – | iii Ⅲ v Ⅳ Ⅶ | ① 맞음 ② 틀림 |
|---|---|---|---|---|
| 12 | ≒ Å ≥ ∽ ≤ | – | iv Ⅵ v vii Ⅳ | ① 맞음 ② 틀림 |
| 13 | 《 £ Å ≥ ∬ | – | Ⅴ iii Ⅵ Ⅳ Ⅶ | ① 맞음 ② 틀림 |
| 14 | ∬ ∽ ≒ £ 《 | – | Ⅶ vii iv vii Ⅴ | ① 맞음 ② 틀림 |
| 15 | ≤ 《 ℂ ∬ £ | – | v Ⅴ iii vii Ⅲ | ① 맞음 ② 틀림 |

| ① = 의자 | ② = 책상 | ③ = 소파 | ④ = 선반 | ⑤ = 옷장 |
|---|---|---|---|---|
| ⑥ = 리모컨 | ⑦ = 선풍기 | ⑧ = 에어컨 | ⑨ = 세탁기 | ⑩ = 건조기 |

| 16 | ② ⑦ ④ ⑨ ⑤ | – | 책상 에어컨 선반 세탁기 옷장 | ① 맞음 ② 틀림 |
|---|---|---|---|---|
| 17 | ① ⑥ ③ ⑧ ⑩ | – | 의자 리모컨 선반 에어컨 건조기 | ① 맞음 ② 틀림 |
| 18 | ⑤ ⑩ ② ⑦ ⑥ | – | 옷장 건조기 책상 의자 리모컨 | ① 맞음 ② 틀림 |
| 19 | ⑩ ⑧ ⑥ ① ③ | – | 건조기 선풍기 리모컨 의자 소파 | ① 맞음 ② 틀림 |
| 20 | ⑨ ⑧ ⑦ ⑥ ⑩ | – | 세탁기 에어컨 선풍기 리모컨 건조기 | ① 맞음 ② 틀림 |

**CHAPTER 04**

**[21~30]** 다음의 〈보기〉에서 각 문제의 왼쪽에 표시된 굵은 글씨체의 기호, 문자, 숫자의 개수를 모두 세어 오른쪽에서 찾으시오.

| | | 〈보 기〉 | 〈개 수〉 |
|---|---|---|---|
| **21** | **'** | , ' " " . , ' " " ' ▸ , ▸ " " " " . , ' " " .  • , ▸ ▸ " " ", • " " ' " " . | ① 2개  ② 4개  ③ 6개  ④ 8개 |
| **22** | **◁** | ▷ ◀ ◁ ◂ ◁ ▷ ◀ ◁ ◂ ◂ ▷ ◂ ◀ ◁ ◂ ▷  ▷ ◀ ◁ ◂ ▷ ◀ ▷ | ① 2개  ② 4개  ③ 6개  ④ 8개 |
| **23** | **⌸** | ■ ⌕ ⌸ ⬥ ⌕ ⌸ ■ ⌕ ⬥ ⌸ ⬥ ⌕ ⬥ ■ ⌕  ⬥ ⌕ ⌸ ● ■ ⌕ ⬥ ⌕ | ① 2개  ② 4개  ③ 6개  ④ 8개 |
| **24** | **Ⓔ** | ⒶⒷⓄⓊⓉⓉⒺⓁⒷⓄⓊⓉⓁⓉⒽⒾⓃⓀⒾⒹ  ⒺⒶⓉⒽⒾⓃⓀⓄⓊⓉⓁⓉ | ① 2개  ② 4개  ③ 6개  ④ 8개 |
| **25** | **pV** | nV μV mV pV kV MV pW nV μV mV kV MV pW pV nW mV kV MV nW kV  MV pW nV nV μV mV kV MV mV kV MV nW | ① 2개  ② 4개  ③ 6개  ④ 8개 |
| **26** | **모자** | 모습 모녀 모양 모레 모델 모임 모기 모범 모집  모금 모순 모자 모주 모역 모피 모자 모험 모토  모음 모색 모자 모욕 | ① 2개  ② 4개  ③ 6개  ④ 8개 |
| **27** | **ㅜ** | ┼ ┼ ┤ ┼ ┼ ┤ ┼ ├ ┤ ┼ ├ ┤ ┼ ┼ ├ ┼ ┤ ┼ ├  ├ ┤ ┼ ┼ ├ ├ | ① 2개  ② 4개  ③ 6개  ④ 8개 |
| **28** | **ē** | e è ē é ê ē e è é ē ē e è é é ê ē e è é é ê ē ē e è é é ê ē e è é é ê | ① 2개  ② 4개  ③ 6개  ④ 8개 |
| **29** | **ꓱ** | ɜ ə ꓱ ə ᴈ ɜ ɢ ꓱ ɜ ə ꓱ ə ꓱ ꓱ ɜ ꓱ ə ꓱ ə ꓱ ə ᴈ ꓱ ɢ ᴈ ɜ ꓱ ə | ① 2개  ② 4개  ③ 6개  ④ 8개 |
| **30** | **ふ** | ぶぷなはふばぱまぶふぷなははばぱまぶぷふな  はばぱまぶふぷなははばぱま | ① 2개  ② 4개  ③ 6개  ④ 8개 |

[01~20] 다음 〈보기〉의 왼쪽과 오른쪽 기호의 대응을 참고하여 각 문제의 대응이 같으면 답안지에 '① 맞음'을, 틀리면 '② 틀림'을 선택하시오.

┤ 보 기 ├

| ㅅ = 넷 | ㅆ = 녔 | ㄱ = 급 | ㄲ = 끕 | ㅂ = 뱝 |
| ㅃ = 빱 | ㄷ = 듕 | ㄸ = 뜡 | ㅈ = 젱 | ㅉ = 쩽 |

| 01 | ㅅ ㄱ ㅂ ㄷ ㅈ  –  넷 급 뱝 듕 젱 | ① 맞음 ② 틀림 |
| 02 | ㅆ ㄲ ㅃ ㄸ ㅉ  –  녔 급 빱 뜡 쩽 | ① 맞음 ② 틀림 |
| 03 | ㅉ ㄸ ㅃ ㄲ ㅆ  –  쩽 뜡 빱 급 녔 | ① 맞음 ② 틀림 |
| 04 | ㅈ ㄷ ㅂ ㄱ ㅅ  –  젱 듕 급 뱝 넷 | ① 맞음 ② 틀림 |
| 05 | ㅃ ㄱ ㅅ ㄲ ㅉ  –  빱 급 녔 끕 쩽 | ① 맞음 ② 틀림 |

┤ 보 기 ├

| ?? = 111 | ?! = 112 | !? = 113 | ⁑ = 119 | ⁂ = 120 |
| ✳ = 1301 | ‼ = 1303 | ⁇ = 1337 | ◐ = 1339 | ◑ = 1398 |

| 06 | ?? ⁑ ✳ ◐ ◑  –  111 119 1301 1339 1398 | ① 맞음 ② 틀림 |
| 07 | ?! ‼ !? ⁇ ⁑  –  112 1303 111 1337 119 | ① 맞음 ② 틀림 |
| 08 | ⁂ ◐ !? ‼ ◑  –  119 1339 113 1303 1398 | ① 맞음 ② 틀림 |
| 09 | ✳ ?! ⁇ ⁑ ◑  –  1301 112 1337 120 1398 | ① 맞음 ② 틀림 |
| 10 | ◐ ⁇ ‼ ✳ ??  –  1339 1337 1301 1303 111 | ① 맞음 ② 틀림 |

**보기**

| | | | | |
|---|---|---|---|---|
| 月 = ⚅ | 火 = ⚄ | 水 = ⚃ | 木 = ⚂ | 金 = ⚁ |
| 地 = ♳ | 土 = ♴ | 天 = ♵ | 海 = ♶ | 冥 = ♷ |

| | | |
|---|---|---|
| **11** | 月 水 木 地 天 – ⚅ ⚃ ⚁ ♳ ♵ | ① 맞음 ② 틀림 |
| **12** | 火 木 地 天 冥 – ⚄ ⚂ ♳ ♶ ♷ | ① 맞음 ② 틀림 |
| **13** | 冥 海 天 土 地 – ♷ ♶ ♵ ♳ ♴ | ① 맞음 ② 틀림 |
| **14** | 金 水 月 火 木 – ⚁ ⚃ ⚅ ⚂ ⚄ | ① 맞음 ② 틀림 |
| **15** | 土 水 金 冥 地 – ♵ ⚃ ⚁ ♷ ♳ | ① 맞음 ② 틀림 |

**보기**

| | | | | |
|---|---|---|---|---|
| 수성 = ⅓ | 금성 = ⅔ | 지구 = ⅕ | 화성 = ⅖ | 목성 = ⅗ |
| 수소 = / | 탄소 = // | 질소 = /// | 염소 = //// | 산소 = ///// |

| | | |
|---|---|---|
| **16** | 수성 지구 목성 수소 질소 – ⅓ ⅕ ⅖ / /// | ① 맞음 ② 틀림 |
| **17** | 산소 질소 수소 목성 지구 – ///// //// / ⅗ ⅕ | ① 맞음 ② 틀림 |
| **18** | 지구 화성 목성 수소 탄소 – ⅕ ⅖ ⅔ / // | ① 맞음 ② 틀림 |
| **19** | 수성 탄소 지구 염소 목성 – ⅓ // ⅖ //// ⅗ | ① 맞음 ② 틀림 |
| **20** | 산소 화성 질소 금성 수소 – ///// ⅖ /// ⅓ / | ① 맞음 ② 틀림 |

**[21~30]** 다음의 〈보기〉에서 각 문제의 왼쪽에 표시된 굵은 글씨체의 기호, 문자, 숫자의 개수를 모두 세어 오른쪽에서 찾으시오.

| | | 〈보 기〉 | 〈개 수〉 | | | |
|---|---|---|---|---|---|---|
| **21** | ☏ | ♧♣☏♤♠♨☟㉦㈜№Co.®♔♧♤♠♨♣♤♠ ♨☟☏㈜№Co.♤♠♨♧♤♠♨♣♤ | ① 2개 | ② 4개 | ③ 6개 | ④ 8개 |
| **22** | ㄱ | 부모님을 공경하고 이웃을 사랑하며, 날로 새롭게 자기를 가꾸자 | ① 2개 | ② 4개 | ③ 6개 | ④ 8개 |
| **23** | ✂ | ✄✄✄✄✄✂✄✄✂✄✂✄✂✄✄✂✄✄✂ ✂✄✂✄✄✄✂✄✂✄✂✄✄✂✄ | ① 2개 | ② 4개 | ③ 6개 | ④ 8개 |
| **24** | ◇ | ◈□⊗◇△◇▽◻◇◇◻□◇□◇⊗◇△▽ ◻◇◻□◻□◇◻◻◇◇□⊗△◇◻◇⊗ △▽△◇◻□ | ① 2개 | ② 4개 | ③ 6개 | ④ 8개 |
| **25** | 화약 | 화장 화물 화약 화기 화염 화학 화살 화실 화약 화분 화폐 화두 화병 화력 화전 화보 화랑 화끈 화공 | ① 2개 | ② 4개 | ③ 6개 | ④ 8개 |
| **26** | ㅏ | 시는 자연이나 삶에 대하여 일어나는 느낌이나 생각을 함축적이고 운율적인 언어로 표현하는 글이다. | ① 2개 | ② 4개 | ③ 6개 | ④ 8개 |
| **27** | ㅒ | ㅑㅓㅏㅣㅒㅕㅒㅕㅓㅒㅕㅏㅣㅣㅒㅕㅒㅕㅓㅣ ㅓㅏㅣㅒㅕㅒㅕㅒㅕㅕㅣㅒㅕㅓㅒㅕㅒㅕㅒ | ① 2개 | ② 4개 | ③ 6개 | ④ 8개 |
| **28** | ═ | ═══════════════════════ ═══════════════════════ | ① 2개 | ② 4개 | ③ 6개 | ④ 8개 |
| **29** | α | α∈α̲ωα☴♌☵ω△♋♎∈αα♎ω△α♋☵ ωαω☴α♋α♎☵♎ω△♎♎∈α♎ω △♋ | ① 2개 | ② 4개 | ③ 6개 | ④ 8개 |
| **30** | 5 | 05049939540987753261005234876594356234876594356098775326127864 75324 | ① 2개 | ② 4개 | ③ 6개 | ④ 8개 |

행운이란 100%의 노력 뒤에 남는 것이다.

− 랭스턴 콜먼 −

PART

2

# 상황판단검사

CHAPTER 01 완전적중 50문항

## 과목 체크

- 15문제를 20분 동안 풀어야 한다.
- 명확한 정답이 존재하지는 않지만, 일정한 규칙 속에서 답을 찾아야 고득점을 받을 수 있다.

정답 및 해설 p.54

### 출제자의 TIP

- 모든 상황은 군인의 입장에서 접근해야 하며, 지문의 상황을 조목조목 따져보고 접근해야 답이 보입니다.
- 아래의 행위는 군 간부로서 금기해야 할 사항입니다.
  - 직무유기
  - 집단행동
  - 보안위반
  - 성 관련 비위
  - 폭력 및 가혹행위
  - 군용물 절도
  - 부조리 묵인 및 동조
  위의 금기 사항을 명심하여 답을 고릅니다.

### ■ 유형설명

군에서 일어날 수 있는 직무관련 다양한 상황이 주어지고, 군 간부로서 어떻게 대응할 것인가를 묻는 유형이다. 문제를 풀면서 오답을 정리하는 습관을 가진다면 정답에 쉽게 다가갈 수 있다.

### 예제

> 당신은 자대배치 받은 지 얼마 되지 않은 간부이다. 혹한기 훈련 종료 후 간부들 간의 식사자리에서 술을 잘 마시지 못하는 당신에게 선배 간부가 술을 계속 권하는 것이다.
> 이 상황에서 당신이 ⓐ 가장 할 것 같은 행동은 무엇입니까? ( )
>                    ⓑ 가장 하지 않을 것 같은 행동은 무엇입니까? ( )

| | 선택지 |
|---|---|
| ① | 몰래 술을 버리면서 끝까지 버틴다. |
| ② | 숙취 음료나 약품을 복용하며 버틴다. |
| ③ | 술을 마시는 도중 중간중간 나와 술에서 깨도록 노력한다. |
| ④ | 선배에게 자신의 주량을 말하고 양해를 구한다. |
| ⑤ | 술을 잘 마시진 못하지만 상급자가 따라주는 술이니 참고 마신다. |
| ⑥ | 대부분 술에 취해 있을 때 자리를 피해 집으로 돌아간다. |

**선택** ④

간부라면 자신의 생각을 표현하고 말할 수 있는 용기가 중요하다.

**배제** ⑥

오늘날 군대는 계급에 의한 강압적 분위기보다는 서로 존중하고 이해하는 선진병영 문화가 정착되어가고 있음을 알아야 한다. 따라서 집에 몰래 들어가기보다는 본인의 상태를 말하고 양해를 구해야 한다.

**01**

당신은 소대장이다. 전입 온 신병이 종교를 이유로 총기수여를 거부하고 있다.

이 상황에서 당신이 ⓐ 가장 할 것 같은 행동은 무엇입니까? (　　)
　　　　　　　　　　ⓑ 가장 하지 않을 것 같은 행동은 무엇입니까? (　　)

| | 선택지 |
|---|---|
| ① | 신병을 불러 상황을 이해시킨다. |
| ② | 종교적 신념이 강한 병사이므로 의견을 존중한다. |
| ③ | 시간을 두고 설득한다. |
| ④ | 총기수여식 대신 문서로서 처리한다. |
| ⑤ | 종교보다는 군인신분이 중요함을 이해시킨다. |
| ⑥ | 중대장에게 보고하여 군형법에 따라 처리한다. |

**02**

이등병은 모든 언행을 제한받고 있다. 매점(PX), 편지쓰기, 의무실 가는 것조차도 선임병 누군가의 승낙을 받아야 한다. 이등병 마음대로 할 수 없는 병영생활이 관행으로 자리잡은 지 오래다.

이 상황에서 당신이 ⓐ 가장 할 것 같은 행동은 무엇입니까? (　　)
　　　　　　　　　　ⓑ 가장 하지 않을 것 같은 행동은 무엇입니까? (　　)

PART 2

| | 선택지 |
|---|---|
| ① | 소대원들은 불러 정신교육을 철저히 한다. |
| ② | 실태를 파악하여 잘못된 관행을 시정시킬 수 있도록 제도적 지침을 만들어 준다. |
| ③ | 부조리를 일삼는 선임병을 색출하여 얼차려를 부여한다. |
| ④ | 부조리가 색출될 때까지 얼차려를 부여하고, 관련자들은 모두 징계하여 군법의 엄격함을 보여 준다. |
| ⑤ | 대화를 통해 문제점을 확인하고, 좋은 방향으로 나아갈 수 있도록 인간적 접근을 통해 병영 분위기를 개선한다. |
| ⑥ | 중대장에게 보고하여 조치를 기다린다. |

**03**

당신은 분대장이다. 내무검사 도중 김모 일병 관물대에서 자살을 암시하는 문구의 종이를 발견하게 되었다.

이 상황에서 당신이 ⓐ 가장 할 것 같은 행동은 무엇입니까? (   )

ⓑ 가장 하지 않을 것 같은 행동은 무엇입니까? (   )

| | 선택지 |
|---|---|
| ① | 관찰하면서 지켜본다. |
| ② | 인접 소대장에게 조언을 구한다. |
| ③ | 부모님께 연락하여 이상징후에 대해 들어본다. |
| ④ | 지휘계통을 통해 보고, 면담 및 지휘관심병사로 지정하여 특별관리하도록 한다. |
| ⑤ | 소대장, 중대장에게 보고하고, 병영생활상담관의 상담을 통해 치유되도록 한다. |
| ⑥ | 대대장에게 긴급보고하고, 지휘조치를 받도록 한다. |

**04**

당신은 당직사관이다. 다음날 새벽부터 주둔지 일대 집중 호우를 넘어서, 호우 특보까지 내려질 상황이 예측되었다.

이 상황에서 당신이 ⓐ 가장 할 것 같은 행동은 무엇입니까? (   )

ⓑ 가장 하지 않을 것 같은 행동은 무엇입니까? (   )

| | 선택지 |
|---|---|
| ① | CCTV를 통해 근무자들의 상황을 철저히 확인한다. |
| ② | 당직사령의 지침에 따라 철저히 근무한다. |
| ③ | 주둔지 내 배수로를 확인하여 낙엽 등 이물질을 제거하고, 창문의 개폐를 확인하여 조치한다. |
| ④ | 집중 호우를 대비하여 사전 위험지역의 근무지를 조정한다. |
| ⑤ | 당직계통의 위험지역 순찰을 강화한다. |
| ⑥ | 모든 근무를 실내근무로 전환하여 근무하도록 조치한다. |

**05**

당신은 소대장이다. 중대는 책임 구역에 대한 추계진지공사 중이다. 당신의 임무는 추계진지공사 간 식사 배송의 책임을 맡았다. 추계진지공사가 한창 진행되고 있는 지역은 ○○산 45고지에 위치한 곳으로, 사하지점으로부터 약 10분이 소요된다. 현재 식사를 운반하는 인원은 운전병과 자신뿐이다.

이 상황에서 당신이 ⓐ 가장 할 것 같은 행동은 무엇입니까? (    )

　　　　　　　　　　ⓑ 가장 하지 않을 것 같은 행동은 무엇입니까? (    )

| | 선택지 |
|---|---|
| ① | 운전병을 시켜 중대원을 모두 내려오라고 하고, 함께 식사를 운반한다. |
| ② | 중대장에게 보고 후, 식사운반인원을 사하지점까지 내려올 수 있도록 요청한다. |
| ③ | 중대장에게 보고 후, 사하지점까지 식사인원들을 내려오도록 요청한다. |
| ④ | 행정보급관에게 보고 후, 인원을 보내줄 것을 요청한다. |
| ⑤ | 운전병과 함께 공사현장까지 식사를 운반한다. |
| ⑥ | 자신의 임무는 운반이므로, 중대장에게 보고 후 차량을 타고 부대로 복귀한다. |

**06**

당신은 소대장이다. 부대 내 전 지역은 금연구역으로 지정되어 있다. 어느 날 순찰 간 취사병 일부가 부대 식당 뒤편에서 흡연하는 광경을 목격하였다.

이 상황에서 당신이 ⓐ 가장 할 것 같은 행동은 무엇입니까? (    )

　　　　　　　　　　ⓑ 가장 하지 않을 것 같은 행동은 무엇입니까? (    )

| | 선택지 |
|---|---|
| ① | 해당 병사를 관리하는 간부를 불러 상황을 설명한다. |
| ② | 중대장에게 사실을 보고한다. |
| ③ | 취사병들만의 고민을 공유하고 있는 자리인 만큼 방해하지 않는다. |
| ④ | 취사병들의 관물대를 확인하여 담배를 압수한다. |
| ⑤ | 해당 병사들을 부대 징계규정에 따라 처리한다. |
| ⑥ | 해당 병사들을 불러 혼을 낸다. |

**07**

당신은 당직근무 중 공포탄 1발이 사라진 것을 발견하였다.

이 상황에서 당신이 ⓐ 가장 할 것 같은 행동은 무엇입니까? (     )

ⓑ 가장 하지 않을 것 같은 행동은 무엇입니까? (     )

| 선택지 |
| --- |
| ① 무조건 공포탄을 찾을 때까지 노력을 다한다. |
| ② 아는 지인에게 부탁하여 공포탄을 확보한다. |
| ③ 관련자들을 소집하여 공포탄 출처를 모두 확인한다. |
| ④ 상부에 보고하고, 수사기관에 수사를 의뢰한다. |
| ⑤ 중대원들을 대상으로 정신교육을 실시한다. |
| ⑥ 당직사령에게 보고하고 지침을 기다린다. |

**08**

당신은 GOP 소대장이다. 소대원들과 수색정찰 임무를 수행하던 중 이동로 밖으로 M4대인지뢰로 의심되는 물체를 발견하게 되었다.

이 상황에서 당신이 ⓐ 가장 할 것 같은 행동은 무엇입니까? (     )

ⓑ 가장 하지 않을 것 같은 행동은 무엇입니까? (     )

| 선택지 |
| --- |
| ① 그냥 지나친다. |
| ② 이동로 안으로 들어가 지뢰의 위치를 표식하고 주변 일대를 수색정찰한다. |
| ③ 중대장에게 보고하고 폭발물 처리반이 올 때까지 원점을 확보한다. |
| ④ 인근 소대장에게 도움을 요청한다. |
| ⑤ 폭발물 처리반에 직접 연락하여 도움을 요청한다. |
| ⑥ 주변 일대 출입을 통제한다. |

**09**

당신은 당직근무 중이다. 휴가에서 복귀한 병사 1명이 체온 체크 결과 38℃가 넘고, 설사와 두통, 구토를 동반한 증세를 보이고 있다.

이 상황에서 당신이 ⓐ 가장 할 것 같은 행동은 무엇입니까? (     )
　　　　　　　　　　ⓑ 가장 하지 않을 것 같은 행동은 무엇입니까? (     )

| | 선택지 |
|---|---|
| ① | 체온이 내려갈 때까지 약을 투약한다. |
| ② | 군의관을 불러 치료받도록 한다. |
| ③ | 대대장에게 즉시 보고한다. |
| ④ | 민간병원에 후송시킨다. |
| ⑤ | 평소 열이 많은 인원이므로 그냥 생활관으로 복귀시킨다. |
| ⑥ | 해당 병사를 격리시키고, 관찰 후에도 체온이 내려 가지 않을 경우 119로 후송시킨다. |

**10**

당신은 사격통제관 임무를 수행 중이다. 사격장은 민간인 산책로와 근접한 위치에 있다. 중대장의 사격 통제방송이 나간 후 정상적인 사격훈련이 개시되었다. 그러던 중 민간인 일부가 사격장 근처 등산로로 이동하는 것을 목격하였다.

이 상황에서 당신이 ⓐ 가장 할 것 같은 행동은 무엇입니까? (     )
　　　　　　　　　　ⓑ 가장 하지 않을 것 같은 행동은 무엇입니까? (     )

| | 선택지 |
|---|---|
| ① | 민간인에게 달려가 즉시 나갈 것을 요청한다. |
| ② | 확성기를 이용하여 이탈할 것을 방송한다. |
| ③ | 중대장에게 상황보고 및 사격 중지를 요청한다. |
| ④ | 사거리 고려 시 큰 지장이 없을 것으로 판단하여 사격을 계속하도록 통제한다. |
| ⑤ | 무전기를 이용하여 사격통제관에게 보고한다. |
| ⑥ | 모든 사격을 중지시키고 민간인에게 경고한다. |

PART 2

**11**

당신은 소대장이다. ○○역 대합실에서 '거수자 출현에 따른 민·관·군 훈련'을 지휘하고 있었다. 그러던 중 노인 1명이 급작스럽게 본인 앞에서 쓰러지는 광경을 목격하였다. 훈련 통제를 해야 되는 상황에 이런 일이 발생하게 되어 난감한 상황이다.

이 상황에서 당신이 ⓐ 가장 할 것 같은 행동은 무엇입니까? (    )
　　　　　　　　　ⓑ 가장 하지 않을 것 같은 행동은 무엇입니까? (    )

| 선택지 |
| --- |
| ① 훈련을 통제하는 공적인 임무수행이므로 노인과 상관없이 훈련을 지휘한다. |
| ② 훈련을 통제해야 되므로, 옆에 있는 사람에게 노인을 부탁한다. |
| ③ 즉각 통제를 멈추고 노인의 상태를 확인하고 심폐소생술을 실시한다. |
| ④ 훈련을 잠시 중단시키고, 노인의 상태를 확인한 후 소방서과 연계하여 응급처치를 시행한다. |
| ⑤ 중대장에게 보고 후 지휘 조치를 받는다. |
| ⑥ 주변인들에게 도움을 요청한다. |

**12**

당신은 소대장이다. 여름철 소대원을 이끌고 계곡으로 야영을 가게 되었다. 신나게 물놀이를 하던 중 급작스럽게 소대원 1명이 허우적대고 있는 것을 발견하였다. 주변에는 소대원들이 안타까운 시선으로 바라볼 뿐 아무도 선뜻 구하러 가지 못하고 있다.

이 상황에서 당신이 ⓐ 가장 할 것 같은 행동은 무엇입니까? (    )
　　　　　　　　　ⓑ 가장 하지 않을 것 같은 행동은 무엇입니까? (    )

| 선택지 |
| --- |
| ① 119에 신속히 연락을 취한다. |
| ② 물속으로 들어가 구출을 시도한다. |
| ③ 주변 사람들에게 도움을 요청한다. |
| ④ 섣불리 물에 뛰어들었을 때의 위험상황을 고려하여 그냥 지켜본다. |
| ⑤ 인간 띠를 구성하거나, 주변에 있는 구조용 튜브를 이용하여 구조를 시도한다. |
| ⑥ 긴 나뭇가지를 이용하여 잡을 수 있도록 독려한다. |

**13**

당신은 소대장이다. 대대에서는 창고 경량화 작업을 시행하고 있다. 소대는 중대로부터 1종 창고의 개보수 및 경량화 임무를 부여받고 작업 중이다. 어느 정도 작업이 마무리 될 쯤 선임 소대장으로부터 자기 소대의 일을 도와달라는 요청을 받았다. 소대원 모두는 업무 종료 후의 휴식을 보장받고 자신의 지시에 따라 최선을 다해 일하는 중이다.

이 상황에서 당신이 ⓐ 가장 할 것 같은 행동은 무엇입니까? (　　)

　　　　　　　　ⓑ 가장 하지 않을 것 같은 행동은 무엇입니까? (　　)

| | 선택지 |
|---|---|
| ① | 행정보급관에게 이야기하여 선임소대장에게 철회하도록 한다. |
| ② | 소대원들의 입장이 있는 만큼 선임소대장의 요청에 불응한다. |
| ③ | 선임소대장에게 현재 상황을 설명하고, 양해를 구한다. |
| ④ | 힘들겠지만 도와주자고 소대원들에게 부탁한다. |
| ⑤ | 중대장에게 보고 후, 조율 요청을 한다. |
| ⑥ | 소대원들 중 희망자에 한하여 도와주도록 한다. |

**14**

당신은 소대장이다. 국회 국방위원회 소속의 국회의원 부모를 둔 소대원이 있다. 그 국회의원이 당신에게 전화하여 자신의 아들을 편한 보직으로 이동시켜 달라는 청탁이 들어왔다.

이 상황에서 당신이 ⓐ 가장 할 것 같은 행동은 무엇입니까? (　　)

　　　　　　　　ⓑ 가장 하지 않을 것 같은 행동은 무엇입니까? (　　)

| | 선택지 |
|---|---|
| ① | 그냥 좋은 게 좋은 거니까 보직을 변경시켜 준다. |
| ② | 해당 병사를 불러 아버지의 직업을 다시 확인한다. |
| ③ | 대대장에게 보고하고 국회의원의 요청대로 조치해 준다. |
| ④ | 상부에 보고하고 조치를 기다린다. |
| ⑤ | 원칙과 규정에 대해 설명하고, 불가함을 이야기한다. |
| ⑥ | 다른 간부들에게 조언을 구한다. |

**15**

당신은 소대장이다. 어느 날 같은 부대에서 근무했던 전역한 선임이 대대원에게 자기 회사의 제품을 설명할 수 있는 시간을 달라고 한다.

이 상황에서 당신이 ⓐ 가장 할 것 같은 행동은 무엇입니까? (　　)
　　　　　　　　　　　　 ⓑ 가장 하지 않을 것 같은 행동은 무엇입니까? (　　)

| | 선택지 |
|---|---|
| ① | 제품에 대해 알아보고 승인해 준다. |
| ② | 선임자와 친한 몇몇 간부를 불러 시간을 준다. |
| ③ | 같은 부대에서 근무한 인연이 있기 때문에 본인 판단하에 시간을 준다. |
| ④ | 주임원사에게 조언을 구하고 조치해 준다. |
| ⑤ | 정중히 양해를 구하고 다음 기회에 보자고 이야기한다. |
| ⑥ | 대대병력을 움직이는 사안이므로 지휘계통을 통해 보고 후 진행한다. |

**16**

당신은 5분대기조 소대장으로 대기 중이다. 거수자 출현 훈련 상황이 지휘통제실로부터 접수되었다. 이 시기와 맞물려 당신의 배우자가 출산이 급박하다는 연락을 받게 되었다.

이 상황에서 당신이 ⓐ 가장 할 것 같은 행동은 무엇입니까? (　　)
　　　　　　　　　　　　 ⓑ 가장 하지 않을 것 같은 행동은 무엇입니까? (　　)

| | 선택지 |
|---|---|
| ① | 훈련 상황이 중요하므로 조금만 참아달라고 이야기한다. |
| ② | 훈련을 무사히 마친 후 신속하게 집으로 달려가 병원으로 이송시킨다. |
| ③ | 배우자에게 다른 사람의 도움을 받으라 말한다. |
| ④ | 119에 전화를 하여 조치 받도록 한다. |
| ⑤ | 당직사령에게 상황을 설명하고 양해를 구한다. |
| ⑥ | 대대장에게 건의하여 5분대기조 소대장 변경을 요청한다. |

**17**

당신은 장교(부사관) 후보생 신분이다. 교육훈련 독도법 수업시간 교관의 설명을 모두 듣고 동기 3명과 함께 목표지점으로 출발한 지 30분이 지난 후 조에 지급된 나침반을 분실하게 된 사실을 인지하게 되었다.

이 상황에서 당신이 ⓐ 가장 할 것 같은 행동은 무엇입니까? (      )
　　　　　　　　　　　ⓑ 가장 하지 않을 것 같은 행동은 무엇입니까? (      )

| | 선택지 |
|---|---|
| ① | 4명 중 2명은 분실한 나침반을 찾고, 나머지 2명은 목표지점으로 천천히 이동한다. 이동 시 나머지 2명을 위하여 나뭇가지에 표식을 해둔다. |
| ② | 시간이 얼마 지나지 않았기 때문에 2인 1조로 나침반을 찾아본다. |
| ③ | 우선적으로 나침반을 찾아본다. 그래도 찾지 못할 경우 시간을 확인하여 목표지점까지 다른 방법을 이용하여 이동하고, 도착 후 나침반 분실 사실에 대해 보고한다. |
| ④ | 나침반을 수거할 때 분위기를 보고 반납했다고 말한다. |
| ⑤ | 주변 주민들의 도움을 받아 목표지점까지 이동하고, 나침반 분실사항에 대해 보고한다. |
| ⑥ | 교육종료 후 보고 승인하에 나침반을 찾는다. |

**18**

당신은 연합사에 장기간 파견을 가게 되었다. 파견기간 중 여자친구가 너무 보고싶은 나머지 휴일을 이용하여 여자친구의 집인 ○○지역으로 자신의 차량을 몰고 이동하였다. 여자친구의 집과 부대와의 거리는 시간으로 4시간 이상이 소요된다. 이때 부대에서 갑자기 번개통신을 통해 간부들의 위치를 파악하고 있다.

이 상황에서 당신이 ⓐ 가장 할 것 같은 행동은 무엇입니까? (      )
　　　　　　　　　　　ⓑ 가장 하지 않을 것 같은 행동은 무엇입니까? (      )

| | 선택지 |
|---|---|
| ① | 연합사에 파견 중임을 말하고, 자신의 위치를 사실대로 밝힌다. |
| ② | 번개통신에 응하되 자신의 위치를 서울 근교로 이야기한다. |
| ③ | 연합사 파견 중임을 밝힌다. |
| ④ | 부대내 친한 간부에게 자신의 위치를 전달해달라고 부탁한다. |
| ⑤ | 연락을 못 받았다고 하고 나중에라도 전화하여 위치를 밝힌다. |
| ⑥ | 당직사령에게 자신의 위치를 문자로 통보한다. |

**19**

당신은 대대 보급담당관이다. 대대 1종 창고를 정리하던 중 재산에 잡혀있지 않은 전투식량 1박스를 발견하게 되었다. 전투식량의 유통기한을 살펴보니 이미 유통기한이 경과된 제품이었다.

이 상황에서 당신이 ⓐ 가장 할 것 같은 행동은 무엇입니까? (　　)
　　　　　　　　　ⓑ 가장 하지 않을 것 같은 행동은 무엇입니까? (　　)

| 선택지 | |
|---|---|
| ① | 재산에 잡혀있지 않은 제품이므로 폐기처분한다. |
| ② | 병사들과 함께 나눠 먹는다. |
| ③ | 헌병수사 기관에 수사를 의뢰한다. |
| ④ | 전임자에게 전화하여 사실관계를 확인한다. |
| ⑤ | 군수과장에게 사실을 보고하고, 해당 제품을 폐기한다. |
| ⑥ | 중고시장에 판매한다. |

**20**

당신의 소대원 1명이 복귀시간(20 : 00)을 미준수, 미복귀하게 되었다. 다행히 해당 소대원의 부모님과 연락이 되어 소대원의 위치를 확인 및 통화를 하게 되었다.

이 상황에서 당신이 ⓐ 가장 할 것 같은 행동은 무엇입니까? (　　)
　　　　　　　　　ⓑ 가장 하지 않을 것 같은 행동은 무엇입니까? (　　)

| 선택지 | |
|---|---|
| ① | 다행히 연락되었으므로 휴가기간을 연장하여 복귀시키도록 한다. |
| ② | 부모님과 연락을 유지한 채 소대원을 만나 무사복귀시킨다. |
| ③ | 중대장에게 보고하고, 지침을 기다린다. |
| ④ | 헌병수사 기관에 협조요청을 한다. |
| ⑤ | 소대원 대상 정신교육을 철저히 한다. |
| ⑥ | 지휘계통을 통해 보고 및 복귀하도록 통제한다. |

**21**

당신은 초급간부로 당직사관 근무에 투입되게 되었다. 합동근무 때는 이상 없었던 화재 수신기가 계속 불이 들어오면서 소리가 울리는 것이다.

이 상황에서 당신이 ⓐ 가장 할 것 같은 행동은 무엇입니까? (    )

ⓑ 가장 하지 않을 것 같은 행동은 무엇입니까? (    )

| | 선택지 |
|---|---|
| ① | 잘 모르는 분야이므로 체크해놨다가 근무 교대 시 후임자에게 물어본다. |
| ② | 인접 소대장에게 연락하여 조언을 구한다. |
| ③ | 인터넷을 이용해 작동방법을 알아본다. |
| ④ | 작동방법은 잘 알지 못하지만, 불이 들어오는 지점으로 신속히 이동하여 확인 및 조치를 취한다. |
| ⑤ | 지휘계통을 통해 상부에 보고하고 지침을 기다린다. |
| ⑥ | 당직부관에게 작동방법을 확인해서 방법을 숙지한다. |

**22**

당신은 소대장이다. 유격 훈련기간 기초장애물 코스의 마지막 단계인 급경사 오르기 훈련 중 소대의 막내격인 김이병이 급경사를 오르다 팔 힘 부족으로 줄을 놓쳐 아래로 추락하였고, 그대로 의식을 잃었다.

이 상황에서 당신이 ⓐ 가장 할 것 같은 행동은 무엇입니까? (    )

ⓑ 가장 하지 않을 것 같은 행동은 무엇입니까? (    )

| | 선택지 |
|---|---|
| ① | 해당 장소로 뛰어가 다친 부위를 확인한다. |
| ② | 군의관을 불러 치료하도록 한다. |
| ③ | 병사 상태를 확인하고 정신이 돌아왔으면 다음 훈련까지 참석시킨다. |
| ④ | 김이병에게 달려가 상황을 파악하고, 군의관을 호출하여 진료하도록 한다. |
| ⑤ | 김이병의 동공을 확인한다. |
| ⑥ | 해당 분대장에게 병사 상태를 계속 확인하라고 지시한다. |

**23**

당신은 소대장이다. 소대 전술훈련을 위해 차량을 출발시키려는 중 갑자기 지휘용 차량(1/4톤)이 시동이 걸리지 않는 것이다.

이 상황에서 당신이 ⓐ 가장 할 것 같은 행동은 무엇입니까? (     )

　　　　　　　　　ⓑ 가장 하지 않을 것 같은 행동은 무엇입니까? (     )

| | 선택지 |
|---|---|
| ① | 중대장에게 보고 후 중대장 지휘용 차량을 빌려 타고 나간다. |
| ② | 대대장에게 보고 후 지휘지침을 받는다. |
| ③ | 소대전술훈련으로 반드시 어떻게든 출동해야 되므로 개인차량을 타고 출동한다. |
| ④ | 인접 소대장에게 부탁하여 차량을 빌려타고 나간다. |
| ⑤ | 중대장에게 보고하여 소대전술훈련 연기를 건의한다. |
| ⑥ | 출동차량 중 가장 선두차량에 탑승하여 이동한다. |

**24**

당신은 소대장이다. 내무검사 중 병사 1명이 내성 발톱으로 인해 힘들어하고 있는 것을 발견하였다.

이 상황에서 당신이 ⓐ 가장 할 것 같은 행동은 무엇입니까? (     )

　　　　　　　　　ⓑ 가장 하지 않을 것 같은 행동은 무엇입니까? (     )

| | 선택지 |
|---|---|
| ① | 중대장에게 보고 후 중대장 지휘 조치를 받는다. |
| ② | 소독을 해주고 조심할 것을 당부한다. |
| ③ | 특별한 경우가 아니라면 치료 후 전투화를 신을 수 있도록 통제한다. |
| ④ | 내성발톱은 관리만 잘하면 치유될 수 있으므로 시간에 맡긴다. |
| ⑤ | 의무병에게 진료하여 조치받도록 한다. |
| ⑥ | 군의관 진료 및 운동화를 착용토록 조치해 준다. |

**25**

당신은 소대장이다. 황사특보(황사정보)가 접수된 상황이다. 하지만 2주 후 계획된 중대전술훈련을 대비하여 중대장으로부터 차량 위장막 설치훈련 반복 숙달을 지시받았다.

이 상황에서 당신이 ⓐ 가장 할 것 같은 행동은 무엇입니까? (　　)
　　　　　　　　　ⓑ 가장 하지 않을 것 같은 행동은 무엇입니까? (　　)

| | 선택지 |
|---|---|
| ① | 마스크를 착용하게 하고 훈련을 실시한다. |
| ② | 빠른 시간 안에 훈련을 실시하고 조기 복귀한다. |
| ③ | 훈련을 연기하기 위하여 중대장에게 건의한다. |
| ④ | 실내훈련으로 전환하여 교육한다. |
| ⑤ | 조를 나누어 실내·실외훈련을 병행한다. |
| ⑥ | 중대장의 지시인 만큼 적극적으로 훈련을 실시한다. |

**26**

당신은 소대장이다. 매주 대대는 종교활동을 실시하고 있다. 이러한 가운데 외부 천주교 인솔자가 급작스레 상을 당하여 자신이 천주교 인솔을 하러 가야 할 상황이다. 하지만 자신도 중요한 선약이 있어 종교활동 인솔을 못하게 되었다. 종교활동 인솔은 대대 명령에 의해 진행되고 있다.

이 상황에서 당신이 ⓐ 가장 할 것 같은 행동은 무엇입니까? (　　)
　　　　　　　　　ⓑ 가장 하지 않을 것 같은 행동은 무엇입니까? (　　)

| | 선택지 |
|---|---|
| ① | 종교의 자유는 침해받을 수 없는 고유권한이므로 천주교 인솔을 거부한다. |
| ② | 후임 부사관에게 대신 종교활동 인솔을 부탁한다. |
| ③ | 군인으로서 당연한 임무이므로 그대로 수용한다. |
| ④ | 인접 소대장에게 부탁하여 명령을 변경한다. |
| ⑤ | 기독교 예배를 빨리 끝내고 조금 늦더라도 천주교 인솔을 이행한다. |
| ⑥ | 신부님에게 부탁하여 출장 예배를 드릴 수 있도록 조치한다. |

PART 2

**27**

나는 소대장이다. 혹한기 훈련 종료 철수 물자가 적재되어 있는 차량에 선탑하여 이동하던 중, 부대근처에 도착할 때 쯤 급작스럽게 차량 뒷칸에서 검은 연기가 나기 시작하는 것을 후사경을 통해 확인하게 되었다.

이 상황에서 당신이 ⓐ 가장 할 것 같은 행동은 무엇입니까? (      )

ⓑ 가장 하지 않을 것 같은 행동은 무엇입니까? (      )

| 선택지 | |
|---|---|
| ① | 우선 차량을 세우고 119에 신고한 후, 즉시 난로를 찾아 빼낸다. |
| ② | 차량을 세우고 차량용 소화기를 이용하여 초동 진압 후 난로를 차에서 빼낸다. |
| ③ | 연기만 나는 상황으로 부대 근처에 왔기 때문에 재빨리 부대로 들어가 소화기로 진화한다. |
| ④ | 중대장에게 보고 후 조치한다. |
| ⑤ | 차량을 세우고 화물칸을 뒤져 즉시 난로를 빼낸다. |
| ⑥ | 차량을 세우고 지나가는 차량에 화재진압을 도와달라고 요청한다. |

**28**

당신은 소대장이다. 코로나19 감염병이 확산되는 가운데, 일부 병사들이 마스크를 제대로 착용하지 않는다.

이 상황에서 당신이 ⓐ 가장 할 것 같은 행동은 무엇입니까? (      )

ⓑ 가장 하지 않을 것 같은 행동은 무엇입니까? (      )

| 선택지 | |
|---|---|
| ① | 마스크를 쓰지 않은 이유를 확인하고, 착용하도록 조치한다. |
| ② | 소대원 전원에 대해 얼차려를 부여한다. |
| ③ | 해당 병사에게 벌점을 부과하고, 마스크를 착용하도록 한다. |
| ④ | 적발된 병사의 외출 및 외박을 통제한다. |
| ⑤ | 마스크 미착용에 대한 본보기로 해당 병사를 중앙 현관에 서 있게 한다. |
| ⑥ | 마스크 착용법에 대해 교육한다. |

**29**

당신은 부대 내 보안담당관이다. 어느 날 1중대장이 미인가 USB를 사용하는 것을 목격하였다.

이 상황에서 당신이 ⓐ 가장 할 것 같은 행동은 무엇입니까? (    )

ⓑ 가장 하지 않을 것 같은 행동은 무엇입니까? (    )

| | 선택지 |
|---|---|
| ① | 해당 중대장에게 사용하지 말 것을 요청한다. |
| ② | 군사경찰에게 상황을 제보한다. |
| ③ | 즉시 대대장에게 보고한다. |
| ④ | 인접 중대장에게 해당 중대장과 이야기 해보라고 부탁한다. |
| ⑤ | 특별한 문제가 없다고 판단하여 사용하도록 배려해 준다. |
| ⑥ | 중대장에게 인지 사실을 통보하고, 재차 같은 문제 발생 시 상부에 보고한다. |

**30**

당신은 소대원들을 이끌고 GOP 수색소대장의 임무를 수행 중이다. 어느 날 수색 중 풀가에 미상의 황색 액체가 묻어 있는 것을 발견하였다.

이 상황에서 당신이 ⓐ 가장 할 것 같은 행동은 무엇입니까? (    )

ⓑ 가장 하지 않을 것 같은 행동은 무엇입니까? (    )

| | 선택지 |
|---|---|
| ① | 해당 수풀로 다가가 육안으로 확인해본다. |
| ② | 소대원들과 함께 주변 일대에 대한 정찰을 실시한다. |
| ③ | 수풀에 묻어 있는 미상의 황색액체를 손으로 만져보고, 중대장에게 지휘보고한다. |
| ④ | NBC-1(화) 보고를 실시하고, 방독면을 착용한다. |
| ⑤ | 방독면을 착용하고, NBC-1(화) 보고를 실시한다. |
| ⑥ | 방독면 착용 후 미상의 황색액체를 탐지지를 이용 · 탐지하고, NBC-1(화) 보고를 실시한다. |

**31**

당신은 간부식당 관리관이다. 신임 대대장으로부터 대대장 가족에게 매일 아침밥을 제공하라는 지시를 받았다.

이 상황에서 당신이 ⓐ 가장 할 것 같은 행동은 무엇입니까? (      )

ⓑ 가장 하지 않을 것 같은 행동은 무엇입니까? (      )

| | 선택지 |
|---|---|
| ① | 선임 부사관에게 사실을 알리고 조언을 구한다. |
| ② | 지원과장에게 사실을 알리고 조언을 구한다. |
| ③ | 대대장 지시인 만큼 무조건 따른다. |
| ④ | 본인은 바쁘므로 본인의 가족에게 부탁하여 대대장 가족에게 밥을 해주도록 조치한다. |
| ⑤ | 부당한 지시이므로 CCTV로 촬영하여 군사경찰에게 신고한다. |
| ⑥ | 대대장에게 지시사항 이행 시 문제점을 보고하고, 지침을 기다린다. |

**32**

당신은 소대장이다. 전입온 지 얼마 지나지 않은 신병의 부모가 면회를 왔다고 연락이 왔다. 하지만 신병은 규정상 면회가 불가능한 상황이다.

이 상황에서 당신이 ⓐ 가장 할 것 같은 행동은 무엇입니까? (      )

ⓑ 가장 하지 않을 것 같은 행동은 무엇입니까? (      )

| | 선택지 |
|---|---|
| ① | 신병을 불러 부모님이 면회온 것에 대해 추궁한다. |
| ② | 대대장에게 보고 후 면회를 승인한다. |
| ③ | 부모님께 원칙을 설명하고 불가함을 이해시킨다. |
| ④ | 이왕 오셨으니, 소대장 판단하에 면회를 승인한다. |
| ⑤ | 분대장과 함께 면회하도록 한다. |
| ⑥ | 소대장 인솔하에 면회실에서 면회를 실시한다. |

**33**

당신은 소대장이다. 어느 날 소대원 부모님이 찾아와 당신에게 돈뭉치를 주고 급하게 떠나 버렸다.

이 상황에서 당신이 ⓐ 가장 할 것 같은 행동은 무엇입니까? (     )
　　　　　　　　　　ⓑ 가장 하지 않을 것 같은 행동은 무엇입니까? (     )

| | 선택지 |
|---|---|
| ① | 해당 소대원을 불러 돈을 돌려준다. |
| ② | 부모님께 전화하여 돈을 PX에 맡겨 놨으니 찾아가라고 이야기한다. |
| ③ | 받은 돈에 대해 상부에 보고하고, 부모님에게 돌려준다. |
| ④ | 군사경찰에 신고하고, 부모님께 돈을 돌려준다. |
| ⑤ | 소대원을 불러 돈을 돌려주면서 알아서 처리하라고 한다. |
| ⑥ | 곧 있을 대대 체육대회에서 병사들을 위해 받은 돈 전액을 사용한다. |

**34**

외출 중 거리를 걸어가다가 한 민간인이 가방에서 물건을 꺼내는 도중 지갑을 떨어뜨리는 것을 발견하였다. 민간인은 지갑이 떨어진 지도 모른 채 황급히 자리를 떠났고, 당신이 지갑을 주워 보니 현금 2만원이 들어 있었다.

이 상황에서 당신이 ⓐ 가장 할 것 같은 행동은 무엇입니까? (     )
　　　　　　　　　　ⓑ 가장 하지 않을 것 같은 행동은 무엇입니까? (     )

| | 선택지 |
|---|---|
| ① | 지갑을 주운 후, 지구대로 가서 지갑의 주인을 찾아달라고 부탁한다. |
| ② | 지갑을 주워 우체통에 넣는다. |
| ③ | 지갑을 주워 돈만 빼서 가던 길을 간다. |
| ④ | 지갑의 주인을 찾기 위해 돌아다닌다. |
| ⑤ | 그냥 못본 척하고 넘어간다. |
| ⑥ | 동행한 소대장과 함께 어떻게 할지 고민한다. |

**35**

당신은 소대장이다. 소대원들의 상향식 일일결산을 통해 병사 몇 명이 며칠 전부터 설사한다는 사실을 확인하였다.

이 상황에서 당신이 ⓐ 가장 할 것 같은 행동은 무엇입니까? (   )

ⓑ 가장 하지 않을 것 같은 행동은 무엇입니까? (   )

| 선택지 | |
|---|---|
| ① | 의무실에 가서 설사약을 조치받도록 한다. |
| ② | 상부에 보고하고, 원인을 파악하며 군의관에게 조치받도록 한다. |
| ③ | 중대장에게 보고하고, 군의관을 통해 진찰받도록 한다. |
| ④ | 의무병에게 약을 투여받도록 조치한다. |
| ⑤ | 군의관에게 해당 병사들을 치료하도록 부탁한다. |
| ⑥ | 외부 병원에서 진료받고 치료하도록 배려해 준다. |

**36**

당신은 소대장이다. 소대원들 중 일부가 성병에 걸려온 것을 발견하였다.

이 상황에서 당신이 ⓐ 가장 할 것 같은 행동은 무엇입니까? (   )

ⓑ 가장 하지 않을 것 같은 행동은 무엇입니까? (   )

| 선택지 | |
|---|---|
| ① | 군의관에게 진료받도록 조치한다. |
| ② | 의무병에게 진료받도록 조치한다. |
| ③ | 생활관 인원들도 함께 진료받도록 조치한다. |
| ④ | 약을 사주어 치료하게끔 한다. |
| ⑤ | 해당 인원들을 교육하고, 생활관에서 정상생활하도록 조치한다. |
| ⑥ | 우선적으로 해당 인원들을 격리하고, 치료받도록 한다. |

**37**

휴가기간 친구들과 술을 마신 상태로 길거리를 걷는 도중, 민간인 1명이 아무런 이유 없이 우리 일행에 시비를 걸며 욕설과 폭행을 행사하였다.

이 상황에서 당신이 ⓐ 가장 할 것 같은 행동은 무엇입니까? (    )
　　　　　　　　　　　 ⓑ 가장 하지 않을 것 같은 행동은 무엇입니까? (    )

| | 선택지 |
|---|---|
| ① | 서로 취한 상태이므로 사건 확대 방지 및 상황을 해결하기 위해 민간인에게 사과한다. |
| ② | 100% 민간인 잘못이고, 군인 신분 노출이 없는 사복을 입은 상태이므로 시비에 맞대응한다. |
| ③ | 상황 회피를 위해 자리를 신속히 이탈한다. |
| ④ | 시비에 휘말리지 않도록 하며, 경찰에 신고하여 피해 상황에 대처한다. |
| ⑤ | 주변 사람들에게 도움을 요청한다. |
| ⑥ | 군사경찰에 즉각 사실을 알린다. |

**38**

당신은 당직근무자이다. 취약지역 순찰 도중 막사 뒤편에서 이상한 소리가 들려 현장으로 달려 가보니, 선임병 1명이 후임병 2명을 각목으로 폭행하는 것을 목격하였다.

이 상황에서 당신이 ⓐ 가장 할 것 같은 행동은 무엇입니까? (    )
　　　　　　　　　　　 ⓑ 가장 하지 않을 것 같은 행동은 무엇입니까? (    )

| | 선택지 |
|---|---|
| ① | 무슨 잘못을 했는지 따져보고 서로 오해를 풀어준다. |
| ② | 못본 척하고 그냥 넘어간다. |
| ③ | 당직사령에게 사실을 보고한다. |
| ④ | 상황을 파악하고, 폭행을 멈추도록 조치한다. |
| ⑤ | 당직사령에게 보고 및 징계하여 가해자는 강력히 처벌받도록 한다. |
| ⑥ | 후임병들에게 폭행당한 만큼 선임병들을 똑같이 때리라고 지시한다. |

**39**

당신은 초임 부사관이다. 얼마 후에 있을 교육훈련 준비사열을 준비하고 있는 상황에서 부대 회식이 계획되어 있다. 회식에서 술을 마시고 부대로 복귀하여 일을 마무리하려고 한다. 하지만 그 일을 마무리하기 위해서는 일과 후 휴식을 취하고 있는 교육담당 병사의 도움이 필요한 상황이다.

이 상황에서 당신이 ⓐ 가장 할 것 같은 행동은 무엇입니까? (　　)

　　　　　　　　　　ⓑ 가장 하지 않을 것 같은 행동은 무엇입니까? (　　)

| 선택지 |
|---|
| ① 부대 회식보다는 교육훈련 준비사열이 중요하므로 대대장에게 부대회식 미참을 보고한다. |
| ② 회식자리는 참여하되 술은 마시지 않는다. |
| ③ 회식 중간에 빠져나와 혼자 일을 마무리 한다. |
| ④ 술이 어느 정도 깬 다음, 부대로 가서 해당 병사를 기상시켜 일을 마무리한다. |
| ⑤ 중대장에게 보고 후, 회식에서 열외시켜달라고 부탁한다. |
| ⑥ 술을 마셨으므로 일을 다음으로 미루고 집에서 휴식을 취한다. |

**40**

당신은 소대장이다. 어느 날 인근 지역 마을에 소대원을 이끌고 오이 수확 대민지원을 위해 나가게 되었다. 대민지원을 마무리하고, 농가에서 준비한 음식을 먹고 출발하려는 순간 운전병이 아침에 농가에서 준비해 준 막걸리를 마신 상황을 확인하게 되었다.

이 상황에서 당신이 ⓐ 가장 할 것 같은 행동은 무엇입니까? (　　)

　　　　　　　　　　ⓑ 가장 하지 않을 것 같은 행동은 무엇입니까? (　　)

| 선택지 |
|---|
| ① 중대장에게 사실을 보고하고, 지침을 받아 조치한다. |
| ② 선임소대장에게 도움을 청한다. |
| ③ 수송관에게 도움을 청한다. |
| ④ 운전병에게 상황을 파악하고 아침에 마신 술이 깼다고 판단되면 운전을 하게 하여 부대로 복귀한다. |
| ⑤ 자신이 차량을 운전해서 부대로 복귀한다. |
| ⑥ 다른 운전병을 보내달라고 요청 후, 그 운전병의 도움을 받아 부대로 복귀한다. |

**41**

당신은 부대 내 기름을 담당하는 유류 담당관이다. 어느 날 대대장 지시에 따라, 부대검열 차 내려온 공무수행차량의 유류가 소진되어 주유해 줄 것을 지시 받았다.

이 상황에서 당신이 ⓐ 가장 할 것 같은 행동은 무엇입니까? (　　)

　　　　　　　ⓑ 가장 하지 않을 것 같은 행동은 무엇입니까? (　　)

| | 선택지 |
|---|---|
| ① | 군수과장에게 보고한 후 지시를 기다린다. |
| ② | 해당 부대 차량이 아니므로 아무런 조치를 하지 않는다. |
| ③ | 타부대 유류 담당관에게 조언을 구한다. |
| ④ | 대대장 지시이므로 민간 주유소를 이용하여 주유한 후 부대에 청구한다. |
| ⑤ | 군수과장에게 보고 후, 해당 공무수행 차량에 주유하라는 지시를 따른다. |
| ⑥ | 주임원사에게 도움을 청한다. |

**42**

당신은 10년 차 부소대장이다. 계급은 중사로, 부대의 온갖 궂은 일을 도맡아 하고 있다. 올해 상사 진급을 앞두고 있는 상황에서 교육성적이나 평정 또한 다른 인원에 비해 월등히 뛰어나다 자부하고 있었다. 부대 주임원사 역시 당신의 진급이 확실하다는 이야기를 하고 있는 상황이었지만, 막상 당신은 진급에서 누락되고 대신 인접 부대 후배가 상사 진급을 하게 되었다.

이 상황에서 당신이 ⓐ 가장 할 것 같은 행동은 무엇입니까? (　　)

　　　　　　　ⓑ 가장 하지 않을 것 같은 행동은 무엇입니까? (　　)

| | 선택지 |
|---|---|
| ① | 주임원사에게 이유를 따져 묻는다. |
| ② | 행정소송을 통해 자신의 진급이 누락된 사실관계를 파악한다. |
| ③ | 언론사에 내부고발하여 올바른 정의 사회를 구현하도록 한다. |
| ④ | 후배를 만나 따져 묻는다. |
| ⑤ | 중대장에게 조언을 구한다. |
| ⑥ | 자신을 돌이켜보며, 부족한 분야를 살펴본다. |

PART 2

**43**

당신은 부소대장이고, 현재 훈련 포상휴가 중이다. 휴가 중 부대에서 중대원 1명이 휴가에서 미복귀했다는 상황을 전파받았다. 소대장은 부소대장에게 남은 휴가를 보내고 오라고 하였다. 하지만, 중대장은 가급적 휴가에서 일찍 복귀하여 타 중대의 일이지만 서로 합심하여 도와주자고 한다.

이 상황에서 당신이 ⓐ 가장 할 것 같은 행동은 무엇입니까? (      )
　　　　　　　　　　ⓑ 가장 하지 않을 것 같은 행동은 무엇입니까? (      )

| 선택지 |
|---|
| ① | 소대장의 지시에 따라 남은 휴가를 보내고 온다. |
| ② | 인접 소대장에게 분위기를 물어본다. |
| ③ | 정말 자신의 도움이 필요한 것인지 부대 내 상황을 파악한다. |
| ④ | 중대장에게 양해를 구한다. |
| ⑤ | 부대의 간부로서 상황을 인지하고, 부대 복귀 후 임무를 수행한다. |
| ⑥ | 부대로 즉각 복귀하고 도움을 주며, 남은 휴가는 추후 사용하도록 요청한다. |

**44**

당신은 훈련 중인 소대장이다. 목진지 점령 훈련의 주 이동로에 쌓인 나무와 수풀로 인해 이동이 제한된 것을 확인하였다.

이 상황에서 당신이 ⓐ 가장 할 것 같은 행동은 무엇입니까? (      )
　　　　　　　　　　ⓑ 가장 하지 않을 것 같은 행동은 무엇입니까? (      )

| 선택지 |
|---|
| ① | 중대장에게 보고한 후 조치를 기다린다. |
| ② | 장비를 가지고 와서 사계청소를 실시한다. |
| ③ | 평소 사용하지 않는 진지이므로 이번 훈련에는 점령했다고 보고한 후, 향후 이동로를 확보한다. |
| ④ | 대검을 이용하여 사계청소한다. |
| ⑤ | 훈련에 참여하지 않는 인접 소대장에게 도움을 청한다. |
| ⑥ | 주 이동로를 임시 확보하고 훈련에 참가하며, 훈련 종료 후 소대원들과 함께 사계청소한다. |

**45**

당신은 부소대장이다. 자신은 부대의 모든 상황을 파악하고 있고, 병사들과도 원만한 관계를 유지하고 있으며, 수많은 훈련 경험을 토대로 상당한 노하우가 쌓여있는 상황이다. 그러나 최근 임관 후 전입온 지 얼마 되지 않은 소대장이 자신의 의견보다는 교범과 원칙대로만 모든 일을 처리하려고 한다.

이 상황에서 당신이 ⓐ 가장 할 것 같은 행동은 무엇입니까? (     )
　　　　　　　　　ⓑ 가장 하지 않을 것 같은 행동은 무엇입니까? (     )

| | 선택지 |
|---|---|
| ① | 중대장에게 보고한 후 상황을 정리해 줄 것을 요청한다. |
| ② | 선임소대장에게 도움을 청한다. |
| ③ | 주임원사에게 도움을 청한다. |
| ④ | 소대장의 판단이 잘못될 경우, 자신의 경험을 토대로 조치하여 좋은 결과를 유도한다. |
| ⑤ | 소대장과 의견을 조율하여 효율적인 방안을 모색한다. |
| ⑥ | 소대장의 경험이 부족하므로, 자신의 노하우를 바탕으로 하여 임무를 수행한다. |

PART 2

**46**

당신은 당직근무를 서고 있는 당직사령이다. 당직근무 중 병사 한 명이 휴가를 복귀하지 않고 있다.

이 상황에서 당신이 ⓐ 가장 할 것 같은 행동은 무엇입니까? (     )
　　　　　　　　ⓑ 가장 하지 않을 것 같은 행동은 무엇입니까? (     )

| | 선택지 |
|---|---|
| ① | 당직사관을 시켜 휴가 후 복귀하지 않은 병사를 찾아 나선다 |
| ② | 휴가 중 일어난 상황이므로 책임이 없다고 판단하여 부모님에게 병사를 찾아오도록 부탁한다. |
| ③ | 대대장에게 보고 및 부모님 비상연락처를 확인하여 소재 파악에 나선다. |
| ④ | 군사경찰에 연락하여 병사를 체포할 수 있도록 도움을 요청한다. |
| ⑤ | 다시 한 번 대대원들의 인원파악을 하고 당직근무에 만전을 기한다. |
| ⑥ | 소대장들을 소집시켜 미복귀 병사를 찾아 나서도록 한다. |

**47**

당신은 소대장이다. 부대 내 경계초소 부근에 수풀 및 나뭇가지가 자라 있어 이동이 제한되었다. 이에 이동로 확보를 위한 사계청소 중 병사 1명이 부식된 못에 찔려 오른쪽 발바닥에 깊은 상처를 입게 되었다.

이 상황에서 당신이 ⓐ 가장 할 것 같은 행동은 무엇입니까? (     )
　　　　　　　　　ⓑ 가장 하지 않을 것 같은 행동은 무엇입니까? (     )

| | 선택지 |
|---|---|
| ① | 의무병을 불러 피가 난 부위를 소독해 준다. |
| ② | 응급처치로서 자체 소독 후 밴드를 붙여 준다. |
| ③ | 중대장에게 보고 후 조치를 기다린다. |
| ④ | 응급처치 후 군의관에게 파상풍 주사를 조치받도록 한다. |
| ⑤ | 피가 멈출 수 있도록 응급처치를 한 후 정상생활하도록 조치한다. |
| ⑥ | 민간병원에 외래진료를 받을 수 있게끔 조치한다. |

**48**

당신은 도심지에 위치한 부대의 위병조장의 임무를 수행 중이다. 위병근무 중 동초 병사 1명이 근무 종료시간이 5분 정도가 남은 상태에서 대변이 급하다고 조치를 요구한다.

이 상황에서 당신이 ⓐ 가장 할 것 같은 행동은 무엇입니까? (     )
　　　　　　　　　ⓑ 가장 하지 않을 것 같은 행동은 무엇입니까? (     )

| | 선택지 |
|---|---|
| ① | 당직사관에게 보고하여 조치받는다. |
| ② | 자신이 대신하여 동초 임무를 수행하고 동초는 위병소 내에 있는 화장실을 이용하여 대변을 보도록 조치한다. |
| ③ | 해당 동초 병사에게 참으라고 한다. |
| ④ | 다음 근무자를 조기 투입시킨다. |
| ⑤ | 당직사령에게 보고하여 조치받는다. |
| ⑥ | 특별한 상황이 없으므로 위병조장 판단하에 동초 근무자만 조기 복귀시킨다. |

**49**

당신은 군단 ○○ 화생방대대 지휘통제실 상황 근무 중이다. 상황 근무 중 도로상에 백색가루가 떨어져 있다는 민간인 신고전화를 접수받았다. 이후에도 수차례 여러 곳에서 동일한 상황을 접수받게 되었다.

이 상황에서 당신이 ⓐ 가장 할 것 같은 행동은 무엇입니까? (    )
　　　　　　　　　　ⓑ 가장 하지 않을 것 같은 행동은 무엇입니까? (    )

| | 선택지 |
|---|---|
| ① | 상황을 파악하고 유관 기관과 협조하여 처리하도록 지휘통제한다. |
| ② | 112에 전화하여 상황을 전파한다. |
| ③ | 대대장에게 보고한다. |
| ④ | 119에 전화하여 상황을 전파한다. |
| ⑤ | 당직사령에게 보고한다. |
| ⑥ | 일단 허위신고 전화라 판단하고, 상황이 파악될 때까지 예의주시한다. |

**50**

당신은 소대장이다. 소대로 전입온 신병 1명이 급작스레 발작증세를 일으키며 쓰러졌고, 쓰러지면서 주변 구조물에 얼굴을 부딪혀서 피멍까지 들었다. 이번 주말에 해당 신병은 면회가 계획되어 있다.

이 상황에서 당신이 ⓐ 가장 할 것 같은 행동은 무엇입니까? (    )
　　　　　　　　　　ⓑ 가장 하지 않을 것 같은 행동은 무엇입니까? (    )

| | 선택지 |
|---|---|
| ① | 인접 소대장에게 자문을 구한다. |
| ② | 부모님께 사실을 알린다. |
| ③ | 증세 이후 특이사항이 없다면 정상적 부대 생활을 하도록 배려한다. |
| ④ | 중대장에게 보고한다. |
| ⑤ | 대대장에게 보고한다. |
| ⑥ | 부모에게 사실을 알리고, 군의관의 진료 및 위기 상황에 대처할 수 있도록 사전에 대비한다. |

대부분의 사람은 마음먹은 만큼 행복하다.

— 에이브러햄 링컨 —

PART

3

# 최종모의고사

제1회 최종모의고사
제2회 최종모의고사

**제1과목** **언어논리** 25문항/20분 정답 및 해설 p.64

**01** 디딤돌과 단어 구성이 같은 단어는?

① 고구마
② 버팀목
③ 군식구
④ 날고기
⑤ 들국화

**02** 다음 중 밑줄 친 부분의 단어 의미가 나머지 넷과 다른 것은?

① 이 의자는 다리가 하나 부러졌다.
② 뱀은 다리가 없지만 빨리 움직인다.
③ 그는 안주로 오징어 다리를 씹었다.
④ 나는 안경의 다리를 고치러 가야했다.
⑤ 그는 나와 그녀의 다리가 되어주었다.

**03** 다음 〈보기〉와 관련된 한자성어는?

┤ 보 기 ├

　명진이는 평소에 담임선생님께 "선생님 너무 좋아요, 계속 저희 선생님 해주세요!" 등 항상 좋은 말만 하고 존경하는 척하지만, 친구들에게는 "진짜 짜증난다. 저게 선생이냐?" 등의 욕을 하고 선생님과 있었던 일을 과장하여 말한다.

① 구밀복검(口蜜腹劍)
② 부화뇌동(附和雷同)
③ 비분강개(悲憤慷慨)
④ 권토중래(捲土重來)
⑤ 사필귀정(事必歸正)

**04** 밑줄 친 부분의 띄어쓰기가 옳지 않은 것은?

① <u>먹을 만큼만</u> 떠서 먹어라.
② 숨이 막혀 <u>죽는줄</u> 알았다.
③ <u>마음대로</u> 일이 안 풀리네요.
④ 나는 부모님의 말에 <u>따를 뿐이다</u>.
⑤ 생각해보니 그렇다고 <u>할 수</u> 있겠네요.

**05** 다음 중 맞춤법 표기가 옳지 않은 것은?

① 소가 꼬리를 저어 파리를 쫓았다.
② 그는 나이가 지긋이 들어 보인다.
③ 약을 먹은 효과가 금세 나타났다.
④ 폭설이 내리자 잇딴 사고가 일어났다.
⑤ 그는 낮잡아 볼 만큼 만만한 사람이 아니다.

PART 3

**06** 다음 〈보기〉의 밑줄 친 단어와 같은 뜻으로 쓰인 것은?

┤ 보기 ├

일할 <u>손</u>이 부족하다.

① 두 <u>손</u> 모아 기도하다.
② 일의 성패는 네 <u>손</u>에 달려 있다.
③ 그 일은 선배의 <u>손</u>에 떨어졌다.
④ 김장하는 데 <u>손</u>이 달린다.
⑤ 장사꾼의 <u>손</u>에 놀아났다.

**07** 다음 중 밑줄 친 단어의 쓰임이 옳은 것은?

① 그 사람들이 문을 <u>부시고</u> 들어왔다.
② 일이 <u>맞히면</u> 식당에서 모이기로 했다.
③ 이 안건은 표결에 <u>붙이는</u> 것이 좋겠다.
④ 비가 와서 우산을 <u>받히고</u> 간다.
⑤ 집 안에는 간장을 <u>달이는</u> 냄새가 가득 차 있다.

**08** 다음 중 〈보기〉와 유사한 관계를 가진 단어 쌍은?

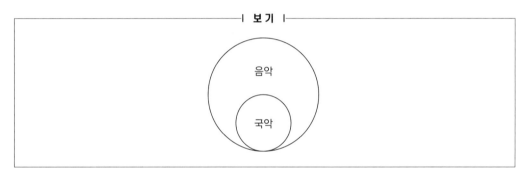

① 음악 – 문학
② 육식 – 채식
③ 삼촌 – 조카
④ 시누이 – 오누이
⑤ 사군자 – 대나무

**09** 다음 중 밑줄 친 부분의 맞춤법이 옳은 것은?

① 그 일은 내가 <u>일부로</u> 눈감아 준거야.
② 예상대로 그녀는 1차 관문을 <u>문안하게</u> 통과했다.
③ 숨을 헐떡이던 그는 결국 대열에서 <u>뒤쳐져</u> 버렸다.
④ 나는 그를 <u>구슬려</u> 보았으나 그의 마음을 움직이지 못했다.
⑤ 잘난 체하는 그는 정말 <u>어줍짢아</u> 보였다.

**10** 다음 중 뜻이 바르게 연결된 것은?

① 애이불비(哀而不悲) : 속으로는 슬프면서 겉으로는 슬프지 않은 체함

② 견마지로(犬馬之勞) : 많이 달려 땀투성이가 되는 노고

③ 단금지교(斷金之交) : 매우 다정하고 허물 없는 친구사이

④ 가가대소(呵呵大笑) : 헛되이 애만 쓰고 아무런 이득이 없음

⑤ 청빈낙도(淸貧樂道) : 뼈에 사무치도록 마음속 깊이 맺힌 원한


**11** 다음 글과 가장 관련 있는 속담은?

> 도서관에서 공부도 하고 데이트도 하려는 학생들이 있다. 어느 정도의 애정표현은 귀엽게 넘어갈 수 있지만, 과도한 애정행각은 전체적인 분위기를 흐리고, 보는 이들의 눈살을 찌푸리게 한다. 흩날리는 벚꽃에 감성충만, 로맨틱한 기분이 드는 것은 누구나 마찬가지일 것이다. 그러나 다른 이에게 피해를 주면서까지 공공장소인 도서관에서 지나친 애정행각을 주고받는 학생들은 일명 '진상'이 되고 만다.

① 고슴도치도 제 새끼는 예쁘다고 한다

② 오뉴월 손님은 호랑이보다 무섭다

③ 물이 깊을수록 소리가 없다

④ 소 잃고 외양간 고친다

⑤ 두 마리 토끼를 잡으려다 둘 다 놓친다


**12** 다음 중 〈보기〉와 같은 유형의 논리적 오류가 나타난 것은?

── | 보 기 | ──

- 희란 : 오늘 뭐 먹을까?
- 세윤 : 로제 찜닭 어때? 요즘 엄청 맛있다고 SNS에 많이 올라왔어. 분명 맛있을 거야.

① 이 식당 음식을 꼭 먹어 봐. 만나는 사람들마다 이 집 이야기를 하는 걸 보니 맛있나 봐.

② 누구도 이 식당이 맛없다고 말한 사람은 없어. 그러니까 엄청 맛있는 집이란 소리지.

③ 손흥민이 이 집이 맛있다고 했어. 틀림없이 맛있을 거야.

④ 닭은 다 맛있으니까 이 찜닭도 당연히 맛있을 것이다.

⑤ 이 식당에 꼭 와보고 싶었다. 맛있을 것 같기 때문이다.

1878년 파리에서 만국박람회가 열렸다. 가우디는 고급 장갑을 올려놓을 진열장을 만들어 달라는 의뢰를 받았다. 목재, 금속, 유리 등 다양한 재료가 절묘하게 조화를 이루는 진열장을 만들어 박람회에 보냈다. 대장장이 아버지의 기술을 ㉠ 어깨넘어 배운 가우디는 유년 시절부터 두 손으로 무언가를 조물조물 만들길 좋아했다. 장갑 진열장은 가우디의 삶을 통째로 바꿨다. 만국박람회를 찾은 인물 중에는 스페인 사업가 구엘이 있었다. 그는 가우디의 진열장에 푹 빠졌다. 스페인으로 돌아간 구엘은 곧바로 풋내기 건축가 가우디를 찾아갔다. 그는 가우디에게 악수를 청하며 "자네에게는 재능이 있네."라고 말했다. 두 사람의 우정은 40년간 이어졌다.

가우디의 재능은 구엘을 만난 이후로 ㉡ 만게했다. 거대한 부를 쌓은 사업가이자 귀족이었던 구엘은 바르셀로나에서 모르는 사람이 없을 정도로 유명한 인물이었다. 그는 가우디를 전적으로 믿고, 지지했고 후원했다. 구엘은 가우디에게 자신의 저택을 의뢰했다. "가우디, 네가 원하는 대로 만들어봐."라며 자율권을 줬다. 구엘은 가우디에게 돈을 퍼부었고, 가우디는 구엘을 위해 재능을 끌어올렸다.

모두가 가우디에게 우호적인 건 아니었다. 젊은 스페인 예술가 대부분은 좌파였다. 그들은 가우디를 두고 '부자들을 위해 일하는 건축가'라며 ㉢ 비아냥거렸다. 당시 스페인도 다른 유럽 국가처럼 가톨릭이 권력이었다. 가톨릭 신자로서 종교 활동에 깊게 관여한 가우디는 당연히 기득권으로 분류됐다. 가우디를 공격했던 혈기왕성한 예술가 중에는 피카소도 있었다. 그는 자신보다 29세 많은 가우디를 탐욕적인 노인으로 여겼다. 피카소는 가우디를 조롱하는 그림까지 그렸다. 하지만 피카소는 가우디의 상대가 되지 않았다. 가우디는 이미 거장 대우를 받았고 피카소는 이제 주목받기 시작한 예술가였기 때문이다. 결국 피카소는 스페인을 떠나 프랑스로 향했고 그곳에서 성공을 거뒀다.

피카소는 ㉣ 금새 부르주아 세계에 발을 들였다. 부와 명예를 거리낌 없이 누렸다. 정작 그가 '탐욕적인 노인네'라며 공격했던 가우디는 평생을 수도승처럼 살았다. 결혼도 안 했고 육식도 하지 않았다. 거대한 건축물을 지으며 이름값을 높일 때도 본인은 조그만 집에서 지냈다. 옷차림마저 초라했기에, 그가 전차 사고를 당했을 때 아무도 이 노인이 누구인지 알아보지 못했다. 가우디의 삶은 건축을 향한 헌신으로만 가득했다. 많은 사람이 뽑는 가우디의 대표 건축물은 사그라다 파밀리아 성당이다. 가우디는 이 거대한 성당을 쌓아 올리는 데 40년 이상을 쏟아부었다. 생전에 완공이 불가능할 것이란 사실도 알고 있었다. 자신이 이 세상에서 지워진 이후에야 완성될 건축물에 매달리는 기분이 어떤 것인지 쉬이 ㉤ 가늠하긴 어렵다. 가우디는 삶이 허락하는 마지막 날까지 묵묵히 벽돌 하나를 더 쌓는 데 집중했다.

① ㉠ : 어깨너머
② ㉡ : 만개
③ ㉢ : 비아냥
④ ㉣ : 금세
⑤ ㉤ : 가름

## 14 주어진 글의 다음에 올 내용으로 적절한 것은?

저울은 물체의 질량이나 무게를 재는 도구이다. 그렇다면 저울은 어떤 원리로 만들어졌을까? 대표적으로 지렛대의 원리를 이용하여 물체의 질량을 측정하는 방법이 있는데, 양팔 저울과 대저울이 이에 해당된다. 또한 탄성력의 원리를 이용하여 물체의 무게를 측정하는 방법도 있는데, 가정에서 쉽게 볼 수 있는 체중 저울이 이러한 원리를 사용한 것이다.

양팔 저울은 지렛대의 중앙을 받침점으로 하고, 양쪽의 똑같은 위치에 접시를 매달거나 올려놓은 것이다. 한쪽 접시에는 측정하고자 하는 물체를, 다른 한쪽에는 분동을 올려놓아 지렛대가 수평을 이루었을 때 분동의 질량이 바로 물체의 질량이 되는 것이다. 그런데 일반적으로 양팔 저울을 사용하여 무거운 물체의 질량을 측정하기에는 어려움이 있다. 이런 점을 보완한 것이 바로 대저울이다.

대저울의 경우 한쪽에는 측정하고자 하는 물체를, 반대쪽에는 작은 분동이나 추를 건 뒤 받침점을 움직여 지렛대가 평형을 이루는 지점을 찾아 물체의 질량을 측정한다. 이렇게 대저울을 이용하면 작은 질량의 분동이나 추로도 이보다 상대적으로 무거운 물체의 질량을 쉽게 측정할 수 있다.

① 지렛대의 원리
② 체중 저울의 원리
③ 저울이 만들어진 기원
④ 물체의 질량을 재는 법
⑤ 대저울의 사용하는 방법

**15** 글의 흐름으로 보아, ㉠에 들어갈 내용으로 가장 적절한 것은?

이탈리아의 경제학자 파레토는 한쪽의 이익이 다른 쪽의 피해로 이어지지 않는다는 전제하에, 모두의 상황이 더 이상 나빠지지 않고 적어도 한 사람의 상황이 나아져 만족도가 커진 상황을 자원의 배분이 효율적으로 이루어진 상황이라고 보았다. 이처럼 파레토는 경제적 효용을 따져 최선의 상황을 모색하는 이론을 만들었고, 그 중심에는 '파레토 개선', '파레토 최적'이라는 개념이 있다.

갑은 시간당 500원, 을은 1,000원을 받는 상황 A와 갑은 시간당 750원, 을은 1,000원을 받는 상황 B가 있다고 가정해 보자. 파레토에 의하면 상황 B가 을에게는 손해가 되지 않으면서 갑이 250원을 더 받을 수 있기에 상황 A보다 우월하다. 즉, 상황 A에서 상황 B로 바뀌었을 때 아무도 나빠지지 않고 적어도 한 사람 이상은 좋아지게 되는 것이다. 이때, 상황 A에서 상황 B로의 전환을 파레토 개선이라고 하고, 더 이상 파레토 개선의 여지가 없는 상황을 파레토 최적이라고 한다.

이처럼 파레토 최적은 서로에게 유리한 결과를 가져오는 선택의 기회를 보장한다는 점에서 의미가 있지만, 한계 또한 있다. 예를 들어 갑이 시간당 500원을 받고 을이 시간당 1,000원을 받는 상황에서 갑과 을 모두의 임금이 인상되면 이는 파레토 개선이다. 그러나 만약 갑은 100원이 인상되고 을은 10원이 인상되는 상황과 갑은 10원 인상되고 을이 100원 인상되는 상황 가운데 어느 것을 선택해야 하는지에 대해서 파레토 이론은 답을 제시하지 못한다.

그러나 이러한 한계에도 불구하고 파레토 최적은 자유 시장에서 유용한 경제학 개념으로 평가받고 있는데, 그 이유는 무엇일까? 특정한 한쪽의 이득이 다른 쪽의 손해로 이어지지 않는다는 전제하에, 위와 같이 갑은 시간당 500원, 을은 1,000원을 받는 상황 A에서 갑은 시간당 750원, 을은 1,000원을 받는 상황 B로의 전환에 대해 협의한다고 가정하자. 을은 자신에게는 아무런 이익도 없고 만족도도 별로 나아지지 않는 상황 전환에 대해 별로 마음 내켜 하지 않을 것이나 갑은 250원이나 더 받을 수 있으므로 상황의 전환이 절실하다. 이에 따라 갑이 을에게 자신이 더 받는 250원 중에서 100원을 주기로 제안한다면 을은 이러한 제안을 받아들여 상황 B로 전환하는 데 동의할 것이다. 이와 같이 파레토 최적은 ( ㉠ ) 을/를 설명했다는 점에서 가치 있게 평가받고 있다.

① 선택의 기회가 많을수록 이익은 줄어드는 경우
② 경제 주체 간의 타협보다는 경쟁이 중요한 이유
③ 소비자의 기호에 따라 상품 가격이 결정되는 상황
④ 합리적인 투자를 위해 이기적인 태도가 필요한 이유
⑤ 모두에게 손해가 되지 않으면서 효용을 증가시키는 상황

## 16 다음 글의 내용과 일치하지 않는 것은?

오늘날 벌어지고 있는 산업혁명은 3차 산업혁명의 연장이 아니라 그것과 구별되는 4차 산업혁명의 도래라고 보아야 한다. 이전의 산업혁명들과 비교하면, 4차 산업 혁명은 산술급수적이 아니라 기하급수적인 속도로 전개되고 있다. 게다가 모든 나라에서, 거의 모든 산업을 충격에 빠뜨리고 있다. 모바일 기기를 통해 연결된 수십 억 인구는 전례 없이 빠른 처리 속도와 엄청난 저장 용량 그리고 편리한 정보 접근성을 갖춤으로써 할 수 있는 일이 무한해질 것이다. 사물 인터넷 기술을 이용하여 미세 먼지가 심한 날 자동으로 공기청정기가 작동한다거나 나노 기술로 치료하는 것 모두 4차 산업혁명과 연관되어 있다. 이 밖에도 생명 공학, 양자 컴퓨터 등의 영역에서 기술들이 새로 생겨나고 그러한 기술 간의 융합을 통해 새로운 분야가 생겨날 가능성이 커질 것이다. 4차 산업혁명 시대에는 효율성과 생산성이 장기간에 걸쳐 향상되면서 공급 측면에서도 기술의 혁신이 일어날 것이다. 수송 기술의 혁신으로 공급자의 수송 비용이 절감되고, 통신 기술의 발전으로 세계적인 물류 공급망이 더 효율적으로 운영되어 물류의 거래 비용이 줄어들 것이다. 이 모든 일로 새로운 시장이 열리고 경제 성장이 촉발될 것이다.

과거의 산업혁명과 다르게 4차 산업혁명의 중요한 특징은 사회 변화의 주도권이 완전히 기술로 넘어간다는 것이다. 즉, 최신 기술이 정치, 경제, 사회 시스템의 변화를 이끈다는 말이다. 우리가 4차 산업혁명에 관심을 가져야 하는 이유는 사물 지능화의 결과물인 인공 지능과 로봇이 우리의 일자리를 위협하고 있기 때문이다.

이미 우리가 의식하지 못하는 사이에 기계가 사람들의 일을 대체하고 있다. 공항에서 항공권을 발권할 때도 항공사 직원을 통하지 않고 키오스크를 이용한 무인 발권기를 통해 발권할 수 있다. '스마트미터링'이라는 기술의 보급도 급속화되고 있다. 스마트미터링으로 가스나 전기 사용량을 원격으로 측정할 수 있는데 이런 기술이 새로 짓는 아파트에 적용되고 있다. 스마트미터링이 확산되면 검침을 오는 이들의 일자리는 사라지게 된다. 오래전부터 경쟁 우위를 점유하고 있는 전통 기업은 4차 산업혁명을 발판으로 새롭게 등장하는 기업과 경쟁을 해야 하는 처지가 되었다. 또한 4차 산업혁명 시대에는 영역을 파괴하는 사업 분야가 대세가 될 것이다. 인터넷 은행의 출현으로 일반 은행도 모바일 기반으로 창구 업무를 전환할 것이다.

① 4차 산업혁명으로 인하여 사람들의 일자리가 줄어들고 있다.
② 4차 산업혁명은 기술 간의 융합을 통해 혁신을 일으키고 있다.
③ 4차 산업혁명은 3차 산업혁명에 비해 영향을 끼치는 변화의 범위가 매우 넓다.
④ 4차 산업혁명과 이전의 산업혁명의 차이점은 최신 기술이 사회 변화를 주도한다는 점이다.
⑤ 4차 산업 혁명은 기하급수적인 속도로 전개된다는 점에서 3차 산업혁명의 연장으로 볼 수 있다.

**17** ㉠와 ㉡에 들어갈 접속어로 알맞은 것은?

재산을 무상으로 타인에게 이전하는 것에는 '상속'과 '증여'가 있다. 상속은 재산을 주는 이가 사망했을 때, 증여는 재산을 주는 이가 생존해 있을 때 이루어진다. 상속과 증여에는 세금을 부과하는데 이를 각각 상속세, 증여세라 한다. 이는 부의 세습을 통한 부익부 빈익빈 현상의 심화를 막고, 부를 사회적으로 재분배하기 위해서이다.

상속과 증여에 항상 세금이 부과되는 것은 아니다. 일정 금액을 제외하고 세금을 부과하는 공제 제도가 있어서 상속과 증여가 그 금액 이하에서 이루어지면 세금이 부과되지 않는다. 공제 금액은 상속과 증여가 이루어지는 상황과 조건에 따라 달라진다. 상속세와 증여세는 모두 공제 후 남은 금액에 대해 금액이 클수록 세율이 높아지는 누진 세율이 동일하게 적용된다. 따라서 공제 후에 남은 총액이 같으면 상속세와 증여세가 같다고 생각하기 쉽다. ( ㉠ ) 그렇지 않은 경우가 있다. 상속세는 사망자의 상속 재산 총액에 대해 세율이 적용되지만, 증여세는 증여 받는 사람 각자를 기준으로 세금이 부과되므로 재산을 나누어 증여하면 상속세보다 더 낮은 세율을 적용받을 수 있다.

이러한 점을 악용하여 높은 비율의 세금 부담을 피하기 위해 일부 재산을 미리 증여하는 폐단이 있다. 이를 최소화하기 위해 증여와 상속 모두 재산을 준 후 10년이 지나야 완전히 이전된 것으로 본다. ( ㉡ ) 10년 이내의 기간에 동일인에게 증여한 금액이 있는 경우 모두 합산해 증여세를 다시 계산하고, 그 기간에 증여자가 사망하면, 그 증여했던 재산도 상속 재산에 포함하여 세금을 재산정한다.

|   | ㉠ | ㉡ |
|---|---|---|
| ① | 결국 | 일단 |
| ② | 결국 | 그러나 |
| ③ | 하지만 | 그래도 |
| ④ | 하지만 | 그래서 |
| ⑤ | 왜냐하면 | 그러나 |

**18** 글의 흐름으로 보아, 〈보기〉의 문장이 들어갈 곳으로 가장 적절한 곳은?

┤ 보 기 ├

그렇기 때문에 흡수선의 유형이 같다면 그 별의 대기에 동일한 원소가 있는 것이다.

( ① ) 20세기 초 미국의 천문학자인 슬라이퍼는 외부 은하의 별빛 스펙트럼을 연구하던 중 '적색 편이' 현상을 발견하였다. ( ② ) 적색 편이란 외부 은하에서 온 별빛의 흡수선들이 적색 쪽으로 치우치는 것을 일컫는다. ( ③ ) 흡수선은 별빛의 스펙트럼에 나타나는 검은색 선을 가리킨다. ( ④ ) 이 선은 별빛이 별의 대기를 통과하는 동안 대기 중의 원소에 특정 파장의 별빛이 흡수되어 나타난다. ( ⑤ )

도로나 공원처럼 여러 사람이 공동으로 소비하는 것을 공공재라고 부른다. 그런데 이 공공재는 어떤 사람이 비용을 들여 공공재를 생산하면 아무 비용을 지불하지 않은 사람도 그 혜택을 누릴 수 있게 된다는 독특한 성격이 있어 이익을 추구하는 주체들이 모인 시장은 공공재를 생산해 공급하는 일을 제대로 감당하지 못한다. 국방 서비스를 생산·공급하는 민간 부문의 기업이 존재할 수 없다는 것이 그 좋은 예이다. 그렇기 때문에 일부 공공재는 민간 부문에서 운영하기도 하지만 대부분의 경우에는 정부가 그것을 생산·공급하는 일을 맡고 있다. 이기적인 사람은 어떤 공공재가 실제로 필요하다고 느끼면서도 "난 필요 없어."라고 말한다. 그렇게 함으로써 공공재 생산에 드는 비용 부담에서 벗어날 수 있기 때문이다. 그런 다음 다른 사람들이 비용을 들여 공공재를 생산하면 여기에 편승해 그 혜택을 누린다. 공공재가 가진 성격으로 인해 그렇게 해도 된다는 것을 알기 때문이다.

그렇다면 공공재와 관련된 일에서 사람들은 언제나 무임승차를 하려고 드는 것일까? 무임승차를 한다는 것은 '자기가 속한 공동체의 이익을 무시하고 개인적 이익만 취하려는 행동을 한다'는 뜻이다. 완벽하게 합리적이고 이기적인 사람이라면 당연히 이런 이기적 행동을 하게 된다. 그러나 무임승차를 할 수 있는 상황이라고 해서 사람들이 정말로 그렇게 할 것이라고 단정하기는 힘들다.

이 의문에 대한 답을 얻기 위해 다음과 같은 게임을 통해 실험해 볼 수 있다. 우선 일정한 수의 사람들로 하나의 집단을 만든다. 그런 다음 그 집단의 각 사람에게 일정한 수의 표를 배분한다. 예를 들어 10명으로 하나의 집단을 만든 다음, 각 사람에게 50장의 표를 배정한다고 하자.

각자 이 표를 어떻게 사용하는지 보는 것이 이 실험의 내용이다. 각각 자신에게 배정된 50장의 표를 '개인'이라고 쓰인 흰색 상자와 '공공'이라고 쓰인 푸른색 상자에 나눠 넣게 된다. 어떤 사람이 표 1장을 흰색 상자에 넣으면 실험이 끝난 후 1,000원을 받게 된다. 반면에 표 1장을 푸른색 상자에 넣으면 그 집단에 속하는 모든 사람이 500원씩 받게 된다.

집단 전체의 관점에서 볼 때 가장 바람직한 결과는 모든 사람이 자기가 가진 표를 전부 푸른색 상자에 넣는 것이다. 그러나 개인적 관점에서 볼 때 그것은 결코 바람직한 일이 아니다. 푸른색 상자에 넣은 한 표는 자신에게 500원의 이득을 가져다주지만, 흰색 상자에 넣은 한 표는 그 두 배인 1,000원의 이득을 가져다 주기 때문이다. 그렇기 때문에 개인적 관점에서 보면 흰색 상자에 넣는 것이 바람직한 일이 된다. 이기적인 사람이 이 상황에서 어떤 행동을 할 것인지는 의문의 여지가 없다. 자기가 가진 표는 전부 흰색 상자에 넣고 다른 사람이 푸른색 상자에 표를 넣기를 기대하는 태도를 보일 것이 분명하다. 이것은 다른 사람이 비용을 부담해 공공재를 생산하면 이에 무임승차를 하려고 드는 태도와 다를 바 없다.

그런데 실험의 결과는 무임승차를 하려는 경향이 의외로 약한 것으로 드러났다. 조건을 조금씩 달리해 여러 번의 실험을 거듭해 보았지만, 사람들이 가진 표를 전부 흰색 상자에 넣는 경우는 거의 눈에 띄지 않았다. 평균적으로 자신이 갖고 있는 표의 40~60%를 푸른색 상자에 넣는 것으로 드러났다. 무임승차를 할 수 있는 상황임을 알면서도 갖고 있는 표의 거의 절반을 공공재 생산 비용에 자발적으로 기여한 셈이다. 이러한 실험을 통해 확인할 수 있는 사실은 사람들이 언제나 이기적으로 행동하지는 않는다는 점이다. 현실의 인간은 경제학 교과서에 등장하는 호모 이코노미쿠스와 전혀 다르다. 이는 경제 이론이 현실을 설명하는 능력에 한계가 있을 수밖에 없음을 뜻한다. 또한 경제 이론에 기초를 두고 있는 경제 정책이 기대한 효과를 내지 못할 가능성이 있다는 뜻도 된다. 이제는 경제 이론과 경제 정책을 새로운 시각에서 다시 검토해 볼 필요가 있다.

**19** 윗글에서 설명한 공공재에 대한 이해로 적절하지 않은 것은?

① 공공재는 여러 사람이 공동으로 소비하는 것이다.
② 도로, 공원, 국방 서비스 등이 공공재에 해당한다.
③ 공공재를 생산하고 공급하는 민간 기업은 존재할 수 없다.
④ 비용을 지불하지 않은 사람도 공공재의 혜택을 누릴 수 있다.
⑤ 공공재를 생산하고 공급하는 일은 정부가 맡는 것이 일반적이다.

**20** 실험의 내용을 다음과 같이 정리하고자 할 때 적절하지 않은 것은?

| | | |
|---|---|---|
| ① | 게임의도 | 사람들이 공공재와 관련된 일에서 자기가 속한 공동체의 이익은 무시하고 개인적인 이익만을 취하려 하는지 알고자 함 |
| ② | 게임과정 | • 10명으로 하나의 집단을 만든 후 각 사람에게 50장의 표를 배정함<br>• 1장의 표를 흰색 상자에 넣으면 본인만 1,000원을, 푸른색 상자에 넣으면 집단의 모든 사람이 500원씩을 받게 됨<br>• 각각 자신에게 배정된 50장씩의 표를 흰색 상자와 푸른색 상자에 나누어 넣도록 함 |
| ③ | 게임결과 | • 사람들이 자기가 가진 표를 전부 흰색 상자에 넣는 경우는 거의 없었음<br>• 50장의 표 중에서 20~30장 정도의 표는 푸른색 상자에 넣었음 |
| ④ | 결과분석 | • 사람들이 언제나 이기적으로 행동하지는 않음<br>• 사람들은 무임승차를 할 수 있는 상황임을 알면서도 공공재 생산 비용에 자발적으로 기여함 |
| ⑤ | 결 론 | 사람들은 완벽하게 이기적이지는 않지만 완벽하게 합리적인 판단을 한다고 볼 수 있으므로 이를 비탕으로 경제 이론을 다시 검토해야 함 |

**21** 다음 제시문이 사실과 의견으로 나눠져 있을 때 나머지와 다른 하나는?

① 우리나라 헌법 제3조에서는 '대한민국의 영토는 한반도와 그 부속 도서로 한다.'라고 규정하고 있다. 이때 '영토'는 단지 국가가 성립되어 있는 지표면만을 의미하지 않고 영해와 영공을 포함한다. '한반도'는 남한뿐만 아니라 북한까지 포함하는 지역을 말한다. 그리고 부속 도서는 한반도에 딸려 있는 섬들을 의미하는데, 이는 제주도와 울릉도, 독도 등을 포함하여 약 330여 개의 섬으로 구성된다. 우리나라 영토는 북쪽으로는 압록강과 두만강을 경계로 러시아 및 중국과 국경을 접하고 있으며, 동·서·남쪽으로 해안 및 도서로 경계를 이루고 있다. ② 한반도의 총 면적은 약 22만km²이고, 이 중 남한의 면적은 약 10만 km²이다.

그런데 영토는 고정되어 있는 것이 아니다. 국제법에 특정한 원인에 따라 변경될 수 있다. 국제 조약에 의한, 국가 간 합의에 의하여 자기 나라 영토 일부를 다른 나라에 넘겨주는 할양, 매매 등으로 영토가 이전되는 경우가 있다. 특히 국제 조약에 의한 영토 변경의 경우 그 지역에 적용되어야 할 법이 무엇인지, 그 지역 주민의 법적 지위가 어떻게 되는지 등의 문제가 생길 수 있다. ③ 우리나라 헌법은 영토 조항을 두고 있기에 헌법 제3조의 범위를 벗어나는 영토 변경은 헌법 제3조의 개정을 통해서만 가능하다. 예를 들어 한반도를 벗어난 지역에서 영토를 취득하거나 한반도의 일부를 외국에 할양하는 것은 헌법 개정 없이는 불가능하다.

④ 한 국가가 영토 내에서 배타적 지배권을 행사하는 것을 영토고권이라고 한다. 이는 한 국가의 영역 내에서 그 나라의 법과 국가 권력이 지배적 효력을 미치고, 다른 나라의 주권 침입을 허용하지 않는다는 의미이다. 헌법 제3조 영토 조항은 북한을 불법 집단으로 보는 시각을 전제한다. 반면에 '대한민국은 통일을 지향하며, 자유 민주적 기본 질서에 입각한 평화적 통일 정책을 수립하고 이를 추진한다.'라고 규정하고 있는 헌법 제4조 평화 통일 조항은 대한민국 정부가 북한의 실체를 인정하여 남북 기본 합의서를 작성하고 UN에 남북한이 동시 가입하는 등 북한에 대한 국가 정책의 근거가 되었다. 이와 같이 북한을 바라보는 시각의 차이점으로 인해 영토 조항과 평화 통일 조항의 관계가 중요한 헌법적 쟁점이 되었다.

이에 대하여 헌법 제4조가 나중에 들어온 헌법 규정으로 신법에 해당하므로 제3조보다 우선한다는 신법 우선의 원칙, 현실적으로 북한의 실체를 인정할 수밖에 없으므로 헌법 제4조의 우위를 인정해야 한다는 비현실에 대한 현실의 우위 원칙, 헌법 제3조가 국민 주권이 미치는 영토에 관한 일반법이라면 제4조는 그에 관한 예외를 인정한 특별법으로 보아야 한다는 특별법 우선의 원칙 등에 근거하여 헌법 제3조에 대한 헌법 제4조의 우위를 인정하는 견해들이 있다. 이에 반해 ⑤ 위와 같은 견해는 영토 조항과 평화 통일 조항의 관계를 어느 한쪽의 일방적 우위로 해석하여 다른 쪽을 사문화시키는 것이므로 타당한 헌법 해석이 될 수 없고 양자를 조화롭게 해석할 필요가 있다는 견해가 있다.

**PART 3**

**22** 다음 글에 대한 내용으로 가장 적절한 것은?

---

회복적 사법은 기본적으로 범죄에 대해 다른 관점으로 접근한다. 기존의 관점은 범죄를 국가에 대한 거역이고 위법 행위로 보지만 회복적 사법은 범죄를 개인 또는 인간관계를 파괴하는 행위로 본다. 지금까지의 형사 사법은 주로 범인, 침해당한 법, 처벌 등에 관심을 두고 피해자는 무시한 채 가해자와 국가 간의 경쟁적 관계에서 대리인에 의한 법정 공방을 통해 문제를 해결해 왔다. 그러나 회복적 사법은 피해자와 피해의 회복 등에 초점을 두고 있다. 기본적 대응 방법은 피해자와 가해자, 이 둘을 조정하는 조정자를 포함한 공동체 구성원까지 자율적으로 참여하는 가운데 이루어지는 대화와 합의이다. 가해자가 피해자의 상황을 직접 듣고 죄책감이 들면 그의 감정이나 태도에 변화가 생기고, 이런 변화로 피해자도 상처를 치유받고 변화할 수 있다고 보는 것이다. 이러한 회복적 사법은 사과와 피해 배상, 용서와 화해 등을 통한 회복을 목표로 하며 더불어 범죄로 피해 입은 공동체를 회복의 대상이자 문제 해결의 주체로 본다.

회복적 사법이 기존의 관점을 완전히 대체할 수 있는 것은 아니다. 이는 현재 우리나라의 경우 형사 사법을 보완하는 차원 정도로 적용되고 있다. 그럼에도 회복적 사법은 가해자에게는 용서받을 수 있는 기회를, 피해자에게는 회복의 가능성을 부여할 수 있다는 점에서 의미가 있다.

---

① 전문가의 의견을 들어 회복적 사법의 한계를 분석하고 있다.
② 구체적 수치를 활용하여 회복적 사법의 특성을 밝히고 있다.
③ 다른 대상과의 대조를 통해 회복적 사법의 특성을 설명하고 있다.
④ 비유적 진술을 통해 회복적 사법의 발전 가능성을 제시하고 있다.
⑤ 두 이론을 절충하여 회복적 사법에 대한 해결책을 제시하고 있다.

**23** (가) 글과 (나) 글의 공통점으로 적절한 것은?

---

(가)

1930년대 프랑스 영화의 황금기를 구현한 시적 리얼리즘 영화는 당시 프랑스에서 큰 반향을 일으켰다. 시적 리얼리즘 영화는 통속적인 문학 작품을 각색하여 만든 영화로, 당시 유럽의 우울한 분위기를 반영하듯 주인공의 몰락으로 귀결되는 비관적 분위기의 이야기를 담아 내었다.

당시 영화사들은 많은 제작비를 동원하여 인기 있는 배우들을 출연시켰고, 인공적이고 화려한 실내 스튜디오에서 촬영하는 것을 중시했다. 여기에서 영화감독은 시나리오 작가, 무대 감독, 조명 전문가, 작곡가 등과 같은 지위에서 영화 제작에 참여하는 양상을 보였다.

프랑스의 시적 리얼리즘 영화감독 가운데 흥행에 성공한 감독으로는 단연 뒤비비에를 꼽을 수 있다. 그는 1935년부터 1940년까지 무려 열한 편에 이르는 영화를 만들었는데, 그의 대표작에는 「페페 르 모코」, 「뛰어난 패거리」, 「무도회의 수첩」 등이 있다. 이 영화들에는 현실적 삶의 고통 속에서 이루어질 수 없는 사랑을 추구하는 도피주의적이고 허무주의적인 세계관이 짙게 깔려 있다. 뒤비비에는 이러한 영화를 통해 상업적으로 큰 성공을 거두었지만 위대한 감독이라기보다는 단지 영화를 잘 만드는 전문가로 평가받았다.

---

비록 예술적 성취의 면에서 높은 수준에 오르지는 못했지만, 뒤비비에 특유의 연출 감각은 당시 우리나라 관객들의 마음을 사로잡기에 충분하였다. 무엇보다도 그의 대표작들에는 문학 작품의 감성적 대사가 많이 사용되었다. 또한 극도의 비관주의를 드러내었기 때문에 불안 의식이 유행하던 프랑스에서와 마찬가지로 중일 전쟁 발발 이후 국가 총동원법이 실시되었던 당시 우리나라에서도 쉽게 수용될 수 있었다. 적극적으로 현실과 대결하지 못하는 주인공의 도피 정서가 프랑스와 당시 우리나라 관객들에게 공통적으로 동일시 효과를 불러일으켰던 것이다. 그리고 주 인공의 우수에 젖은 연기를 통해 드러나는 '인생무상' 또는 '비극적 사랑'이라는 주제 역시 당시 우리나라에 유행했던 신파극에서 쉽게 찾아볼 수 있는 숙명론적 인생관과 유사한 것이어서 그 당시 관객들에게는 그리 낯설지 않았던 것으로 보인다.

(나)

시적 리얼리즘 영화는 일상적인 삶을 그려 냈다는 점에서 리얼리즘과 유사하지만 그것을 시적인 감성으로 그려 내기 위해 인위적인 화면 구성을 강조하였다는 점에서 차이가 있다. 거리를 카메라에 담기는 하되, 그 거리를 사람들이 살아가고 있는 현장에서 구하지 않고 희미한 조명과 인공적인 안개 효과 등을 동원하여 스튜디오에서 재창조하였던 것이다. 이러한 시적 리얼리즘 영화는 제2차 세계 대전 이후 새로운 물결을 뜻하는 '누벨바그' 영화 운동이 시작되면서 비판에 직면하게 되었다. 이 영화 운동을 주도했던 감독들은 시적 리얼리즘 영화가 문학 작품에 의존하여 전혀 새로움이 없고, 지나치게 많은 비용을 들이며, 기존의 영화적 관습에 고착되어 영화의 예술성을 제한한다고 비판하였다. 누벨바그 영화 운동은 1953년 이후 프랑스 정부의 지원으로 무명의 젊고 재능 있는 감독들이 저예산 영화를 제작할 수 있는 환경이 조성되면서 더욱 활성화되었다. 또한 영화 제작에 필요한 필름, 카메라, 녹음 기계 등의 발달로 야외 촬영과 즉흥 연출이 가능해지면서 획기적인 발전을 이루게 되었다.

누벨바그 영화는 카위, 사르트르 등 실존주의 철학의 영향을 받아 영화 제작에서 감독의 주체성을 중시하였다. 시적 리얼리즘 영화에서 영화의 공동 제작자에 머물러 있던 영화감독이 자신의 상상력과 잠재력을 담아내면서 영화 제작의 중심에 서게 되었고, 사건 전개나 기법 면에서 자신의 개성을 파격적으로 드러낼 수 있었다. 누벨바그 영화감독들은 처음과 중간, 끝이 구별되지 않는 구성, 극적 동기가 없는 사건, 완결되지 않는 내러티브 등을 개성적으로 활용하였다. 또한 대중이 선호하는 스타의 기용을 피했고, 현실의 공간에서 실제로 벌어지고 있는 젊은이들의 이야기를 다루고자 하였다. 누벨바그 영화 운동은 영화 제작의 새로운 방향성을 제시하고 제작 기법의 다양화를 이끌면서 세계 여러 나라의 영화에 큰 영향을 미쳤다. 또한 오늘날 미국과 유럽에서 주요한 영화 이론으로 자리 잡은 작가주의 영화가 등장하는 발판이 되었다. 세계 영화사에서 누벨바그 영화 운동은 고전 영화가 현대 영화로 발전하는 과정에 한 획을 그은 사건이었다고 할 수 있다.

① 영화 제작에서 감독이 차지하는 위상의 변화를 설명하고 있다.
② 특정 사조의 영화가 유행했던 구체적인 시간과 공간이 나타나 있다.
③ 실제 영화 작품을 사례로 제시하고 있다.
④ 영화를 수용하는 관객들에 대해 다루고 있다.
⑤ 영화의 사조가 바뀌어 가는 과정이 나타나 있다.

**[24~25] 다음 글을 읽고 물음에 답하시오.**

'리비히의 법칙'이란 게 있다. 식물이 성장하는 데 필요한 필수 영양소 가운데 성장을 좌우하는 것은 넘치는 요소가 아니라 가장 부족한 요소라는 이론이다. 독일의 식물학자 유스투스 리비히가 1840년에 주장했고, 다른 말로 '최소량의 법칙'이라 부른다. 식물이 잘 자라려면 질소, 인산, 칼륨, 석회 등 여러 요소가 필요한데, 이 가운데 어느 하나가 부족하면 다른 것들이 아무리 많아도 소용없다는 얘기다. 즉, 많은 게 아니라 부족한 것이 성장을 결정한다는 것이다. 사회나 국가의 역량도 최소량의 법칙에서 자유로울 수 없다. 생태계의 삶과 지속 가능성에도 리비히의 법칙은 그대로 적용된다. 우리가 살아가는 생태계의 지속 가능성은 최하위 존재에 달려 있다. 마찬가지로 도시도 생태계이다. 도시가 건강하게 지속 가능하려면 상위 포식자들만 먹고 살아서는 안 된다. 도시 생태계의 바탕을 이루고 있는 하위 존재들도 먹고 살아야 한다.

도시에 비싼 집, 새 집, 큰 집만 있다면 살아가기 힘들 것이다. 싼 집, 헌 집 그리고 작은 집이 함께 있어야 이제 막 사회에 첫발을 내딛는 젊은이들도 결혼해서 들어가 살 집이 있고, 젊은 사업가들이 창업을 위한 공간도 마련할 수 있다. 파리 리옹 역 동북쪽 바스티유 광장에서 동쪽으로 이어지는 도메닐 거리에 '예술의 다리'라고 불리는 비아뒤크 데자르가 있다. 고급 상가들이 들어선 멋진 예술의 거리로 유명한 이곳도 원래는 고가 철도의 폐선 부지였다.

1970년대에 철도 운행이 중단되어 폐허처럼 남겨진 이곳에 개발 논의가 시작된 것은 1980년대부터였다. 파리 시와 지역 주민들이 개발 방향에 대해 오랫동안 논의를 거듭한 끝에 1990년 파리 시의회는 비아뒤크 재개발에 관한 결정을 내리게 된다. 중세 시대 때부터 다양한 공예품을 제조하던 이 지역의 역사성을 살려 기존 구조물을 최대한 보존한 채 예술의 거리로 탈바꿈하자고 의견이 모아졌다. 그 결과 1995년에 공사를 시작해 약 1년 만에 비아뒤크 데자르의 재탄생이 이루어졌다.

미국의 도시학자 제인 제이콥스가 강조한 도시의 생명력과 다양성은, 이른바 우리가 살고 있는 도시도 생태계와 같으니 물건 다루듯 하지 말고, 도시 생태계를 좀 더 깊이 이해해야 한다는 의미일 것이다. 바꿔 말하면 낡은 집이나 오래된 건물을 무조건 철거하지 말고 잘 살려서 오래 쓰라는 얘기이기도 할 것이다. 미국의 도시도, 유럽의 도시도 요즘 공통적인 트렌드는 '되살리기'이다. 오래된 건물, 오래된 장소, 또 산업 시대 유산을 지혜롭게 고치고, 새로운 기능을 담아 되살려 내고 있다. 미국의 도시학자 도노반 립케마는 『역사 보존의 경제학』이란 책에서 역사 보존이 매우 경제적 활동임을 실증적으로 증명해 보였다. 오래된 건물을 고쳐 쓰는 활동이 새로운 건물을 짓거나 컴퓨터 또는 자동차를 생산하는 일보다 훨씬 더 경제적이라는 것을 데이터로 입증하면서 생각의 전환을 촉구하였다.

도시의 낡고 오래된 것을 기막히게 되살린 최고의 반전 사례로 슬로베니아의 수도인 류블랴나에 있는 호스텔 첼리치를 꼽을 수 있다. 이곳은 과거 감옥이었던 건물을 호텔로 개조한 아주 흥미로운 건물이다. 1991년 슬로베니아가 독립을 선언한 뒤 군인들이 물러난 이곳에 가난한 예술가들이 하나둘 모여들었는데, 그 때문에 군부대 시설을 철거하려는 류블랴나 시 당국과 갈등을 겪어야 했다. 수도와 전기를 끊는 상황에서도 예술가들은 끝까지 버텼고, '메텔코바 네트워크'라는 이름으로 똘똘 뭉친 이들 예술가와 시민 운동가 그리고 류블랴나 대학 학생들까지 나서서 결국 철거 계획이 철회됐다. 그 덕분에 감옥과 군부대 시설은 청년들을 위한 문화 공간과 호텔로 바뀌는 기적 같은 일이 일어났고, 지금은 전 세계인들에게 사랑 받는 명소가 되었다.

오래된 건물과 장소를 없애고 새로 짓는 것은 어렵지 않다. 누구나 할 수 있는 일이다. 아무나 할 수 없는, 진짜 어려운 일은 오래된 것을 되살리는 일이다. 그것이 진정한 건축이고 참한 도시 설계이다. 지혜와 사랑하는 마음 그리고 섬세한 손길이 있어야 가능한 일이다.

**24** 위 글의 서술방식으로 적절하지 않은 것은?

① 구체적 사례를 들어 독자의 이해를 돕고 있다.

② 유추의 방식으로 중심 화제를 이끌어 내고 있다.

③ 특정 이론을 제시한 후 그 개념을 설명하고 있다.

④ 대조적인 상황을 제시하여 그 차이점을 밝히고 있다.

⑤ 전문가의 견해를 인용하여 글의 신뢰도를 높이고 있다.

**25** 위 글을 참고하여 〈마을살리기 대책〉을 세우려고 한다. 이에 대한 의견으로 적절하지 않은 것은?

> ○○마을에서는 젊은 사람들이 도시로 빠져나가면서 빈집이 늘어나고 있다. 오랜 전통을 자랑하던 한옥촌의 한옥들도 사람이 살지 않으면서 황량해졌고, 특히 초창기에 마을을 형성하면서 마을 중앙에 지어진 집들은 이제 너무 낡아서 낮에도 가기 꺼려할 정도로 을씨년스럽다고 한다. 그러다 보니 마을을 지나가던 기차도 몇 년 전부터 운행을 하지 않고 있고, 기차역만 빈 기찻길을 지키고 있다. 이를 개선하기 위해 마을 사람들과 도시 재생 전문가들이 모여 〈마을 살리기 대책〉을 마련하기로 했다.

① 쓸 만한 빈집들은 수리해서 창업을 원하는 사람들에게 저렴하게 임대하도록 한다.

② 낡은 집들을 없애고 마을 중앙에 누구나 이용할 수 있는 공동 체육관을 만들도록 한다.

③ 기차역의 대합실은 마을의 역사를 기록해 놓은 박물관으로 만들어서 보존하도록 한다.

④ 더 이상 기차가 다니지 않는 기찻길을 따라 산책로를 만들어 공원으로 조성하도록 한다.

⑤ 한옥은 그 형태를 유지하되 내구성을 강화하고 실내를 고쳐서 마을 카페로 운영하도록 한다.

**01** 일정한 규칙으로 수를 나열할 때, 빈칸에 들어갈 수로 알맞은 것은?

| 5 9 16 29 51 85 ( ) |

① 119            ② 129

③ 134            ④ 141

**02** 양수기 A, B, C로 양어장의 물을 퍼내는데 A로는 16시간, B로는 20시간, C로는 25시간이 걸린다. 처음 A로 3시간 동안 퍼낸 후 A와 B로 5시간 동안 퍼냈다. 나머지 작업은 C로 마무리했다면 양수기 C로 물을 퍼낸 시간은?

① 5시간 40분            ② 6시간

③ 6시간 5분            ④ 6시간 15분

**03** 소대장인 오 중사는 A지점에서 출발하여 B지점에 있는 소대원을 인솔한 후 주둔지 C로 복귀하라는 명령을 받았다. 최단거리로 이동하는 경우의 수는?

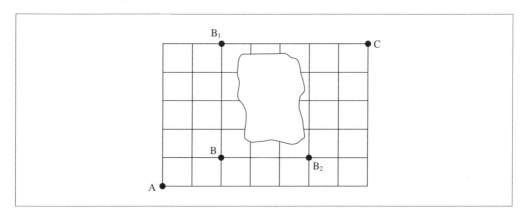

① 30            ② 36

③ 45            ④ 48

**04** 다음은 어느 달의 달력이다. 그림과 같이 사각형 안의 네 수의 합이 96이 되도록 할 때, 사각형 안에서 가장 큰 수는?

| 일 | 월 | 화 | 수 | 목 | 금 | 토 |
|---|---|---|---|---|---|---|
|  |  |  |  | 1 | 2 | 3 |
| 4 | 5 | 6 | 7 | 8 | 9 | 10 |
| 11 | 12 | 13 | 14 | 15 | 16 | 17 |
| 18 | 19 | 20 | 21 | 22 | 23 | 24 |
| 25 | 26 | 27 | 28 | 29 | 30 | 31 |

① 24  ② 26

③ 28  ④ 30

**05** 다음은 출발지를 인천항을 기준으로 한 컨테이너 운송 요율표를 나타낸 표이다. 다음 설명 중 옳지 않은 것은?

〈운송 요율표〉

(단위 : 천 원)

| 구분 | 서울 | 부천 | 시흥 | 안산 | 성남 | 양주 | 안성 | 화성 | 청주 | 옥천 |
|---|---|---|---|---|---|---|---|---|---|---|
| 20FT | 238 | 178 | 204 | 221 | 345 | 428 | 462 | 425 | 611 | 665 |
| 40FT | 264 | 198 | 227 | 246 | 383 | 476 | 513 | 472 | 679 | 739 |

※ FT : 컨테이너의 길이를 나타내고, 40FT에는 20FT의 2배를 적재할 수 있음

① 20FT를 기준으로 요율이 가장 큰 지역은 가장 작은 지역의 약 3.7배이다.

② 20FT의 요율이 클수록 40FT의 요율도 커지고 있다.

③ 20FT와 40FT의 요율 차를 구했을 때, 차가 가장 큰 지역은 차가 가장 작은 지역의 3.7배이다.

④ 안산까지 20FT 3개 분량의 화물을 운송하는 데는 최소한 663천 원이 든다.

**06** A지역 학생들을 대상으로 하여 공부를 못한다는 이유로 차별을 받아 본 경험이 있는지의 여부를 조사하여 나타낸 표이다. 다음 설명 중 옳은 것은?

〈공부를 못한다는 이유로 차별을 받아 본 경험 여부〉

(단위 : %)

| 구 분 | | 0회 | 일 년에 1~2회 | 2~3개월에 1~2회 | 한 달에 1~2회 |
|---|---|---|---|---|---|
| 전 체 | | 72.4 | 15.6 | 6.3 | 5.7 |
| 성 별 | 남 자 | 77.2 | 12.2 | 5.3 | 5.3 |
| | 여 자 | 67.3 | 19.4 | 7.4 | 5.9 |
| 학교급 | 초등학교 | 86.0 | 9.6 | 2.1 | 2.3 |
| | 중학교 | 70.3 | 15.4 | 7.9 | 6.4 |
| | 고등학교 | 62.4 | 21.2 | 8.6 | 7.8 |
| 고교유형 | 일반고 | 60.5 | 21.9 | 9.1 | 8.5 |
| | 특성화고 | 70.1 | 18.4 | 6.4 | 5.1 |
| 학업성적 | 상 | 87.3 | 7.9 | 2.3 | 2.5 |
| | 중 | 70.8 | 18.0 | 6.5 | 4.7 |
| | 하 | 52.3 | 23.3 | 12.2 | 12.2 |
| 경제적 수준 | 상 | 77.6 | 13.0 | 4.9 | 4.5 |
| | 중 | 69.1 | 18.3 | 6.4 | 6.2 |
| | 하 | 52.1 | 22.9 | 14.3 | 10.7 |

① 학년이 올라갈수록 한 번 이상 차별받은 경험이 있는 학생 수가 줄어들고 있다.

② 일반고 학생보다는 특성화고 학생들이 차별을 받은 경험이 더 많다.

③ 공부를 못하는 학생이 차별을 더 많이 받는다.

④ 남자보다는 여자가, 경제적 수준이 높을수록 차별 경험이 더 많다.

**07** 다음은 2015년부터 2018년까지 북한의 학교별 학생 수와 전체 학생 수에서 차지하는 비율을 나타낸 표이다. 다음 설명 중 옳은 것은?

〈북한의 학교별 학생 수〉

(단위 : 천 명)

| 분류 | 2015년 | | 2016년 | | 2017년 | | 2018년 | |
|---|---|---|---|---|---|---|---|---|
| | 학생 수 | 비율 | 학생 수 | 비율 | 학생 수 | 비율 | 학생 수 | 비율 |
| 소학교 | 1,009 | 0.18 | 1,170 | 0.21 | 1,087 | 0.26 | 1,014 | 0.24 |
| 초급중학교 | 2,520 | 0.44 | 1,900 | 0.34 | 1,628 | 0.38 | 1,460 | 0.35 |
| 고급중학교 | 1,124 | 0.20 | 1,528 | 0.27 | 1,020 | 0.24 | 1,156 | 0.28 |
| 단과대학 | 780 | 0.14 | 750 | 0.13 | 190 | 0.04 | 188 | 0.05 |
| 종합대학 | 256 | 0.04 | 278 | 0.05 | 330 | 0.08 | 333 | 0.08 |
| 합 계 | 5,689 | 1.00 | 5,626 | 1.00 | 4,255 | 1.00 | 4,151 | 1.00 |

※ (비율)$=\dfrac{(항목별\ 학생\ 수)}{(연도별\ 총\ 학생\ 수)}$

① 소학교 학생 수는 매년 증가하고 있다.

② 단과대학 학생 수가 차지하는 비율은 매년 감소하고 있다.

③ 매년 초급중학교 학생 수가 차지하는 비율이 가장 크다.

④ 학생 수는 매년 초급중학교, 고급중학교, 소학교 순으로 많다.

**08** 다음은 1995년부터 10년 간격으로 도시별 인구 순위를 나타낸 표이다. 다음 설명 중 옳지 않은 것은?

〈도시별 인구 순위〉

(단위 : 명)

| | 1995년 | | | 2005년 | | | 2015년 | |
|---|---|---|---|---|---|---|---|---|
| 순위 | 지역 | 인구 | 순위 | 지역 | 인구 | 순위 | 지역 | 인구 |
| 1 | 서울 | 10,550,871 | 1 | 서울 | 10,167,344 | 1 | 서울 | 10,063,197 |
| 2 | 부산 | 3,883,880 | 2 | 부산 | 3,638,293 | 2 | 부산 | 3,517,097 |
| 3 | 대구 | 2,478,589 | 3 | 인천 | 2,600,495 | 3 | 인천 | 2,918,982 |
| 4 | 인천 | 2,353,073 | 4 | 대구 | 2,511,306 | 4 | 대구 | 2,490,621 |
| 5 | 광주 | 1,285,633 | 5 | 대전 | 1,454,638 | 5 | 대전 | 1,524,025 |
| 6 | 대전 | 1,265,081 | 6 | 광주 | 1,401,745 | 6 | 광주 | 1,476,152 |
| 7 | 울산 | 967,399 | 7 | 울산 | 1,087,678 | 7 | 수원 | 1,178,462 |
| 8 | 성남 | 886,663 | 8 | 수원 | 1,045,587 | 8 | 울산 | 1,170,642 |
| 9 | 부천 | 779,745 | 9 | 성남 | 983,075 | 9 | 창원 | 1,070,199 |
| 10 | 수원 | 746,610 | 10 | 고양 | 904,077 | 10 | 고양 | 1,019,640 |
| 11 | 안양 | 593,142 | 11 | 부천 | 855,359 | 11 | 용인 | 972,757 |
| 12 | 전주 | 569,804 | 12 | 용인 | 693,660 | 12 | 성남 | 971,262 |
| 13 | 고양 | 563,398 | 13 | 안산 | 679,011 | 13 | 부천 | 850,265 |
| 14 | 청주 | 519,072 | 14 | 청주 | 630,939 | 14 | 청주 | 831,025 |
| 15 | 포항 | 510,167 | 15 | 안양 | 625,350 | 15 | 안산 | 701,474 |
| 16 | 안산 | 504,615 | 16 | 전주 | 621,749 | 16 | 전주 | 653,887 |

① 인구를 기준으로 상위 6대 도시는 서울, 부산, 대구, 인천, 광주, 대전으로 변함이 없다.

② 2위부터 5위까지 도시의 인구 합은 3년 모두 서울의 인구보다 적다.

③ 1995년에 비해 2005년에 새로 순위에 편입된 도시는 1곳이다.

④ 3년 동안 순위가 변함 없는 도시는 서울, 부산, 청주 3곳이다.

[09~10] 다음은 남부리그 소속팀 전체가 풀 리그(경기에 참가한 모든 팀이 서로 한 번 이상 겨루는 방식) 1차 경기를 마친 결과이다. 물음에 답하시오.

〈1차 경기 결과〉

| 팀 명 | A | B | C | D | E | F | G | H |
|---|---|---|---|---|---|---|---|---|
| A | | 1 : 2<br>× | 2 : 2<br>▲ | 3 : 2<br>○ | 1 : 3<br>× | 0 : 1<br>× | 2 : 0<br>○ | 0 : 2<br>× |
| B | 2 : 1<br>○ | | 0 : 3<br>× | 2 : 0<br>○ | 2 : 3<br>× | 2 : 2<br>▲ | 1 : 4<br>× | 0 : 3<br>× |
| C | 2 : 2<br>▲ | 3 : 0<br>○ | | 1 : 0<br>○ | 1 : 3<br>× | 2 : 1<br>○ | 0 : 3<br>× | 0 : 2<br>× |
| D | 2 : 3<br>× | 0 : 2<br>× | 0 : 1<br>× | | 1 : 1<br>▲ | 1 : 0<br>○ | 0 : 2<br>× | 1 : 2<br>× |
| E | 3 : 1<br>○ | 3 : 2<br>○ | 3 : 1<br>○ | 1 : 1<br>▲ | | 0 : 1<br>× | 0 : 1<br>× | 1 : 0<br>○ |
| F | 1 : 0<br>○ | 2 : 2<br>▲ | 1 : 2<br>× | 0 : 1<br>× | 1 : 0<br>○ | | 1 : 0<br>○ | 1 : 0<br>○ |
| G | 0 : 2<br>× | 4 : 1<br>○ | 3 : 0<br>○ | 2 : 0<br>○ | 1 : 0<br>○ | 0 : 1<br>× | | 1 : 1<br>▲ |
| H | 2 : 0<br>○ | 3 : 0<br>○ | 2 : 0<br>○ | 2 : 1<br>○ | 0 : 1<br>× | 0 : 1<br>× | 1 : 1<br>▲ | |
| 결 과 | 4-1-2 | 4-1-2 | 3-1-3 | 5-1-1 | 2-1-4 | 2-1-4 | 2-1-4 | 2-1-4 |

〈순위 결정 방법〉
- 승(○) : 승점 2점, 무승부(▲) : 승점 1점, 패(×) : 승점 0점
- 승점이 같을 경우 동점인 팀의 경기에서 승점이 높은 팀이 순위에서 앞섬

**09** 5~8위까지의 순위로 옳은 것은?

① H - E - G - F
② F - E - G - H
③ E - G - H - F
④ H - G - E - F

**10** 위 결과에 대한 설명으로 옳지 않은 것은?

① 상위 4팀의 순위는 D - A - B - C 순이다.
② 실점이 가장 적은 팀이 성적도 가장 좋다.
③ 득점이 가장 많은 팀이 성적도 가장 좋은 것은 아니다.
④ 무승부 경기는 총 8경기이다.

[11~13] 1년간 1만km를 운행하려는 계획으로 렌트카 회사에서 장기대여 차량을 구입하려고 한다. 다음 표를 보고 물음에 답하시오.

〈회사별 장기대여 조건〉

| 회 사 | 사용 연료 | 연비<br>(km/ℓ) | 리터당 가격<br>(원/ℓ) | 렌트 비용<br>(원/월) | 1년 – 1만km<br>대여료 | 2년 – 1만km<br>대여료 | 2년 – 2만km<br>대여료 |
|---|---|---|---|---|---|---|---|
| 가 | 휘발유 | 16 | 1,400 | 180,000 | | 5,195,000 | 6,070,000 |
| 나 | 경 유 | 12 | 1,200 | 150,000 | 2,800,000 | | |
| 다 | LPG | 10 | 850 | 160,000 | | 4,690,000 | |
| 라 | 하이브리드 | 20 | 1,400 | 200,000 | | | |

※ 연료비 = $\dfrac{\text{리터당 가격(원/ℓ)}}{\text{연비(km/ℓ)}}$

**11** 1km당 연료비가 가장 비싼 것은?

① 휘발유　　　　　　　　　② 경유
③ LPG　　　　　　　　　　④ 하이브리드

**12** 1년간 1만km를 운행한다면 어느 회사의 차를 빌리는 것이 가장 저렴한가?

① 가　　　　　　　　　　　② 나
③ 다　　　　　　　　　　　④ 라

**13** 다음 설명 중 옳지 않은 것은?

① 2년간 2만km를 운행한다고 하면 모든 차량의 대여료는 2배가 된다.
② 2년간 1만km를 운행한다고 계약하면 대여료가 가장 저렴한 회사는 달라진다.
③ 10km당 연료비가 가장 비싼 차량은 경유차이다.
④ 연비가 좋을수록 1km당 연료비도 저렴하다.

[14~15] 다음은 학교급별 교사와 학생 수, 학교 수를 나타낸 표이다. 물음에 답하시오.

〈학교급별 교사 및 학생 수〉

(단위 : 천 명)

| 학교급 \ 연도 | | 2017년 | 2018년 | 2019년 |
|---|---|---|---|---|
| 교 사 | 소 계 | 428 | 430 | 431 |
| | 초등학교 | 184 | 186 | 188 |
| | 중학교 | 109 | 110 | 110 |
| | 고등학교 | 135 | 134 | 133 |
| 학 생 | 소 계 | ( ) | 5,584 | 5,453 |
| | 초등학교 | ( ) | 2,711 | 2,747 |
| | 중학교 | 1,410 | 1,334 | 1,295 |
| | 고등학교 | 1,610 | 1,539 | 1,411 |

〈학교급별 학교 수〉

(단위 : 개교)

| 학교급 \ 연도 | 2017년 | 2018년 | 2019년 |
|---|---|---|---|
| 초등학교 | 6,040 | 6,064 | 6,087 |
| 중학교 | 3,213 | 3,214 | 3,214 |
| 고등학교 | 2,360 | 2,358 | 2,356 |
| 계 | 11,613 | 11,636 | 11,657 |

**14** 2017년 초등학교 교사 1명당 담당 학생 수가 15명이라면 전체 학생 수 중 초등학생의 비율은? (단, 소수 둘째 자리에서 반올림함)

① 40.2%
② 42.7%
③ 44.9%
④ 47.8%

**15** 2018년 고등학교의 학교당 평균 학생 수는? (단, 소수점 아래는 버림)

① 652명
② 682명
③ 598명
④ 442명

**16** 다음은 2014년부터 2020년까지 7년 동안 총예산과 국방비를 나타낸 그래프이다. 다음 설명 중 옳지 않은 것은?

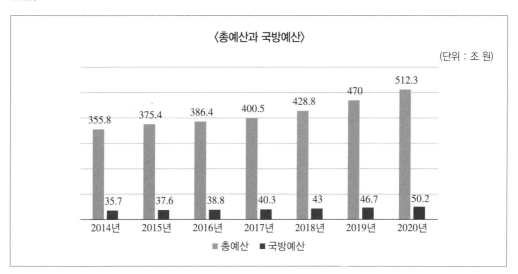

① 총예산의 증가에 따라 국방비도 매년 증가하고 있다.
② 2016년 국방예산 증가율은 전년 대비 감소하였다.
③ 2020년 총예산 증가액은 전년보다 더 늘었다.
④ 국방비는 매년 총예산의 10% 이상을 차지하고 있다.

**17** 다음은 전기 · 전자 업종 매출의 전년 대비 성장률 추세를 나타낸 그래프이다. 그래프의 내용을 추론한 것으로 옳은 것은?

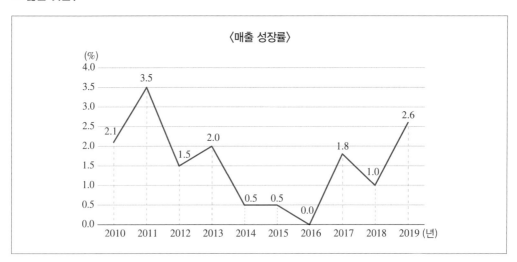

① 2011년 총매출액이 가장 많다.
② 2018년에는 총매출액이 증가하였다.
③ 2014년과 2015년의 총매출액은 같다.
④ 10년 동안 총매출액이 감소한 해는 4번 있었다.

**18** 다음은 생산가능인구 100명당 유소년부양비와 노년부양비를 나타낸 그래프이다. 다음 설명 중 옳지 않은 것은?

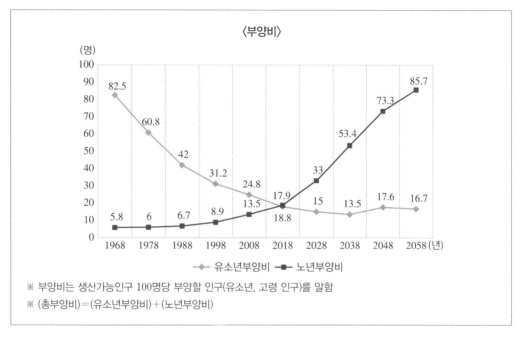

〈부양비〉

(명)

※ 부양비는 생산가능인구 100명당 부양할 인구(유소년, 고령 인구)를 말함
※ (총부양비)＝(유소년부양비)＋(노년부양비)

① 총부양비가 가장 적을 때는 2018년으로 36.7명이다.
② 노년부양비는 고령 인구의 빠른 증가와 관계가 있다.
③ 2058년에는 생산가능인구 1명이 유소년이나 고령 인구 1명 이상을 부양해야 한다.
④ 생산연령인구가 감소하면 부양비는 감소하고, 유소년 인구가 증가하면 부양비는 증가한다.

**[19~20]** 철수네 가정의 10월 한 달 생활비는 400만 원이다. 다음은 철수네 가정의 생활비 지출 항목과 세부 항목별 지출 비율을 나타낸 그래프이다. 물음에 답하시오.

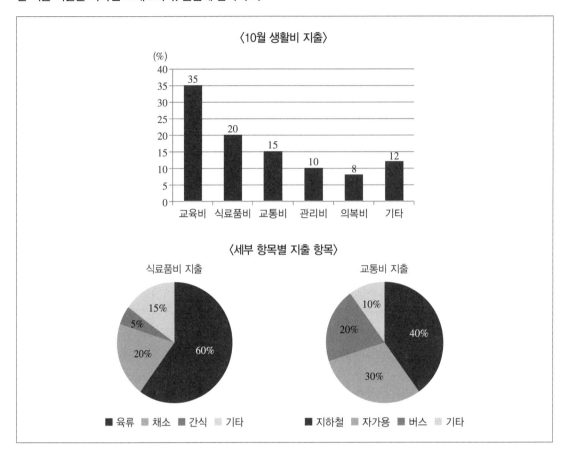

**19** 생활비 지출에 대한 설명으로 옳지 않은 것은?

　① 자가용과 지하철을 이용한 금액의 합은 육류 구입 금액보다 20만 원 적다.

　② 채소 구입 금액은 지하철 이용 금액보다 적다.

　③ 식료품비 중 기타 구입 금액은 교통비 중 기타 이용 금액과 같다.

　④ 10월 중 교육비에는 140만 원을 지출했다.

**20** 철수네 가정의 9월 생활비가 3,800,000원이고, 10월부터 월 저축 비용을 9월 생활비 중 저축 비율보다 5%를 인상한 15%로 하였다면 9월에 비해 10월에 증가한 저축액은 얼마인가?

　① 220,000원　　　　　　　　　　② 200,000원

　③ 190,000원　　　　　　　　　　④ 180,000원

**[01~05]** 다음에 이어지는 물음에 답하시오.

- 입체도형을 펼쳐 전개도를 만들 때, 전개도에 표시된 그림(예 : 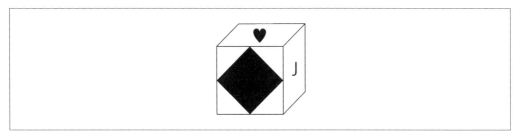, ▭ 등)은 회전의 효과를 반영함. 즉, 본 문제의 풀이과정에서 보기의 전개도상에 표시된 "▯"와 "▭"은 서로 다른 것으로 취급함.
- 단, 기호 및 문자(예 : ☎, ♤, ♨, K, H 등)의 회전에 의한 효과는 본 문제의 풀이과정에 반영하지 않음. 즉, 입체도형을 펼쳐 전개도를 만들 때, "☏"의 방향으로 나타나는 기호 및 문자도 보기에서는 "☎"의 방향으로 표시하며 동일한 것으로 취급함.

**01** 다음 입체도형의 전개도로 알맞은 것은?

①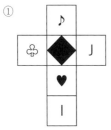

②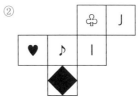

③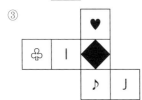

④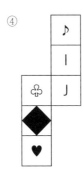

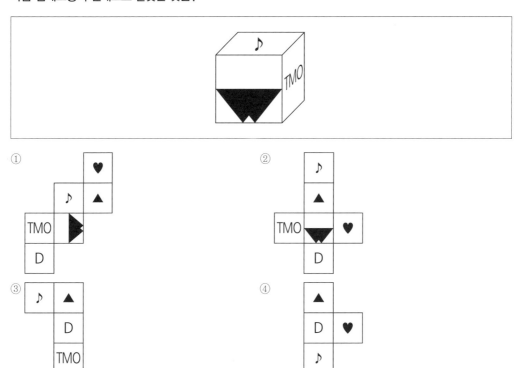

**03** 다음 입체도형의 전개도로 알맞은 것은?

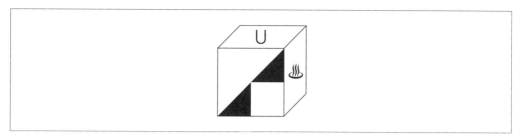

①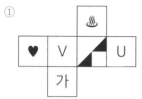

②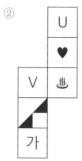

③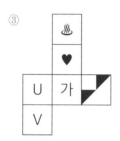

④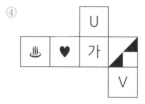

**04** 다음 입체도형의 전개도로 알맞은 것은?

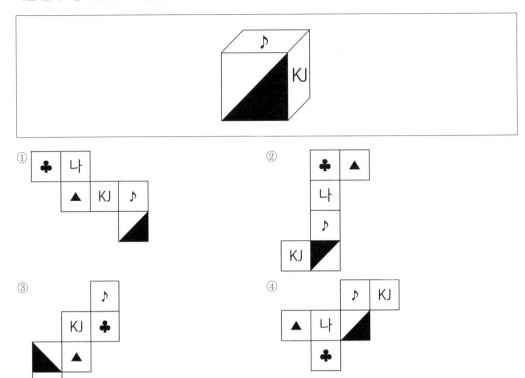

**05** 다음 입체도형의 전개도로 알맞은 것은?

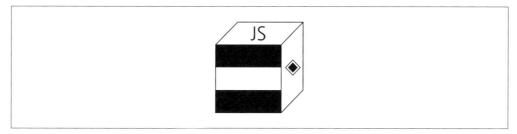

①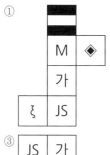

②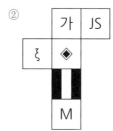

③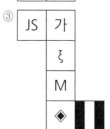

④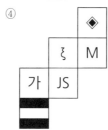

- 전개도를 접을 때 전개도상의 그림, 기호, 문자가 입체도형의 겉면에 표시되는 방향으로 접음.
- 전개도를 접어 입체도형을 만들 때, 전개도에 표시된 그림(예 : ▮, ◻ 등)은 회전의 효과를 반영함. 즉, 본 문제의 풀이과정에서 보기의 전개도상에 표시된 "▮"와 "▬"은 서로 다른 것으로 취급함.
- 단, 기호 및 문자(예 : ☎, ♨, ♨, K, H 등)의 회전에 의한 효과는 본 문제의 풀이과정에 반영하지 않음. 즉, 전개도를 접어 입체도형을 만들 때, "☏"의 방향으로 나타나는 기호 및 문자도 보기에서는 "☎"의 방향으로 표시하며 동일한 것으로 취급함.

**06** 다음 전개도의 입체도형으로 알맞은 것은?

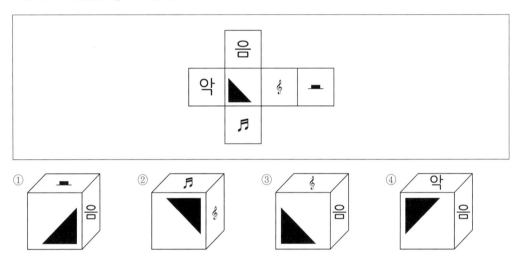

**07** 다음 전개도의 입체도형으로 알맞은 것은?

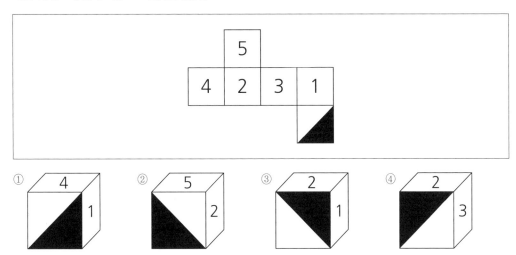

**08** 다음 전개도의 입체도형으로 알맞은 것은?

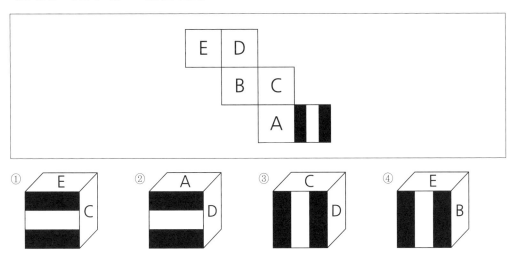

**09** 다음 전개도의 입체도형으로 알맞은 것은?

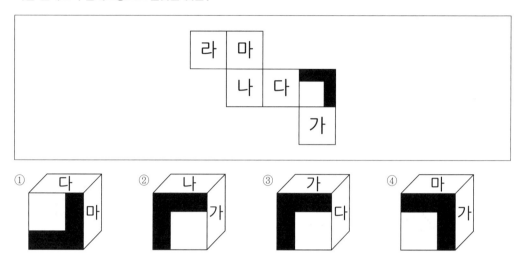

**10** 다음 전개도의 입체도형으로 알맞은 것은?

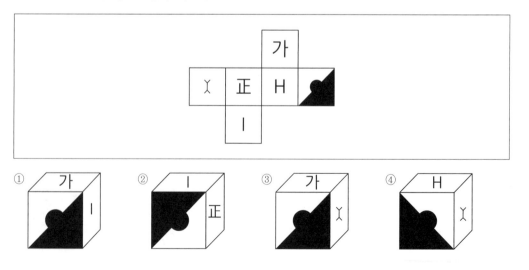

**[11~14]** 아래에 제시된 그림과 같이 쌓기 위해 필요한 블록의 수를 고르시오.

* 블록은 모양과 크기가 모두 동일한 정육면체임

**11**

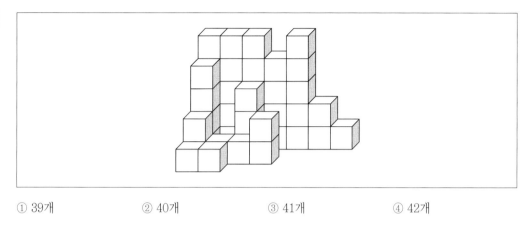

① 39개　　　　② 40개　　　　③ 41개　　　　④ 42개

**12**

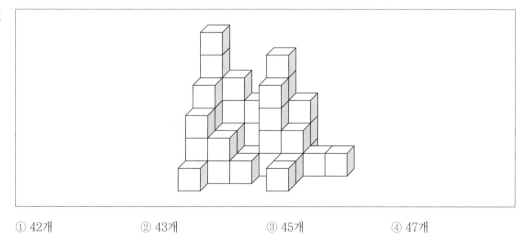

① 42개　　　　② 43개　　　　③ 45개　　　　④ 47개

**13**

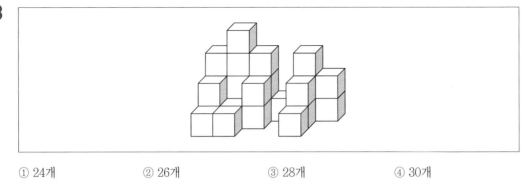

① 24개      ② 26개      ③ 28개      ④ 30개

**14**

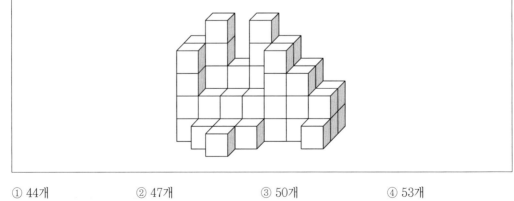

① 44개      ② 47개      ③ 50개      ④ 53개

**[15~18]** 아래에 제시된 블록들을 화살표 표시한 방향에서 바라봤을 때의 모양으로 알맞은 것을 고르시오.

\* 블록은 모양과 크기가 모두 동일한 정육면체임

\* 바라보는 시선의 방향은 블록의 면과 수직을 이루며 원근에 의해 블록이 작게 보이는 효과는 고려하지 않음

**15**

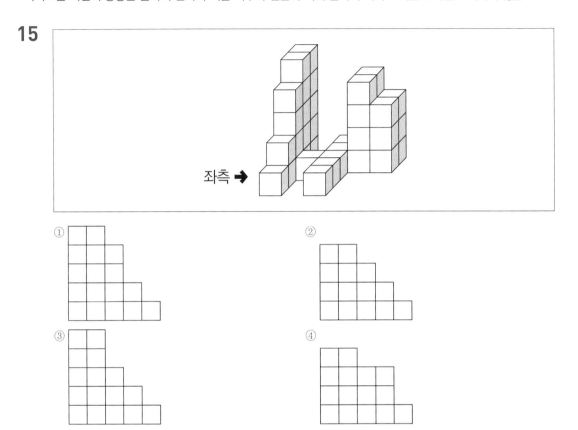

① 　　　　　　　　　　　　　　② 

③ 　　　　　　　　　　　　　　④

**16**

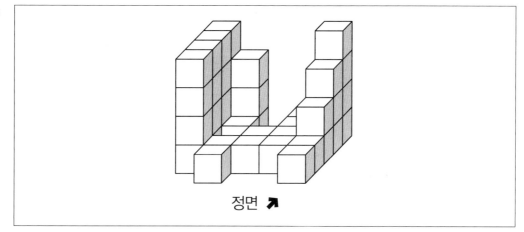

정면 ↗

①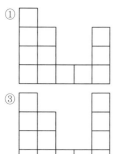

② 

③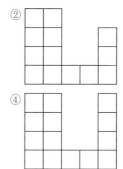

④

**17**

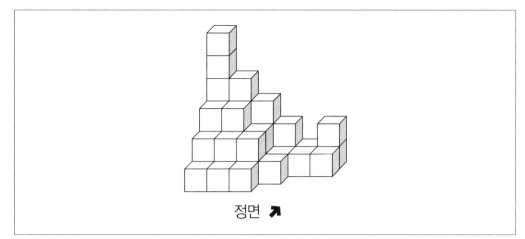

정면 ↗

①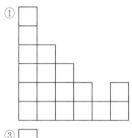

②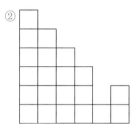

③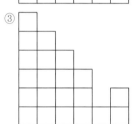

④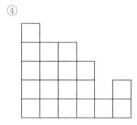

**18**

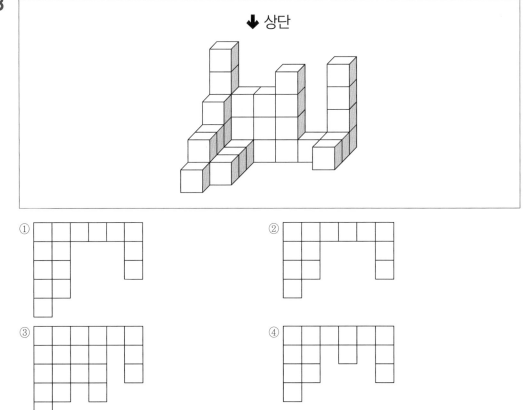

[01~20] 다음 〈보기〉의 왼쪽과 오른쪽 기호의 대응을 참고하여 각 문제의 대응이 같으면 답안지에 '① 맞음'을, 틀리면 '② 틀림'을 선택하시오.

┤ 보 기 ├

| | | | | |
|---|---|---|---|---|
| 대장 = Gg | 중장 = Ll | 소장 = Mm | 준장 = Bb | 대령 = Rr |
| 중령 = Dd | 소령 = Tt | 대위 = Cc | 중위 = Ff | 소위 = Ss |

| **01** | 대장 대위 대령 준장 소장　－　Gg Cc Rr Bb Mm | ① 맞음　② 틀림 |
|---|---|---|
| **02** | 소장 중령 중위 준장 대장　－　Mm Dd Ff Bb Ll | ① 맞음　② 틀림 |
| **03** | 소위 대령 중위 중장 중령　－　Ss Rr Ff Ll Dd | ① 맞음　② 틀림 |
| **04** | 중위 중령 소장 대령 대위　－　Ff Ss Mm Rr Cc | ① 맞음　② 틀림 |
| **05** | 대위 대령 준장 소장 중위　－　Cc Rr Dd Bb Ff | ① 맞음　② 틀림 |

┤ 보 기 ├

| | | | | |
|---|---|---|---|---|
| 13 = ◤ | 31 = ◥ | 15 = ◸ | 51 = ◿ | 12 = ◨ |
| 21 = ◧ | 27 = ◑ | 72 = ◕ | 19 = ◐ | 91 = ◓ |

| **06** | 13 72 51 12 21　－　◤ ◕ ◿ ◨ ◧ | ① 맞음　② 틀림 |
|---|---|---|
| **07** | 15 91 72 21 12　－　◸ ◓ ◕ ◤ ◨ | ① 맞음　② 틀림 |
| **08** | 21 19 51 12 31　－　◧ ◐ ◿ ◨ ◥ | ① 맞음　② 틀림 |
| **09** | 72 15 13 31 27　－　◕ ◸ ◤ ◥ ◑ | ① 맞음　② 틀림 |
| **10** | 91 15 27 72 12　－　◐ ◸ ◑ ◕ ◨ | ① 맞음　② 틀림 |

PART 3

| 기린 = 가 | 낙타 = 갸 | 타조 = 거 | 치타 = 겨 | 사슴 = 고 |
| 염소 = 교 | 토끼 = 구 | 늑대 = 규 | 여우 = 그 | 사자 = 기 |

| 11 | 기린 타조 여우 염소 치타 − 가 거 그 구 겨 | ① 맞음 ② 틀림 |
|----|---|---|
| 12 | 타조 염소 여우 늑대 낙타 − 거 교 그 규 갸 | ① 맞음 ② 틀림 |
| 13 | 치타 기린 염소 타조 사슴 − 겨 갸 교 거 고 | ① 맞음 ② 틀림 |
| 14 | 토끼 타조 여우 사자 염소 − 구 거 그 고 교 | ① 맞음 ② 틀림 |
| 15 | 사자 타조 염소 기린 사슴 − 기 거 교 가 고 | ① 맞음 ② 틀림 |

┤ 보기 ├

| 1052 = ひ | 1025 = ぴ | 1004 = し | 1040 = じ | 8585 = ょ |
| 5858 = よ | 8282 = つ | 2828 = づ | 1191 = き | 9111 = ぎ |

| 16 | 1052 1004 2828 1191 8585 − ひしつきょ | ① 맞음 ② 틀림 |
|----|---|---|
| 17 | 1004 8585 8282 1191 5858 − しょつきよ | ① 맞음 ② 틀림 |
| 18 | 8282 9111 1040 1025 2828 − つきじぴづ | ① 맞음 ② 틀림 |
| 19 | 9111 8585 1052 1025 1040 − ぎょひぴじ | ① 맞음 ② 틀림 |
| 20 | 9111 2828 1004 5858 1040 − ぎづじよし | ① 맞음 ② 틀림 |

[21~30] 다음의 〈보기〉에서 각 문제의 왼쪽에 표시된 굵은 글씨체의 기호, 문자, 숫자의 개수를 모두 세어 오른쪽에서 찾으시오.

| | | 〈보 기〉 | 〈개 수〉 |
|---|---|---|---|
| **21** | 19 | 9191890191117645353619101818819316777 88991018199119099191911919 | ① 6개  ② 8개  ③ 10개  ④ 12개 |
| **22** | ㅇ | 우리는 국가와 국민에 충성을 다하는 대한민국 육군이다. | ① 6개  ② 8개  ③ 10개  ④ 12개 |
| **23** | ♪ | ♪♪♫♯↓↓♪♭♬♪♪♪♫♪♯♫♬♪♪♪ ♫♫♪♪↓↓↓♪♪♪♪♪♪♪ | ① 6개  ② 8개  ③ 10개  ④ 12개 |
| **24** | c | force grand corps command operative level trange campaign strategy tactics | ① 6개  ② 8개  ③ 10개  ④ 12개 |
| **25** | ⊂ | ⊏ㅌㅌㄹㅁㅁㅈㄷㅋ∩ㅌㄹㅈㄹㄹㄹㅌㅌ ㄹㄷㅌㅋㅋㄷㄹㅌㄷㄷㄷㄷㅈㄷㄷㄹㄹㄷㅌ ㄷㄹㄹ | ① 6개  ② 8개  ③ 10개  ④ 12개 |
| **26** | ㅑ | 선화공주주은 타밀지가량치고 서동방을 야의묘 을포견거여 | ① 6개  ② 8개  ③ 10개  ④ 12개 |
| **27** | ㅈ | 나폴레옹이 전쟁술에 크게 기여한 것은 작전술 과 대전술의 분야였다. | ① 6개  ② 8개  ③ 10개  ④ 12개 |
| **28** | 체력 | 체구 체념 체력 체질 체력 체신 체구 체구 체질 체력 체구 체구 체력 체신 체념 체구 체력 체신 체력 체신 체구 체념 체신 체력 체력 | ① 6개  ② 8개  ③ 10개  ④ 12개 |
| **29** | け | せぜげけそぞででべでげげちちににけべでげげ ちちにいぃぇけげげぜねけすすげげちち | ① 6개  ② 8개  ③ 10개  ④ 12개 |
| **30** | 八 | 九六ㅈㅊㅈㄱ七八九土酉水月八五三尤大日차 六ㅈㅊㅈㄱ七ㅂㄴ라사五六六五三尤大日차 | ① 6개  ② 8개  ③ 10개  ④ 12개 |

| 제1과목 | 언어논리 | 25문항/20분  정답 및 해설 p.75 |
| --- | --- | --- |

**01** 다음 단어들이 공통적으로 가지고 있는 뜻은?

> 조소, 조롱, 야유, 코웃음

① 웃음
② 재미
③ 상대를 놀림
④ 상대에게 화가 남
⑤ 상대를 낮추어 봄

**02** 다음 중 '알을 쌓아 놓은 듯한 위태로운 상황'을 의미하는 한자성어는?

① 낭중지추(囊中之錐)
② 누란지위(累卵之危)
③ 감언이설(甘言利說)
④ 오비이락(烏飛梨落)
⑤ 결자해지(結者解之)

**03** 다음 빈칸에 들어갈 말로 적절한 것은?

> 쌍둥이가 아직 나이가 어리고 작아서 _____.

① 손이 크다
② 손이 가다
③ 손을 빼다
④ 손을 거치다
⑤ 손을 내밀다

**04** 다음 중 밑줄 친 단어의 쓰임이 옳지 않은 것은?

① 이번 일에는 재고의 여지가 없었다.
② 그는 조심스럽게 접근하여 동정을 살폈다.
③ 광장에서 그 사건을 추모하는 행사가 열렸다.
④ 사람들은 자신의 치부를 드러내고 싶지 않다.
⑤ 실수를 확인한 그의 시선엔 힐난이 담겨 있었다.

**05** 〈보기〉의 ㉠ : ㉡의 관계와 가장 유사한 것은?

┤ 보 기 ├

　　서양에서는 환자가 사망했을 때 ㉠ '심장이 멈추었다'라는 표현을 쓰지만, 우리는 ㉡ '숨이 끊겼다'라는 표현을 쓴다.

① 은폐하다 : 가리다
② 늦다 : 결석하다
③ 화내다 : 무시하다
④ 사망하다 : 생존하다
⑤ 생존하다 : 보존하다

PART 3

**06** 다음 중 띄어쓰기가 옳지 않은 것은?

① 이사장 및 이사들이 왔다.
② 그때 그곳엔 아무도 없었다.
③ 얼마나 힘들던 지 눈물이 났다.
④ 삼 학년들이 운동장으로 나갔다.
⑤ 주고받은 것이 있으니까 참도록 하자.

**07** 다음 중 밑줄 친 말과 같은 뜻으로 쓰인 것은?

늦잠 자는 습관을 고치기가 쉽지 않다.

① 큰 병을 고치다.
② 낡은 구두를 고치다.
③ 잘못 쓴 부분을 고치다.
④ 고장이 난 시계를 고치다.
⑤ 복권 당첨으로 신세를 고치다.

**08** 다음 중 〈보기〉와 같은 유형의 논리적 오류를 범하고 있는 것은?

┤ 보 기 ├

하나의 민족으로서 나치 독일은 인간 존엄성의 원리를 짓밟았다. 그러므로 독일 사람인 프랭크도 인간 성이 존엄하다고 생각하지 않는 잔인한 사람이다.

① 1학년 2반이 기말고사 1등이다. 따라서 1학년 2반은 누구나 공부를 잘할 것이다.
② 선생님의 말을 듣지 않으면 나쁜 학생이다. 왜냐하면 나쁜 학생들은 선생님의 말을 듣지 않기 때문이다.
③ 저번에도 태권도장에서 다치더니 또 다친 것을 보면, 태권도장이 아주 위험한가 보구나.
④ 아침에 승재만 보면 항상 운이 없더라고. 승재가 재수가 없나봐.
⑤ 나한테 자꾸 몸에 좋지도 않은 커피를 사주는 게, 너 내가 아팠으면 하는구나.

**09** 다음 중 밑줄 친 부분의 맞춤법이 옳은 것은?

① 그녀는 곰곰히 대책을 궁리하였다.
② 내 동생은 책을 꾸준이 집필하였다
③ 이번 사건의 윤곽이 뚜렷히 드러났다.
④ 이를 깨끗이 닦는 습관을 가져야 한다.
⑤ 그는 죄를 짓고도 버젓히 대중 앞에 나섰다.

**10** 다음 밑줄 친 ㉠과 가장 가까운 의미를 가진 것은?

> 사무실의 방충망이 낡아서 파손되었다면 세입자와 사무실을 빌려 준 건물주 중 누가 고쳐야 할까? 이 경우, 민법전의 법조문에 의하면 임대인인 건물주가 수선할 의무를 ㉠ 진다. 그러나 사무실을 빌릴 때, 간단한 파손은 세입자가 스스로 해결한다는 내용을 계약서에 포함하는 경우도 있다. 이처럼 법률의 규정과 계약의 내용이 어긋날 때 어떤 것이 우선 적용되어야 하는가, 법적 불이익은 없는가 등의 문제가 발생한다.

① 커피를 쏟아서 옷에 얼룩이 졌다.
② 네게 계속 신세만 지기가 미안하다.
③ 우리는 그 문제로 원수를 지게 되었다.
④ 아이들은 배낭을 진 채 여행을 떠났다.
⑤ 나는 조장으로서 큰 부담을 지고 있다.

**11** 다음 〈보기〉의 문장이 참일 때 참인 문장은?

─── | 보 기 | ───
• 도현이를 좋아하는 사람은 훈이도 좋아한다.
• 훈이를 싫어하는 사람은 찬희도 싫어한다.

① 훈이를 좋아하면 도현이도 좋아한다.
② 찬희를 좋아하면 도현이도 좋아한다.
③ 찬희를 좋아하면 훈이를 싫어하지 않는다.
④ 찬희를 싫어하지 않으면 도현이를 좋아한다.
⑤ 훈이를 싫어하지 않으면 찬희를 싫어하지 않는다.

**12** 다음 중 ㉠과 ㉡을 비교한 것으로 가장 적절한 것은?

> 서양회화는 수백 년 동안 명암 대비법으로 사물의 입체감을 표현하였다. ㉠ 명암 대비법은 사물의 어두운 부분과 그림자에는 검정색을 섞고 밝은 부분에는 흰색을 섞어서 표현했기 때문에, 회화는 색채의 순수한 효과를 상실하게 되었지만, 자연을 완벽하게 재현할 수 있는 유일한 방법으로 생각되어 오백여 년 동안 계승됐다. 그러나 1830년경 마차를 타고 외출을 하던 들라크루아에 의해 우연히 명암 대비법에 대한 허상이 깨어졌다. 들라크루아는 자신이 타고 가던 노란 마차가 숲 그늘에 들어갈 때 마차 그림자의 색이 검정이 아니라 짙은 보라는 대발견을 하였다. 즉, 그림자와 그늘이 검정 혹은 짙은 갈색이 아니라 색채를 갖고 있다는 사실을 알게 된 것이다. 한 사물의 그림자는 그 사물이 가진 색채의 보색이라는 이러한 발견은 회화에 색채의 순수성을 가져오게 하는 결정적인 계기가 되었다.
>
> 들라크루아의 초기 실험 단계를 거쳐 인상주의자들은 명암 대비법 대신에 ㉡ 냉온 대비법을 이용하여 자연이 가진 색채의 순수성을 화폭에 담았다. 예를 들어 냉온 대비법은 붉은색의 사물을 묘사할 때 어두운 그늘 부분과 그림자를 보색인 초록으로 표현한다. 이에 의해 화면은 빛으로 가득 찬 자연 색채의 순수성을 갖게 되고 동시에 물감의 성질로서의 순수한 색채를 표현할 수 있게 되었다. 또한, 밝고 어두운 명암에 의한 입체감이 사라짐에 따라 화면은 평면성을 유지할 수 있게 되었다.

① ㉠과 달리 ㉡은 무채색을 활용하였다.
② ㉠과 달리 ㉡은 색채의 순수성을 화폭에 담았다.
③ ㉡과 달리 ㉠은 들라크루아가 사용하였다.
④ ㉡과 달리 ㉠은 사물의 그림자를 표현하지 않았다.
⑤ ㉡과 달리 ㉠은 화면의 평면성을 유지하게 했다.

**13** 다음 글의 주제로 알맞은 것은?

세금이란 정부 또는 지방 정부가 수입을 얻기 위해 법률의 규정에 따라 직접적인 반대급부 없이 자연인이나 법인에 부과하는 경제적 부담이다. 즉, 세금은 정부가 사회 안전과 질서를 유지하고 국민 생활에 필요한 공공재를 공급하는 비용을 마련하기 위해 가계나 기업의 소득을 가져가는 부(富)의 강제 이전(移轉)인 것이다.

경제학의 시조인 애덤 스미스를 비롯한 많은 경제학자가 제시하는 바람직한 조세 원칙 중 가장 대표적인 것이 공평과 효율의 원칙이라 할 수 있다. 공평의 원칙이란 특권 계급을 인정하지 않고 국민은 누구나 자신의 능력에 따라 세금을 부담해야 한다는 의미이고, 효율의 원칙이란 정부가 효율적인 제도로 세금을 매겨야 하며 납세자들로부터 불만을 최소화할 방안으로 징세해야 한다는 의미이다.

조세 원칙을 설명하려 할 때 프랑스 루이 14세 때의 재상 콜베르의 주장을 대표적으로 원용한다. 콜베르는 가장 바람직한 조세의 원칙은 거위의 털을 뽑는 것과 같다고 하였다. 즉, 거위가 소리를 가장 적게 지르게 하면서 털을 가장 많이 뽑는 것이 가장 훌륭한 조세 원칙이라는 것이다.

거위의 깃털을 뽑는 과정에서 거위를 함부로 다루면 거위는 소리를 지르거나 달아나 버릴 것이다. 동일한 세금을 거두더라도 납세자들이 세금을 내는 것 자체가 불편하지 않게 해야 한다는 의미이다. 또 어떤 거위도 차별하지 말고 공평하게 깃털을 뽑아야 한다. 이것은 모든 납세자에게 공평한 과세를 해야 한다는 의미이다. 신용 카드 영수증 복권 제도나 현금 카드 제도 등도 공평한 과세를 위해서이다.

더불어 거위 각각의 상태를 고려하여 깃털을 뽑아야 한다. 만일 약하고 병든 거위에게서 건강한 거위와 동일한 수의 깃털을 뽑게 되면 약하고 병든 거위들의 불평불만이 생길 것이다. 더 나아가 거위의 깃털을 무리하게 뽑을 경우 거위는 죽고 결국에는 깃털을 생산할 수 없게 될 것이다.

① 바람직한 조세의 원칙　　　　　② 납세자의 올바른 자세
③ 효율적인 정부의 구조　　　　　④ 세금의 정확한 의미
⑤ 납세 의무의 역사

**14** 글의 흐름으로 보아, 〈보기〉의 문장이 들어가기에 가장 적절한 곳은?

―| 보 기 |―

또한 중국 한자와 일본 가나의 경우 컴퓨터 입력을 할 때 알파벳으로 발음을 입력한 뒤 해당 문자로 변환시켜야 한다.

( ① ) 정보화 시대를 맞이하여 한글이 두루 각광을 받고 있다. ( ② ) 물론 로마자에 비해 아직 정보화 시대의 최적 문자라고 말하기는 어렵지만, 우리는 일본의 가나 문자나 중국어의 한자에 비해 한글이 가지고 있는 경쟁력을 주목할 필요가 있다. ( ③ ) 중국어의 한자는 5만 자 이상의 문자를 가지고 있으면서도 표기할 수 있는 음절은 제한되어 있다는 취약점이 있다. ( ④ ) 컴퓨터 자판에 표시된 문자를 입력하는 즉시 기록되는 한글은 한자나 일본 가나에 비해 7배 이상의 경제적 효과가 있다고 한다. ( ⑤ )

**15** 다음 중 ㉠에 들어갈 접속어로 알맞은 것은?

> 에릭 번이 창시한 '교류 분석 이론'은 심리 치료 및 상담에 널리 활용되는 이론이다. 이 이론을 이해하기 위한 주요 개념에는 '자아상태'가 있다. 자아상태 모델은 인간의 성격을 A(어른), P(어버이), C(어린이)의 세 가지 자아상태로 설명하며, 건강하고 균형 잡힌 성격이 되려면 세 가지 자아상태를 모두 필요로 한다고 본다. 이때 자아상태란 특정 순간에 보이는 일련의 행동, 사고, 감정의 총체를 일컫는 것이므로 특정 순간마다 자아상태는 달라질 수 있다.
>
> ( ㉠ ) 김 군이 교통이 혼잡한 도로에서 주변 상황을 살피며 차를 몰고 있다. 그때 갑자기 다른 차가 끼어든다. 뒤따르는 차가 없는 것을 얼른 확인하고 브레이크를 밟아 충돌을 면한다. 이때 김 군은 'A 자아상태'에 놓여 있다. A 자아상태는 지금 여기에서 가장 현실적인 대책을 찾는, 객관적이며 합리적인 자아상태이다. 끼어들었던 차가 사라지자 김 군은 어릴 때 아버지가 했던 것처럼 "저런 운전자는 운전을 못하게 해야 해!"라고 말한다. 이때 김 군은 'P 자아상태'로 바뀐 것이다. P 자아상태는 자신 혹은 타인을 가르치려 들거나 보살피려 하는 자세를 취하는 자아상태로서, 어린 시절 부모가 자신에게 했던 행동이나 태도, 사고를 내면화한 것이다.

① 결국
② 그러나
③ 그래서
④ 그에 반해
⑤ 예를 들어

**16** 다음 글의 문단을 순서에 맞게 나열한 것은?

(가) 스피노자에 따르면 코나투스를 본질로 지닌 인간은 한번 태어난 이상 삶을 지속하기 위해 힘쓴다. 하지만 인간은 자신의 힘만으로 삶을 지속하기 어렵다. 인간은 다른 것들과의 관계 속에서만 삶을 유지할 수 있으므로 언제나 타자와 관계를 맺는다. 이때 타자로부터 받은 자극에 의해 신체적 활동 능력이 증가하거나 감소하는 변화가 일어난다. 감정을 신체의 변화에 대한 표현으로 보았던 스피노자는 신체적 활동 능력이 증가하면 기쁨의 감정을 느끼고, 신체적 활동 능력이 감소하면 슬픔의 감정을 느낀다고 생각했다. 또한, 신체적 활동 능력이 감소하는 것과 슬픔의 감정을 느끼는 것은 코나투스가 감소하고 있음을 보여주는 것, 다시 말해 삶을 지속하고자 하는 욕망이 줄어드는 것이라고 여겼다. 그래서 인간은 코나투스의 증가를 위해 자신의 신체적 활동 능력을 증가시키고 기쁨의 감정을 유지하려고 노력한다는 것이다.

(나) 스피노자의 윤리학을 이해하기 위해서는 코나투스(Conatus)라는 개념이 필요하다. 스피노자에 따르면 실존하는 모든 사물은 자신의 존재를 유지하기 위해 노력하는데, 이것이 바로 그 사물의 본질인 코나투스라는 것이다. 정신과 신체를 서로 다른 것이 아니라 하나로 보았던 그는 정신과 신체에 관계되는 코나투스를 충동이라 부르고, 다른 사물들과 같이 인간도 자신을 보존하고자 하는 충동을 갖고 있다고 보았다. 특히 인간은 자신의 충동을 의식할 수 있다는 점에서 동물과 차이가 있다며 인간의 충동을 욕망이라고 하였다. 즉 인간에게 코나투스란 삶을 지속하고자 하는 욕망을 의미한다.

(다) 이러한 생각을 토대로 스피노자는 코나투스인 욕망을 긍정하고 욕망에 따라 행동하라고 이야기한다. 슬픔은 거부하고 기쁨을 지향하라는 것, 그것이 곧 선의 추구라는 것이다. 그리고 코나투스는 타자와의 관계에 영향을 받으므로 인간에게는 타자와 함께 자신의 기쁨을 증가시킬 수 있는 공동체가 필요하다고 말한다. 그 안에서 자신과 타자 모두의 코나투스를 증가시킬 수 있는 기쁨의 관계를 형성하라는 것이 스피노자의 윤리학이 우리에게 하는 당부이다.

(라) 한편 스피노자는 선악의 개념도 코나투스와 연결 짓는다. 그는 사물이 다른 사물과 어떤 관계를 맺느냐에 따라 선이 되기도 하고 악이 되기도 한다고 말한다. 코나투스의 관점에서 보면 선이란 자신의 신체적 활동 능력을 증가시키는 것이며, 악은 자신의 신체적 활동 능력을 감소시키는 것이다. 이를 정서의 차원에서 설명하면 선은 자신에게 기쁨을 주는 모든 것이며, 악은 자신에게 슬픔을 주는 모든 것이다. 한마디로 인간의 선악에 관한 판단은 자신의 감정에 따라 결정된다는 것을 의미한다.

① (가) – (나) – (다) – (라)
② (가) – (나) – (라) – (다)
③ (나) – (가) – (라) – (다)
④ (나) – (라) – (가) – (다)
⑤ (라) – (나) – (다) – (가)

**[17~18] 다음 글을 읽고 물음에 답하시오.**

경쟁은 하나의 목적대상을 두고 사람들이 서로 겨루어 다투는 행위이다. 이런 의미에서 경쟁은 수단이라고 할 수 있다. 수단으로서의 경쟁을 가장 전형적으로 보여 주는 예가 각종의 시험이다. 사람을 선별하기 위한 가장 손쉬운 방법으로 사용되는 시험은 목적에 따라 형식과 내용이 달라진다. 사실, 수단으로서의 모든 경쟁은 그 목적에 따라 형식과 내용이 달라지며, 경쟁 과정의 기본적 요소들이 결정된다.

우리가 경험적으로 발견하고 참여하는 경쟁은 반드시 수단으로서의 기능만을 가지고 있는 것은 아니다. 사회적 동물이라 불리는 인간은 경쟁을 통해 자신의 능력을 확인하고, 사회적 명예와 재화를 얻는다. 인간은 경쟁을 통해 개인으로서의 자기 정체성을 획득한다. 대부분의 사람들은 경쟁을 통해 자신의 사회적 성공을 도모하고 자기의 완성을 향한 노력을 좀 더 적극적으로 하게 된다. 어떤 의미에서 경쟁은 사람이 사람으로 되어 가는 삶의 과정이다. 현실에 존재하는 대부분의 경쟁은 이러한 성격을 지니고 있다.

_____㉠_____ 경쟁은 수단이라는 소극적 의미를 넘어 사회적 동물로서의 인간의 존재 양식이라는 적극적 의미를 지닌다. 이런 의미에서 인간 사회는 거대한 경쟁 체제이다. 인간 사회 자체를 하나의 경쟁 체제로 파악할 때, 이러한 경쟁 체제의 구체적 형태는 선험적으로 주어져 있지 않다. 인간은 사회적 삶의 과정에서 다양한 형태의 경쟁 체제를 자신들의 존재 양식으로 선택·발전시켜 나간다.

경쟁이 제도로서 가장 뚜렷하게 보여 주는 의의는 효율성이다. 경쟁이 가지는 효율성 속에는 경쟁에 참가하는 개인들이 도구화되거나 수동적 존재로 전락하게 되는 위험, 경쟁의 과열로 인하여 사회 집단 혹은 경쟁 제도 자체가 변질붕괴 될 수 있는 가능성이 내재되어 있다. 이러한 부정적 측면에도 불구하고 경쟁이 인간 사회에서 굳게 자리 잡고 있는 이유는 인간의 본성적인 경쟁 심리 외에 경쟁의 효율성이 지닌 힘 때문이다. 제도가 잘 갖추어진 상태에서 공정하게 이루어지는 경쟁은 개개인의 발전은 물론이고, 사회의 유지발전에도 크게 기여하는 효율적인 장치가 된다.

**17** ㉠에 들어갈 접속어로 가장 알맞은 것은?

① 결국
② 혹은
③ 하지만
④ 그리고
⑤ 그럼에도

**18** 위 글을 읽고 독자가 보인 반응으로 옳지 않은 것은?

① 경쟁에서는 반드시 이기는 것이 상책이군.
② 경쟁을 통해 나 자신을 이루어 나가는 것이군.
③ 현재 사회에서 경쟁이란 피하기 어려운 것이군.
④ 경쟁이 나쁘기만 하다는 생각은 버리는 게 좋겠군.
⑤ 경쟁이 없는 사회는 정체된 사회가 될 가능성이 있군.

조세는 국가의 재정을 마련하기 위해 경제 주체인 기업과 국민들로부터 거두어들이는 돈이다. 그런데 국가가 조세를 강제로 부과하다 보니 경제 주체의 의욕을 떨어뜨려 경제적 순손실을 초래하거나 조세를 부과하는 방식이 공평하지 못해 불만을 야기하는 문제가 나타난다. 따라서 조세를 부과할 때는 조세의 공평성을 고려해야 한다.

조세의 공평성은 조세 부과의 형평성을 실현하는 것으로, 조세의 공평성이 확보되면 조세 부과의 형평성이 높아져서 조세 저항을 줄일 수 있다. 공평성을 확보하기 위한 기준으로는 편익 원칙과 능력 원칙이 있다. 편익 원칙은 조세를 통해 제공되는 도로나 가로등과 같은 공공재를 소비함으로써 얻는 편익이 클수록 더 많은 세금을 부담해야 한다는 원칙이다. 이는 공공재를 사용하는 만큼 세금을 내는 것이므로 납세자의 저항이 크지 않지만, 현실적으로 공공재의 사용량을 측정하기가 쉽지 않다는 문제가 있고 조세 부담자와 편익 수혜자가 달라지는 문제도 발생할 수 있다.

능력 원칙은 개인의 소득이나 재산 등을 고려한 세금 부담 능력에 따라 세금을 내야 한다는 원칙으로 조세를 통해 소득을 재분배하는 효과가 있다. 능력 원칙은 수직적 공평과 수평적 공평으로 나뉜다. 수직적 공평은 소득이 높거나 재산이 많을수록 세금을 많이 부담해야 한다는 원칙이다. 이를 실현하기 위해 특정 세금을 내야 하는 모든 납세자에게 같은 세율을 적용하는 비례세나 소득 수준이 올라감에 따라 점점 높은 세율을 적용하는 누진세를 시행하기도 한다.

수평적 공평은 소득이나 재산이 같을 경우 세금도 같게 부담해야 한다는 원칙이다. 그런데 수치상의 소득이나 재산이 동일하더라도 실질적인 조세 부담 능력이 달라, 내야 하는 세금에 차이가 생길 수 있다. 예를 들어 소득이 동일하더라도 부양가족의 수가 다르면 실질적인 조세 부담 능력에 차이가 생긴다. 이와 같은 문제를 해결하여 공평성을 높이기 위해 정부에서는 공제 제도를 통해 조세 부담 능력이 적은 사람의 세금을 감면해 주기도 한다.

**19** 위 글의 서술방식에 대한 설명으로 가장 적절한 것은?

① 상반된 두 입장을 비교, 분석한 후 이를 절충하고 있다.
② 대상을 기준에 따라 구분한 뒤 그 특성을 설명하고 있다.
③ 대상의 개념을 그와 유사한 대상에 빗대어 소개하고 있다.
④ 통념을 반박하며 대상이 가진 속성을 새롭게 조명하고 있다.
⑤ 시간의 흐름에 따라 대상이 발달하는 과정을 서술하고 있다.

**20** 위 글의 내용과 일치하지 않는 것은?

① 조세 부과는 국민들의 의욕을 떨어뜨릴 수 있다.
② 조세 부과가 공평할수록 조세 저항이 낮아진다.
③ 능력 원칙은 소득을 재분배하는 효과가 있다.
④ 편익 원칙은 가장 현실적인 조세 부과 방법이다.
⑤ 수평적 공평의 문제를 해결하기 위해 공제 제도가 있다.

**21** 다음에서 주장하는 인간의 본성에 관한 내용으로 옳지 않은 것은?

군주는 두려움의 대상이 되는 것이 아니라 사랑받는 것이 더 나은가, 아니면 그 반대인가 하는 논쟁이 있다. 두려워하면서도 사랑을 느끼게 하는 것, 두 가지 모두가 필요하다는 것이 정답일 것이다. 그러나 이 두 가지는 공존하기 어렵다. 그렇기에 두 가지 가운데 하나는 없이 견뎌야 한다면 사랑받기보다는 두려움의 대상이 되어야 훨씬 안전하다는 것이 나의 대답이다. 왜냐하면 인간이란 일반적으로 다음과 같이 말할 수 있는 존재들이기 때문이다.

인간이란 은혜를 모르고, 변덕스럽고, 위선적이면서 기만에 능하고, 위험은 감수하려 하지 않으면서 이익에는 밝다. 당신이 그들을 잘 대접해 줄 동안 그들은 모두 당신 편이다. 즉 그들은 목숨을 바치더라도 군주를 믿고 나서야 할 상황과 멀리 떨어져 있을 때는 자신들의 피와 재물·생명·자식을 바치려는 듯이 달려든다. 그러나 정작 필요할 때 그들은 등을 돌린다. 그러므로 전적으로 이들의 말만 믿고, 다른 대비책을 마련하지 않는 군주는 파멸한다. 우정이 영혼의 위대함과 숭고함에 의해서가 아니라 물질적 대가를 치르고 획득한 것이라면 그때의 우정은 돈으로 구매된 것일 뿐 온전한 것이 아니어서 막상 필요하게 될 때는 쓸모없는 것이 되고 말기 때문이다.

인간이란 두려움을 갖게 하는 사람보다 사랑받고자 하는 사람을 해치는 일에 덜 주저한다. 사랑은 고맙게 여겨야 할 의무감을 매개로 유지되는데, 인간이란 비열하기 때문에 자신에게 이익이 되는 경우에는 언제든지 그런 의무감을 버리기 때문이다. 그러나 두려움은 처벌에 대한 무서움으로 유지되는 것이기 때문에 결코 당신을 배반하지 않는다.

설령 군주가 사랑받지는 못하게 된다 해도 미움은 피할 수 있도록 자신을 두려움의 대상이 되도록 만들어야 한다. 두려움의 대상이 되면서도 동시에 미움의 대상이 되지 않는 일은 얼마든지 가능하기 때문이다. 이는 군주가 시민이나 신민들의 소유물과 그들의 부녀자에게 손대지만 않으면, 언제나 성취할 수 있다. 설령 누군가의 피를 흘리게 해야 할 처벌의 필요가 발생하더라도, 그때는 반드시 적절한 명분과 명백한 이유가 있어야 한다. 그러나 무엇보다도 다른 사람의 소유물에 손대지 말아야 한다. 인간이란 아버지의 죽음은 쉽게 잊어도 아버지로부터 물려받을 유산을 빼앗기는 일은 좀처럼 잊지 못하는 존재이기 때문이다.

그러나 군주가 자신의 군대와 함께 있으면서 다수의 병사를 통솔해야 하는 경우라면 잔인하다는 명성에 신경 쓰지 않는 것이 전적으로 필요하다. 군대란 그런 명성 없이는 단결된 상태를 유지하지 못할뿐더러 어떠한 군사 작전도 감행하지 못하기 때문이다.

① 가족의 죽음보다 물질적 재산을 잃는 것을 더 오래 기억한다.
② 두려움의 대상이 되기보다 미움의 대상이 되기를 더 꺼려한다.
③ 은혜를 모르고, 변덕스럽고, 위선적이며, 위험을 감수하려 하지 않는다.
④ 자신의 이익에 도움이 되지 않을 때는 언제든지 상대방에게 등을 돌린다.
⑤ 사랑받고자 하는 사람보다 두려움을 갖게 하는 사람을 해치는 일에 더 주저한다.

**[22~23]** 다음 글을 읽고 물음에 답하시오.

심리학자인 카너먼은 인간이 논리적 사고 과정을 통해 합리적으로 문제를 해결하기보다는 직감에 의해 문제를 해결하는 경향이 강하다고 주장하였다. 예컨대 "영어 단어 중 R로 시작하는 단어와 R가 세 번째에 있는 단어 중 어느 것이 더 많은가?"라는 질문에, 실제로는 후자의 단어가 더 많지만 전자의 단어가 더 쉽게 떠오르기 때문에 대부분의 사람들은 R로 시작하는 단어가 더 많다고 대답한다. 그는 ㉠ 이를 해당 사례를 자주 접하거나 쉽게 떠올릴 수 있으면, 발생 빈도 수가 높다고 판단하는 인간의 심리적 특성에 기인한다고 보았다. 그는 실제 인간의 행동에 나타나는 다양한 양상을 연구하여 인간은 합리적 선택을 한다는 전통 경제학의 전제에 반기를 들고, 심리학적 연구 성과를 경제학에 접목시킨 새로운 이론을 제안했다.

전통 경제학에서는 인간을 합리적 선택을 하는 존재로 가정하고, 시장에서의 재화와 용역의 생산, 분배, 소비 활동을 연구한다. 전통 경제학의 대표적 이론인 기대 효용 이론에 따르면, 인간은 대안이 여러 개일 때 각 대안의 효용을 계산하여 자신에게 최대 이득을 주는 대안을 선택한다. 이때 '효용'이란 재화를 소비할 때 느끼는 만족감이다.

어떤 대안의 기댓값인 기대 효용은, 대안을 선택했을 때 발생할 수 있는 개별 사건의 효용에 각 사건의 발생 확률을 곱해 모두 더한 값이다. 예컨대 동전을 던져 앞면이 나오면 20,000원을 얻고 뒷면이 나오면 10,000원을 잃는 게임 A, 앞면이 나오면 10,000원을 얻고 뒷면이 나오면 5,000원을 잃는 게임 B가 있다고 가정해 보자. 화폐 효용은 그것의 액면가와 같다고 할 때, 동전의 앞면, 뒷면이 나올 확률은 각각 0.5이므로, 게임 A의 기대 효용은 (20,000원×0.5)−(10,000원×0.5)=5,000원, 게임 B의 기대 효용은 (10,000원×0.5)−(5,000원×0.5)=2,500원이다. 기대 효용 이론에 따라 합리적 판단을 한다면 기대 효용이 더 큰 게임 A를 선택해야 하지만, 실제 선택 상황에서는 대다수의 사람들이 게임 B를 선택한다.

카너먼은 이러한 선택의 문제를 설명하기 위해 전망 이론을 제시하였다. 전망 이론은 이득보다 손실에 대해 민감하게 반응하는 인간의 심리가 선택 행동에 미치는 영향을 설명하는 이론이다. 여기서 '전망'은 이득과 손실에 대해 사람들이 느끼는 심리 상태를 의미한다.

**22** ㉠에 해당하는 사례로 가장 적절한 것은?

① 질문 : 신은 존재하는가?
대답 : 그렇다. 왜냐하면 신이 없음을 증명한 사람이 없기 때문이다.
② 질문 : 1부터 10까지의 합과 11부터 15까지의 합 중 더 큰 것은?
대답 : 전자이다. 왜냐하면 전자가 후자보다 많은 숫자를 더하기 때문이다.
③ 질문 : '교통사고로 인한 사망률'과 '당뇨로 인한 사망률' 중 사망률이 더 높은 것은?
대답 : 전자이다. 왜냐하면 전자를 후자보다 매체를 통해 자주 보기 때문이다.
④ 질문 : 지방이 10% 함유된 우유와 지방이 90% 제거된 우유 중 선택하고 싶은 것은?
대답 : 후자이다. 왜냐하면 후자가 전자보다 지방이 적게 함유된 식품으로 느껴지기 때문이다.
⑤ 질문 : '한 명이 빵 한 개를 만드는 것'과 '열 명이 빵 열 개를 만드는 것' 중 시간이 더 오래 걸리는 것은?
대답 : 후자이다. 후자가 전자보다 힘이 더 많이 드는 일로 느껴지기 때문이다.

**23** 위 글의 내용과 일치하지 않는 것은?

① 기대 효용 이론은 인간이 직감에 의해 문제를 결정하는 것을 가정한 이론이다.

② 기대 효용 이론에 따르면 인간은 여러 대안이 있을 때 자신에게 가장 큰 이득을 주는 대안을 선택한다.

③ 카너먼은 인간이 논리적 사고 과정보다는 직감에 의존해 문제를 해결하는 경향이 강하다고 주장하였다.

④ 카너먼은 심리학적 연구 성과를 경제학에 접목시켜 전통 경제학과 구별되는 새로운 이론을 구축하였다.

⑤ 카너먼은 인간이 합리적인 선택을 한다는 전통 경제학의 전제를 실제 인간의 행동을 근거로 반박하였다.

**[24~25]** 다음 글을 읽고 물음에 답하시오.

**(가)**

　다윈은 같은 종에 속하는 개체들이 생존 경쟁에서 살아남아 번식하면 그 형질 중 일부가 자손에게 전달돼 진화가 일어난다는 '자연 선택설'을 주장하였다. 그런데 개체가 다른 개체들과의 생존 경쟁에서 이기기 위해서는 이기적인 행동을 할 수밖에 없지만, 자연계에서는 동물들의 이타적 행동이 자주 ⊙ 관찰된다. 이에 진화론을 옹호하는 학자들은 동물의 이타적 행동을 설명하는 이론을 제시하였다.

　해밀턴은 개체들의 이타적 행동은 자신과 같은 유전자를 공유하는 친족들의 생존과 번식에 도움을 줌으로써 자신의 유전자를 후세에 많이 전달하기 위한 행동이라는 혈연 선택 가설을 제시하였다. 해밀턴의 법칙에 의하면, 'r×b−c>0'을 만족할 때 개체의 이타적 유전자가 진화한다. 이때 'r'는 유전적 근연도로 이타적 행위자와 이의 수혜자가 유전자를 공유할 확률을, 'b'는 이타적 행위의 수혜자가 얻는 이득을, 'c'는 이타적 행위자가 ⓒ 감수하는 손실을 의미한다. 부나 모가 자식과 같은 유전자를 공유할 확률은 50%이고, 형제자매 간에 같은 유전자를 공유할 확률도 50%이다. r는 2촌인 형제자매를 기준으로 1촌이 늘어날 때마다 반씩 준다. 가령, 행위자가 세 명의 형제를 구하고 죽는다면 '0.5×3−1>0'이므로 행위자의 유전자는 그의 형제들을 통해 다음 세대로 퍼지게 된다. 이러한 해밀턴의 이론은 유전자의 개념으로 동물의 이타적 행동을 설명한 것으로, 이타적 행동의 진화에 얽힌 수수께끼를 푸는 중요한 열쇠로 평가된다.

　도킨스는 『이기적 유전자』에서 동물의 이타적인 행동은 유전자가 다른 유전자와의 생존 경쟁에서 살아남아 더 많은 자신의 복제본을 퍼뜨리기 위한 행동이라고 설명하였다. 그에 따르면 유전자란 다음 세대에 다른 DNA 서열로 대체될 수 있는 DNA 단편으로, 염색체상에서 임의의 어떤 DNA 단편은 그와 동일한 위치나 순서에 있는 다른 유전자들과 경쟁 관계에 있다. 그는 다윈과 같은 기존의 진화론자와 달리 생존 경쟁의 주체를 유전자로 보고 개체는 단지 그러한 유전자를 다음 세대로 전달하는 운반체에 불과하다고 보았다. 그러므로 이타적으로 보이는 개체의 행동은 겉보기에만 그럴 뿐, 실은 유전자가 다른 DNA와의 생존 경쟁에서 이기기 위한 이기적인 행동인 셈이다. 이러한 도킨스의 이론은 유전자의 이기성으로 동물의 여러 행동을 설명하여 과학계에 큰 반향을 불러일으켰으나, 개체를 단순히 유전자의 생존을 돕는 수동적 존재로 보았다는 점에서 비판을 받기도 하였다.

**(나)**

　경제학적 관점에서 이타적 행동이란 자신의 손해를 감수하면서 타인에게 이익을 주는 행동이기 때문에 이기적 사람들과 이타적 사람들이 공존할 경우 이타적 사람들은 자연히 ⓒ 도태될 수밖에 없다. 그럼에도 불구하고 우리 주변에는 여전히 이타적 행동을 하는 사람들이 존재한다.

　이에 대해 최근 진화적 게임 이론에서는 '반복−상호성 가설'과 집단 선택 가설'을 통해 사람들이 이타적 행동을 하는 이유 및 이타적 인간이 진화하는 이유에 대해 설명하고 있다. 반복・상호성 가설에서는 자신이 이기적으로 행동할 경우 상대방도 이기적인 행동으로 보복할 수 있기 때문에 이를 피하기 위해 이타적 행동을 한다고 주장하는데, 이를 게임 이론 중 하나인 TFT 전략으로 설명한다. TFT 전략이란 상대방이 협조할지 배신할지 모르고 선택이 매회 동시에 일어나는 상황에서 처음에는 무조건 상대방에게 협조하고 그 다음부터는 상대방이 바로 전에 사용한 방법을 모방하는 전략이다. 즉 상대방이 이타적으로 행동하면 자신도 이타적으로, 상대방이 이기적으로 행동하면 자신도 이기적으로 행동하는 것이다. 이러한 행동이 반복되면 점점 상대방의 배신 횟수는 줄고 협조 횟수는 늘어 서로에게 이득이 되는 결과를 얻게 된다. 반복−상호성 가설은 혈연관계가 아닌 사람들 사이의 이타적 행동을 설명하는 데 ⓔ 유용하지만 반복적이지 않은 상황에서 나타나는 이타적 행동을 설명하는 데는 한계가 있다.

집단 선택 가설에서는 이타적 구성원이 많은 집단이 그렇지 않은 집단과의 생존 경쟁에 유리하기 때문에 이타적 인간이 진화한다고 설명한다. 개인 간 생존 경쟁에서 우월한 개인이 생존하는 개인 선택에서는 이기적 인간이 살아남는 데 유리하지만, 집단 간의 생존 경쟁에서 우월한 집단이 생존하는 집단 선택에서는 이타적 구성원이 많은 집단일수록 식량을 구하거나 다른 집단과의 분쟁에 효과적으로 ㉤ 대응할 수 있기 때문에 생존할 확률이 높다. 따라서 집단 선택에 의해 이타적인 구성원이 많은 집단이 생존하게 되면 자연히 이를 구성하는 이타적 인간도 진화하게 된다.

## 24 (가)와 (나)의 서술상의 공통점은?

① 이타적 행동을 설명하는 대립된 이론을 절충하고 있다.
② 이타적 행동을 정의한 후 구체적 유형을 분류하고 있다.
③ 이타적 행동에 관한 이론들을 통시적으로 고찰하고 있다.
④ 이타적 행동을 설명하는 이론의 발전 방향을 전망하고 있다.
⑤ 이타적 행동에 관한 이론과 그에 대한 평가를 제시하고 있다.

## 25 다음 밑줄 친 단어가 ㉠~㉤과 다른 의미로 쓰인 것은?

① ㉠ : 그는 형의 모습을 유심히 관찰하였다.
② ㉡ : 이 사전은 여러 전문가가 감수하였다.
③ ㉢ : 그 기업은 경쟁사에 밀려 도태되었다.
④ ㉣ : 이것은 장소를 검색하는 데 유용하다.
⑤ ㉤ : 우리는 적극적으로 상황에 대응하였다.

**01** 김 중사의 통장에는 1,100만 원, 박 하사의 통장에는 500만 원이 있다. 김 중사는 매월 50만 원씩 저축하고 박 하사는 70만 원씩 저축한다면 김 중사와 박 하사의 저축액이 같아지는 것은 언제인가?

① 21개월 후　　　　　　　　　　　　② 26개월 후
③ 30개월 후　　　　　　　　　　　　④ 36개월 후

**02** 일정한 규칙으로 수를 나열할 때, 빈칸에 들어갈 수로 알맞은 것은?

| 1 | 2 | 3 | 6 | 9 | 18 | 27 | 54 | ( ) | 162 | 243 |

① 81　　　　　　　　　　　　　　　② 90
③ 99　　　　　　　　　　　　　　　④ 108

**03** 작년 1중대는 2중대보다 헌혈에 20명 더 많이 참여하였다. 올해 헌혈 참여 인원은 작년보다 1중대는 10% 감소하였고, 2중대는 30% 증가하여 전체 헌혈 참여 인원이 작년보다 12명이 증가하였을 때, 올해 2중대 헌혈 참가 인원은 몇 명인가?

① 78명　　　　　　　　　　　　　　② 91명
③ 104명　　　　　　　　　　　　　④ 117명

**04** 가정용 전기요금표가 다음과 같을 때 450kwh 사용 시 전기요금납부액은 얼마인가? (단, 납부 시에는 부가가치세 10%를 합산함)

〈가정용 전기요금표〉

(단위 : 원)

| 사용량 | 기본요금 | 1kwh당 요금 |
|---|---|---|
| 200kwh 이하 | 910 | 93 |
| 201~400kwh | 1,600 | 180 |
| 400kwh 초과 | 7,300 | 280 |

※ 300kwh 사용 시 과세 전 전력 요금은 38,200원임

① 75,900원
② 83,490원
③ 126,000원
④ 133,300원

**05** 다음은 2017년부터 2020년까지 최근 4년간 주요 산업별 투자액을 나타낸 표이다. 전체 투자액 대비 반도체 투자액의 비중이 가장 큰 해는?

〈주요 산업별 투자액〉

(단위 : 억 원)

| 연 도 | 2017 | 2018 | 2019 | 2020 |
|---|---|---|---|---|
| 전기 · 전자 | 2,075 | 2,390 | 3,365 | 3,791 |
| 반도체 | 10,320 | 13,850 | 14,796 | 14,388 |
| 생명공학 | 8,740 | 7,368 | 8,328 | 16,328 |
| 에너지 | 360 | 420 | 840 | 1,320 |

① 2017년
② 2018년
③ 2019년
④ 2020년

**06** 다음은 A지역 주민 1,100명을 대상으로 남녀 학력을 조사하여 나타낸 표이다. 다음 설명 중 옳지 않은 것은?

〈지역 주민 학력〉

(단위 : %, 명)

| 구 분 | 초 졸 | 중 졸 | 고 졸 | 대 졸 | 대학원졸 | 합 계 | 주민 수 |
|---|---|---|---|---|---|---|---|
| 남 성 | 10 | 15 | 52 | 18 | 5 | 100 | 500 |
| 여 성 | 5 | 15 | 55 | 15 | 10 | 100 | 600 |

① 남성의 23%는 대졸 이상이다.
② 고등학교 졸업자는 여자가 남자보다 70명 더 많다.
③ A지역 주민 전체의 초등학교 졸업자 수와 대학원 졸업자 수는 같다.
④ 대졸 남성 주민과 대졸 여성 주민 수는 같다.

**07** 다음은 전 국민 재난기본소득으로 국민 1인당 100만 원씩 지급하자는 의견에 대한 찬반 설문 조사 결과를 나타낸 표이다. 다음 설명 중 옳지 않은 것은?

〈재난기본소득 지급에 대한 찬반 설문 결과〉

(단위 : 명)

| 연령층 | 생활 정도 | 재난소득에 대한 의견 | 사람 수 |
|---|---|---|---|
| 40대 이하 | 부유층 | 찬 성 | 70 |
| | | 반 대 | 30 |
| | 서민층 | 찬 성 | 80 |
| | | 반 대 | 20 |
| 40대 이상 | 부유층 | 찬 성 | 25 |
| | | 반 대 | 15 |
| | 서민층 | 찬 성 | 55 |
| | | 반 대 | 5 |

① 반대하는 사람 수는 40대 이상보다 40대 이하가 더 많다.
② 부유층보다 서민층의 찬성 비율이 20% 이상 높다.
③ 40대 이하보다 40대 이상에서 찬성하는 비율이 더 높다.
④ 서민층에서 반대 비율은 40대 이하에서 더 높게 나타난다.

**08** 다음은 재래시장의 매출액과 증감률을 나타낸 표이다. 5월에 가장 많은 매출을 올린 시장은?

〈4월 시장별 매출액〉

(단위 : 만 원)

| 시장별 | 동부시장 | 서부시장 | 남부시장 | 북부시장 |
|---|---|---|---|---|
| 매출액 | 52,000 | 59,000 | 54,000 | 61,000 |

〈5월 시장별 전월 대비 증감률〉

(단위 : %)

| 시장별 | 동부시장 | 서부시장 | 남부시장 | 북부시장 |
|---|---|---|---|---|
| 증감률 | 8.0 | −3.0 | 2.0 | −5.0 |

① 동부시장

② 서부시장

③ 남부시장

④ 북부시장

**09** 다음은 2010년부터 2015년까지 연령별·종류별 문화예술 관람률을 나타낸 표이다. 표에 대한 설명 중 옳은 것을 모두 고른 것은?

〈연령별 문화예술 관람률〉

| 구 분 | 2010 | 2011 | 2012 | 2013 | 2014 | 2015 |
|-------|------|------|------|------|------|------|
| 전 체 | 52.4 | 54.5 | 60.8 | 64.5 | 64.0 | 63.6 |
| 남 자 | 50.5 | 51.5 | 58.5 | 62.0 | 61.6 | 61.1 |
| 여 자 | 54.2 | 57.4 | 62.9 | 66.9 | 66.3 | 66.1 |
| 20세 미만 | 77.2 | 77.9 | 82.6 | 84.5 | 86.0 | 83.8 |
| 20~29세 | 79.6 | 78.2 | 83.4 | 83.8 | 83.8 | 82.8 |
| 30~39세 | 68.2 | 70.6 | 77.2 | 79.2 | 78.6 | 79.8 |
| 40~49세 | 53.4 | 58.7 | 67.4 | 73.2 | 73.7 | 74.4 |
| 50~59세 | 35.0 | 41.2 | 48.1 | 56.2 | 58.0 | 58.9 |
| 60세 이상 | 13.4 | 16.6 | 21.7 | 28.9 | 29.1 | 31.2 |

〈종류별 문화예술 관람률〉

| 구 분 | 2010 | 2011 | 2012 | 2013 | 2014 | 2015 |
|-------|------|------|------|------|------|------|
| 음악·연주회 | 12.8 | 14.7 | 13.7 | 13.8 | 13.8 | 16.5 |
| 연극·마당극 | 12.9 | 14.8 | 15.3 | 14.9 | 15.0 | 13.7 |
| 무 용 | 1.1 | 1.5 | 1.5 | 1.2 | 1.3 | 1.0 |
| 영 화 | 44.8 | 47.9 | 54.4 | 58.8 | 58.8 | 58.4 |
| 박물관 | 13.8 | 15.5 | 16.4 | 17.8 | 16.7 | 15.7 |
| 미술관 | 10.1 | 12.1 | 12.3 | 12.8 | 13.5 | 13 |

(ㄱ) 남자와 여자의 관람객 수의 차가 가장 큰 해는 2011년이다.
(ㄴ) 2012년까지는 20대, 그 이후에는 20대 미만의 관람률이 제일 높다.
(ㄷ) 매해 영화 – 박물관 – 연극 및 마당극 순으로 많은 사람들이 관람하고 있다.
(ㄹ) 최근 5년 사이에 문화예술 관람률은 20% 이상 증가하였다.

① (ㄱ), (ㄷ)
② (ㄱ), (ㄹ)
③ (ㄴ), (ㄷ)
④ (ㄴ), (ㄹ)

**10** 다음은 세계 각국의 강수량 현황을 나타낸 것이다. 옳지 않은 것을 모두 고른 것은?

<세계 연평균 강수량과 1인당 강수량>

| 국 가 | 한국 | 일본 | 미국 | 영국 | 중국 | 세계 평균 |
|---|---|---|---|---|---|---|
| 연평균 강수량 (mm/년) | 1,245 | 1,718 | 736 | 1,220 | 627 | 880 |
| 1인당 강수량 (톤/년/인) | 2,591 | 5,106 | 25,021 | 4,969 | 174,016 | 19,635 |

(ㄱ) 우리나라 연평균 강수량은 조사 대상국 중 2위이다.

(ㄴ) 우리나라의 연평균 강수량은 1,245mm로 세계 평균 880mm의 약 1.4배이다.

(ㄷ) 우리나라 1인당 강수량은 세계 평균의 1/8을 넘지 못한다.

(ㄹ) 연평균 강수량 대비 1인당 강수량이 세계 평균보다 높은 나라는 중국 뿐이다.

① (ㄱ), (ㄴ)          ② (ㄴ), (ㄷ)

③ (ㄴ), (ㄹ)          ④ (ㄷ), (ㄹ)


**11** 다음은 2009년부터 2018년까지 10년간 출생 성비에 관한 그래프이다. 다음 설명 중 옳은 것은?

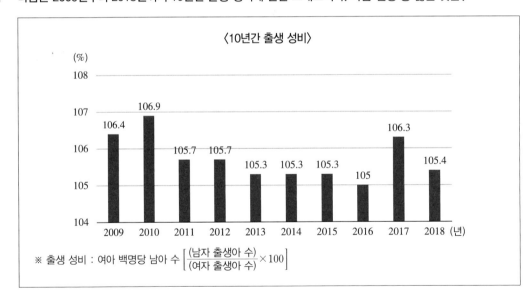

① 10년간 남자아이가 여자아이보다 5명 이상 많이 태어났다.

② 2013년부터 3년간 태어난 남자아이의 수는 같다.

③ 조사 기간 동안 매년 여자아이가 적게 태어났다.

④ 2010년에 가장 많은 신생아가 태어났다.

**12** 전체 구성원이 60명인 집단의 한 달간 운동 횟수를 나타낸 그래프이다. 21번째로 운동을 많이 한 학생이 포함된 운동 횟수의 범위는?

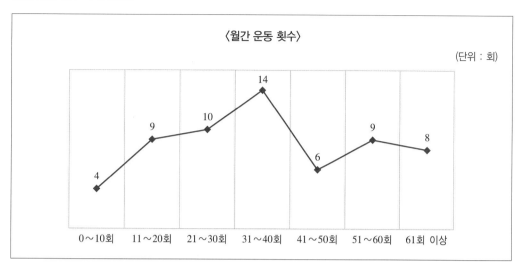

① 11~20회

② 21~30회

③ 31~40회

④ 41~50회

**13** 매월 사회보험료를 납부하는 사람들의 부담 정도를 조사하여 나타낸 그래프이다. 다음 중 옳지 않은 것은?

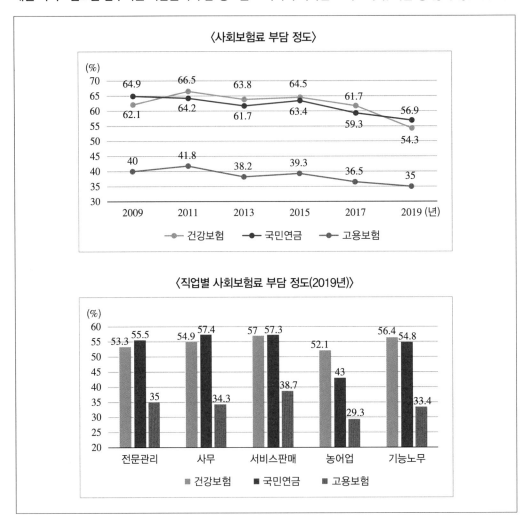

① 2019년에 사회보험료에 대한 부담 정도는 국민연금 건강보험, 고용보험 순으로 높다.

② 모든 직종에서 고용보험에 대한 부담 정도는 상대적으로 낮다.

③ 모든 직종에서 건강보험에 대한 부담 정도가 국민연금에 대한 부담 정도보다 높다.

④ 다른 직종에 비해 서비스 판매 직종이 사회보험료에 대한 부담 정도가 높다.

**14** 다음은 어느 해 우리나라의 수출입 상위 10개국의 순위와 교역량을 나타낸 표이다. 표에 대한 설명 중 옳지 않은 것은?

〈수출 상위 10개국〉 〈수입 상위 10개국〉

(단위 : 억 달러)

| 구 분 | 금 액 | 구 분 | 금 액 |
|---|---|---|---|
| 연간 수출총액 | 5,596.3 | 연간 수입총액 | 5,155.8 |
| 중국 | 1,458.7 | 중국 | 830.5 |
| 미국 | 620.5 | 일본 | 600.3 |
| 일본 | 346.6 | 미국 | 415.1 |
| 홍콩 | 277.6 | 사우디 | 376.7 |
| 싱가포르 | 222.9 | 카타르 | 258.7 |
| 베트남 | 210.9 | 호주 | 207.8 |
| 대만 | 156.9 | 독일 | 193.4 |
| 인도네시아 | 115.7 | 쿠웨이트 | 187.3 |
| 인도 | 113.8 | UAE | 181.2 |
| 러시아 연방 | 111.5 | 대만 | 146.3 |
| 합계 | 3,635.1 | 합계 | 3,397.3 |

※ (교역량)=(수출액)+(수입액)
※ 무역수지 : (수출액)−(수입액)의 값이 0보다 크면 무역흑자, 0보다 작으면 무역적자임

① 중국은 우리나라 전체 교역량의 20% 이상을 차지하고 있다.
② 수출과 수입 모두 10대 교역국 안에 드는 나라는 4개국이다.
③ 상위 10개국과의 교역량은 전체의 70% 이상을 차지하고 있다.
④ 상위 10개국과의 무역수지는 237.8억 달러 흑자이다.

**[15~16]** 다음은 교통법규 위반 건수와 교토법규 위반 시 과태료를 나타낸 표이다. 물음에 답하시오.

〈교통법규 위반 건수〉

(단위 : 건)

| 구 분 | 차종별 | 1분기 | 2분기 | 3분기 | 4분기 |
|---|---|---|---|---|---|
| 신호 및 지시 위반 | 승합차 | 228 | 269 | 238 | 428 |
| | 승용차 | 658 | 583 | 598 | 447 |
| | 이륜차 | 35 | 21 | 56 | 64 |
| | 소 계 | 921 | 873 | 892 | 939 |
| 중앙선 침범 | 승합차 | 68 | 54 | 62 | 57 |
| | 승용차 | 47 | 69 | 72 | 68 |
| | 이륜차 | 7 | 12 | 11 | 2 |
| | 소 계 | 122 | 135 | 145 | 127 |
| 속도 위반 | 승합차 | 334 | 322 | 390 | 428 |
| | 승용차 | 395 | 438 | 452 | 461 |
| | 이륜차 | 2 | 5 | 8 | 1 |
| | 소 계 | 731 | 765 | 850 | 890 |
| 주차금지 위반 | 승합차 | 140 | 130 | 158 | 151 |
| | 승용차 | 60 | 75 | 71 | 54 |
| | 이륜차 | 0 | 1 | 1 | 3 |
| | 소 계 | 200 | 206 | 230 | 208 |
| 합 계 | | 1974 | 1979 | 2117 | 2164 |

〈교통법규 위반 시 과태료〉

(단위 : 원)

| 구 분 | 승합차 | 승용차 | 이륜차 |
|---|---|---|---|
| 중앙선 침범 | 70,000 | 60,000 | 40,000 |
| 속도 위반 | 60,000 | 50,000 | 30,000 |
| 주차금지 위반 | 50,000 | 40,000 | 30,000 |

**15** 3분기에 중앙선 침범으로 인한 승용차와 승합차의 범칙금의 차는 얼마인가?

① 10,000원

② 20,000원

③ 30,000원

④ 40,000원

**16** 표에 대한 설명 중 옳지 않은 것은?

① 신호 및 지시 위반 사례는 4분기에 가장 많았다.

② 전분기 대비 증가율이 가장 높은 것은 2분기 이륜차의 주차금지 위반이다.

③ 중앙선 침범 사례는 3분기 승용차가 가장 많았다.

④ 속도 위반 적발 건수는 지속적으로 증가하고 있다.

**[17~18]** 다음은 9개 기업의 매출액과 영업이익을 나타낸 표이다. 물음에 답하시오.

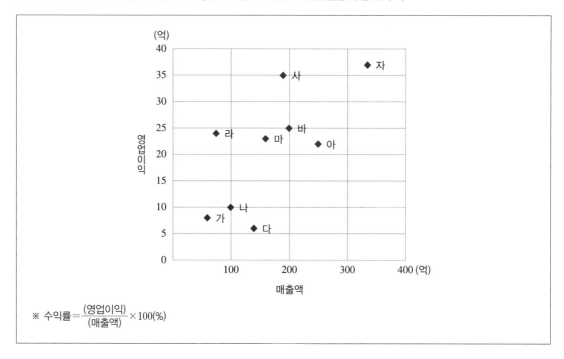

$$※ \ 수익률 = \frac{(영업이익)}{(매출액)} \times 100(\%)$$

## 17 다음 설명 중 옳은 것은?

① 나 기업과 바 기업의 수익률은 같다.

② 매출액과 영업이익이 가장 큰 회사는 자 기업이다.

③ 매출액 대비 가장 큰 수익률을 낸 기업은 사 기업이다.

④ 매출액이 200억 이상이거나 영업이익이 20억 이상인 기업은 5개이다.

## 18 수익률이 10% 이하인 기업은 몇 개인가?

① 1개          ② 2개

③ 3개          ④ 4개

[19~20] 다음은 2014년부터 2017년까지 A시의 초 · 중 · 고등학교 학생들을 대상으로 국내여행 경험을 조사하여 나타낸 표와 그래프이다. 물음에 답하시오.

〈국내여행 일수 및 여행 경비〉

| 구 분 | 2014년 | 2015년 | 2016년 | 2017년 |
|---|---|---|---|---|
| 국내여행 참가 횟수(회) | 1,350 | 1,680 | 1,890 | 2,010 |
| 이동일(일) | 3,870 | 4,100 | 4,097 | 4,110 |
| 국내여행 경비(천 원) | 210,600 | 220,300 | 258,400 | 278,100 |

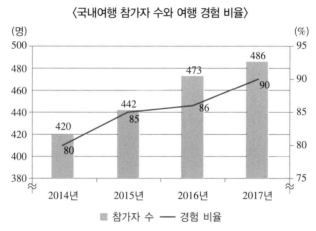

〈국내여행 참가자 수와 여행 경험 비율〉

※ 국내여행 참가자 수는 전체 학생 중 1회라도 여행 경험이 있는 학생을 말함

※ (여행 횟수) $= \dfrac{(국내여행\ 참가\ 횟수)}{(여행\ 참가자\ 수)} \times (여행\ 경험\ 비율)$

※ (평균 여행 횟수) $= \dfrac{(이동일)}{(학생\ 수)} \times (여행\ 경험\ 비율)$

**19** 2014년 학생 1인당 여행 횟수는 약 몇 회인가?

① 2.57회
② 3.23회
③ 3.44회
④ 3.72회

**20** 표와 그래프에 대한 설명 중 옳지 않은 것은?

① 지역 내 초 · 중 · 고등학교 학생 수가 가장 많은 해는 2017년이다.
② 2017년 여행에 참가한 학생들은 평균 1인당 57만 원 이상 지출을 하였다.
③ 학생 1인당 평균 여행 일수는 2015년이 가장 많다.
④ 학생 1인당 평균 여행 경비는 2017년이 가장 많다.

**[01~05]** 다음에 이어지는 물음에 답하시오.

- 입체도형을 펼쳐 전개도를 만들 때, 전개도에 표시된 그림(예 : ▮, ◪ 등)은 회전의 효과를 반영함. 즉, 본 문제의 풀이과정에서 보기의 전개도상에 표시된 "▮"와 "▬"은 서로 다른 것으로 취급함.
- 단, 기호 및 문자(예 : ☎, ✆, ♨, K, H 등)의 회전에 의한 효과는 본 문제의 풀이과정에 반영하지 않음. 즉, 입체도형을 펼쳐 전개도를 만들 때, "⬓"의 방향으로 나타나는 기호 및 문자도 보기에서는 "☎"의 방향으로 표시하며 동일한 것으로 취급함.

**01**　다음 전개도의 입체도형으로 알맞은 것은?

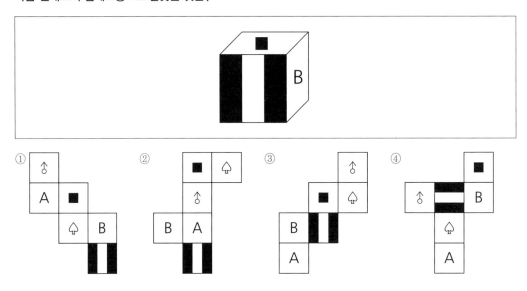

**02** 다음 전개도의 입체도형으로 알맞은 것은?

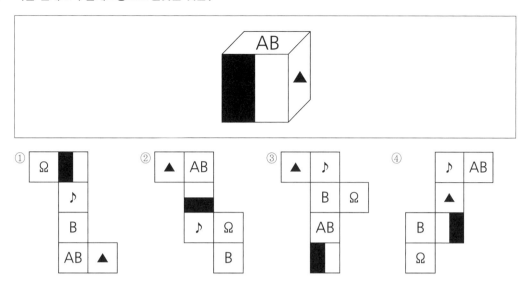

**03** 다음 전개도의 입체도형으로 알맞은 것은?

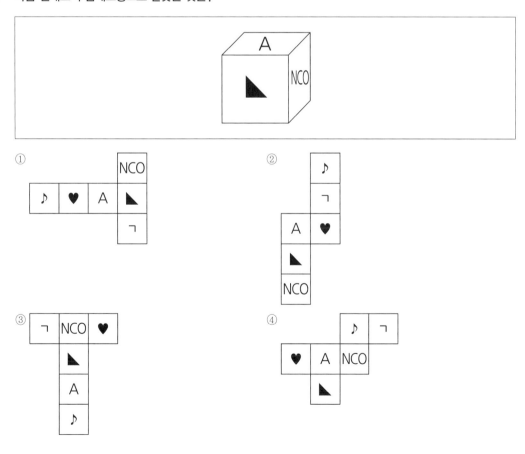

**04** 다음 전개도의 입체도형으로 알맞은 것은?

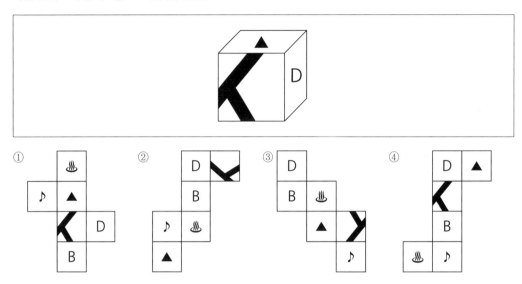

**05** 다음 전개도의 입체도형으로 알맞은 것은?

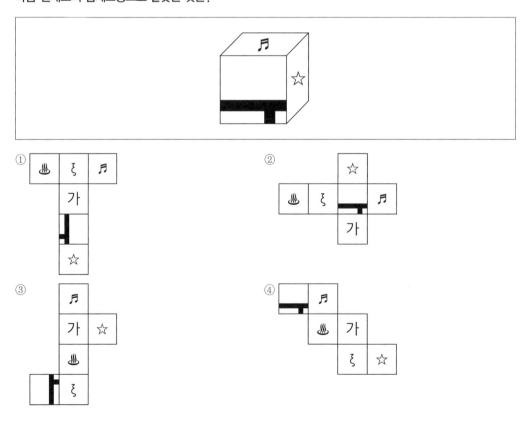

**[06~10] 다음에 이어지는 물음에 답하시오.**

- 전개도를 접을 때 전개도상의 그림, 기호, 문자가 입체도형의 겉면에 표시되는 방향으로 접음.
- 전개도를 접어 입체도형을 만들 때, 전개도에 표시된 그림(예 : ▌, ◣ 등)은 회전의 효과를 반영함. 즉, 본 문제의 풀이과정에서 보기의 전개도상에 표시된 "▐"와 "▬"은 서로 다른 것으로 취급함.
- 단, 기호 및 문자(예 : ☎, ♨, ♨, K, H 등)의 회전에 의한 효과는 본 문제의 풀이과정에 반영하지 않음. 즉, 전개도를 접어 입체도형을 만들 때, "☏"의 방향으로 나타나는 기호 및 문자도 보기에서는 "☎"의 방향으로 표시하며 동일한 것으로 취급함.

**06** 다음 전개도의 입체도형으로 알맞은 것은?

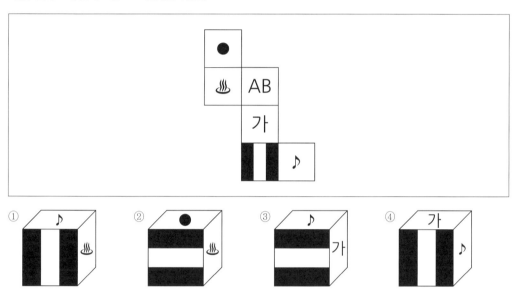

**07** 다음 전개도의 입체도형으로 알맞은 것은?

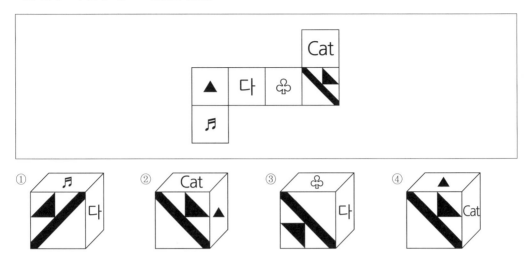

**08** 다음 전개도의 입체도형으로 알맞은 것은?

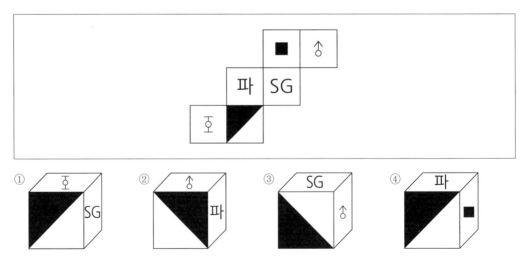

**09** 다음 전개도의 입체도형으로 알맞은 것은?

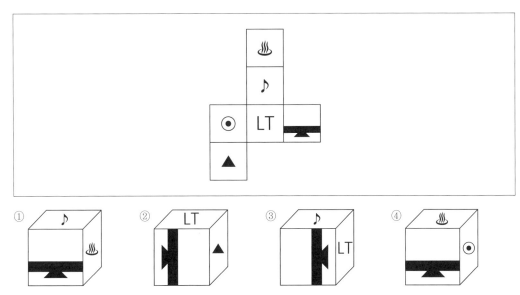

**10** 다음 전개도의 입체도형으로 알맞은 것은?

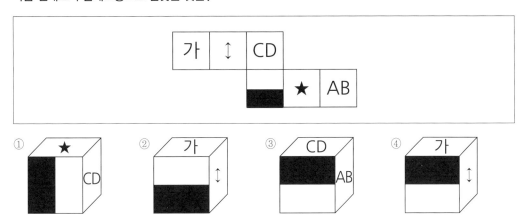

**[11~14]** 아래에 제시된 그림과 같이 쌓기 위해 필요한 블록의 수를 고르시오.

\* 블록은 모양과 크기가 모두 동일한 정육면체임

**11**

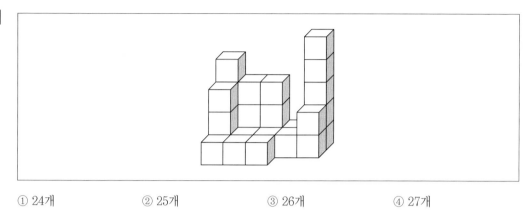

① 24개　　　　② 25개　　　　③ 26개　　　　④ 27개

**12**

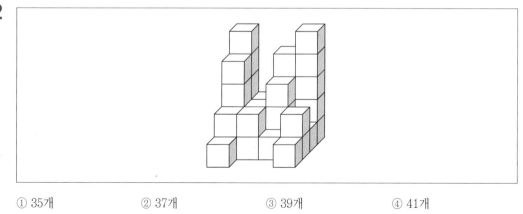

① 35개　　　　② 37개　　　　③ 39개　　　　④ 41개

**13**

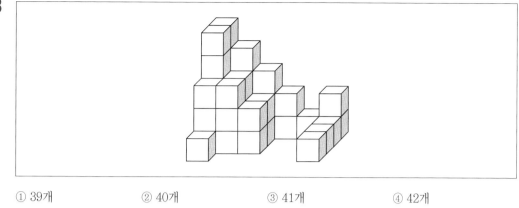

① 39개      ② 40개      ③ 41개      ④ 42개

**14**

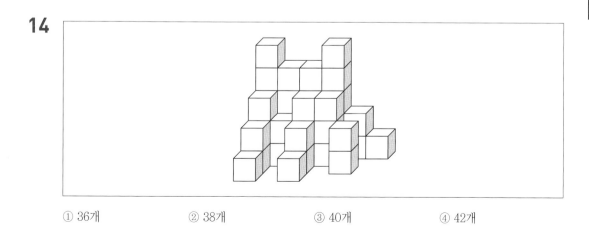

① 36개      ② 38개      ③ 40개      ④ 42개

**[15~18]** 아래에 제시된 블록들을 화살표 표시한 방향에서 바라봤을 때의 모양으로 알맞은 것을 고르시오.

* 블록은 모양과 크기가 모두 동일한 정육면체임
* 바라보는 시선의 방향은 블록의 면과 수직을 이루며 원근에 의해 블록이 작게 보이는 효과는 고려하지 않음

**15**

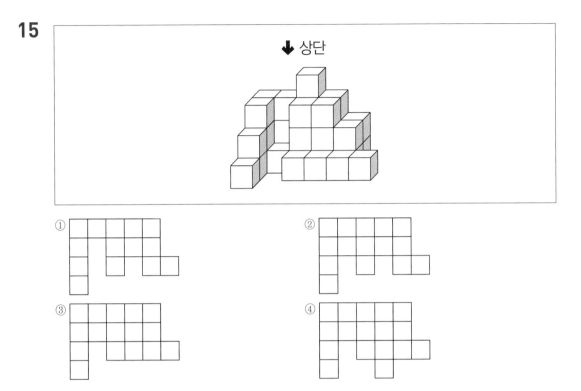

**16**

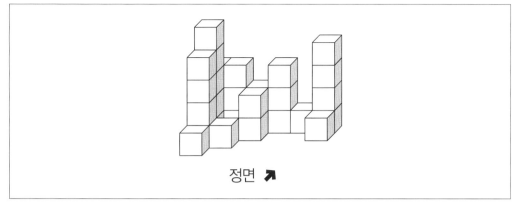

정면 ↗

①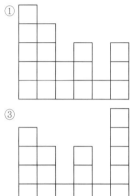

②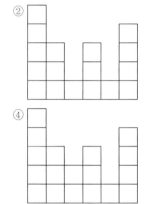

③

④

**17**

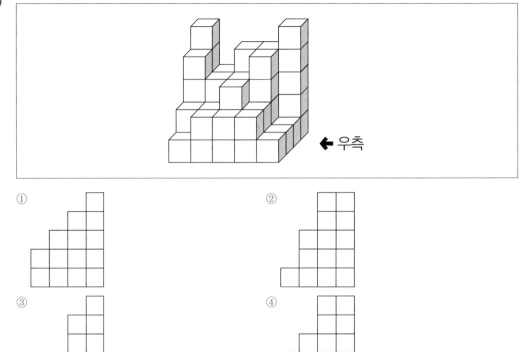

① 

② 

③ 

④

**18**

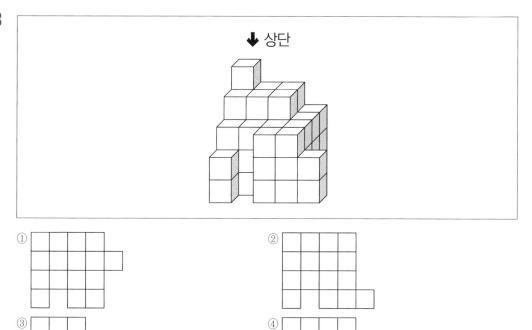

① 
② 
③ 
④

[01~20] 다음 〈보기〉의 왼쪽과 오른쪽 기호의 대응을 참고하여 각 문제의 대응이 같으면 답안지에 '① 맞음'을, 틀리면 '② 틀림'을 선택하시오.

┤ 보기 ├

| | | | | |
|---|---|---|---|---|
| 31 = $m\ell$ | 53 = $m/s$ | 46 = $m^3$ | 64 = $km^2$ | 21 = $m^2$ |
| 12 = $kHz$ | 35 = $cm^2$ | 91 = $m/s$ | 19 = $GPa$ | 23 = $d\ell$ |

| | | | |
|---|---|---|---|
| **01** | 35 19 91 21 46 — $m\ell$ $m/s$ $GPa$ $m^2$ $m^3$ | ① 맞음 ② 틀림 |
| **02** | 12 53 35 64 19 — $kHz$ $cm^2$ $m/s$ $km^2$ $GPa$ | ① 맞음 ② 틀림 |
| **03** | 53 91 21 23 46 — $m/s$ $m/s$ $m^2$ $d\ell$ $m^3$ | ① 맞음 ② 틀림 |
| **04** | 19 35 12 31 64 — $GPa$ $cm^2$ $kHz$ $m\ell$ $km^2$ | ① 맞음 ② 틀림 |
| **05** | 23 12 53 19 31 — $d\ell$ $kHz$ $m/s$ $m/s$ $m\ell$ | ① 맞음 ② 틀림 |

┤ 보기 ├

| | | | | |
|---|---|---|---|---|
| ⇄ = 영국 | ↤ = 미국 | ↘ = 일본 | ↕ = 몽골 | ∿ = 북한 |
| ⌢ = 태국 | ⇦ = 중국 | ⇧ = 가나 | ⇩ = 칠레 | ⇳ = 쿠바 |

| | | | |
|---|---|---|---|
| **06** | ⇄ ⇦ ↕ ⌢ ↘ — 영국 중국 몽골 태국 일본 | ① 맞음 ② 틀림 |
| **07** | ↤ ↕ ⇧ ⇄ ∿ — 미국 몽골 칠레 영국 북한 | ① 맞음 ② 틀림 |
| **08** | ↕ ⇦ ⇳ ↘ ↤ — 몽골 중국 칠레 일본 미국 | ① 맞음 ② 틀림 |
| **09** | ⇧ ⇳ ↕ ∿ ⌢ — 가나 쿠바 몽골 북한 칠레 | ① 맞음 ② 틀림 |
| **10** | ⇳ ⇦ ⇄ ∿ ⌢ — 쿠바 중국 영국 북한 태국 | ① 맞음 ② 틀림 |

| 축구 = 蹴 | 농구 = 籠 | 배구 = 排 | 족구 = 足 | 야구 = 野 |
|---|---|---|---|---|
| 피구 = 避 | 탁구 = 托 | 당구 = 撞 | 정구 = 庭 | 수구 = 水 |

| **11** | 탁구 배구 야구 수구 피구 | – | 托 排 野 水 避 | ① 맞음 ② 틀림 |
|---|---|---|---|---|
| **12** | 농구 당구 족구 야구 수구 | – | 籠 撞 足 野 水 | ① 맞음 ② 틀림 |
| **13** | 축구 정구 배구 야구 피구 | – | 蹴 庭 撞 野 避 | ① 맞음 ② 틀림 |
| **14** | 배구 족구 탁구 정구 축구 | – | 排 足 托 庭 避 | ① 맞음 ② 틀림 |
| **15** | 피구 수구 족구 당구 농구 | – | 避 水 排 撞 籠 | ① 맞음 ② 틀림 |

┤ 보기 ├

| CAT = 포도 | EAT = 사과 | UAT = 호박 | TAT = 오이 | AAT = 수박 |
|---|---|---|---|---|
| FAT = 참외 | DAT = 곶감 | HAT = 자몽 | KAT = 피망 | MAT = 마늘 |

PART 3

| **16** | CAT HAT TAT AAT EAT | – | 포도 자몽 오이 수박 곶감 | ① 맞음 ② 틀림 |
|---|---|---|---|---|
| **17** | EAT FAT KAT MAT TAT | – | 사과 참외 피망 수박 오이 | ① 맞음 ② 틀림 |
| **18** | FAT TAT MAT AAT EAT | – | 참외 오이 마늘 수박 사과 | ① 맞음 ② 틀림 |
| **19** | MAT AAT EAT CAT UAT | – | 마늘 수박 곶감 포도 호박 | ① 맞음 ② 틀림 |
| **20** | HAT CAT TAT UAT KAT | – | 자몽 포도 오이 호박 피망 | ① 맞음 ② 틀림 |

[21~30] 다음의 〈보기〉에서 각 문제의 왼쪽에 표시된 굵은 글씨체의 기호, 문자, 숫자의 개수를 모두 세어 오른쪽에서 찾으시오.

| | | 〈보 기〉 | 〈개 수〉 | | | |
|---|---|---|---|---|---|---|
| **21** | 5 | 78502064517920359807775048434502067 5245 | ① 3개 | ② 5개 | ③ 7개 | ④ 9개 |
| **22** | r | rose begin with rating tesking porce opnion goodien rike pass test | ① 2개 | ② 4개 | ③ 6개 | ④ 8개 |
| **23** | ◐ | △◒◓◑◖●♣★◎◍◑◑◑◑◐◑◐◐ ◐◑◉◯◉◑◑◐◑◐◉◐◑ | ① 2개 | ② 4개 | ③ 6개 | ④ 8개 |
| **24** | ㄴ | 관계대명사 앞에 놓여 관계대명사가 이끄는 문장의 꾸밈을 받는 명사를 선행사라고 한다. | ① 2개 | ② 4개 | ③ 6개 | ④ 8개 |
| **25** | Ⅲ | Ⅱ Ⅷ Ⅴ Ⅵ Ⅱ Ⅶ vi iv iii Ⅲ Ⅺ Ⅻ Ⅻ xi Ⅷ Ⅵ Ⅲ ii Ⅺ Ⅻ Ⅲ Ⅹ Ⅸ viii Ⅲ Ⅳ Ⅷ Ⅴ Ⅵ Ⅱ | ① 2개 | ② 4개 | ③ 6개 | ④ 8개 |
| **26** | ㅇ | 눈 내린 전선을 우리는 간다. 젊은 넋 숨져간 그때 그 자리 상처 입은 노송은 말을 잊었네 | ① 7개 | ② 9개 | ③ 11개 | ④ 13개 |
| **27** | 干 | 刊秆肝艮干幹秆角秆肝竿干艱幹諫角侃墾可呵 袈加苛干茄街角刊干肝干 | ① 3개 | ② 5개 | ③ 7개 | ④ 9개 |
| **28** | ㉦ | ㉮㉨㉫㉧㉪㉦㉨㉧㉧㉨㉧㉮㉮㉱㉲㉲㉪㉭㉩㉩ ㉩㉣㉨㉧㉮㉱㉪㉮㉮㉨㉨㉧㉮㉩ | ① 2개 | ② 4개 | ③ 6개 | ④ 8개 |
| **29** | ⇋ | ⇁ ⇂ ⇌ ⇋ ⇇ ⇐ ⇑ ⇆ ⇐ ⇒ ⇁ ⇐ ⇆ ⇌ ⇒ ⇁ ⇂ ⇌ ⇌ ⇇ ⇄ ⇐ ⇌ ⇆ ⇄ ⇄ ⇄ ⇄ ⇆ ⇆ | ① 2개 | ② 4개 | ③ 6개 | ④ 8개 |
| **30** | づ | づっとどでつづづっつしじつづづづっっづのの ってううつ | ① 2개 | ② 4개 | ③ 6개 | ④ 8개 |

# SD에듀의
# 면접 도서 시리즈
# 라인업

장교/부사관 면접

사관학교 면접

군무원 면접

국가직 공무원1 면접

국가직 공무원2 면접
(행정직)

국가직 공무원2 면접
(기술직)

※ 도서의 이미지 및 구성은 변경될 수 있습니다.

더 쉽게, 더 빠르게, 더 확실하게!!

# 대한민국
# 부사관
# 필승합격반

( w w w . s d e d u . c o . k r )

KIDA  +  한국사  +  면접 합격특강

2024 시험대비 최신 강의

부사관 명품 최신도서

실시간으로 궁금증 해결

필승 합격반

1:1

모바일 강의 무료 제공

수강기간 내 무제한 반복 수강

합격의 모든 것!

# 2024

## 장교·부사관
# KIDA
# 간부
# 선발도구

SD
에듀

국군전문
교육기업

KIDA핵심
무료특강
sdedu.co.kr/
plus

저자 | 이상운 · 서범석 · 김인경

## 자료해석 워크북

안심도서
항균 99.9%

SD에듀
(주)시대고시기획

# Contents
목 차

## 자료해석 워크북

CHAPTER 01  기초연산                                          02
CHAPTER 02  연산응용                                          16
CHAPTER 03  자료분석                                          45
CHAPTER 04  실력향상                                          58
정답 및 해설                                                  74

# 자료해석 워크북

CHAPTER 01   기초연산

CHAPTER 02   연산응용

CHAPTER 03   자료분석

CHAPTER 04   실력향상

# 01 | 기초연산

정답 및 해설 p.74

**1회**　**연산연습**

[01~06] 〈보기〉의 방법으로 빈 곳에 알맞은 수를 써넣으시오.

**⎯| 보기 |⎯**

덧셈

| a | b | a+b |
|---|---|---|
| c | d | c+d |
| a+c | b+d | (a+b)+(c+d) |

뺄셈

| a | b | a−b |
|---|---|---|
| c | d | c−d |
| a−c | b−d | (a−b)−(c−d) |

**01**

덧셈

|   | −7 | 15 |
|---|----|----|
| 8 |    |    |
|   | −12 |   |

**02**

| −6 |    |   |
|----|----|---|
|    | 8  |   |
|    | −7 | 7 |

**03**

| −1 |   |   |
|----|---|---|
|    | 5 |   |
| 9  |   | 8 |

**04**

뺄셈

|   | −7 | 15 |
|---|----|----|
| 8 |    |    |
|   | −12 |   |

**05**

| −6 |    |   |
|----|----|---|
|    | 8  |   |
|    | −7 | 7 |

**06**

| −1 |   |   |
|----|---|---|
|    | 5 |   |
| 9  |   | 8 |

[01~12] 2쪽 〈보기〉의 방법으로 빈 곳에 알맞은 수를 써넣으시오.

**01**

덧셈

| 28 |    | 85 |
|----|----|----|
|    | 19 |    |
|    |    | 47 |

**02**

|    | 69 |    |
|----|----|----|
| 21 |    | 75 |
| 34 |    |    |

**03**

| 23 |    | 91 |
|----|----|----|
|    | 47 |    |
| 64 |    |    |

**04**

뺄셈

| 28 |    | 85 |
|----|----|----|
|    | 19 |    |
|    |    | 47 |

**05**

|    | 69 |    |
|----|----|----|
| 21 |    | 75 |
| 34 |    |    |

**06**

| 23 |    | 91 |
|----|----|----|
|    | 47 |    |
| 64 |    |    |

**07**

덧셈

|    | 14 |    |
|----|----|----|
| 77 | 56 |    |
|    |    | 83 |

**08**

|    | 39 |    |
|----|----|----|
| 72 |    |    |
| 48 |    | 50 |

**09**

| 85 |    |    |
|----|----|----|
|    | 38 | 76 |
|    | 47 |    |

**10**

뺄셈

|    | 14 |    |
|----|----|----|
| 77 | 56 |    |
|    |    | 83 |

**11**

|    | 39 |    |
|----|----|----|
| 72 |    |    |
| 48 |    | 50 |

**12**

| 85 |    |    |
|----|----|----|
|    | 38 | 76 |
|    | 47 |    |

**[01~12]** 2쪽 〈보기〉의 방법으로 빈 곳에 알맞은 수를 써넣으시오.

## 01

덧셈

| | | |
|---|---|---|
| −34 | | |
| | 25 | |
| | 69 | −71 |

## 02

| | | |
|---|---|---|
| | 49 | 87 |
| 22 | | |
| | −68 | |

## 03

| | | |
|---|---|---|
| | | 59 |
| 31 | −71 | |
| | 18 | |

## 04

뺄셈

| | | |
|---|---|---|
| −34 | | |
| | 25 | |
| | 69 | −71 |

## 05

| | | |
|---|---|---|
| | 49 | 87 |
| 22 | | |
| | −68 | |

## 06

| | | |
|---|---|---|
| | | 59 |
| 31 | −71 | |
| | 18 | |

## 07

덧셈

| | | |
|---|---|---|
| | 33 | −89 |
| | 65 | |
| 76 | | |

## 08

| | | |
|---|---|---|
| | 20 | |
| | | −85 |
| 99 | 31 | |

## 09

| | | |
|---|---|---|
| 55 | | 48 |
| | −37 | |
| 24 | | |

## 10

뺄셈

| | | |
|---|---|---|
| | 33 | −89 |
| | 65 | |
| 76 | | |

## 11

| | | |
|---|---|---|
| | 20 | |
| | | −85 |
| 99 | 31 | |

## 12

| | | |
|---|---|---|
| 55 | | 48 |
| | −37 | |
| 24 | | |

[01~09] 덧셈을 하시오. (단, 백의 자리에서 ±200의 오차를 허용함)

**01**

```
      10,295
      50,897
       7,850
      68,951
  +   35,127
```

**02**

```
      69,381
      54,375
       6,037
      41,158
  +   51,794
```

**03**

```
      23,423
      68,509
      31,273
       2,897
  +   90,323
```

**04**

```
      21,743
       3,177
      20,196
      13,882
  +   52,509
```

**05**

```
      67,353
       4,384
      87,605
      58,157
  +   75,438
```

**06**

```
      29,465
      82,558
       7,926
      12,569
  +   27,380
```

**07**

```
      50,381
      85,163
      16,492
      97,602
  +   60,457
```

**08**

```
      49,618
      72,436
      41,352
      73,905
  +   50,914
```

**09**

```
      29,129
      61,129
      43,447
      10,956
  +    7,896
```

**[01~09]** 덧셈을 하시오. (단, 백의 자리에서 ±200의 오차를 허용함)

## 01

```
    61,278
    34,907
    85,021
     3,598
+   12,431
```

## 02

```
    19,241
    87,597
    35,921
−   12,675
+   51,081
```

## 03

```
    12,604
    41,982
−   78,532
    42,513
+   39,875
```

## 04

```
    27,036
    36,981
    52,567
    47,634
+    6,391
```

## 05

```
    45,924
−   81,642
    51,098
    20,691
+   32,068
```

## 06

```
    24,613
    17,201
    10,702
−   31,007
+    2,405
```

## 07

```
    24,613
    10,702
    17,525
    58,434
+   26,187
```

## 08

```
    10,047
     8,642
    15,818
     9,724
+  (−15,297)
```

## 09

```
    24,613
     1,982
−   21,902
    17,308
+    1,298
```

[01~12] 주어진 수들의 평균을 구하여 가운데에 써넣거나, 가운데 수가 나머지 수들의 평균이 되도록 빈 곳에 알맞은 수를 써넣으시오. (단, 반올림하여 소수 첫째 자리까지 나타낼 수 있음)

## 01

| 7 | 4 | 8 |
|---|---|---|
| 5 |   | 6 |
| 5 | 9 | 4 |

## 02

| 5 | 6 | 7 |
|---|---|---|
| 8 |   | 8 |
| 4 | 8 | 9 |

## 03

| 2 | 5 | 4 |
|---|---|---|
| 9 |   | 8 |
| 7 | 2 | 3 |

## 04

| 7 | 3 | 8 |
|---|---|---|
| 5 |   | 6 |
| 2 | 9 | 4 |

## 05

| 9 | 3 | 8 |
|---|---|---|
| 4 |   | 7 |
| 8 | 7 | 6 |

## 06

| 5 |   | 8 |
|---|---|---|
| 6 | 6 | 4 |
| 3 | 9 | 6 |

## 07

| 2 | 6 | 3 |
|---|---|---|
| 5 |   | 9 |
| 7 | 4 | 6 |

## 08

| 6 | 5 | 4 |
|---|---|---|
| 3 | 4 | 2 |
| 4 |   | 7 |

## 09

| 9 | 5 | 2 |
|---|---|---|
| 6 |   | 0 |
| 4 | 7 | 7 |

## 10

| 7 | 6 | 3 |
|---|---|---|
| 5 |   | 0 |
| 4 | 3 | 4 |

## 11

| 6 | 5 | 4 |
|---|---|---|
| 4 |   | 6 |
| 8 | 4 | 3 |

## 12

| 5 | 9 | 9 |
|---|---|---|
|   | 6.5 | 6 |
| 5 | 7 | 8 |

[01~12] 주어진 수들의 평균을 구하여 가운데에 써넣거나, 가운데 수가 나머지 수들의 평균이 되도록 빈 곳에 알맞은 수를 써넣으시오. (단, 소수 첫째 자리까지 나타낼 수 있음)

**01**

| 85 | 67 | 73 |
|----|----|----|
| 77 |    | 69 |
| 56 | 68 | 81 |

**02**

| 35 | 56 | 22 |
|----|----|----|
| 20 |    | 35 |
| 39 | 46 | 27 |

**03**

| 67 | 79 | 83 |
|----|----|----|
| 66 |    | 56 |
| 46 | 74 | 81 |

**04**

| 48 | 74 | 75 |
|----|----|----|
|    | 65 | 86 |
| 65 | 56 | 59 |

**05**

| 91 |    | 85 |
|----|----|----|
| 72 | 78 | 77 |
| 56 | 81 | 94 |

**06**

| 19 | 37 | 26 |
|----|----|----|
| 17 | 28 |    |
| 28 | 31 | 34 |

**07**

| 88 | 97 |    |
|----|----|----|
| 55 | 71 | 85 |
| 63 | 93 | 51 |

**08**

| 39 | 62 | 45 |
|----|----|----|
| 58 | 63 | 77 |
| 88 |    | 86 |

**09**

| 36 | 45 | 68 |
|----|----|----|
| 75 |    | 27 |
| 24 | 92 | 49 |

**10**

| 32 | 75 | 59 |
|----|----|----|
| 41 |    | 63 |
| 56 | 83 | 79 |

**11**

| 55 | 84 | 61 |
|----|----|----|
| 79 |    | 56 |
| 76 | 48 | 29 |

**12**

| 13 | 80 | 52 |
|----|----|----|
| 86 |    | 32 |
| 72 | 31 | 66 |

## 자주 나오는 분수, 소수, 백분율

[01~04] 표를 완성하시오. (단, 분수를 소수로 나타낼 때 나누어떨어지지 않는 소수는 반올림하여 소수 셋째 자리까지 나타내고, 백분율은 소수를 이용하여 구함)

**01**

| 분 수 | $\dfrac{1}{2}$ | $\dfrac{1}{3}$ | $\dfrac{1}{4}$ | $\dfrac{1}{5}$ | $\dfrac{1}{6}$ | $\dfrac{1}{7}$ | $\dfrac{1}{8}$ | $\dfrac{1}{9}$ | $\dfrac{1}{10}$ |
|---|---|---|---|---|---|---|---|---|---|
| 소 수 | 0.5 | | 0.25 | 0.2 | | | | | 0.1 |
| 백분율(%) | 50 | | 25 | 20 | | | | | 10 |

**02**

| 분 수 | $\dfrac{1}{11}$ | $\dfrac{1}{12}$ | $\dfrac{1}{13}$ | $\dfrac{1}{14}$ | $\dfrac{1}{15}$ | $\dfrac{1}{16}$ | $\dfrac{1}{17}$ | $\dfrac{1}{18}$ | $\dfrac{1}{19}$ | $\dfrac{1}{20}$ |
|---|---|---|---|---|---|---|---|---|---|---|
| 소 수 | 0.091 | | | 0.071 | | 0.0625 | | | | 0.05 |
| 백분율(%) | 9.1 | | | 7.1 | | 6.25 | | | | 5 |

**03**

| 분 수 | $\dfrac{1}{2}$ | $\dfrac{2}{3}$ | $\dfrac{3}{4}$ | $\dfrac{4}{5}$ | $\dfrac{5}{6}$ | $\dfrac{6}{7}$ | $\dfrac{7}{8}$ | $\dfrac{8}{9}$ | $\dfrac{9}{10}$ |
|---|---|---|---|---|---|---|---|---|---|
| 소 수 | 0.5 | | 0.75 | 0.8 | | | | | 0.9 |
| 백분율(%) | 50 | | 75 | 80 | | | | | 90 |

**04**

| 분 수 | $\dfrac{1}{20}$ | $\dfrac{1}{25}$ | $\dfrac{1}{30}$ | $\dfrac{1}{40}$ | $\dfrac{1}{50}$ | $\dfrac{1}{100}$ | $\dfrac{1}{1,000}$ | $\dfrac{1}{10,000}$ |
|---|---|---|---|---|---|---|---|---|
| 소 수 | 0.05 | | | 0.025 | | 0.01 | | |
| 백분율(%) | 5 | | | 2.5 | | 1 | | |

[01~05] 다음 자료에서 전년 대비 증감률을 구하시오. (단, 소수 둘째 자리에서 반올림함)

**01**

| 연도(년) | 2016 | 2017 | 2018 | 2019 | 2020 |
|---|---|---|---|---|---|
| 생산량(t) | 9 | 12 | 15 | 20 | 26 |
| 증감률(%) | — | | | | |

**02**

| 연도(년) | 2016 | 2017 | 2018 | 2019 | 2020 |
|---|---|---|---|---|---|
| 생산량(t) | 20 | 30 | 40 | 50 | 60 |
| 증감률(%) | — | | | | |

**03**

| 연도(년) | 2012 | 2013 | 2014 | 2015 | 2016 |
|---|---|---|---|---|---|
| 생산량(t) | 120 | 144 | 173 | 208 | 250 |
| 증감률(%) | — | | | | |

**04**

| 연도(년) | 2012 | 2013 | 2014 | 2015 | 2016 |
|---|---|---|---|---|---|
| 생산량(t) | 15 | 20 | 25 | 30 | 35 |
| 증감률(%) | — | | | | |

**05**

| 연도(년) | 2012 | 2013 | 2014 | 2015 | 2016 |
|---|---|---|---|---|---|
| 생산량(t) | 155 | 164 | 172 | 182 | 192 |
| 증감률(%) | — | | | | |

[01~05] 다음 자료에서 전년 대비 증감률을 구하시오. (단, 소수 둘째 자리에서 반올림함)

**01**

| 연도(년) | 20△1 | 20△2 | 20△3 | 20△4 | 20△5 | 20△6 |
|---|---|---|---|---|---|---|
| 인원 수(명) | 128 | 142 | 98 | 123 | 115 | 130 |
| 증감률(%) | — | | | | | |

**02**

| 연도(년) | 20△1 | 20△2 | 20△3 | 20△4 | 20△5 | 20△6 |
|---|---|---|---|---|---|---|
| 인원 수(명) | 256 | 288 | 312 | 295 | 325 | 368 |
| 증감률(%) | — | | | | | |

**03**

| 연도(년) | 20△1 | 20△2 | 20△3 | 20△4 | 20△5 | 20△6 |
|---|---|---|---|---|---|---|
| 인원 수(명) | 2,397 | 2,570 | 3,198 | 2,123 | 1,415 | 4,245 |
| 증감률(%) | — | | | | | |

**04**

| 연도(년) | 20△1 | 20△2 | 20△3 | 20△4 | 20△5 | 20△6 |
|---|---|---|---|---|---|---|
| 인원 수(명) | 1,288 | 1,030 | 825 | 1,236 | 865 | 1,298 |
| 증감률(%) | — | | | | | |

**05**

| 연도(년) | 20△1 | 20△2 | 20△3 | 20△4 | 20△5 | 20△6 |
|---|---|---|---|---|---|---|
| 인원 수(명) | 1,538 | 1,428 | 1,402 | 1,714 | 1,842 | 1,908 |
| 증감률(%) | — | | | | | |

**[01~10]** 증가율이 더 큰 것을 고르시오.

**01** ① 281 → 625

② 913 → 2,161

**02** ① 116 → 127.6

② 122 → 133.3

**03** ① 145 → 165

② 1,816 → 2,100

**04** ① 16.0 → 24.2

② 0.7 → 1.0

**05** ① 33 → 50

② 28 → 42

**06** ① 5,108 → 11,122

② 1,947 → 4,644

**07** ① 7,768 → 10,676

② 13,460 → 17,866

**08** ① 991,801 → 1,469,624

② 37,632 → 54,104

**09** ① 204 → 225

② 336 → 377

**10** ① 182 → 819

② 524 → 2,461

[01~10] 감소율이 더 큰 것을 고르시오. (단, 감소율은 절댓값이 큰 수가 큼)

**01** ① $17 \to 8$  ② $101 \to 58$

**02** ① $13.8 \to 7.3$  ② $22.2 \to 15.0$

**03** ① $99 \to 89$  ② $49 \to 44$

**04** ① $25 \to 15$  ② $76 \to 42$

**05** ① $3,608 \to 2,490$  ② $7,884 \to 5,972$

**06** ① $62.5 \to 18$  ② $121 \to 26$

**07** ① $1,425 \to 311$  ② $69 \to 18$

**08** ① $9 \to 7$  ② $19 \to 17$

**09** ① $168 \to 94$  ② $278 \to 170$

**10** ① $44 \to 40$  ② $55 \to 51$

[01~20] 분수의 크기를 비교하여 >, <를 알맞게 써넣으시오.

**01** $\dfrac{5}{13}$ ☐ $\dfrac{7}{16}$

**02** $\dfrac{72}{90}$ ☐ $\dfrac{76}{94}$

**03** $\dfrac{50}{60}$ ☐ $\dfrac{58}{72}$

**04** $\dfrac{7}{13}$ ☐ $\dfrac{13}{19}$

**05** $\dfrac{17}{51}$ ☐ $\dfrac{56}{161}$

**06** $\dfrac{27}{45}$ ☐ $\dfrac{45}{76}$

**07** $\dfrac{31}{26}$ ☐ $\dfrac{34}{29}$

**08** $\dfrac{23}{5}$ ☐ $\dfrac{181}{40}$

**09** $\dfrac{29}{58}$ ☐ $\dfrac{48}{94}$

**10** $\dfrac{37}{71}$ ☐ $\dfrac{48}{105}$

**11** $\dfrac{8}{81}$ ☐ $\dfrac{6}{61}$

**12** $\dfrac{23}{62}$ ☐ $\dfrac{55}{155}$

**13** $\dfrac{92}{99}$ ☐ $\dfrac{80}{90}$

**14** $\dfrac{37}{21}$ ☐ $\dfrac{41}{25}$

**15** $\dfrac{33}{71}$ ☐ $\dfrac{35}{73}$

**16** $\dfrac{34}{276}$ ☐ $\dfrac{30}{241}$

**17** $\dfrac{15}{22}$ ☐ $\dfrac{42}{55}$

**18** $\dfrac{69}{123}$ ☐ $\dfrac{12}{21}$

**19** $\dfrac{150}{280}$ ☐ $\dfrac{16}{29}$

**20** $\dfrac{24}{90}$ ☐ $\dfrac{360}{1,560}$

[01~20] 분수의 크기를 비교하여 >, <를 알맞게 써넣으시오.

**01** $\dfrac{17}{85}$ ☐ $\dfrac{331}{1,612}$

**02** $\dfrac{210}{19}$ ☐ $\dfrac{2,412}{218}$

**03** $\dfrac{71}{30}$ ☐ $\dfrac{51}{20}$

**04** $\dfrac{31}{66}$ ☐ $\dfrac{25}{55}$

**05** $\dfrac{15}{135}$ ☐ $\dfrac{15}{245}$

**06** $\dfrac{29}{618}$ ☐ $\dfrac{46}{923}$

**07** $\dfrac{57}{189}$ ☐ $\dfrac{18}{63}$

**08** $\dfrac{69}{351}$ ☐ $\dfrac{51}{251}$

**09** $\dfrac{26}{437}$ ☐ $\dfrac{45}{730}$

**10** $\dfrac{37}{41}$ ☐ $\dfrac{40}{43}$

**11** $\dfrac{538}{2,431}$ ☐ $\dfrac{841}{3,424}$

**12** $\dfrac{41}{162}$ ☐ $\dfrac{69}{243}$

**13** $\dfrac{41}{534}$ ☐ $\dfrac{46}{561}$

**14** $\dfrac{40}{159}$ ☐ $\dfrac{29}{120}$

**15** $\dfrac{18}{336}$ ☐ $\dfrac{1}{18}$

**16** $\dfrac{34}{5}$ ☐ $\dfrac{259}{40}$

**17** $\dfrac{41}{16}$ ☐ $\dfrac{72}{29}$

**18** $\dfrac{13}{169}$ ☐ $\dfrac{14}{196}$

**19** $\dfrac{37}{270}$ ☐ $\dfrac{49}{521}$

**20** $\dfrac{599}{4,370}$ ☐ $\dfrac{950}{7,049}$

정답 및 해설 p.78

**1회**

**01** 다음 계산 값이 1,650 미만인 것은?

① 275×6  ② 331×5
③ 413×4  ④ 545×3

**02** 총 기부액이 10억 원 이상인 나라는?

| 구 분 | A 국 | B 국 | C 국 | D 국 |
|---|---|---|---|---|
| 1인당 기부액(만 원/명) | 3.2 | 6.2 | 2.3 | 6.4 |
| 도시인구(백 명) | 312 | 161 | 440 | 155 |

① A 국  ② B 국
③ C 국  ④ D 국

**03** 다음 연립방정식에서 $(b+c+e)-(a-d)$의 값은?

$$a+b=4,\ -a+b=2,\ c+d=e,\ c=2b,\ e+2d=3$$

① 10  ② 12
③ 14  ④ 16

**04** 다음은 A 도시의 8월 쓰레기 배출량 통계를 나타낸 것이다. ⓐ와 ⓑ에 맞는 값은?

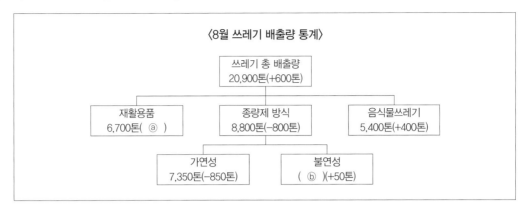

① ⓐ −700톤 ⓑ 6,550톤

② ⓐ 1,000톤 ⓑ 1,450톤

③ ⓐ 400톤 ⓑ 800톤

④ ⓐ 400톤 ⓑ 7,400톤

**05** 다음은 프로축구 성적 상위 4개 구단의 전적이다. 승점이 가장 높은 팀은?

(단위 : 회)

| 구 분 | 승 | 무 | 패 | 비 고 |
|---|---|---|---|---|
| 스핑크스 | 19 | 3 | 9 | 승점은 각 경기마다<br>승리 2점, 무승부 1점,<br>패배 −1점을 준다. |
| 빅토리아 | 16 | 9 | 8 | |
| 코스모스 | 15 | 10 | 5 | |
| 포세이돈 | 15 | 8 | 4 | |

① 스핑크스

② 빅토리아

③ 코스모스

④ 포세이돈

**06** 4명의 학생에 대한 관찰평가표를 나타낸 그림이다. 가장 점수가 높은 학생은?

| 학 생 | 1회 | 2회 | 3회 | 4회 | 5회 | 6회 | 7회 | 8회 | 9회 | 10회 | 11회 |
|---|---|---|---|---|---|---|---|---|---|---|---|
| A | ♣ | ◇ | ♣ | ♡ | ◇ | ♣ | ♣ | △ | ♡ | ♡ | ◇ |
| B | ♡ | ♣ | ◇ | ♣ | ♣ | ♣ | △ | ◇ | △ | ◇ | ♡ |
| C | ◇ | ◇ | △ | ♡ | △ | ◇ | ◇ | ♣ | ◇ | ♣ | ♣ |
| D | ♣ | ◇ | △ | ♣ | ◇ | △ | ◇ | ♣ | ◇ | ♡ | ♣ |

※ △ : 0점, ♡ : 1점, ◇ : 3점, ♣ : 5점

① A ② B
③ C ④ D

**07** 다음 분수 중 두 번째로 큰 값은?

① $\dfrac{6.9}{1.0}$  ② $\dfrac{11.8}{2.0}$

③ $\dfrac{13.5}{2.3}$  ④ $\dfrac{9.4}{1.6}$

**08** 다음은 일정한 규칙에 의해 변하는 수를 나열한 것이다. ( )에 맞는 수는?

$$\frac{1}{2} \quad \frac{1}{4} \quad 1 \quad \frac{1}{2} \quad \frac{3}{2} \quad \frac{3}{4} \quad 2 \quad (\quad) \quad \frac{5}{2} \quad \frac{5}{4} \quad 3$$

① 1 ② $\dfrac{4}{3}$

③ $\dfrac{5}{3}$ ④ 3

**09** 2021년 10월부터 12월까지의 월평균 임금액이 1~9월까지의 월평균 임금액과 같다면 올해 임금 총액은 얼마인가?

| 기 간 | 월급 총액 | 월평균 수령액 | 월급 대비 공제 비율 |
|---|---|---|---|
| 1~9월 | 2,835만 원 | 2,500만 원 | 11.0% |

① 3,780만 원  
③ 3,000만 원

② 3,364.2만 원  
④ 2,126만 원

**10** 현재 서울 외환시장에서의 외환 시세는 다음과 같다. 김 중사가 소유하고 있는 미화(USD) 250달러와 중국 화폐(CNY) 1,800위안을 원화(KRW)로 환전한다면 모두 얼마인가? (단, 환전 시 수수료를 차감함)

| 구 분 | 거 래 | 원 화 | 수수료 |
|---|---|---|---|
| 미국(USD) | 살 때 | 1,282원 | 무 료 |
| | 팔 때 | 1,230원 | 무 료 |
| 중국(CNY) | 살 때 | 184원 | 1% |
| | 팔 때 | 175원 | 1% |

① 616,275원  
③ 619,425원

② 619,350원  
④ 622,500원

**01** 최근 3년 동안 신입사원의 분야별 지원자를 나타낸 표이다. 전년 대비 지원자의 비율이 가장 크게 증가한 분야는?

<분야별 · 연도별 채용인원>

(단위 : 명)

| 분 야 | 2021년 | 2022년 |
|---|---|---|
| A | 491 | 571 |
| B | 1,210 | 1,425 |
| C | 690 | 810 |
| D | 149 | 180 |

① A
② B
③ C
④ D

**02** 다음 4명 중 가장 높은 점수를 받은 학생은?

| 학 생 | 필기시험 | 면 접 | 논 술 | 체력급수 |
|---|---|---|---|---|
| 1번 | 65점 | 30점 | 70점 | 1급 |
| 2번 | 70점 | 35점 | 65점 | 2급 |
| 3번 | 75점 | 30점 | 70점 | 3급 |
| 4번 | 80점 | 40점 | 60점 | 2급 |

※ ① 필기시험, 면접, 논술은 각각 50%, 25%, 25%의 가중치를 적용한다.
　② 체력급수 1급은 합계 점수의 10%를 가산점으로 부여한다.

① 1번
② 2번
③ 3번
④ 4번

**03** 해양박물관의 입장료는 어른 2,500원, 청소년은 1,200원이다. 관람객 수가 총 600명이고 입장료의 합계가 1,045,000원 일 때 어른과 청소년 관람객 수의 차이는?

① 80명  
② 100명  
③ 120명  
④ 150명

**04** 아래 수들을 수직선 위에 표시하려고 한다. 원점에서 거리가 가장 먼 것은?

$$-2\frac{5}{3} \qquad 3.1 \qquad -\frac{13}{4} \qquad \frac{7}{2}$$

① $-2\frac{5}{3}$  
② $3.1$  
③ $-\frac{13}{4}$  
④ $\frac{7}{2}$

**05** 학생회 주관으로 5개 팀이 참가하여 족구대회를 실시한 결과이다. 진격 팀은 몇 회 패했는가? (단, 무승부는 없고 각 팀별로 2경기씩 총 8번의 경기를 하였음)

〈팀별 족구대회 결과 성적표〉

(단위 : 회)

| 팀 | 경기 수 | 승 | 패 |
|---|---|---|---|
| 충 성 | 8 | 5 | |
| 단 결 | 8 | 4 | 4 |
| 승 리 | 8 | 5 | 3 |
| 통 일 | 8 | 3 | 5 |
| 진 격 | 8 | | |

① 2회  
② 3회  
③ 4회  
④ 5회

**06** 5년 동안 전체 가계 소득 총액의 전년 대비 증감율을 나타낸 것이다. 전년 대비 가계 소득 총액이 감소한 해는 몇 번 있었는가?

| 연 도 | 2015년 | 2016년 | 2017년 | 2018년 | 2019년 |
|---|---|---|---|---|---|
| 증감율(%) | 2.3 | 2.1 | −1.7 | −2.0 | 1.5 |

① 1번　　　　　　　　　　　② 2번
③ 3번　　　　　　　　　　　④ 4번

**07** 김 중사는 소대를 인솔하여 주둔지에서 작업지역까지 갈 때는 뜀걸음으로 시속 10km/h의 속력으로 이동하였고, 2시간의 철조망 설치 작업과 1시간의 휴식을 마친 후 시속 4km/h의 속력으로 복귀하여 총 6시간 30분이 소요되었다. 주둔지에서 작업지역까지의 거리는 몇 km인가?

① 9.6km　　　　　　　　　　② 10km
③ 10.8km　　　　　　　　　　④ 12km

**08** 다음 식을 만족하는 e의 값은?

$$a+b=3,\ d-c=-2,\ 2(a+b)-(c-d)-e=1$$

① 3　　　　　　　　　　　② 4
③ 5　　　　　　　　　　　④ 6

[09~10] 다음은 연무상사의 2020년 1월부터 5월까지 주요 제품의 평균 판매가격과 판매가격지수를 나타낸 것이다. 물음에 답하여라.

⟨월별 평균 판매가격 및 판매가격지수⟩

| 구 분 | 1월 | 2월 | 3월 | 4월 | 5월 |
|---|---|---|---|---|---|
| A | 4,000원 | 4,400원 | 4,700원 | 4,100원 | 4,600원 |
| B | 5,000원 | 6,000원 | 5,900원 | ( ㉡ )원 | 5,600원 |
| C | 3,000원 | 2,800원 | 3,200원 | 3,100원 | 4,200원 |
| 판매가격지수 | 100.0 | 110.0 | ( ㉠ ) | 105.0 | 120.0 |

※ 판매가격지수는 1월 가격의 합계를 '100'으로 하여 계산한 값이다.

**09** ㉠의 값은?

① 105.0  
③ 115.0  
② 110.0  
④ 120.0

**10** ㉡의 값은?

① 5,100  
③ 5,300  
② 5,200  
④ 5,400

**01** 중대는 정훈장교의 강연을 듣기 위해 강당에 모였다. 의자를 배열하는데 5명씩 앉으면 2명이 앉지 못하고, 6명씩 배정하면 의자 3개가 남고 빈자리가 5자리이다. 중대 병력은 모두 몇 명인가?

① 125명

② 127명

③ 129명

④ 131명

**02** 오늘 하루 동안 섭취한 열량을 계산하면 총 몇 cal인가?

〈1일 섭취 영양소와 g당 열량〉

| 구 분 | 탄수화물 | 지 방 | 단백질 | 비타민 | 무기염류 | 물 |
|---|---|---|---|---|---|---|
| 섭취량(g) | 150 | 160 | 320 | 10 | 20 | 2,000 |
| 열량(cal) | 4 | 9 | 4 | 0 | 0 | 0 |

① 3,320cal

② 3,330cal

③ 3,350cal

④ 3,360cal

**03** 다음은 각 지역별 산불 현황이다. 전체 산불 발생건수 중 입산자 실화가 차지하는 비중이 가장 높은 지역은?

〈각 지역별 산불 현황〉

(단위 : 건)

| 지 역 | 입산자 실화 | 논두렁 소각 | 담뱃불 | 성묘객 | 기 타 |
|---|---|---|---|---|---|
| 가 | 123 | 16 | 6 | 20 | 77 |
| 나 | 70 | 2 | 11 | 6 | 54 |
| 다 | 63 | 36 | 13 | 3 | 16 |
| 라 | 55 | 26 | 8 | 2 | 9 |

① 가

② 나

③ 다

④ 라

**04** 가로, 세로의 길이가 각각 1cm인 직육면체 4개의 부피의 합계가 16cm³라면 표면적의 넓이는 얼마인가?

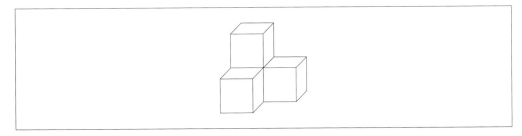

① 26cm²

③ 48cm²

② 36cm²

④ 54cm²

**05** 그림의 점의 개수가 다음과 같이 변할 때 열두 번째에 오는 그림의 점의 개수는 몇 개인가?

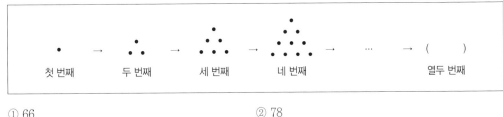

① 66

③ 136

② 78

④ 369

**06** 다음과 같이 불쾌지수를 계산할 때 불쾌지수가 가장 높은 날은 언제인가?

불쾌지수＝0.72×(기온＋습구온도)＋40.6

〈기온과 습구온도〉

(단위 : ℃)

| 구 분 | 7월 28일 | 7월 29일 | 7월 30일 | 7월 31일 |
|---|---|---|---|---|
| 기온 | 31 | 35 | 32 | 30 |
| 습구온도 | 30 | 24 | 28 | 29 |

① 7월 28일

③ 7월 30일

② 7월 29일

④ 7월 31일

**07** 다음 표에 대한 설명 중 옳은 것은?

〈체육시설 및 도서관 현황〉

(단위 : 개)

| 구 분 | 2013년 | 2014년 | 2015년 | 2016년 | 2017년 | 2018년 |
|---|---|---|---|---|---|---|
| 체육시설 | 15 | 18 | 22 | 27 | 33 | 40 |
| 도서관 | 20 | 25 | 41 | 48 | 52 | 45 |

① 체육시설은 매년 일정한 비율로 증가하고 있다.
② 도서관의 총 수가 체육시설의 총 수보다 1.5배 이상 많다.
③ 체육시설의 수와 도서관의 수의 차이가 가장 큰 해는 2017년이다.
④ 도서관의 수가 체육시설의 수보다 항상 많다.

**08** 다음 표는 초등학생들이 편의점에서 구입하는 물품에 대해 조사한 것이다. 문구류를 선택한 학생 수는 몇 명인가? (단, 모든 학생들은 한 개씩 선택하였고, 먹거리를 구입한 학생은 전체 학생의 60%임)

〈초등학생들이 편의점에서 구입하는 물품〉

| 구 분 | 과 자 | 음료수 | 컵라면 | 젤 리 | 문 구 | 편의품 |
|---|---|---|---|---|---|---|
| 학생 수(명) | 4 | 9 | 6 | 2 | (   ) | 5 |

① 4명
③ 7명
② 6명
④ 9명

**09** 김 중사의 통장 잔액은 1,200만 원, 나의 통장 잔액은 720만 원이다. 김 중사는 매월 50만 원씩, 나는 매월 70만 원씩 저축한다고 할 때, 김 중사와 나의 저축액이 같아지는 때는 몇 개월 후인가?

① 22개월
③ 26개월
② 24개월
④ 32개월

**10** 학생들을 대상으로 턱걸이를 실시한 횟수를 측정한 결과이다. 1인당 평균 실시 횟수를 구하면?

| 횟 수(회) | 6 | 7 | 8 | 9 | 10 | 11 |
|---|---|---|---|---|---|---|
| 학생 수(명) | 2 | 6 | 6 | 3 | 2 | 1 |

① 7.4개

② 7.6개

③ 8개

④ 8.1개

**01** 다음 식에서 A의 값이 4일 때, C의 값은 얼마인가?

$$B=A-3\times2, \qquad C=B\div2-1$$

① $-2$  ② $-1$

③ 1  ④ 2

**02** 다음 대소의 비교가 잘못된 것은?

① $\dfrac{1}{2}\times\dfrac{1}{3}\div\dfrac{1}{4} \ > \ \dfrac{1}{2}\div\dfrac{1}{5}\times\dfrac{1}{4}$

② $\dfrac{3+34+15}{3+34+45+18} \ > \ \dfrac{1}{2}$

③ $\dfrac{50}{60} \ < \ \dfrac{58}{72}$

④ $0.69 \ < \ 0.15\times\dfrac{42}{9}$

**03** 서로 맞물려 돌고 있는 톱니바퀴 A와 B가 있다. 톱니의 수가 16개인 A가 18초에 12회전을 할 때, 톱니의 수가 40개인 톱니바퀴 B가 2회전 하는데 걸리는 시간은?

① 10.5초  ② 10초

③ 8.5초  ④ 7.5초

**04** 다음은 50명의 학생을 대상으로 하루 인터넷 이용시간을 조사한 표이다. 하루 인터넷 이용시간이 120분 이상인 학생이 차지하는 비율은? (단, 전체의 30%는 이용시간이 90분 미만임)

〈인터넷 이용시간〉

| 하루 인터넷 이용시간(분) | 학생 수(명) |
|---|---|
| 30 이상~60 미만 | 3 |
| 60 이상~90 미만 | |
| 90 이상~120 미만 | 19 |
| 120 이상~150 미만 | |
| 150 이상~180 미만 | 6 |
| 계 | 50 |

① 14%  ② 20%

③ 26%  ④ 32%

**05** 다음은 각 사업부별 매출액이다. 5년 동안 매출액 최상위 사업부는?

〈각 사업부별 매출액〉

(단위 : 억 원)

| 구 분 | 2017년 | 2018년 | 2019년 | 2020년 | 2021년 |
|---|---|---|---|---|---|
| 가전 사업부 | 1,242 | 1,424 | 2,514 | 2,854 | 3,365 |
| 반도체 사업부 | 2,154 | 2,321 | 2,412 | 2,541 | 2,645 |
| LCD 사업부 | 1,124 | 1,164 | 1,188 | 1,211 | 3,654 |
| 정보통신 사업부 | 845 | 994 | 1,090 | 1,112 | 1,214 |

① 가전 사업부  ② 반도체 사업부

③ LCD 사업부  ④ 정보통신 사업부

**06** 최근 2년 동안 전체 학생 수가 10%씩 연속하여 감소하여 올해 학생 수가 1,215명이라면 2년 전 학생 수는 몇 명이었는가?

① 1,458명
② 1,470명
③ 1,500명
④ 1,518명

**07** 전체 학생 수가 1,000명인 학교에서 발생한 감기 환자 조사 결과를 나타낸 표이다. 남학생과 여학생 중 누가 몇 명 더 많이 발생하였는가?

〈감기 환자 조사 결과〉

| 전 체 | 남 자 | 여 자 |
|---|---|---|
| 33% | 37.5% | 30% |

① 여학생이 30명 더 많다.
② 여학생이 37명 더 많다.
③ 남학생이 75명 더 많다.
④ 남학생이 18명 더 많다.

**08** 다음 중 가장 값이 큰 것은?

① $100 \times 50 \times 25$
② $100 \times 35 \times 35$
③ $150 \times 40 \times 20$
④ $250 \times 40 \times 15$

**09** 다음은 갑과 을의 1학기 성적표이다. 을의 한국사 평점은? (단, 과목별 점수＝단위×평점)

| 구 분 | 단 위 | 평 점 갑 | 평 점 을 |
|---|---|---|---|
| 언 어 | 5 | $A^+$ | $A^-$ |
| 한국사 | 4 | $B^0$ | ( ) |
| 전쟁사 | 2 | $A^-$ | $B^0$ |
| 군대 윤리 | 2 | $B^+$ | $A^-$ |
| 평 균 | | 4.0점 | 4.0점 |

※ 환산점수 : $A^+$=5점, $A^0$=4.5점, $A^-$=4점, $B^+$=3.5점, $B^0$=3.0점

※ 평균학점＝$\dfrac{\text{과목별 점수 합계}}{\text{단위 합계}}$

① $A^+$  　　　　② $A^0$

③ $A^-$  　　　　④ $B^+$

**10** 2020년 대비 2022년의 남학생 수 증감률은 얼마인가?

| 구 분 | 남학생 수 | 여학생 수 |
|---|---|---|
| 2022년 | 729명 | 646명 |
| 2020년 | 675명 | 680명 |

① 8.0% 증가

② 7.4% 증가

③ 5.2% 감소

④ 5.0% 감소

**01** 다음 성적표에서 평균 점수가 가장 높은 학생은?

(단위 : 점)

| 학생＼과목 | 국 어 | 영 어 | 수 학 | 과 학 | 평 균 |
|---|---|---|---|---|---|
| 갑 | 86 | 82 | 66 | 86 | |
| 을 | 73 | 85 | 88 | 82 | |
| 병 | 75 | 86 | 87 | 84 | |
| 정 | 90 | 67 | 91 | 80 | |

① 갑  ② 을
③ 병  ④ 정

**02** A부대는 병력 688명 중 $\frac{1}{4}$이 부사관으로 구성되어 있다. 이 부대의 부사관의 계급별 구성 비율이 다음과 같을 때 상사는 몇 명인가? (단, 원사 대 중사의 구성 비율은 4 : 3이다)

| 계 급 | 하 사 | 중 사 | 상 사 | 원 사 |
|---|---|---|---|---|
| 비율(%) | 19 | 24 | 25 | 32 |

① 55명  ② 43명
③ 41명  ④ 34명

**03** 다음은 각 마을의 전년 대비 주민 수 증감율을 나타낸 표이다. 작년 주민 수가 가장 많은 마을은?

| 마 을 | 현재 주민 수(명) | 전년 대비 증감율(%) |
|---|---|---|
| 갑 | 1,536 | 20 (증가) |
| 을 | 1,040 | 20 (감소) |
| 병 | 1,452 | 10 (증가) |
| 정 | 1,105 | 15 (감소) |

① 갑　　　　　　　　　　　② 을
③ 병　　　　　　　　　　　④ 정

**04** 다음은 어느 달의 달력이다. 그림과 같은 규칙으로 도형 안의 네 수의 합이 76이 될 때, 이 중 가장 작은 수는?

| 일 | 월 | 화 | 수 | 목 | 금 | 토 |
|---|---|---|---|---|---|---|
|  |  |  |  | 1 | 2 | 3 |
| 4 | 5 | 6 | 7 | 8 | 9 | 10 |
| 11 | 12 | 13 | 14 | 15 | 16 | 17 |
| 18 | 19 | 20 | 21 | 22 | 23 | 24 |
| 25 | 26 | 27 | 28 | 29 | 30 | 31 |

① 10　　　　　　　　　　　② 12
③ 13　　　　　　　　　　　④ 15

**05** 박 하사는 장부를 정리하다 얼마 전 분대원들과 간담회를 위해 PX에서 구입한 몇 가지 간식들의 수량과 금액 등이 누락되었음을 발견하였다. 빵과 우유를 구입하는 데 지불한 비용의 차이는 얼마인가? (단, 현금으로 20,000원을 지급하고 1,550원을 돌려 받았음)

| 구 분 | 수량(개) | 단가(원) |
|---|---|---|
| 빵 | | 1,200 |
| 우 유 | | 900 |
| 초콜릿 | 3 | 1,350 |
| 합 계 | 17 | |

① 4,200원      ② 3,500원      ③ 1,200원      ④ 차이가 없다

**06** 다음은 어느 회사 제품들의 불량률 검사 결과이다. 불량률이 가장 높은 제품은?

〈불량률 검사 결과〉

(단위 : 개)

| 제 품 | 합 격 | 불합격 | 총 생산량 |
|---|---|---|---|
| a | 9,985 | 1,015 | 11,000 |
| b | 75,121 | 4,901 | 80,022 |
| c | 15,018 | 1,982 | 17,000 |
| d | 12,498 | 1,329 | 13,827 |

※ 불량률 : 총 생산량 중 불합격 판정을 받은 제품의 비율

① a      ② b      ③ c      ④ d

**07** 다음은 15명의 학생들의 자료해석 시험 결과이다. 평균이 74점일 때 70점과 80점을 맞은 학생 수의 차를 구하면?

| 점수(점) | 50 | 60 | 70 | 80 | 90 | 합 계 |
|---|---|---|---|---|---|---|
| 학생 수(명) | 1 | 3 | | | 3 | 15 |

① 1명      ② 2명      ③ 3명      ④ 4명

**08** 속력이 60km/h인 자가용으로 10분이 소요되는 거리를 자전거로는 25분이 걸렸다. 자전거의 속력은?

① 220m/분            ② 240m/분

③ 360m/분            ④ 400m/분

**09** 다음은 직원들의 사기 진작을 위해 사용된 복지비의 지출 건수와 금액을 나타낸 표이다. 건당 지출 금액이 가장 적은 해는?

| 구 분 | 2015년 | 2016년 | 2017년 | 2018년 |
|---|---|---|---|---|
| 지출 건수(건) | 512 | 893 | 773 | 1,469 |
| 지출 금액(천 원) | 40,087 | 80,362 | 50,145 | 102,830 |

① 2015년            ② 2016년

③ 2017년            ④ 2018년

**10** 다음은 차량 A, B, C, D의 휘발유 1L당 가격과 연비를 나타낸 표이다. 240km를 운행할 때 연료비가 가장 적게 드는 차량은?

| 차 량 | 1L당 가격(원) | 연비(km/L) |
|---|---|---|
| A | 1,600 | 15 |
| B | 1,300 | 12 |
| C | 1,050 | 10 |
| D | 850 | 8 |

① A            ② B

③ C            ④ D

**01** 다음은 어느 학생의 2학기 시험 성적표이다. 중간고사 대비 기말고사 점수의 향상률이 가장 높은 과목은 무엇인가?

〈2학기 시험 성적표〉

(단위 : 점)

| 구 분 | 국 어 | 영 어 | 수 학 | 독도법 |
|---|---|---|---|---|
| 중간고사 | 60 | 82 | 90 | 76 |
| 기말고사 | 69 | 93 | 94 | 86 |

① 국 어  
② 영 어  
③ 수 학  
④ 독도법

**02** 다음은 어느 해의 인구구조를 나타낸 표이다. 노년 부양비는 얼마인가? (단, 소수 둘째 자리에서 반올림함)

| 인구구조 | 인구수 및 비율 |
|---|---|
| 총인구 | 51,361,911명 |
| 유소년인구(0~14세) | 6,724,284명 |
| 생산가능인구(15~64세) | 37,571,566명 |
| 고령인구(65세 이상) | 7,066,061명 |
| 유소년인구 구성비 | 13.1% |
| 생산가능인구 구성비 | 73.2% |
| 고령인구 구성비 | 13.8% |

※ 노년부양비는 생산가능인구에 대한 고령인구의 백분율이다.

① 15.2%  
② 15.8%  
③ 17.9%  
④ 18.8%

다음 ㉠, ㉡에 알맞은 수는? (단, 소수 이하는 버림)

| 구 분 | 2013년 | 2014년 |
|---|---|---|
| 민간단체를 통한 이웃돕기 참가자(천 명) | ( ㉠ ) | 7,482 |
| 정부기관을 통한 이웃돕기 참가자(천 명) | 1,180 | ( ㉡ ) |
| 민간단체를 통한 이웃돕기 참가자의 전년 대비 증가율(%) | 8.1 | 16.0 |
| 정부기관을 통한 이웃돕기 참가자의 전년 대비 증가율(%) | 8.9 | 8.2 |

|  | ㉠ | ㉡ |
|---|---|---|
| ① | 1,092 | 8,679 |
| ② | 6,870 | 1,090 |
| ③ | 1,275 | 8,080 |
| ④ | 6,450 | 1,276 |

**04**  다음은 전체 학생 30명의 언어논리와 자료해석 평가 결과이다. 언어논리의 평균이 7점이라고 할 때, 빈 칸에 맞는 숫자는?

(단위 : 명)

| 자료해석(점) \ 언어논리(점) | 2 | 4 | 6 | 8 | 10 |
|---|---|---|---|---|---|
| 2 | 1 |  |  |  |  |
| 4 | 1 | (가) | 3 | 3 |  |
| 6 |  | 1 | 4 | (나) | 2 |
| 8 |  |  | 1 | 2 | 3 |
| 10 |  | 1 |  | 1 |  |

|  | (가) | (나) |
|---|---|---|
| ① | 1 | 6 |
| ② | 3 | 4 |
| ③ | 4 | 3 |
| ④ | 5 | 2 |

**05** 다음 표는 시장 상인들의 월평균 매출액과 누적 상가 수를 나타낸 것이다. 월평균 매출액이 700만 원 미만인 상가 수가 차지하는 비율은?

| 월평균 매출액 | 500만 원 미만 | 700만 원 미만 | 900만 원 미만 | 1,100만 원 미만 |
|---|---|---|---|---|
| 누적 상가 수(개) | 6 | 12 | 18 | 24 |

① 20%　　　　② 25%　　　　③ 30%　　　　④ 50%

**06** 다음은 비만인 사람과 정상인 사람의 성인병 발생 현황을 나타낸 표이다. 비만인 사람과 정상인 사람의 성인병 발병율에 대한 설명으로 옳은 것은?

(단위 : 명)

| 구 분 | 성인병 발병여부 | | 합 계 |
|---|---|---|---|
|  | 발 병 | 비발병 |  |
| 비 만 | 30 | 170 | 200 |
| 정 상 | 50 | 970 | 1,000 |
| 합 계 | 80 | 1,140 | 1,200 |

① 비만인 사람의 발병율이 정상인 사람의 발병율보다 3배 높다.
② 비만인 사람의 발병율이 정상인 사람의 발병율보다 0.6배 높다.
③ 정상인 사람의 발병율이 비만인 사람의 발병율보다 5배 높다.
④ 정상인 사람의 발병율이 비만인 사람의 발병율보다 4.25배 높다.

**07** 다음은 A, B 두 회사의 올해 매출액이다. 두 회사의 전년도 매출액의 합을 계산하면?

(단위 : 백만 원)

| 구 분 | 매출액 | 전년대비 증감액 |
|---|---|---|
| A 사 | 78,124 | 451 |
| B 사 | 73,175 | −234 |

① 151,065　　　　② 151,082　　　　③ 151,516　　　　④ 151,984

**08** 다음은 네 회사의 투자액과 판매율에 관한 자료이다. 판매액이 가장 큰 회사는?

〈회사별 투자액과 판매율〉

| 회 사 | 갑 | 을 | 병 | 정 |
|---|---|---|---|---|
| 투자액(억 원) | 20,000 | 24,000 | 35,000 | 44,000 |
| 판매율(%) | 0.2 | 0.18 | 0.12 | 0.1 |

※ 판매율 $=\dfrac{\text{판매액}}{\text{투자액}}$

① 갑      ② 을      ③ 병      ④ 정


**09** 다음은 네 제품의 시장점유율과 시장규모를 나타낸 것이다. 시장에서 매출액이 가장 큰 제품은?

| 제 품 | 점유율(%) | 시장규모(억 원) |
|---|---|---|
| A | 0.32 | 1,900 |
| B | 0.37 | 1,600 |
| C | 0.24 | 2,500 |
| D | 0.17 | 3,500 |

① A      ② B      ③ C      ④ D


**10** 초등학교에서 대학교까지 전체 학생 수는?

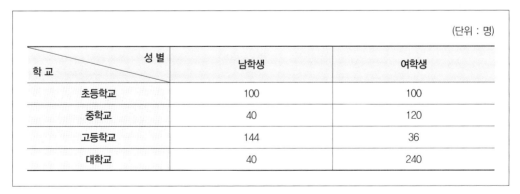

(단위 : 명)

| 학 교    성 별 | 남학생 | 여학생 |
|---|---|---|
| 초등학교 | 100 | 100 |
| 중학교 | 40 | 120 |
| 고등학교 | 144 | 36 |
| 대학교 | 40 | 240 |

① 800      ② 810      ③ 820      ④ 830

**01** 다음은 부사관과 학생들의 체력검정 결과 전체 학생 수 중 특급을 받은 학생 수의 비율이다. 부사관과 학생 수는?

| 종 목 | 윗몸 일으키기 | 팔굽혀펴기 | 1.5km 뜀걸음 |
|---|---|---|---|
| 특급 학생 비율(%) | 24 | 15 | 12.5 |

① 80명
② 120명
③ 150명
④ 200명

**02** 다음 그래프는 지역 축제에 참가한 인원 수를 나타낸 것이다. 표에 대한 설명으로 틀린 것은?

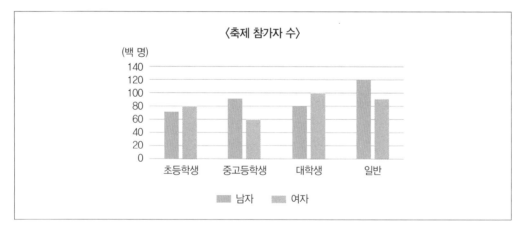

① 축제에 참가한 총 인원은 6만 9천명이다.

② 축제에 참가한 인원은 여자보다 남자가 더 많다.

③ 축제에 참가한 학생은 남자가 여자보다 3,000명 더 많다.

④ 남자의 경우 참가자의 $\frac{2}{3}$는 학생들이다.

**03** 다음은 전체 부사관 수가 150명인 부대의 간부를 대상으로 자격증 취득현황을 조사하여 상대도수를 나타낸 것이다. 2~3개와 4~5개 자격증 취득자 수의 비가 1 : 2일 때, 4~5개 자격증 취득자는 몇 명인가?

| 자격증 수 | 상대도수 |
|---|---|
| 0~1개 | 0.22 |
| 2~3개 |  |
| 4~5개 |  |
| 6개 이상 | 0.24 |

① 36명         ② 54명

③ 60명         ④ 90명

**04** 각 지역의 선거결과 투표율과 각 후보자별 득표율을 나타낸 것이다. 1위는 누구인가? (단, 무효표는 없는 것으로 간주함)

| 지역 | | A 시 | B 시 | C 시 |
|---|---|---|---|---|
| 선거인 수(명) | | 25,000 | 40,000 | 50,000 |
| 투표율(%) | | 80 | 70 | 60 |
| 득표율 (%) | 홍길동 | 20 | 10 | 40 |
| | 임꺽정 | 25 | 30 | 20 |
| | 이몽룡 | 30 | 30 | 20 |
| | 박문수 | 25 | 30 | 20 |

① 홍길동         ② 임꺽정

③ 이몽룡         ④ 박문수

**05** 다음은 시험 결과 과목별로 정답자 수와 오답자 수를 구분한 표이다. 정답자 비율이 가장 높은 과목은?

〈과목별 정답자 수와 오답자 수〉

(단위 : 명)

| 과 목 | 정답자 수 | 오답자 수 |
|---|---|---|
| 국 어 | 50 | 5 |
| 과 학 | 46 | 4 |
| 자료해석 | 45 | 5 |
| 한국사 | 40 | 4 |

① 국 어           ② 과 학
③ 자료해석      ④ 한국사

**06** 다음은 어느 학교의 학생회장 선거에서 총 학생 400명 중 A 후보자가 얻은 득표율을 나타낸 것이다. 다음 설명 중 바르지 못한 것은? (단, 기권 및 무효표는 없는 것으로 함)

| 구 분 | 남학생 | 여학생 | 전 체 |
|---|---|---|---|
| 득표율(%) | 30 | 40 | 36 |

① A 후보자를 지지한 학생은 모두 144명이다.
② A 후보자를 지지한 여학생은 남학생보다 두 배 많다.
③ A 후보자를 지지한 남학생은 48명이다.
④ 전제 학생 수 중 여학생은 남학생보다 40명 더 많다.

**07** 4개의 회사가 같은 자본으로 시작한 사업 결과 다음과 같이 자본이 증가하였다면 3년 초에 가장 자본이 많은 회사는?

| 회 사 | 기준연도(억 원) | 1년 후 | 2년 후 |
|---|---|---|---|
| 갑 | 200 | 0% | 20% |
| 을 | 200 | 5% | 15% |
| 병 | 200 | 10% | 10% |
| 정 | 200 | 12% | 8% |

① 갑      ② 을

③ 병      ④ 정

**08** 4개 반의 자료해석 시험 결과 전체 평균은 20문제 중 맞은 갯수가 12개였다. '나'반의 평균은 몇 개인가?

| 반 | 가 | 나 | 다 | 라 |
|---|---|---|---|---|
| 평균(개) | 11 | ( ) | 13 | 15 |
| 학생 수(명) | 20 | 18 | 20 | 18 |

① 9개      ② 10개

③ 12개      ④ 14개

[09~10] 다음은 버스와 기차 요금을 나타낸 것이다. 물음에 답하여라.

(단위 : 원)

| 요금 | 기차 | | | |
|---|---|---|---|---|
| | A 시 | 1,300 | 2,900 | 4,100 | 4,700 |
| | 1,100 | B 시 | 1,800 | 3,100 | 3,600 |
| 버스 | 2,300 | 1,500 | C 시 | 1,500 | 2,500 |
| | 3,700 | 2,400 | 1,300 | D 시 | 1,300 |
| | 4,300 | 3,100 | 1,800 | 1,200 | E 시 |

**09** B시에서 E시까지 한 번에 가는 경우 버스와 기차의 요금 차이는?

① 기차가 500원 더 비싸다.

② 버스가 900원 더 비싸다.

③ 기차가 1,200원 더 싸다.

④ 버스가 1,500원 더 싸다.

**10** A에서 기차를 타고 C시에서 친구를 만난 다음 다시 버스를 타고 E시에 도착하였다. 버스와 기차의 합계 요금은?

① 4,100원

② 4,300원

③ 4,700원

④ 4,800원

# 03 | 자료분석

정답 및 해설 p.86

**1회**

[01~10] 다음은 2012년부터 2016년까지의 노사분쟁 발생 자료이다. 표를 보고 문장이 옳으면 ○, 틀리면 ×로 답하시오.

〈노사분쟁 발생 자료〉

| 구 분 | 원인(건) | | | | | 분쟁 참가자 수 (천 명) | 노동 손실 일수 (백 일) | 생산 차질액 (억 원) |
|---|---|---|---|---|---|---|---|---|
| | 임금 인상 | 복지 후생 | 단체 협약 | 기 타 | 소 계 | | | |
| 2012년 | 57 | 46 | 27 | 25 | 155 | 123 | 956 | 1,986 |
| 2013년 | 81 | 66 | 33 | 34 | 214 | 188 | 865 | 2,167 |
| 2014년 | 108 | 74 | 63 | 47 | 292 | 195 | 1,239 | 1,734 |
| 2015년 | 117 | 46 | 82 | 38 | 283 | 154 | 1,130 | 1,108 |
| 2016년 | 154 | 49 | 78 | 41 | 322 | 143 | 1,293 | 2,012 |

**01** 분쟁 발생 건수가 많을수록 노동 손실 일수도 많다. ( ○ , × )

**02** 분쟁 1건당 생산 차질액이 가장 큰 해는 2012년이다. ( ○ , × )

**03** 노사분쟁 발생 건수가 전년에 비해 감소한 해에는 분쟁 참가 수, 노동 손실 일수, 생산 차질액이 감소하였다.
( ○ , × )

**04** 분쟁 1건당 참가자 수가 가장 많았던 해는 2013년이다. ( ○ , × )

**05** 분쟁 발생이 가장 많았던 해는 2016년이고 가장 적었던 해는 2012년이다. ( ○ , × )

**06** 5년 동안 분쟁 1건당 평균 생산 차질액은 8억 원을 상회한다. ( ○ , × )

**07** 전체 분쟁 발생 건수 중 임금 인상을 원인으로 하는 분쟁 발생률이 가장 높았던 해는 2016년이다. ( ○ , × )

**08** 노동 손실 일수가 많을수록 생산 차질액도 많았다.                                                 ( ○ , × )

**09** 2013년 복지 후생을 원인으로 하는 분쟁 발생은 그해 발생 건수의 30%를 넘는다.                   ( ○ , × )

**10** 5년 동안의 분쟁 원인 중 임금 인상으로 인해 발생한 것은 전체 발생한 분쟁의 40% 이상이다.       ( ○ , × )

[01~10] 다음은 2016년과 2017년 부사관 필기시험 지원자 및 합격자 수를 나타낸 표이다. 문장이 옳으면 ○, 틀리면 ×로 답하시오.

〈부사관 시험 지원자 및 합격자 수〉

| 구 분 | 2016년 | | 2017년 | |
|---|---|---|---|---|
| | 남 자 | 여 자 | 남 자 | 여 자 |
| 지원자 수(명) | 724 | 240 | 556 | 182 |
| 합격자 수(명) | 543 | 132 | 382 | 56 |

※ (합격률)＝$\dfrac{(합격자 수)}{(지원자 수)}×100(\%)$

**01** 2016년 지원자 중 남자가 차지하는 비율은 75% 이상이다. (○, ×)

**02** 2017년 지원자 중 여자가 차지하는 비율은 25% 이상이다. (○, ×)

**03** 2016년 전체 합격률은 70% 이상이다. (○, ×)

**04** 2016년 합격자 중 여자가 차지하는 비중은 20% 이상이다. (○, ×)

**05** 2017년 합격자 중 남자가 차지하는 비중은 85% 이상이다. (○, ×)

**06** 2017년 남자 합격자 수는 전년 대비 30% 이상 감소하였다. (○, ×)

**07** 2017년 여자 합격자 수는 전년 대비 60% 이상 감소하였다. (○, ×)

**08** 2년 동안 전체 합격률은 60%를 넘는다. (○, ×)

**09** 2017년 지원자 수는 전년 대비 25% 이하 감소하였다. (○, ×)

**10** 2년 동안의 남자 합격자 수는 여자 합격자 수의 5배 이상이다. (○, ×)

[01~10] 다음은 4가지 제품을 생산하여 판매하는 과정에서 발생한 원가를 정리한 표이다. 문장이 옳으면 ○, 틀리면 ×로 답하시오.

〈제품별 원가표〉

(단위 : 개, 원)

| 제품 | 생산량 | 재료비 | 인건비 | 운송비 | 관리비 | 총 원가 | 단위당 원가 |
|------|--------|--------|--------|--------|--------|---------|-------------|
| A | 1,300 | 610,000 | 273,000 | 15,000 | 12,000 | | |
| B | 2,100 | 900,000 | 450,000 | 180,000 | 150,000 | | |
| C | 1,200 | 820,000 | 240,000 | 84,000 | 56,000 | | |
| D | 1,500 | 950,000 | 270,000 | 65,000 | 65,000 | | |

※ (단위당 원가)$=\dfrac{(총\ 원가)}{(생산량)}$

※ (총 원가)=(재료비)+(인건비)+(운송비)+(관리비)

**01** A제품의 총 원가는 910,000원이다. (○, ×)

**02** D제품의 단위당 원가는 800원이다. (○, ×)

**03** 총 원가 중 인건비의 비중이 가장 큰 것은 A제품이다. (○, ×)

**04** D제품의 재료비의 비중은 총 원가의 70% 이상이다. (○, ×)

**05** 총 원가에서 재료비가 차지하는 비중이 큰 것은 D − C − B − A 순이다. (○, ×)

**06** 각 제품의 단위당 원가에 20%의 이익을 가산하여 생산량의 50%를 판매한다면 가장 많은 이익을 내는 것은 C제품이다. (○, ×)

**07** D제품의 단위당 원가에 15%의 이익을 가산하여 생산량의 70%를 판매했다면 이익은 10만 원이다. (○, ×)

**08** A제품의 단위당 원가에 10%의 이익을 가산하여 생산량 전부를 판매했다면 매출액은 1,001,000원이다. (○, ×)

**09** B제품은 단위당 원가에 20%의 이익을 가산하여 생산량의 50%를 판매하고, C제품은 14%의 이익을 가산하여 전부 판매하였다면 이익은 B제품이 6,000원 더 많다. (○, ×)

**10** C제품의 재료비를 240,000원 줄이면 B, C제품의 단위당 단가는 같아진다. (○, ×)

[01~10] 다음은 어느 해 부사관 선발 결과를 나타낸 표이다. 문장이 옳으면 ○, 틀리면 ×로 답하시오.

<부사관 선발 결과>

| 구 분 | 병 과 | 지원자 수(명) | 1차 합격자 수(명) | 2차(최종) 합격자 수(명) |
|---|---|---|---|---|
| 남 군 | 보 병 | 246 | 154 | 82 |
| | 포 병 | 156 | 78 | 29 |
| | 기 갑 | 123 | 61 | 32 |
| | 공 병 | 142 | 53 | 38 |
| | 통 신 | 146 | 63 | 45 |
| 여 군 | 보 병 | 51 | 23 | 18 |
| | 포 병 | 67 | 29 | 26 |
| | 기 갑 | 56 | 27 | 22 |
| | 공 병 | 61 | 20 | 18 |
| | 통 신 | 69 | 29 | 26 |

※ (1차 경쟁률)$= \dfrac{(\text{지원자 수})}{(\text{1차 합격자 수})} \times 100(\%)$, (2차 경쟁률)$= \dfrac{(\text{1차 합격자 수})}{(\text{2차 합격자 수})} \times 100(\%)$

**01** 남군의 1차 경쟁률은 보병이 가장 낮다. (○, ×)

**02** 1차 경쟁은 남군보다 여군이 더 치열하다. (○, ×)

**03** 남군의 경우 1차 경쟁률이 가장 높은 병과가 2차 경쟁률은 가장 낮다. (○, ×)

**04** 여군은 모든 병과에서 1차 경쟁률이 2차 경쟁률보다 더 높다. (○, ×)

**05** 1차 경쟁률은 보병을 제외한 모든 병과에서 여군이 더 높다. (○, ×)

**06** 1, 2차 경쟁률은 모두 여군보다 남군이 더 높다. (○, ×)

**07** 여군의 경우 1차 경쟁률은 공병이, 2차 경쟁률은 보병이 가장 높다. (○, ×)

**08** 남군은 포병의 2차 경쟁률이 가장 높다. (○, ×)

**09** 지원자 수 대비 최종 합격 경쟁률은 남녀 모두 3.3 : 1 이상이다. (○, ×)

**10** 지원자 수 대비 2차 합격 경쟁률이 가장 높은 병과는 남군 포병이다. (○, ×)

[01~10] 다음은 2018년과 2019년의 지역별 가스 사고 발생 현황을 나타낸 표이다. 문장이 옳으면 ○, 틀리면 ×로 답하시오.

〈가스 사고 발생 현황〉

(단위 : 건)

| 지 역 | 2018년 | | | | 2019년 | | | |
|---|---|---|---|---|---|---|---|---|
| | 소 계 | LP 가스 | 도시 가스 | 고압 가스 | 소 계 | LP 가스 | 도시 가스 | 고압 가스 |
| 서 울 | 23 | 11 | 11 | 1 | 12 | 2 | 10 | 0 |
| 부 산 | 11 | 7 | 3 | 1 | (ㄱ) | 3 | 1 | |
| 대구 · 경북 | 18 | 11 | 3 | 4 | 19 | 14 | 3 | 2 |
| 인천 · 경기 | 37 | 17 | 10 | 10 | 31 | 21 | 9 | 1 |
| 광주 · 전라 | 17 | 9 | 2 | 6 | 18 | 11 | 5 | 2 |
| 대전 · 충청 | 27 | 23 | 2 | 2 | 19 | 13 | 4 | 2 |
| 강 원 | 5 | 5 | 0 | 0 | 8 | 7 | 0 | 1 |
| 제 주 | 5 | 5 | 0 | 0 | 6 | 6 | 0 | 0 |
| 합 계 | 143 | 88 | 31 | 24 | 117 | 77 | 32 | 8 |

**01** 2018년 사고 발생 상위 3개 지역의 합은 전체 사고의 60% 이상이다. (○, ×)

**02** 2018년 LP가스 사고가 차지하는 비중은 전체 사고의 60% 이상이다. (○, ×)

**03** 2년 동안 서울 지역과 광주 · 전라 지역의 사고 발생 건수는 같다. (○, ×)

**04** 2019년 전체 사고 발생 건수는 2018년 전체 사고 발생 건수 대비 20% 이상 감소하였다. (○, ×)

**05** 2018년 대비 2019년 전체 사고 건수가 증가한 지역은 4곳이다. (○, ×)

**06** 2년 동안 해당 지역에서 발생한 사고 대비 LP가스 사고 발생 비율은 대전 · 충청 지역이 가장 높다.

(○, ×)

**07** 서울을 제외한 전 지역에서 LP가스 사고 발생 건수가 가장 많다. (○, ×)

**08** 전체 가스 사고 중 2019년 LP가스 사고 발생 비율은 전년 대비 감소하였다. (○, ×)

**09** 2년 동안 도시가스가 고압가스 사고의 2배 이상이다. (○, ×)

**10** (ㄱ)에 들어갈 2019년 부산 지역의 사고 발생 건수의 합은 4건이다. (○, ×)

[01~10] 다음은 2020년 ○○부대의 대민 지원 현황을 나타낸 그래프이다. 문장이 옳으면 ○, 틀리면 ×로 답하시오.

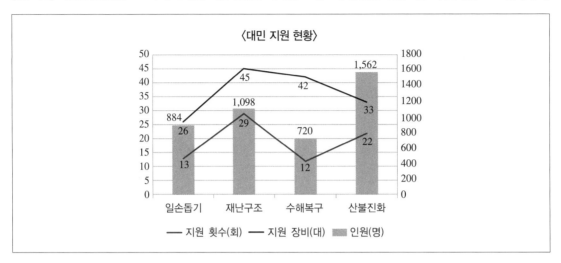

**01** 1회당 지원 인원이 가장 많은 것은 재난구조이다. (○, ×)

**02** 산불 진화에 가장 많은 인원이, 재난구조에 가장 많은 장비가 지원되었다. (○, ×)

**03** 지원 인원이 가장 적은 항목의 1회당 지원 장비 대수는 가장 많다. (○, ×)

**04** 대민 지원은 1회당 평균 56명 이상이 참가하였다. (○, ×)

**05** 재난구조와 산불진화에 60% 이상의 인원이 참가하였다. (○, ×)

**06** 1회당 평균 지원 장비가 많은 것부터 나열하면 수해복구 – 재난구조 – 일손돕기 – 산불진화 순이다.
(○, ×)

**07** 지원 장비 대수 대비 가장 많은 인원이 지원한 항목은 산불진화이다. (○, ×)

**08** 장비는 총 146대가 지원되었다. (○, ×)

**09** 1회당 지원 인원은 재난구조보다 수해복구에 더 많이 지원되었다. (○, ×)

**10** 일손돕기에 1회당 평균 장비 지원 대수가 가장 적게 지원되었다. (○, ×)

[01~10] 다음은 A제품의 2013년부터 2020년까지의 전년 대비 생산량 증가율을 나타낸 그래프이다. 문장이 옳으면 ○, 틀리면 ×로 답하시오. (단, 2012년 생산량은 10,000개임)

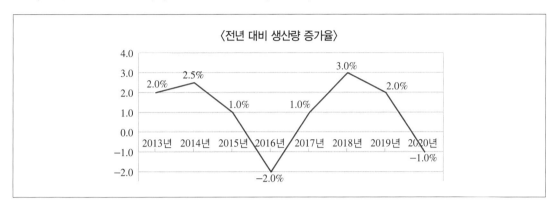

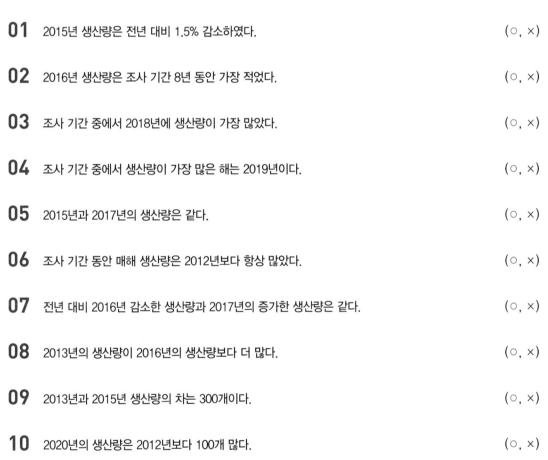

**01** 2015년 생산량은 전년 대비 1.5% 감소하였다.                                     ( ○, × )

**02** 2016년 생산량은 조사 기간 8년 동안 가장 적었다.                                ( ○, × )

**03** 조사 기간 중에서 2018년에 생산량이 가장 많았다.                               ( ○, × )

**04** 조사 기간 중에서 생산량이 가장 많은 해는 2019년이다.                          ( ○, × )

**05** 2015년과 2017년의 생산량은 같다.                                              ( ○, × )

**06** 조사 기간 동안 매해 생산량은 2012년보다 항상 많았다.                          ( ○, × )

**07** 전년 대비 2016년 감소한 생산량과 2017년의 증가한 생산량은 같다.              ( ○, × )

**08** 2013년의 생산량이 2016년의 생산량보다 더 많다.                               ( ○, × )

**09** 2013년과 2015년 생산량의 차는 300개이다.                                     ( ○, × )

**10** 2020년의 생산량은 2012년보다 100개 많다.                                     ( ○, × )

[01~05] 다음은 2018년과 2019년의 업종별 취업 현황을 나타낸 그래프이다. 문장이 옳으면 ○, 틀리면 ×로 답하시오. (단, 2018년 대비 2019년 남자는 2,000명 감소, 여자는 1,000명이 감소하였음)

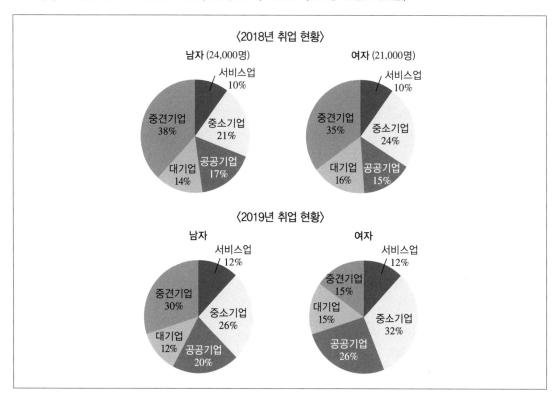

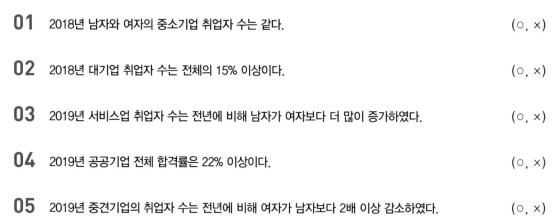

**01**  2018년 남자와 여자의 중소기업 취업자 수는 같다. (○, ×)

**02**  2018년 대기업 취업자 수는 전체의 15% 이상이다. (○, ×)

**03**  2019년 서비스업 취업자 수는 전년에 비해 남자가 여자보다 더 많이 증가하였다. (○, ×)

**04**  2019년 공공기업 전체 합격률은 22% 이상이다. (○, ×)

**05**  2019년 중견기업의 취업자 수는 전년에 비해 여자가 남자보다 2배 이상 감소하였다. (○, ×)

[06~10] 2015년부터 2019년까지 전체 취업자 중 1인 창업자 구성비를 나타낸 그래프이다. 문장이 옳으면 ○, 틀리면 ×로 답하시오.

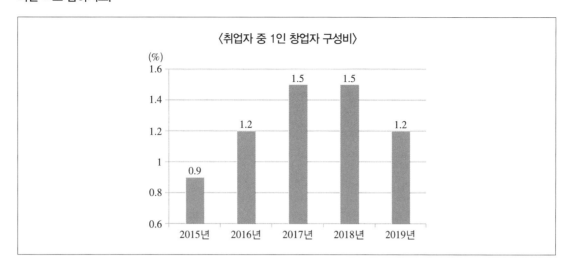

**06** 2017년까지 1인 창업자 수는 일정하게 증가하였다. (○, ×)

**07** 2016년과 2017년 1인 창업자 구성비의 전년 대비 증가율은 같다. (○, ×)

**08** 5년 동안 1인 창업자 수 구성비의 평균은 1.26%이다. (○, ×)

**09** 2017년과 2018년 1인 창업자 수는 같다. (○, ×)

**10** 2019년 1인 창업자 수는 전년 대비 20%만큼 감소하였다. (○, ×)

정답 및 해설 p.90

## 표 해석

**01** 다음은 어느 지역 출신 1,000명의 학력을 조사하여 나타낸 표이다. 여성의 학력별 비중이 낮은 학력은?

〈학력별 남녀 인원〉

(단위 : 명)

| 구 분 | 중 졸 | 고 졸 | 전문대졸 | 대 졸 | 합 계 |
|---|---|---|---|---|---|
| 남 성 | 26 | 114 | 68 | 155 | 363 |
| 여 성 | 24 | 190 | 85 | 160 | 459 |
| 합 계 | 50 | 304 | 153 | 315 | 822 |

① 중 졸                    ② 고 졸
③ 전문대졸                ④ 대 졸

[02~03] 다음은 2016년부터 2019년까지 학생들의 자격증 취득 현황을 나타낸 표이다. 물음에 답하시오.

〈자격증 취득 현황〉

(단위 : 명)

| 자격증 \ 연도 | 2016 | 2017 | 2018 | 2019 |
|---|---|---|---|---|
| 문서실무 | 49 | | 19 | 21 |
| 한국사 | 52 | 49 | 20 | 53 |
| 태권도 | 25 | 28 | 34 | 39 |
| 정보기기 | 19 | 13 | 39 | |
| 합 계 | 145 | 129 | 112 | 158 |

**02** 2017년 문서실무 자격증 취득자와 2019년 정보기기 자격증 취득자 수의 합은?

① 76명      ② 79명

③ 84명      ④ 87명

**03** 2018년 한국사 자격증과 문서실무 자격증 취득자 수의 합은 같은 해 자격증 취득자 수의 몇 %인가? (단, 소수 둘째 자리에서 반올림함)

① 32.9%      ② 34.8%

③ 41.5%      ④ 44.5%

[04~05] 다음은 2015년도 질병 외 사망 원인과 사망자 수를 조사하여 나타낸 표이다. 물음에 답하시오.

**〈질병 외 사망 원인과 사망자 수〉**

(단위 : 명)

| 구 분 | 1월 | 2월 | 3월 | 4월 | 5월 | 6월 | 7월 | 8월 | 9월 | 10월 | 11월 | 12월 |
|---|---|---|---|---|---|---|---|---|---|---|---|---|
| 교통사고 | 522 | 488 | 561 | 549 | 656 | 546 | 556 | 640 | 647 | 732 | 648 | 602 |
| 추 락 | 137 | 134 |  | 151 | 208 | 202 | 202 | 182 | 213 | 191 | 197 | 216 |
| 익 사 | 21 | 19 | 21 | 25 | 51 | 53 | 95 | 145 | 68 | 23 | 22 | 34 |
| 화 재 | 43 | 20 | 23 | 16 | 26 | 12 | 8 | 11 | 14 | 17 | 17 | 23 |
| 중 독 | 18 | 23 | 20 | 17 | 16 | 20 | 20 | 14 | 8 | 13 | 10 | 15 |
| 자 살 | 1,021 | 1,074 | 1,370 | 1,425 | 1,619 | 1,582 | 1,396 | 1,302 | 1,229 | 1,174 | 1,165 | 1,056 |
| 타 살 | 55 | 52 | 68 | 55 | 61 | 60 | 82 | 60 | 38 | 44 | 55 | 48 |
| 기 타 | 634 | 521 | 625 | 528 | 502 | 493 | 492 | 512 | 426 | 502 | 464 | 579 |
| 합 계 | 2,451 | 2,331 | 2,799 | 2,766 |  | 2,968 | 2,851 | 2,866 | 2,643 | 2,696 | 2,578 | 2,573 |

**04** 2015년 3월 추락으로 인한 사망자 수는 몇 명인가?

① 111명 　　　　　　　　　 ② 118명

③ 122명 　　　　　　　　　 ④ 129명

**05** 2015년 질병 외 원인에 의한 월평균 사망자 수는 몇 명인가? (단, 소수 첫째 자리에서 반올림함)

① 2,522명 　　　　　　　　 ② 2,722명

③ 2,785명 　　　　　　　　 ④ 2,972명

**06** 다음은 가사 분담에 관한 견해를 조사하여 나타낸 표이다. 표에 대한 설명 중 옳지 않은 것은?

〈가사 분담에 관한 견해〉

(단위 : %)

| 구 분 | | 아내 전담 | 아내 중심 남편 분담 | 공평 분담 | 남편 중심 아내 분담 | 남편 전담 |
|---|---|---|---|---|---|---|
| 합 계 | | 3.8 | 34.6 | 59.1 | 1.9 | 0.6 |
| 성 별 | 남 자 | 5.2 | 37.5 | 54.6 | 2.1 | 0.6 |
| | 여 자 | 2.5 | 31.7 | 63.4 | 1.8 | 0.6 |
| 연 령 | 13~19세 | 0.9 | 10.3 | 86.0 | 2.3 | 0.5 |
| | 20~29세 | 0.6 | 14.6 | 81.5 | 2.5 | 0.8 |
| | 30~39세 | 1.7 | 28.3 | 68.0 | 1.6 | 0.4 |
| | 40~49세 | 3.4 | 41.1 | 53.6 | 1.4 | 0.5 |
| | 50~59세 | 4.5 | 45.1 | 47.5 | 2.2 | 0.8 |
| | 60세 이상 | 8.1 | 46.2 | 43.3 | 1.9 | 0.5 |
| | 65세 이상 | 9.5 | 46.3 | 42.2 | 1.6 | 0.5 |
| 학 력 | 초졸 이하 | 8.4 | 37.6 | 52.5 | 1.2 | 0.3 |
| | 중 졸 | 4.5 | 32.4 | 60.2 | 2.5 | 0.4 |
| | 고 졸 | 3.5 | 34.8 | 58.5 | 2.5 | 0.7 |
| | 대졸 이상 | 2.3 | 34.0 | 61.7 | 1.5 | 0.6 |
| 결혼 유무 | 미 혼 | 0.7 | 14.0 | 82.3 | 2.3 | 0.6 |
| | 배우자 있음 | 5.0 | 44.9 | 47.7 | 1.9 | 0.5 |
| | 사 별 | 8.1 | 41.3 | 49.6 | 0.4 | 0.5 |
| | 이 혼 | 2.7 | 28.1 | 66.2 | 2.4 | 0.6 |

※ 아내 중심 남편 분담 : 아내가 주로 하지만 남편도 도움
※ 남편 중심 아내 분담 : 남편이 주로 하지만 아내도 도움

① 나이가 들수록 남편도 분담해야 한다는 의견이 많아지고, 공평하게 분담해야 한다는 의견은 줄어들고 있다.
② 아내가 주로 하지만 남편도 분담해야 한다는 생각을 하는 의견은 남자가 여자보다 더 많다.
③ 고학력일수록 공평하게 분담해야 한다고 생각하는 의견이 많다.
④ 아내가 전담해야 한다는 의견은 여자보다 남자가 2배 이상 많다.

다음은 2018년 외국인 관광객들의 쇼핑 품목별 비율을 나타낸 표이다. 다음 표에 대한 설명 중 옳지 않은 것은?

**〈외국인 관광객들의 쇼핑 품목별 비율〉**

(단위 : %)

| 구 분 | 화장품 | 식료품 | 의 류 | 신발류 | 한약제 | 담 배 | 가방류 | 민예품 | 보석류 | 한류 관련 |
|---|---|---|---|---|---|---|---|---|---|---|
| 1월 | 62.6 | 51.1 | 45.8 | 15.4 | 8.8 | 7.4 | 8.9 | 6.9 | 8.4 | 6.1 |
| 2월 | 61.8 | 57.7 | 42.8 | 16.5 | 10.6 | 7 | 9.9 | 8.4 | 7.2 | 5.4 |
| 3월 | 62.1 | 56.4 | 49 | 16.2 | 8.5 | 8.1 | 8.7 | 7.9 | 7.9 | 5.8 |
| 4월 | 59.5 | 55.5 | 41.5 | 13.9 | 9.9 | 9.3 | 7.7 | 9.4 | 7 | 5.3 |
| 5월 | 61.9 | 56.4 | 43.5 | 14.8 | 8.1 | 10.1 | 8.6 | 7.5 | 10 | 7.1 |
| 6월 | 63.6 | 54.3 | 42.5 | 14.7 | 8.4 | 11.7 | 10 | 8.1 | 8 | 6.5 |
| 7월 | 61.9 | 53.8 | 43.2 | 17.2 | 8.1 | 8.4 | 9 | 9.1 | 8.4 | 6.3 |
| 8월 | 60.4 | 58.0 | 43.1 | 14.3 | 7.3 | 8.4 | 6.7 | 7.7 | 9.1 | 10.3 |
| 9월 | 62.1 | 54.5 | 43.6 | 16.7 | 9.2 | 9.8 | 8.7 | 8 | 6.9 | 5.9 |
| 10월 | 60.9 | 53.2 | 41.9 | 13.9 | 9.7 | 9.5 | 8.4 | 11.2 | 6.9 | 4.8 |
| 11월 | 61.5 | 56.3 | 41.5 | 15.9 | 9.4 | 10.2 | 9.7 | 7.1 | 6.9 | 4.5 |
| 12월 | 63.5 | 57.7 | 47.8 | 17.4 | 10 | 6.6 | 9.1 | 6.4 | 6.1 | 6.7 |
| 남 자 | 48.8 | 49.2 | 36 | 14 | 8.8 | 12.8 | 7.6 | 9.4 | 6.3 | 4.0 |
| 여 자 | 71.7 | 60.2 | 49.8 | 16.7 | 9.1 | 5.9 | 9.6 | 7.2 | 8.8 | 8.0 |

① 의류를 구입하는 관광객의 비율은 월 평균 45% 이하이다.
② 외국인 관광객들이 가장 많이 구입하는 품목은 화장품이다.
③ 구입 순위 상위 4개 품목 순위는 월별로 변함이 없다.
④ 남자 대비 여자의 구입률이 가장 높은 품목은 화장품이다.

[08~09] 다음은 2,000명으로 구성된 어느 지역의 협의회장 선거를 앞두고 A후보자에 대한 여론조사와 실제 투표에서의 찬성과 반대를 나타낸 표이다. 물음에 답하시오.

〈A후보자에 대한 여론 조사와 실제 투표 결과〉

(단위 : 명)

| 구분 | | 실제 투표 결과 | | |
| --- | --- | --- | --- | --- |
| | | 반 대 | 찬 성 | 합 계 |
| 여론<br>조사 | 반 대 | 300 | 100 | 400 |
| | 찬 성 | 200 | 1,400 | 1,600 |
| | 합 계 | 500 | 1,500 | 2,000 |

※ (적중률)$=\dfrac{\text{(실제 투표에서 찬성/반대)}}{\text{(여론조사에서 찬성/반대)}}\times100(\%)$, 적중률이 1에 가까울수록 높은 것으로 판단함

## 08 표에 대한 설명 중 옳은 것은?

① 찬성에 대한 예측 적중률이 반대에 대한 예측 적중률보다 더 낮다.

② 실제 투표에서 반대자는 500명으로 여론조사에서 반대자 수보다 100명 더 많았다.

③ A후보자는 여론 조사보다 실제 투표에서 찬성표를 더 많이 받았다.

④ 실제 투표에서 여론조사 때와 생각을 바꾸지 않은 사람은 1,600명이다.

## 09 실제 투표에서 여론 조사와 선택이 다른 사람은 전체 지역 주민 수 대비 몇 %인가?

① 5%

② 10%

③ 15%

④ 20%

**10** 2020년에 전년 대비 매출액의 증가율이 가장 큰 회사는?

<회사별 매출액>

| 회 사 | 2019년(억 원) | 2020년(억 원) |
|---|---|---|
| 가 | 340 | 391 |
| 나 | 420 | 462 |
| 다 | 280 | 322 |
| 라 | 240 | 300 |

① 가　　　　　　　　　　② 나
③ 다　　　　　　　　　　④ 라

**11** 다음은 어느 해 남녀 육군 부사관 지원자 및 합격자를 나타낸 표이다. 표에 대한 설명 중 옳지 않은 것은?

<육군 부사관 지원자 및 합격자>

(단위 : 명)

| 구 분 | 남 자 | 여 자 |
|---|---|---|
| 지원자 수 | 6,975 | 2,289 |
| 합격자 수 | 1,280 | 830 |
| 전년 합격자 수 | 1,130 | 458 |

① 올해 남자 합격자 수는 전년에 비해 9% 이상 증가하였다.
② 올해 여자 합격자 수는 전년에 비해 85% 이상 증가하였다.
③ 올해 전체 지원자 중 남자 지원자가 75% 이상이다.
④ 올해 전체 합격자 중 남자 합격자가 60% 이상이다.

[12~13] 다음은 A지역 초 · 중 · 고 학생들의 상담 사유를 조사하여 나타낸 표이다. 물음에 답하시오.

〈학교급별 상담 사유〉

(단위 : 명)

| 학교급 | 사유 | 합계 | 학습 | 이성 | 친구 | 외모 | 가정 | 진로 | 기타 |
|---|---|---|---|---|---|---|---|---|---|
| 합계 | | 860 | 156 | 103 | 153 | 155 | 115 | 144 | 32 |
| 초등학교 | 남 | 120 | 15 | 6 | 36 | 17 | 24 | 19 | 3 |
| | 여 | 130 | 22 | 17 | 26 | 18 | 26 | 16 | 5 |
| 중학교 | 남 | 160 | 32 | 33 | 19 | 27 | 21 | 20 | 8 |
| | 여 | 150 | 26 | 11 | 23 | 48 | 18 | 22 | 2 |
| 고등학교 | 남 | 160 | 38 | 17 | 25 | 12 | 13 | 46 | 9 |
| | 여 | 140 | 23 | 19 | 24 | 35 | 13 | 21 | 5 |

**12** 고등학생 중 친구 때문에 힘들어 하는 학생의 비율은 몇 %인가? (단, 소수 둘째 자리에서 반올림함)

① 13.5%  ② 16.3%

③ 18.7%  ④ 20.3%

**13** 〈보기〉 중 표에 대한 설명으로 옳은 것을 모두 고른 것은?

┤ 보기 ├

(ㄱ) 학습과 진로 문제로 고민하는 학생이 전체의 35% 이상을 차지하고 있다.

(ㄴ) 중학생 중 이성 문제로 고민하는 학생은 남학생 수가 여학생 수의 3배이다.

(ㄷ) 학교급별 학생 수 대비 진로 문제로 고민하는 학생 수의 비율은 초등학교보다 중학교가 더 높다.

(ㄹ) 학년이 올라갈수록 학교급별 학생 수 대비 학습 문제로 고민하는 학생 수의 비율이 많아지고 있다.

① (ㄱ), (ㄴ)  ② (ㄴ), (ㄷ)

③ (ㄴ), (ㄹ)  ④ (ㄷ), (ㄹ)

[14~15] 다음은 2009년부터 2016년까지 OECD 주요국의 1인당 전력 소비량을 나타낸 표이다. 물음에 답하시오.

### 〈OECD 주요국의 1인당 전력 소비량〉

(단위 : kWh/명)

| 구 분 | 2009 | 2010 | 2011 | 2012 | 2013 | 2014 | 2015 | 2016 |
|---|---|---|---|---|---|---|---|---|
| 영 국 | 5,693 | 5,741 | 5,518 | 5,452 | 5,409 | 5,131 | 5,082 | 5,033 |
| 이탈리아 | 5,271 | 5,384 | 5,393 | 5,277 | 5,124 | 5,002 | 5,099 | 5,081 |
| 독 일 | 6,781 | 7,217 | 7,083 | 7,138 | 7,022 | 7,035 | 7,015 | 6,956 |
| 프랑스 | 7,494 | 7,756 | 7,318 | 7,367 | 7,382 | 6,955 | 7,043 | 7,148 |
| 일 본 | 7,833 | 8,399 | 7,847 | 7,753 | 7,836 | 7,829 | 7,865 | 7,974 |
| 호 주 | 11,038 | 10,063 | 10,514 | 10,218 | 10,067 | 10,002 | 9,892 | 9,911 |
| 한 국 | 8,980 | 9,851 | 10,162 | 10,346 | 10,428 | 10,564 | 10,558 | 10,618 |
| 미 국 | 12,884 | 13,361 | 13,227 | 12,947 | 12,987 | 12,962 | 12,833 | 12,825 |
| 아이슬란드 | 51,179 | 51,447 | 52,376 | 53,156 | 54,759 | 53,896 | 55,054 | 53,913 |
| OECD 평균 | 8,012 | 8,315 | 8,226 | 8,089 | 8,072 | 8,028 | 8,016 | 8,048 |

**14** 표에 대한 설명 중 옳은 것은?

① 한국은 조사 기간 동안 1인당 전력 소비량이 계속 증가하고 있다.
② 아이슬란드의 1인당 전력 소비량은 매해 영국보다 9배 이상이다.
③ 2010년에 OECD 평균보다 전력 소비량이 많은 국가는 5개국이다.
④ 조사 기간 동안 1인당 전력 소비량이 가장 적은 나라는 이탈리아이다.

**15** 2009년 대비 2016년에 1인당 전력 소비량이 감소한 나라 수는?

① 4개국
② 5개국
③ 6개국
④ 7개국

**01** 이혼율이 가장 높은 해는?

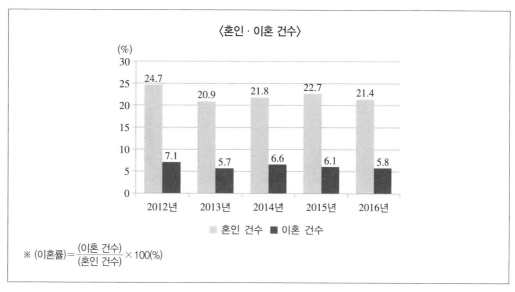

① 2013년　　　　　　　　　　② 2014년
③ 2015년　　　　　　　　　　④ 2016년

**02** 다음은 A기업의 전년 대비 매출액 증가율을 나타낸 그래프이다. A기업의 매출액이 처음으로 증가하기 시작한 해는 언제인가?

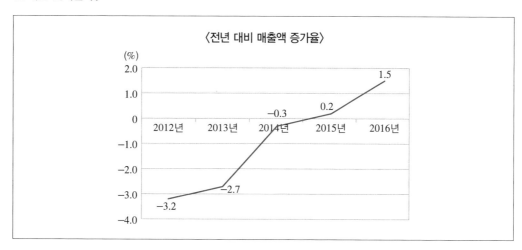

① 2013년　　　　　　　　　　② 2014년
③ 2015년　　　　　　　　　　④ 2016년

**03** 다음은 S고등학교 3학년 학생들의 창 던지기 결과이다. 학생 중 13번째로 멀리 던진 학생의 기록이 속하는 범위는?

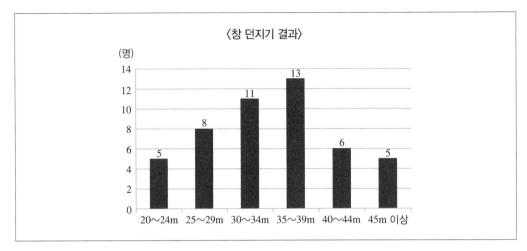

① 25~29m  ② 30~34m
③ 35~39m  ④ 40~44m

**04** 다음은 어느 해 4개 동호회 회원 수 및 전년 대비 증가율을 나타낸 그래프이다. 전년도 회원이 가장 많았던 동호회는?

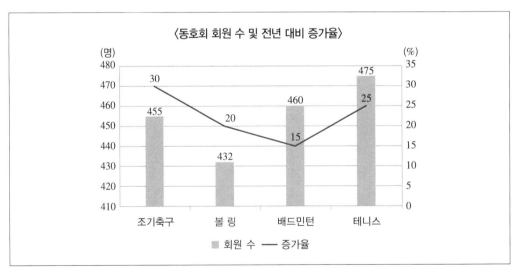

① 조기축구  ② 볼 링
③ 배드민턴  ④ 테니스

**05** 다음은 2016년부터 2020년까지 A~D 4개국의 실업률을 나타낸 그래프이다. 그래프에 대한 설명 중 옳지 않은 것은?

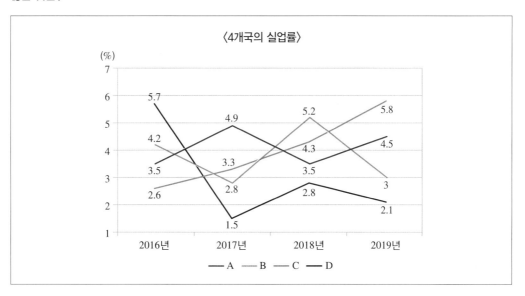

① A국의 4년간 평균 실업률은 4.1%이다.

② 4년간 평균 실업률이 가장 낮은 국가는 D국이다.

③ B국의 전년 대비 실업자 수가 가장 크게 늘어난 때는 2018년이다.

④ C국의 실업률은 계속 증가하고 있다.

[06~08] 다음은 A, B, C, D 4명의 부사관이 달리기한 결과를 바탕으로 시간과 거리의 관계를 나타낸 그래프이다. 물음에 답하시오.

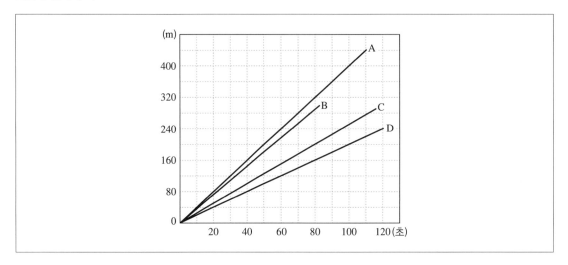

**06** 가장 속력이 빠른 사람은?

① A
② B
③ C
④ D

**07** D가 같은 속력을 유지하여 10km를 완주할 때 걸리는 시간은? (단, 소수점 이하는 버림)

① 1시간 10분
② 1시간 23분
③ 1시간 28분
④ 1시간 34분

**08** A의 속력은 C의 속력의 몇 배인가?

① 1.2배
② 1.4배
③ 1.6배
④ 2.5배

[09~10] 다음은 2000년부터 2011년까지 A국의 전년 대비 경제 규모 성장률(GDP) 추이를 나타낸 그래프이다. 물음에 답하시오.

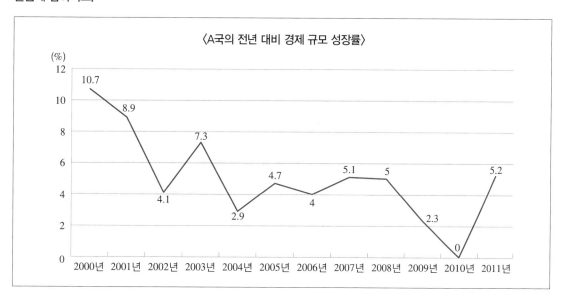

〈A국의 전년 대비 경제 규모 성장률〉

**09** 위 그래프를 분석한 것으로 옳은 것은?

① 경제 규모는 2000년이 가장 크고, 2010년이 가장 작다.
② 2009년과 2010년의 경제 규모는 동일하다.
③ 2004년에는 전년에 비해 실질 GDP가 감소하였다.
④ 2003년에는 전년에 비해 실질 GDP가 증가하였다.

**10** 2008년 GDP가 200조 달러였다면 2009년 GDP는 얼마인가?

① 195.8조 달러  ② 204.6조 달러
③ 220조 달러  ④ 알 수 없다.

교육이란 사람이 학교에서 배운 것을 잊어버린 후에 남은 것을 말한다.

− 알버트 아인슈타인 −

# 자료해석 워크북
# 정답 및 해설

CHAPTER 01    기초연산 정답 및 해설

CHAPTER 02    연산응용 정답 및 해설

CHAPTER 03    자료분석 정답 및 해설

CHAPTER 04    실력향상 정답 및 해설

| 1회 | 연산연습 |
|---|---|

※ 위에서부터

| 01 | 22, −5, 3, 30, 18 |
|---|---|
| 02 | −15, −21, 20, 28, 14 |
| 03 | −6, −7, 10, 15, −1 |
| 04 | 8, 5, 3, 0, 12 |
| 05 | 1, −7, −6, −14, 0 |
| 06 | 6, −7, −10, −15, 1 |

| 2회 | 연산연습 |
|---|---|

※ 위에서부터

| 01 | 57, −57, −38, −29, 76 |
|---|---|
| 02 | 13, 82, 54, 123, 157 |
| 03 | 68, 41, 88, 115, 179 |
| 04 | −57, 57, 38, −29, −76 |
| 05 | 55, −14, −54, 123, −89 |
| 06 | −68, −41, −88, −115, 179 |
| 07 | −64, −50, 133, 13, 70 |
| 08 | −24, 15, −37, 35, 2 |
| 09 | 9, 94, 38, 123, 170 |
| 10 | 118, 104, 21, 41, −42 |
| 11 | 120, 81, 41, 31, −2 |
| 12 | 85, 0, 114, −29, −76 |

| 3회 | 연산연습 |
|---|---|

※ 위에서부터

| 01 | 44, 10, −106, −81, −140 |
|---|---|
| 02 | 38, −117, −95, 60, −8 |
| 03 | −30, 89, −40, 1, 19 |
| 04 | 94, −128, −32, −57, −2 |
| 05 | 136, 117, −95, 114, 182 |
| 06 | 6, −53, 102, −25, −43 |
| 07 | −122, 198, 263, 98, 174 |
| 08 | 195, 215, −96, 11, 130 |
| 09 | −7, −31, −68, −44, −20 |
| 10 | −56, −132, −197, −32, 108 |
| 11 | 3, −17, −96, −11, 68 |
| 12 | 7, 31, 68, 44, −20 |

| 1회 | 개략적 덧셈 |
|---|---|

※ 개략적 계산이므로 오차 범위를 ±200으로 함

| 01 | 172,920~173,320 |
|---|---|
| 02 | 222,545~222,945 |
| 03 | 216,225~216,625 |
| 04 | 111,307~111,707 |
| 05 | 292,737~293,137 |
| 06 | 159,698~160,098 |
| 07 | 309,895~310,295 |
| 08 | 288,025~288,425 |
| 09 | 152,357~152,757 |

| 2회 | 개략적 덧셈 |
|---|---|

※ 개략적 계산이므로 오차 범위를 ±200으로 함

| 01 | 197,035~197,435 |
|---|---|
| 02 | 180,965~181,365 |
| 03 | 58,242~58,642 |
| 04 | 170,409~170,809 |
| 05 | 67,939~68,339 |
| 06 | 23,714~24,114 |
| 07 | 137,261~137,661 |
| 08 | 28,734~29,134 |
| 09 | 23,099~23,499 |

| 1회 | 평균 구하기 |
|---|---|

| 01 | 6 | 07 | 5.3 |
|---|---|---|---|
| 02 | 6.9 | 08 | 1 |
| 03 | 5 | 09 | 5 |
| 04 | 5.5 | 10 | 4 |
| 05 | 6.5 | 11 | 5 |
| 06 | 7 | 12 | 3 |

## 06

$$\frac{5+x+8+6+4+3+9+6}{8}=6$$

$41+x=6\times8=48$

$\to x=48-41=7$

| 2회 | 평균 구하기 |
|---|---|

| 01 | 72 | 07 | 36 |
|---|---|---|---|
| 02 | 35 | 08 | 49 |
| 03 | 69 | 09 | 52 |
| 04 | 57 | 10 | 61 |
| 05 | 68 | 11 | 61 |
| 06 | 32 | 12 | 54 |

## 04

$$\frac{48+74+75+x+86+65+56+59}{8}=65$$

$463+x=65\times8=520$

$\to x=520-463=57$

| 자주 나오는 분수, 소수, 백분율 | |
|---|---|

| 01 | 0.333, 0.167, 0.143, 0.125, 0.111 / 33.3, 16.7, 14.3, 12.5, 11.1 |
|---|---|
| 02 | 0.083, 0.077, 0.067, 0.059, 0.056, 0.053 / 8.3, 7.7, 6.7, 5.9, 5.6, 5.3 |
| 03 | 0.667, 0.833, 0.857, 0.875, 0.889 / 66.7, 83.3, 85.7, 87.5, 88.9 |
| 04 | 0.04, 0.033, 0.02, 0.001, 0.0001 / 4, 3.3, 2, 0.1, 0.01 |

| 1회 | 증감률 구하기 |
|---|---|

| 01 | 33.3, 25, 33.3, 30 |
|---|---|
| 02 | 50, 33.3, 25, 20 |
| 03 | 20, 20.1, 20.2, 20.2 |
| 04 | 33.3, 25, 20, 16.7 |
| 05 | 5.8, 4.9, 5.8, 5.5 |

※ (증감률)$=\frac{(비교하는값)-(기준값)}{(기준값)}\times100(\%)$

## 01

$$\frac{12-9}{9}\times100\fallingdotseq33.3(\%)$$

$$\frac{15-12}{12}\times100=25(\%)$$

$$\frac{20-15}{15}\times100\fallingdotseq33.3(\%)$$

$$\frac{26-20}{20}\times100=30(\%)$$

| 01 | 10.9, −31.0, 25.5, −6.5, 13.0 |
| --- | --- |
| 02 | 12.5, 8.3, −5.4, 10.2, 13.2 |
| 03 | 7.2, 24.4, −33.6, −33.3, 200 |
| 04 | −20.0, −19.9, 49.8, −30.0, 50.1 |
| 05 | −7.2, −1.8, 22.3, 7.5, 3.6 |

## 01

$$\frac{142-128}{128}\times100 ≒ 10.9(\%)$$

$$\frac{98-142}{142}\times100 ≒ -31.0(\%)$$

$$\frac{123-98}{98}\times100 ≒ 25.5(\%)$$

$$\frac{115-123}{123}\times100 ≒ -6.5(\%)$$

$$\frac{130-115}{115}\times100 ≒ 13.0(\%)$$

| 01 | ② | 06 | ② |
| --- | --- | --- | --- |
| 02 | ① | 07 | ① |
| 03 | ② | 08 | ① |
| 04 | ① | 09 | ② |
| 05 | ① | 10 | ② |

## 01

① $\frac{625-281}{281}\times100 ≒ 122.4(\%)$

② $\frac{2,161-913}{913}\times100 ≒ 136.7(\%)$

→ 122.4<136.7

## 07

① $\frac{10,676-7,768}{7,768}\times100 ≒ 37.4(\%)$

② $\frac{17,866-13,460}{13,460}\times100 ≒ 32.7(\%)$

→ 37.4>32.7

| 01 | ① | 06 | ② |
| --- | --- | --- | --- |
| 02 | ① | 07 | ① |
| 03 | ② | 08 | ① |
| 04 | ② | 09 | ① |
| 05 | ① | 10 | ① |

## 02

① $\frac{13.8-7.3}{13.8}\times100 ≒ 47.1(\%)$ 감소

② $\frac{22.2-15.0}{22.2}\times100 ≒ 32.4(\%)$ 감소

→ 47.1>32.4

## 05

① $\frac{3,608-2,490}{3,608}\times100 ≒ 31.0(\%)$ 감소

② $\frac{7,884-5,972}{7,884}\times100 ≒ 24.3(\%)$ 감소

→ 31.0>24.3

| 01 | < | 11 | > |
| --- | --- | --- | --- |
| 02 | < | 12 | > |
| 03 | > | 13 | > |
| 04 | < | 14 | > |
| 05 | < | 15 | > |
| 06 | > | 16 | < |
| 07 | > | 17 | < |
| 08 | > | 18 | < |
| 09 | < | 19 | < |
| 10 | > | 20 | > |

## 03

$\dfrac{50}{60}$과 $\dfrac{58}{72}$을 통분한 후 분자의 크기를 비교한다.

$\dfrac{50}{60}=\dfrac{50\times72}{60\times72}=\dfrac{3,600}{4,320}$ $\boxed{>}$ $\dfrac{58}{72}=\dfrac{58\times60}{72\times60}=\dfrac{3,480}{4,320}$

## 16

$\dfrac{34}{276}$와 $\dfrac{30}{241}$을 통분했을 때의 분자만 구하여 크기를 비교할 수 있다.

$34\times241=8,194$ $\boxed{<}$ $30\times276=8,280$

| 2회 | 분수의 크기 비교 |

| 01 | < | 11 | < |
|---|---|---|---|
| 02 | < | 12 | < |
| 03 | < | 13 | < |
| 04 | > | 14 | > |
| 05 | > | 15 | < |
| 06 | < | 16 | > |
| 07 | > | 17 | > |
| 08 | < | 18 | > |
| 09 | < | 19 | > |
| 10 | < | 20 | > |

## 01

$\dfrac{17}{85}$과 $\dfrac{331}{1,612}$을 통분했을 때의 분자만 구하여 크기를 비교할 수 있다.

$17\times1,612=27,404$ $\boxed{<}$ $331\times85=28,135$

## 11

$\dfrac{538}{2,431}$과 $\dfrac{841}{3,424}$을 통분했을 때의 분자만 구하여 크기를 비교할 수 있다.

$538\times3,424=1,842,112$ $\boxed{<}$ $841\times2,431=2,044,471$

워크북 p.16

| **1회** | | | |
|---|---|---|---|
| **01** | ④ | **06** | ④ |
| **02** | ③ | **07** | ② |
| **03** | ② | **08** | ① |
| **04** | ② | **09** | ① |
| **05** | ③ | **10** | ② |

## 01

① 1,650  ② 1,655  ③ 1,652  ④ 1,635

## 02

총기부액＝1인당 기부액(만 원/명)×도시인구(백 명)
A국 : $3.2 \times 312 = 998.4$(백 만)
B국 : $6.2 \times 161 = 998.2$(백 만)
C국 : $2.3 \times 440 = 1,012$(백 만)
D국 : $6.4 \times 155 = 992$(백 만)

## 03

$a+b=4$, $-a+b=2$에서 $a=1$, $b=3$, $c=2b$로 $c=6$이다.
나머지 두 식에 $c=6$을 대입하면
$6+d=e$, $e+2d=3$
두 식을 연립하여 풀면
$d=-1$, $e=5$
∴ $a=1$, $b=3$, $c=6$, $d=-1$, $e=5$이므로
$(3+6+5)-(1-(-1))=14-2=12$

## 04

ⓐ 총 배출량 증가량 600톤이 재활용품, 종량제 방식, 음식물 쓰레기의 증감량과 같아야 하므로 $a-800+400=600$(톤), $a=1,000$톤
ⓑ 종량제 방식의 총량은 가연성과 불연성의 합이므로 $8,800=7,350+b$, $b=1,450$톤

## 05

스핑크스 : $(19 \times 2)+3-9=32$(점)
빅토리아 : $(16 \times 2)+9-8=33$(점)
코스모스 : $(15 \times 2)+10-5=35$(점)
포세이돈 : $(15 \times 2)+8-4=34$(점)

## 06

(단위 : 점)

| 학생 | 1회 | 2회 | 3회 | 4회 | 5회 | 6회 | 7회 | 8회 | 9회 | 10회 | 11회 | 계 |
|---|---|---|---|---|---|---|---|---|---|---|---|---|
| A | 5 | 3 | 5 | 1 | 3 | 5 | 5 | 0 | 1 | 1 | 3 | 32 |
| B | 1 | 5 | 3 | 5 | 5 | 5 | 0 | 3 | 0 | 3 | 1 | 31 |
| C | 3 | 3 | 0 | 1 | 0 | 3 | 3 | 5 | 3 | 5 | 5 | 31 |
| D | 5 | 3 | 0 | 5 | 3 | 0 | 3 | 5 | 3 | 1 | 5 | 33 |

## 07

① $\dfrac{6.9}{1.0}=6.9$

② $\dfrac{11.8}{2.0}=5.9$

③ $\dfrac{13.5}{2.3}=5.869\cdots$

④ $\dfrac{9.4}{1.6}=5.875$

## 08

홀수 항은 $\dfrac{1}{2}$씩 증가하고, 짝수 항은 $\dfrac{1}{4}$씩 증가한다.

빈 곳은 짝수 항이므로 알맞은 수는 $\dfrac{3}{4}+\dfrac{1}{4}=\dfrac{4}{4}=1$

## 09

월평균 임금액은 $\dfrac{2,835}{9}=315$(만 원)이므로 1년 임금 총액은

$315 \times 12 = 3,780$(만 원) 또는 1년 12개월의 $\dfrac{3}{4}$인 9개월의 임금

총액이 2,835(만 원)으로 1년 임금액은 $2,835 \times \dfrac{4}{3}=3,780$(만

원)으로 계산할 수 있다.

## 10

| 미국(USD) | 250×1,230=307,500원 |
|---|---|
| 중국(CNY) | 1,800×175=315,000원에서<br>수수료 1%(3,150)를 차감하면 311,850원 |

∴ 307,500＋311,850＝619,350원

### 2회

| | | | |
|---|---|---|---|
| **01** | ④ | **06** | ② |
| **02** | ④ | **07** | ② |
| **03** | ② | **08** | ① |
| **04** | ① | **09** | ③ |
| **05** | ④ | **10** | ④ |

## 01

$$증가(감소)율＝\frac{비교값－기준값}{기준값}\times100(\%)$$

| 분야 | 2021년 | 2022년 | 증가율 |
|---|---|---|---|
| A | 491명 | 571명 | 16.3% |
| B | 1,210명 | 1,425명 | 17.8% |
| C | 690명 | 810명 | 17.4% |
| D | 149명 | 180명 | 20.8% |

D 분야 증가율이 149명에서 180명으로 20% 이상 증가함.
20%를 기준으로 증가율의 대소를 판단한다.

## 02

1번 : $(65\times0.5)+(30\times0.25)+(70\times0.25)=57.5$
2번 : $(70\times0.5)+(35\times0.25)+(65\times0.25)=60.0$
3번 : $(75\times0.5)+(30\times0.25)+(70\times0.25)=62.5$
4번 : $(80\times0.5)+(40\times0.25)+(60\times0.25)=65.0$

체력 1급인 1번에게 10%(5.75)를 부여해도 4번이 65.0으로 가장 높다.
면접과 논술의 점수 합계가 100으로 같고 반영비율의 합이 50%로 같으므로 필기시험 점수 중 1번 학생에게 가산점 부여 후 비교하면 4번 학생의 점수가 제일 높음을 쉽게 알 수 있다.

## 03

어른의 수를 $x$, 청소년의 수를 $y$라 하면
$x+y=600$
$2,500x+1,200y=1,045,000$
두 식을 연립하여 풀면
∴ $x=250$(명), $y=350$(명)

## 04

절댓값이 가장 큰 수를 분수로 비교하면 $-2\frac{5}{3}$가 약 3.7로 가장 크다.

## 05

무승부가 없기 때문에 승리한 경기 수의 합은 20회이다. 따라서 진격팀의 승리 횟수는 3회이므로 패배 횟수는 5회이다.

## 06

2016년은 증가율은 감소하였으나 총액은 증가하였다.
전년 대비 총액이 감소한 해는 2017년과 2018년 두 해이다.

## 07

주둔지에서 작전지역까지의 거리를 $x$(km)라 하면
$$\frac{x}{10}+3+\frac{x}{4}=6.5$$
$$\frac{x}{10}+\frac{x}{4}=3.5, \frac{7x}{20}=\frac{7}{2}$$
∴ $x=10$(km)

## 08

d－c＝－2이므로 c－d＝2가 된다.
$2(3)-(2)-e=1, 4-e=1$
∴ e＝3

## 09

$$㉠＝\frac{4,700+5,900+3,200}{12,000}\times100=115$$

## 10

$$\frac{4,100+㉡+3,100}{12,000}=1.05$$
$7,200+㉡=12,600$
∴ ㉡＝5,400

| | | | |
|---|---|---|---|
| **01** | ② | **06** | ① |
| **02** | ① | **07** | ④ |
| **03** | ④ | **08** | ④ |
| **04** | ④ | **09** | ② |
| **05** | ② | **10** | ③ |

## 01

의자 수를 $x$라 하면

$5x+2=6(x-3)-5$

$\therefore x=25$

즉, 의자 수가 25개이므로

학생 수는 $5 \times 25+2=127$(명)

## 02

총열량 : $(150 \times 4)+(160 \times 9)+(320 \times 4)$

$=600+1,440+1,280$

$=3,320$(cal)

## 03

| 지 역 | 가 | 나 | 다 | 라 |
|---|---|---|---|---|
| 입산자 실화(건) | 123 | 70 | 63 | 55 |
| 전체 산불 발생현황(건) | 242 | 143 | 131 | 100 |
| 발생비율(%) | 51 | 49 | 48 | 55 |

지역별로 입산자 실화 건수와 나머지 원인에 의한 실화 건수를 합하여 비교해 보면 쉽게 알 수 있다.

## 04

직육면체 1개의 부피는 $4\text{cm}^3$이므로 직육면체의 높이는 4cm가 된다.

밑면과 윗면 겉넓이 : $(1 \times 1) \times 6=6\text{cm}^2$

옆면 겉넓이(아래) : $(1 \times 4) \times 8=32\text{cm}^2$

옆면 겉넓이(위) : $(1 \times 4) \times 4=16\text{cm}^2$

따라서 전체 겉넓이는 $54\text{cm}^2$이다.

## 05

1부터 12까지의 합과 같으므로

$1+2+3+\cdots+11+12=78$(개)

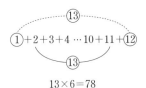

$13 \times 6=78$

## 06

계산식에 의해 기온과 습구온도의 합계가 가장 높은 날이 불쾌 지수가 가장 높다.

따라서 7월 28일($31+30=61$)이 가장 높다.

## 07

체육시설의 합계는 155개, 도서관의 합계는 231개로 1.5배 (232.5개) 이하이다.

## 08

먹거리를 구입한 학생 수는 21명이고 전체의 60%이므로 전체 학생 수는 35명이다.

따라서 먹거리와 편의품을 구입한 학생은 26명이고, 문구류를 구입한 학생은 9명이다.

## 09

저축 기간을 $x$라 하면

$1,200+50x=720+70x$

$20x=480$

$\therefore x=24$(개월)

## 10

$\dfrac{(6 \times 2)+(7 \times 6)+(8 \times 6)+(9 \times 3)+(10 \times 2)+(11 \times 1)}{(2+6+6+3+2+1)}$

$=\dfrac{160}{20}=8$(개)

| 01 | ① | 06 | ③ |
|----|---|----|---|
| 02 | ③ | 07 | ① |
| 03 | ④ | 08 | ④ |
| 04 | ④ | 09 | ② |
| 05 | ② | 10 | ① |

## 01

$B=4-(3\times2)=4-6=-2$
$C=(-2\div2)-1=-1-1=-2$

## 02

① $\dfrac{2}{3}>\dfrac{5}{8}$

② $\dfrac{52}{100}>\dfrac{1}{2}$

③ $\dfrac{50}{60}>\dfrac{58}{72}$

④ $0.69<0.15\times\dfrac{42}{9}$

## 03

A는 1.5초에 1회전(톱니 16개)한다. 40개가 2회전(톱니 80개)하려면 $1.5\times5=7.5$(초)가 걸린다.

## 04

90분 미만의 학생이 30%(15명)로 120시간 이상 150분 미만의 학생은 10명이다.
따라서 120분 이상 이용하는 학생 수는 16명(10명+6명)으로 전체의 32%이다.

## 05

(단위 : 억 원)

| 구 분 | 2017년 | 2018년 | 2019년 | 2020년 | 2021년 | 합 계 |
|-------|--------|--------|--------|--------|--------|-------|
| 가전 사업부 | 1,242 | 1,424 | 2,514 | 2,854 | 3,365 | 11,399 |
| 반도체 사업부 | 2,154 | 2,321 | 2,412 | 2,541 | 2,645 | 12,073 |
| LCD 사업부 | 1,124 | 1,164 | 1,188 | 1,211 | 3,654 | 8,341 |
| 정보통신 사업부 | 845 | 994 | 1,090 | 1,112 | 1,214 | 5,255 |

## 06

2년 전 학생 수를 $x$라 하면
$x\times0.9\times0.9=1,215$
$0.81x=1,215$
$\therefore\ x=1,500$(명)

## 07

전체 학생 수가 1,000명으로 남학생은 400명, 여학생은 600명이다.
따라서 감기 환자의 수는 남학생이 $400\times0.375=150$(명), 여학생이 $600\times0.3=180$(명)이다.

참고) 남 · 여 학생 수 계산
남학생 수 : $x$, 여학생 수 : $y$
$x+y=1,000$
$0.375x+0.3y=330$
두 식을 연립하여 풀면
$x=400,\ y=600$

## 08

① 125,000
② 122,500
③ 120,000
④ 150,000

## 09

을의 한국사 평점을 $x$라 하면
$$\dfrac{(5\times4)+(4\times x)+(2\times3)+(2\times4)}{13}=4.0$$
$4x+34=52$
$\therefore\ x=4.5(\mathrm{A}^{0})$

## 10

$\dfrac{729-675}{675}\times100=8\%$

| 01 | ③ | 06 | ③ |
|----|----|----|----|
| 02 | ② | 07 | ② |
| 03 | ③ | 08 | ④ |
| 04 | ② | 09 | ③ |
| 05 | ④ | 10 | ③ |

## 01

(단위 : 점)

| 학생 \ 과목 | 국 어 | 영 어 | 수 학 | 과 학 | 평 균 |
|----|----|----|----|----|----|
| 갑 | 86 | 82 | 66 | 86 | 80 |
| 을 | 73 | 85 | 88 | 82 | 82 |
| 병 | 75 | 86 | 87 | 84 | 83 |
| 정 | 90 | 67 | 91 | 80 | 82 |

## 02

$\frac{1}{4}$이 부사관이므로 부사관의 수는 172명이다. 원사 대 중사의
비율이 4 : 3이므로 중사의 비율은 24%, 상사는 25%로 상사
의 수는 43명이다.

## 03

갑 : 1,280명$\left(\frac{1,536}{1.2}\right)$

을 : 1,300명$\left(\frac{1,040}{0.8}\right)$

병 : 1,320명$\left(\frac{1,452}{1.1}\right)$

정 : 1,300명$\left(\frac{1,105}{0.85}\right)$

## 04

가장 작은 수를 $x$라 하면
네 수는 $x$, $x+6$, $x+8$, $x+14$이므로
$4x+28=76$
$\therefore x=12$

## 05

빵과 우유의 구입 비용 : 14,400원
빵의 수량을 $x$, 우유의 수량을 $y$라 하면
$x+y=14$, $1,200x+900y=14,400$
$\therefore x=6$, $y=8$
따라서 빵값 7,200원, 우유값 7,200원으로 차이가 없다.

## 06

| 제 품 | 합 격 | 불합격 | 총 생산량 | 불량률 |
|----|----|----|----|----|
| a | 9,985개 | 1,015개 | 11,000개 | 9.23% |
| b | 75,121개 | 4,901개 | 80,022개 | 6.12% |
| c | 15,018개 | 1,982개 | 17,000개 | 11.66% |
| d | 12,498개 | 1,329개 | 13,827개 | 9.61% |

총 생산량 중에서 불량품이 차지하는 비중을 보고 판단한다.

## 07

학생 수가 15명이고 평균이 74점이므로
총점은 1,110점(15×74=1,110)
70점과 80점을 맞은 학생의 총점은 610점(1,110−500)
70점을 맞은 학생의 수를 $x$, 80점을 맞은 학생의 수를 $y$라 하면
$x+y=8$
$70x+80y=610$
두 식을 연립하여 풀면
$\therefore x=3$(명), $y=5$(명)

## 08

시속 60km/h로 10분($\frac{1}{6}$시간)을 달렸으므로

거리는 60km/h×$\frac{1}{6}$(시간)=10km이다.

$\therefore$ 자전거의 속력=10,000m/25분=400m/분

## 09

| 구 분 | 2015년 | 2016년 | 2017년 | 2018년 |
|----|----|----|----|----|
| 지출 건수(건) | 512 | 893 | 773 | 1,469 |
| 지출 금액(천 원) | 40,087 | 80,362 | 50,145 | 102,830 |
| 건당 지출 금액 (천 원) | 78.3 | 90.0 | 64.9 | 70.0 |

※ 건당 지출 금액=$\frac{\text{지출 금액}}{\text{지출 건수}}$

## 10

| 차량 | 운행거리<br>(km) | 연비<br>(km/L) | 연료<br>소요량(L) | 1L당<br>가격(원) | 연료비<br>(원) |
|---|---|---|---|---|---|
| A | 240 | 15 | 16 | 1,600 | 25,600 |
| B | 240 | 12 | 20 | 1,300 | 26,000 |
| C | 240 | 10 | 24 | 1,050 | 25,200 |
| D | 240 | 8 | 30 | 850 | 25,500 |

※ 연료 소요량 $= \dfrac{운행거리}{연비}$

## 6회

| 01 | ① | 06 | ① |
|---|---|---|---|
| 02 | ④ | 07 | ② |
| 03 | ④ | 08 | ④ |
| 04 | ① | 09 | ① |
| 05 | ④ | 10 | ③ |

## 01

- 국어 : $\dfrac{69-60}{60} \times 100 = 15(\%)$

- 영어 : $\dfrac{93-82}{82} \times 100 ≒ 13.4(\%)$

- 수학 : $\dfrac{94-90}{90} \times 100 ≒ 4.4(\%)$

- 독도법 : $\dfrac{86-76}{76} \times 100 ≒ 13.2(\%)$

## 02

노년부양비 $= \dfrac{고령인구}{생산가능인구} \times 100(\%)$

$= \dfrac{7,066,061}{37,571,566} \times 100 ≒ 18.8(\%)$

## 03

㉠ $\dfrac{7,482}{1.16} ≒ 6,450(천 명)$

㉡ $1,180 \times 1.082 = 1,276.76(천 명)$

## 04

(가)를 $x$, (나)를 $y$라 하면

$x+y=7$

언어논리 점수의 평균은

$(2 \times 2) + 4(x+2) + (6 \times 8) + 8(y+6) + (10 \times 5) = 210$

$4x + 8y = 52$

두 식을 연립하여 풀면

$\therefore x=1,\ y=6$

## 05

$\dfrac{12}{24} \times 100 = 50\%$

## 06

비만인 사람의 발병율 : $\dfrac{30}{200} \times 100 = 15(\%)$

정상인 사람의 발병율 : $\dfrac{50}{1,000} \times 100 = 5(\%)$

## 07

A사의 전년도 매출액 : $78,124 - 451 = 77,673(백만 원)$
B사의 전년도 매출액 : $73,175 + 234 = 73,409(백만 원)$
따라서 전년도 매출액의 합은 $151,082(백만 원)$이다.

## 08

| 회 사 | 갑 | 을 | 병 | 정 |
|---|---|---|---|---|
| 판매액(억 원) | 4,000 | 4,320 | 4,200 | 4,400 |
| 투자액(억 원) | 20,000 | 24,000 | 35,000 | 44,000 |
| 판매율(%) | 0.2 | 0.18 | 0.12 | 0.1 |

## 09

| 제품 | 점유율(%) | 시장규모(억 원) | 매출액(억 원) |
|---|---|---|---|
| A | 0.32 | 1,900 | 608 |
| B | 0.37 | 1,600 | 592 |
| C | 0.24 | 2,500 | 600 |
| D | 0.17 | 3,500 | 595 |

## 10

(단위 : 명)

| 학교 \ 성별 | 남학생 | 여학생 | 합 계 |
|---|---|---|---|
| 초등학교 | 100 | 100 | 200 |
| 중 학 교 | 40 | 120 | 160 |
| 고등학교 | 144 | 36 | 180 |
| 대 학 교 | 40 | 240 | 280 |
| 합 계 | 324 | 496 | 820 |

### 7회

| 01 | ④ | 06 | ④ |
|---|---|---|---|
| 02 | ③ | 07 | ③ |
| 03 | ② | 08 | ① |
| 04 | ③ | 09 | ① |
| 05 | ② | 10 | ③ |

## 01

종목별 비율을 분수로 나타내면

$\dfrac{24}{100}, \dfrac{15}{100}, \dfrac{12.5}{100}$으로

$\dfrac{6}{25}, \dfrac{3}{20}, \dfrac{1}{8}$이 되어

분모(25, 20, 8)의 최소 공배수를 구하면

$5 \times 5 \times 2 \times 2 \times 2 = 200$(명)이 된다.

## 02

① 남자 360(백 명), 여자 330(백 명)으로 전체 690(백 명)이다. ( ○ )

② 남자 360(백 명), 여자 330(백 명)으로 남자가 더 많다. ( ○ )

③ 남학생 수와 여학생 수는 240(백 명)으로 같다. ( × )

④ 남자 전체 참가자 360(백 명), 학생참가자 240(백 명)으로 $\dfrac{2}{3}$이다. ( ○ )

## 03

| 자격증 수 | 상대도수 | 부사관 수 |
|---|---|---|
| 0~1개 | 0.22 | 33명 |
| 2~3개 | 0.18 | 27명 |
| 4~5개 | 0.36 | 54명 |
| 6개 이상 | 0.24 | 36명 |
| 합 계 | 1 | 150명 |

## 04

| 지 역 | | A 시 | B 시 | C 시 | 총 득표수 (표) |
|---|---|---|---|---|---|
| 선거인 수(명) | | 25,000 | 40,000 | 50,000 | |
| 투표율 | | 0.8 | 0.7 | 0.6 | |
| 투표자 수(명) | | 20,000 | 28,000 | 30,000 | |
| 득표수 (표) | 홍길동 | 4,000 | 2,800 | 12,000 | 18,800 |
| | 임꺽정 | 5,000 | 8,400 | 6,000 | 19,400 |
| | 이몽룡 | 6,000 | 8,400 | 6,000 | 20,400 |
| | 박문수 | 5,000 | 8,400 | 6,000 | 19,400 |

## 05

정답자 비율 $= \dfrac{정답자 \ 수}{정답자 \ 수 + 오답자 \ 수} \times 100(\%)$

| 과 목 | 정답자 수 | 오답자 수 | 전 체 | 정답자 비율 |
|---|---|---|---|---|
| 국 어 | 50명 | 5명 | 55명 | 90.9% |
| 과 학 | 46명 | 4명 | 50명 | 92.0% |
| 자료해석 | 45명 | 5명 | 50명 | 90.0% |
| 한국사 | 40명 | 4명 | 44명 | 90.9% |

## 06

남학생의 수를 $x$, 여학생의 수를 $y$라 하면

$x + y = 400, \ 0.3x + 0.4y = 144$

$\therefore x = 160$(명), $y = 240$(명)

남학생 중 A 지지자 : 160(명)$\times 0.3 = 48$(명)

여학생 중 A 지지자 : 240(명)$\times 0.4 = 96$(명)

## 07

기준연도의 자본을 A, 1년 후의 자본 증가율을 $x$%, 2년 후의
자본 증가율을 $y$%라 하면 3년 초의 자본은

$$A \times \left[ 1 + \left( x + y + \frac{xy}{100} \right)\% \right]$$

$xy$값이 가장 큰 '병'의 자본이 가장 많이 증가한다.

## 08

$220 + 18x + 260 + 270 = 12 \times 76$

$18x = 162$

$\therefore \ x = 9$

## 09

B시에서 E시까지 버스는 3,100원, 기차는 3,600원으로 기차
가 500원 더 비싸다.

## 10

A에서 C시까지 기차는 2,900원, C시에서 E시까지 버스는
1,800원으로 합계 요금은 4,700원이다.

## 1회

| 01 | × | 06 | × |
|---|---|---|---|
| 02 | ○ | 07 | ○ |
| 03 | ○ | 08 | × |
| 04 | ○ | 09 | ○ |
| 05 | ○ | 10 | ○ |

### 01

분쟁 발생 건수는 2012년이 가장 적지만 노동 손실 일수는 2013년이 가장 적다.

### 06

$\dfrac{9,007}{1,266} \times 100 ≒ 7.1(\%)$로 8억 원을 넘지 않는다.

### 08

노동 손실 일수가 가장 많았던 해는 2016년이지만 생산 차질 액이 가장 많았던 해는 2013년이다.

## 2회

| 01 | ○ | 06 | × |
|---|---|---|---|
| 02 | × | 07 | × |
| 03 | ○ | 08 | ○ |
| 04 | × | 09 | ○ |
| 05 | ○ | 10 | × |

### 02

$\dfrac{182}{738} \times 100 ≒ 24.7(\%)$

### 04

$\dfrac{132}{675} \times 100 ≒ 19.6(\%)$

### 06

$\dfrac{382-543}{543} \times 100 ≒ -29.7(\%)$

### 07

$\dfrac{56-132}{132} \times 100 ≒ -57.6(\%)$

### 10

2년 동안의 남자 합격자는 543+382=925(명), 여자 합격자는 132+56=188(명)이다.
→ 188×5=940>925

## 3회

| 01 | ○ | 06 | × |
|---|---|---|---|
| 02 | × | 07 | × |
| 03 | ○ | 08 | ○ |
| 04 | ○ | 09 | × |
| 05 | × | 10 | ○ |

### 02

D제품의 총 원가 : 950,000+270,000+65,000+65,000
=1,350,000(원)
→ 단위당 원가 : 1,350,000÷1,500=900 (원)

## 05

총 원가에서 재료비가 차지하는 비중을 구하면 다음과 같다.

- A제품 : $\dfrac{610,000}{910,000} \times 100 \fallingdotseq 67.0(\%)$

- B제품 : $\dfrac{900,000}{1,680,000} \times 100 \fallingdotseq 53.6(\%)$

- C제품 : $\dfrac{820,000}{1,200,000} \times 100 \fallingdotseq 68.3(\%)$

- D제품 : $\dfrac{950,000}{1,350,000} \times 100 \fallingdotseq 70.3(\%)$

따라서 비중이 큰 것부터 차례로 나열하면 D − C − A − B 이다.

## 06

네 제품의 이익을 구하면 다음과 같다.
- A제품 : $(700 \times 0.2) \times (1,300 \times 0.5) = 91,000(원)$
- B제품 : $(800 \times 0.2) \times (2,100 \times 0.5) = 168,000(원)$
- C제품 : $(1,000 \times 0.2) \times (1,200 \times 0.5) = 120,000(원)$
- D제품 : $(900 \times 0.2) \times (1,500 \times 0.5) = 135,000(원)$

따라서 가장 많은 이익을 내는 제품은 B제품이다.

## 07

$(900 \times 0.15) \times (1,500 \times 0.7) = 141,750(원)$

## 09

- B제품 : $(800 \times 0.2) \times (2,100 \times 0.5) = 168,000(원)$
- C제품 : $(1,000 \times 0.14) \times 1,200 = 168,000(원)$

따라서 B, C 두 제품의 이익은 같다.

| 4회 | | | |
|---|---|---|---|
| 01 | ○ | 06 | × |
| 02 | ○ | 07 | ○ |
| 03 | ○ | 08 | ○ |
| 04 | ○ | 09 | × |
| 05 | × | 10 | ○ |

## 05

1차 경쟁률은 모든 병과에서 여군이 더 높다.

## 06

1차 경쟁률은 여군이, 2차 경쟁률은 남군이 더 높다.

## 09

지원자 수 대비 최종 합격 경쟁률은 남자가 약 3.6 : 1이고, 여자가 약 2.8 : 1이므로 여자는 3.3 : 1 이하이다.

| 5회 | | | |
|---|---|---|---|
| 01 | ○ | 06 | × |
| 02 | ○ | 07 | ○ |
| 03 | ○ | 08 | × |
| 04 | × | 09 | × |
| 05 | ○ | 10 | ○ |

## 04

$\dfrac{117-143}{143} \times 100 \fallingdotseq -18.1(\%)$

## 06

2년 동안 해당 지역에서 발생한 사고 대비 LP가스 사고 발생 비율은 제주도가 100%로 가장 높다.

## 08

- 2018년 : $\dfrac{88}{143} \times 100 \fallingdotseq 61.5(\%)$

- 2019년 : $\dfrac{77}{117} \times 100 \fallingdotseq 65.8(\%)$

따라서 전년 대비 증가하였다.

## 09

도시가스는 63건, 고압 가스는 32건으로 도시가스는 고압가스의 2배가 되지 못한다.

| 01 | × | 06 | ○ |
|----|---|----|---|
| 02 | ○ | 07 | ○ |
| 03 | ○ | 08 | ○ |
| 04 | ○ | 09 | ○ |
| 05 | ○ | 10 | × |

## 01

- 일손돕기 : $884 \div 13 = 60$(명)
- 재난구조 : $1,098 \div 29 ≒ 37.9$(명)
- 수해복구 : $720 \div 12 = 60$(명)
- 산불진화 : $1,562 \div 22 = 71$(명)

따라서 1회 평균 지원 인원이 가장 많은 것은 산불진화이다.

## 10

- 일손돕기 : $26 \div 13 = 2$(대)
- 재난구조 : $1,098 \div 29 ≒ 37.9$(대)
- 수해복구 : $720 \div 12 = 60$(대)
- 산불진화 : $33 \div 22 = 1.5$(대)

따라서 1회 평균 장비 지원 대수가 가장 적은 것은 산불진화이다.

| 01 | × | 06 | ○ |
|----|---|----|---|
| 02 | × | 07 | × |
| 03 | × | 08 | × |
| 04 | ○ | 09 | × |
| 05 | × | 10 | × |

## 01

2015년 생산량은 2014년 대비 1% 증가하였다.

## 02

- 2013년 : $10,000 \times 1.02 = 10,200$(개)
- 2014년 : $10,200 \times 1.025 = 10,455$(개)
- 2015년 : $10,455 \times 1.01 ≒ 10,560$(개)
- 2016년 : $10,560 \times 0.98 ≒ 10,349$(개)

2016년 생산량 증가율이 음수여서 생산량이 가장 적다고 생각할 수 있으나 생산량은 2013년보다 많다.

## 07

- 2016년의 전년 대비 감소한 생산량 :
  $10,560 - 10,349 = 211$(개)
- 2017년의 전년 대비 증가한 생산량 :
  $10,349 \times 0.01 ≒ 103$(개)

→ 2016년에 감소한 생산량이 더 많다.

## 09

2013년 생산량이 10,200개이고, 2015년 생산량이 10,560개이므로 차는 $10,560 - 10,200 = 360$(개)이다.

| 01 | ○ | 06 | × |
|----|---|----|---|
| 02 | × | 07 | × |
| 03 | × | 08 | ○ |
| 04 | ○ | 09 | × |
| 05 | × | 10 | × |

## 02

2018년 대기업 취업자 수는 남자 $24,000 \times 0.14 = 3,360$(명), 여자 $24,000 \times 0.16 = 3,360$(명)이므로

전체의 $\dfrac{(3,360 + 3,360)}{(24,000 + 21,000)} \times 100 ≒ 14.9$(%)

따라서 15% 이하이다.

## 03

남자는 2,400명에서 2,640명으로 240명 증가했고, 여자는 2,100명에서 2,400명으로 300명 증가했으므로 여자가 더 많이 증가했다.

## 04

남자가 4,400명, 여자가 5,200명이므로

$\dfrac{(4,400 + 5,200)}{(22,000 + 20,000)} \times 100 ≒ 23$(%)

## 05

감소한 남자가 2,520명, 여자가 4,350명으로 여자 수는 남자
수의 2배 이하이다.

## 06

전체 취업자 수를 알 수 없으므로 1인 창업자 수가 일정하게
증가했다고 할 수 없다.

## 07

- 2016년 : $\dfrac{1.2-0.9}{0.9}\times100\fallingdotseq33.3(\%)$

- 2017년 : $\dfrac{1.5-1.2}{1.2}\times100=25(\%)$

따라서 두 해의 전년 대비 증가율은 다르다.

## 09

전체 취업자 수를 알 수 없으므로 구성비가 같다고 해서 1인
창업자 수가 같다고 할 수 없다.

워크북 p.58

## 표 해석

| 01 | ① | 09 | ③ |
|----|----|----|----|
| 02 | ③ | 10 | ④ |
| 03 | ② | 11 | ② |
| 04 | ① | 12 | ② |
| 05 | ② | 13 | ④ |
| 06 | ③ | 14 | ③ |
| 07 | ④ | 15 | ② |
| 08 | ② |  |  |

## 01
정답 ①

정답체크

중졸 여성이 $\frac{24}{50}=0.48 \rightarrow 48\%$로 가장 낮다.

## 02
정답 ③

정답체크

• 2017년 문서실무 자격증 취득자 수 :
  $129-(49+28+13)=39$(명)
• 2019년 정보기기 자격증 취득자 수 :
  $158-(21+53+39)=45$(명)
→ $39+45=84$(명)

## 03
정답 ②

정답체크

(한국사 자격증 취득자 수)+(문서실무 자격증 취득자 수)
$=20+19=39$(명)
2018년 자격증 취득자 수가 112명이므로
$\frac{39}{112}\times100\fallingdotseq34.8$(%)

## 04
정답 ①

정답체크

$2,799-(561+21+23+20+1,370+68+625)$
$=2,799-2,688=111$(명)

## 05
정답 ②

정답체크

(5월 사망자 수의 합)
$=656+208+51+26+16+1619+61+502=3,139$(명)
(월평균 사망자 수)$=\frac{(전체\ 사망자\ 수의\ 합)}{12}$이므로
$\frac{32,661}{12}=2,721.75$(명)
따라서 반올림하여 일의 자리까지 나타내면 2,722명이다.

## 06
정답 ③

정답체크

③ 공평 분담에서 중졸보다 고졸의 비율이 더 낮으므로 고학력일수록 공평하게 분담해야 한다고 생각하는 의견이 많다는 내용은 틀린 설명이다.

## 07
정답 ④

정답체크

④ 남자 대비 여자의 구입률이 가장 높은 품목은 한류 관련 상품으로 2배이다.

## 08
정답 ②

오답체크

① • 찬성 : $\frac{1,500}{1,600}\times100\fallingdotseq93.7$(%)
  • 반대 : $\frac{500}{400}\times100=125$(%)
  따라서 찬성에 대한 예측 적중률이 더 높다.
③ 여론 조사 찬성표 : 1,600표, 실제 찬성표 : 1,500표
④ 실제 투표에서 여론조사 때와 생각을 바꾸지 않은 사람은
  $300+1,400=1,700$(명)이다.

## 09
정답 ③

정답체크

③ $\frac{300}{2,000}=0.15 \rightarrow 15\%$

## 10

정답 ④

**정답체크**

$$(증가율)=\frac{(올해\ 수치)-(전년\ 수치)}{(전년\ 수치)}\times100(\%)$$

| 회사 | 2019년<br>(억 원) | 2020년<br>(억 원) | 증가율 |
|---|---|---|---|
| 가 | 340 | 391 | $\frac{391-340}{340}\times100=15(\%)$ |
| 나 | 420 | 462 | $\frac{462-420}{420}\times100=10(\%)$ |
| 다 | 280 | 322 | $\frac{322-280}{280}\times100=15(\%)$ |
| 라 | 240 | 300 | $\frac{300-240}{240}\times100=25(\%)$ |

따라서 증가율이 가장 큰 회사는 라이다.

## 11

정답 ②

**정답체크**

② 전년 여자 합격자 수가 458명이고 올해 여자 합격자 수가 830명이므로

$$\frac{830-458}{458}\times100≒81(\%)<85(\%)$$

## 12

정답 ②

**정답체크**

② $\frac{49}{300}\times100≒16.3(\%)$

## 13

정답 ③

**정답체크**

(ㄴ) 중학생 중 이성 문제로 고민하는 남학생이 33명, 여학생이 11명이므로 남학생 수는 여학생 수의 3배이다.

(ㄹ) • 초등학교 : $\frac{37}{250}\times100=14.8(\%)$

  • 중학교 : $\frac{58}{310}\times100≒18.7(\%)$

  • 고등학교 : $\frac{61}{300}\times100≒20.3(\%)$

  → 14.8<18.7<20.3

**오답체크**

(ㄱ) 학습과 진로 문제로 고민하는 학생은 전체의

$$\frac{(156+144)}{860}\times100≒34.9(\%)$$이므로 35% 미만이다.

(ㄷ) • 학교급별 학생 수 대비 진로 문제로 고민하는 초등학생 수의 비율 : $\frac{35}{250}=0.14$

  • 학교급별 학생 수 대비 진로 문제로 고민하는 중학생 수의 비율 : $\frac{42}{310}=0.135\cdots$

  0.14>0.135…이므로 초등학생 수의 비율이 더 크다.

## 14

정답 ③

**정답체크**

③ 2010년에 OECD 평균보다 전력 소비량이 많은 국가는 일본, 호주, 한국, 미국, 아이슬란드의 5개국이다.

**오답체크**

① 한국은 조사 기간 동안 1인당 전력 소비량이 증가하다가 2015년에 소폭 감소하였다.

② 아이슬란드의 1인당 전력 소비량은 2009년에 영국의 약 8.98배, 2010년에는 약 8.96배로 9배 이하이다.

④ 1인당 전력 소비량이 2015년과 2016년에는 영국이 가장 적다.

## 15

정답 ②

**정답체크**

2009년 대비 2016년에 1인당 전력 소비량이 감소한 나라는 영국, 이탈리아, 프랑스, 호주, 미국으로 모두 5개국이다.

### 그래프 해석

| 01 | ② | 06 | ① |
|---|---|---|---|
| 02 | ③ | 07 | ② |
| 03 | ③ | 08 | ③ |
| 04 | ③ | 09 | ② |
| 05 | ③ | 10 | ② |

## 01

정답 ②

**정답체크**

② • 2013년 : $\frac{5.7}{20.9}\times100≒27.3(\%)$

  • 2014년 : $\frac{6.6}{21.8}\times100≒30.3(\%)$

  • 2015년 : $\frac{6.1}{22.7}\times100≒26.9(\%)$

  • 2016년 : $\frac{5.8}{21.4}\times100≒27.1(\%)$

## 02

[정답체크]

③ 증가율이 '−'이면 매출액이 감소했다는 의미이고 '+'이면 매출액이 증가했다는 의미이므로 매출액이 처음으로 증가하기 시작한 해는 2015년이다.

## 03
정답 ③

[정답체크]

먼 기록부터 학생 수를 파악해 보면 45m 이상이 5명, 40~44m가 6명이므로 40m 이상의 기록인 학생은 5+6=11(명)이다. 따라서 13번째로 멀리 던진 학생의 기록이 속하는 범위는 35~39m이다.

## 04
정답 ③

[정답체크]

올해 회원 수와 증가율을 이용하여 전년 회원 수를 구하면 다음과 같다.

| 동호회 | 올해<br>회원 수(명) | 증가율<br>(%) | 전년도<br>회원 수(명) |
|---|---|---|---|
| 조기축구 | 455 | 30 | 350 |
| 볼링 | 432 | 20 | 360 |
| 배드민턴 | 460 | 15 | 400 |
| 테니스 | 475 | 25 | 380 |

따라서 전년도 회원이 가장 많았던 동호회는 배드민턴이다.

## 05
정답 ③

[정답체크]

③ 4개국의 전체 인구를 알 수 없으므로 실업률이 높다고 해서 실업자 수가 많다고 할 수는 없다.

[오답체크]

① A국의 4년간 평균 실업률 : $\dfrac{3.5+4.9+3.5+4.5}{4}=4.1(\%)$

② ・B국의 4년간 평균 실업률 : $\dfrac{4.2+2.8+5.2+3}{4}=3.8(\%)$

・C국의 4년간 평균 실업률 : $\dfrac{2.6+3.3+4.3+5.8}{4}=4(\%)$

・D국의 4년간 평균 실업률 : $\dfrac{5.7+1.5+2.8+2.1}{4}$
$=3.025(\%)$

따라서 4년간 평균 실업률이 가장 낮은 국가는 D국이다.

## 06
정답 ①

[정답체크]

① 기울기가 가장 큰 A의 속력이 가장 빠르다.

## 07
정답 ②

[정답체크]

② D가 120초=2분 동안 240m를 가므로 $\dfrac{240}{2}=120$, 즉 분속 120m이다.

10km=10,000m이므로 10km를 완주할 때 걸리는 시간은 $\dfrac{10,000}{120}=83(분)=1$시간 23분이다.

## 08
정답 ③

[정답체크]

A의 속력 : $\dfrac{400}{100}=4(\text{m/s})$, C의 속력 : $\dfrac{200}{80}=2.5(\text{m/s})$

따라서 A의 속력은 C의 속력의 $4 \div 2.5 = 1.6$(배)이다.

## 09
정답 ②

[정답체크]

② 2010년의 전년 대비 성장률이 0%이므로 2009년과 경제 규모가 동일하다.

## 10
정답 ②

[정답체크]

② 2009년에는 2008년보다 2.3% 성장하였으므로 2009년 GDP는 $200 \times 1.023 = 204.6$(조 달러)이다.

# 현재 나의 실력을 객관적으로 파악해 보자!

# 모바일 OMR
## 답안분석 서비스

도서에 수록된 모의고사에 대한 객관적인 결과(정답률, 순위)를 종합적으로 분석하여 제공합니다.

### OMR 입력

### 성적분석

### 채점결과

※OMR 답안분석 서비스는 등록 후 30일간 사용 가능합니다.

---

**참여 방법**

 ➡  LOG IN ➡  ➡  ➡  ➡  ➡ ☺

도서 내 모의고사 우측 상단에 위치한 QR코드 찍기 → 로그인 하기 → '시작하기' 클릭 → '응시하기' 클릭 → 나의 답안을 모바일 OMR 카드에 입력 → '성적분석 & 채점결과' 클릭 → 현재 내 실력 확인하기

# 장교·부사관
# *KIDA*
# 간부선발도구

# Contents
목 차

## 정답 및 해설

PART 1  KIDA 간부선발도구      02

PART 2  상황판단검사      54

PART 3  최종모의고사      64

# KIDA 간부선발도구

CHAPTER 01  언어논리

CHAPTER 02  자료해석

CHAPTER 03  공간능력

CHAPTER 04  지각속도

# CHAPTER
# 01 | 언어논리

## 제1유형 | 어휘·어법     문제편 p.005

| 01 | 02 | 03 | 04 | 05 | 06 | 07 | 08 | 09 | 10 |
|----|----|----|----|----|----|----|----|----|----|
| ① | ⑤ | ③ | ② | ④ | ③ | ④ | ③ | ③ | ② |
| 11 | 12 | 13 | 14 | 15 | 16 | 17 | 18 | 19 | 20 |
| ① | ⑤ | ④ | ② | ③ | ① | ④ | ⑤ | ① | ② |
| 21 | 22 | 23 | 24 | 25 | 26 | 27 | 28 | 29 | 30 |
| ④ | ④ | ③ | ① | ② | ⑤ | ② | ⑤ | ② | ④ |
| 31 | 32 | 33 | 34 | | | | | | |
| ④ | ④ | ⑤ | ③ | | | | | | |

## 01     정답 ①

**[정답체크]**

〈보기〉의 짜다는 '인색하다'의 뜻으로 쓰였다. 이와 같은 뜻으로 쓰인 것은 '월급이 인색하다'의 뜻으로 쓰인 ①이다.

**[오답체크]**

② 소금과 같은 맛이 있다.
③ 어떤 새로운 것을 생각해 내기 위하여 온 힘을 기울이거나, 온 정신을 기울이다.
④ 실이나 끈 따위를 씨와 날로 걸어서 천 따위를 만들다.
⑤ 계획이나 일정 따위를 세우다.

## 02     정답 ⑤

**[정답체크]**

〈보기〉의 올라가다는 '기세나 기운, 열정 따위가 점차 고조되다'의 뜻으로 ⑤의 '사기가 올라가다'가 가장 비슷하다.

**[오답체크]**

① 지방에서 중앙으로 '가다'라는 뜻으로 쓰였다.
② 값이나 통계 수치, 온도, 물가가 높아지거나 '커지다'라는 뜻으로 쓰였다.
③ 낮은 곳에서 높은 곳으로 또는 아래에서 위로 '가다'라는 뜻으로 쓰였다.
④ 물의 흐름을 거슬러 위쪽으로 향하여 '가다'라는 뜻으로 쓰였다.

## 03     정답 ③

**[정답체크]**

③의 성격과 같이 직접 증명할 수는 없지만 간접적으로 증명에 도움을 주는 증거는 '반증'이 아닌 '방증'을 사용해야 한다.
- 반증 : 어떤 사실이나 주장이 옳지 아니함을 그에 반대되는 근거를 들어 증명함
- 방증 : 사실을 직접 증명할 수 있는 증거가 되지는 않지만, 주변의 상황을 밝힘으로써 간접적으로 증명에 도움을 줌

**[오답체크]**

① 회자 : 회와 구운 고기라는 뜻으로, 칭찬을 받으며 사람의 입에 자주 오르내림
② 구명 : 사물의 본질, 원인 따위를 깊이 연구하여 밝힘
④ 팽배 : 어떤 기세나 사조 따위가 매우 거세게 일어남
⑤ 발굴 : 세상에 널리 알려지지 않거나 뛰어난 것을 찾아 밝혀냄

## 04     정답 ②

**[정답체크]**

'깜박하고 식당에 지갑을 놓고 왔다.'에서 '놓다'는 '잡거나 쥐고 있던 물체를 일정한 곳에 두다.'라는 뜻이므로 유의어에 들어갈 단어로 적절한 것은 ② '두다'이다.

## 05     정답 ④

**[정답체크]**

⑦ 문장에 사용한 '놓다'의 유의어가 '치다', 반의어가 '거두다'이므로 ①~⑤의 '놓았다' 대신 '쳤다', '거뒀다'를 넣었을 때 가장 자연스러운 문장은 ④ '동네 사람들이 강에 그물을 놓았다.'이다.

**[오답체크]**

① 무늬나 수를 새기다.
② 계속해 오던 일을 그만두고 하지 아니하다.
③ 짐승이나 물고기를 잡기 위하여 일정한 곳에 무엇을 장치하다.
⑤ 일정한 곳에 기계나 장치, 구조물 따위를 설치하다.

## 06     정답 ③

**[정답체크]**

③의 '머리를 쥐어짜다'는 '몹시 애를 써 궁리하다.'라는 뜻이다.

## 07
정답 ④

[정답체크]
④의 '눈물이 앞서다'는 '말을 하지 못하고 눈물을 먼저 흘리다.'라는 뜻이다.

## 08
정답 ③

[정답체크]
관용어 문제로 누가 뒤에서 내 이야기를 한다고 느낄 때 쓰는 말은 '귀가 간지럽다'이다.

[오답체크]
① 입이 짧다 : 음식을 심하게 가리거나 적게 먹음
② 코가 꿰이다 : 약점이 잡힘
④ 눈이 곤두서다 : 화가 나서 눈에 독기가 오름
⑤ 마른침을 삼키다 : 몹시 긴장하거나 초조해함

## 09
정답 ③

[정답체크]
〈보기〉의 ㉠ '소년'과 ㉡ '소녀'는 반의 관계이다. ③의 '살다'와 '죽다'가 〈보기〉와 같은 반의 관계이다.

[오답체크]
① · ② · ④ 의미 관계를 이루지 않는다.
⑤ '음료수'가 '커피'를 포함하는 상위어 : 하위어의 상하 관계이다.

## 10
정답 ②

[정답체크]
벤다이어그램을 보면 '신발'이라는 집합이 '구두'를 포함하고 있으므로 두 단어는 상하 관계임을 알 수 있다. 그런데 ②의 '문화'와 '문물'은 서로 유사한 의미를 지닌 단어이므로 유의관계이다.

• 문화(文化) : 자연 상태에서 벗어나 일정한 목적 또는 생활 이상을 실현하고자 사회 구성원에 의하여 습득, 공유, 전달되는 행동 양식이나 생활 양식의 과정 및 그 과정에서 형성된 물질적 · 정신적 소득을 통틀어 이르는 말. 의식주를 비롯하여 언어, 풍습, 종교, 학문, 예술, 제도 따위를 모두 포함한다.
• 문물(文物) : 문화의 산물. 곧 정치, 경제, 종교, 예술, 법률 따위의 문화에 관한 모든 것을 통틀어 이르는 말이다.

## 11
정답 ①

[정답체크]
ⓐ의 '세우다'는 '나라나 기관 따위를 처음으로 생기게 하다'라는 의미이다.

[오답체크]
② '질서나 체계, 규율 따위를 올바르게 하거나 짜다'라는 의미이다.
③ '계획, 방안 따위를 정하거나 짜다'라는 의미이다.
④ '처져 있던 것을 똑바로 위를 향하여 곧게 하다'라는 의미이다.
⑤ '무딘 것을 날카롭게 하다'라는 의미이다.

## 12
정답 ⑤

[정답체크]
① · ② · ③ · ④는 합성어로 어근과 어근이 결합하였고 ⑤는 파생어로 접두사와 어근이 결합하였다.

## 13
정답 ④

[정답체크]
① · ② · ③ · ⑤는 반의 관계를 가지고 있지만 ④의 박학 : '배운 것이 많고 학식이 넓음. 또는 그 학식', 독학 : '스승이 없이, 또는 학교에 다니지 아니하고 혼자서 공부함'이라는 뜻으로 아무 관계가 아니다.

## 14
정답 ②

[정답체크]
②에는 도장이 없으면 무효라는 문맥의 의미상 '간파'가 아닌 '간주'가 어울린다.

• 간파(看破) : 속내를 꿰뚫어 알아차림
• 간주(看做) : 상태, 모양, 성질 따위가 그와 같다고 봄. 또는 그렇다고 여김

[오답체크]
① 전역 : 어느 지역의 전체
③ 결부 : 일정한 사물이나 현상을 서로 연관시킴
④ 강구 : 좋은 대책과 방법을 궁리하여 찾아내거나 좋은 대책을 세움
⑤ 구제 : 자연적인 재해나 사회적인 피해를 당하여 어려운 처지에 있는 사람을 도와줌

## 15 정답 ③

오답체크

① '선도(先導)'는 '앞장서서 이끌거나 안내함'의 뜻으로 '앞서
서'와 중복되는 표현이다.

② '예고(豫告)'는 '미리 알림'의 뜻으로 '미리'와 중복되는 표현
이다.

④ '명시(明示)'는 '분명하게 드러내 보임'의 뜻으로 '분명히'와
중복되는 표현이다.

⑤ '예매(豫買)'는 '정하여진 때가 되기 전에 미리 삼'의 뜻으로
'미리'와 중복되는 표현이다.

**적중 TIP** 중복표현 해결하기

수식어로 인해 발생하는 중복표현에 대해 묻는 문제이다. 수
식어가 중복표현인지 알기 위해서는 수식어를 삭제한 뒤 기
존의 문장과 의미를 비교해 보면 된다. 만일 수식어를 삭제해
도 문장의 의미가 달라지지 않는다면 수식어가 중복표현인
셈이다.

## 16 정답 ①

정답체크

'소 닭 보듯, 닭 소 보듯'의 뜻은 '서로 아무런 관심도 없는'의
뜻으로, 〈보기〉의 상황을 표현하기 가장 알맞은 속담이다. 따
라서 정답은 ①이다.

## 17 정답 ④

정답체크

④의 '가는 토끼 잡으려다 잡은 토끼 놓친다'는 지나치게 욕심
을 부리다가 이미 차지한 것까지 잃어버리게 됨을 비유적으로
이르는 말로, 미루는 습관과 어울리는 말은 아니다.

## 18 정답 ⑤

정답체크

문제의 내용은 평소에는 사이가 좋지 않은 자매지만 결국 결
정적인 순간에는 가족의 편을 들어준다는 내용으로, 해당하는
내용과 가장 거리가 먼 속담은 가지가 많으면 바람에 잘 흔들
려서 잠시도 가만히 있을 수 없듯이 자식을 많이 둔 부모에게
는 걱정이 그칠 날이 없다는 뜻을 가진 ⑤이다.

## 19 정답 ①

정답체크

생활철학 : 우주철학은 상하 관계로 ⓑ가 ⓐ를 포함하고 있다.
①만이 상하 관계이고 ② · ③은 유의 관계이고 ④ · ⑤는 반의
관계이다.

## 20 정답 ②

정답체크

인위 : '자연의 힘이 아닌 사람의 힘으로 이루어지는 것', 자연 :
'사람의 손길이 가지 아니한 자연 그대로의 모습을 지닌 것'으
로 반의 관계이다.

오답체크

③ · ④는 유의 관계이고 ① · ⑤는 아무 관계가 아니다.

## 21 정답 ④

정답체크

〈보기〉의 '풀다'는 '일어난 감정 따위를 누그러뜨리다'이다.

오답체크

① 사람을 동원하다.

② 묶이거나 감기거나 얽히거나 합쳐진 것 따위를 그렇지 아
니한 상태로 되게 하다.

③ 모르거나 복잡한 문제 따위를 알아내거나 해결하다.

⑤ 금지되거나 제한된 것을 할 수 있도록 터놓다.

## 22 정답 ④

정답체크

〈보기〉의 '찾다'는 '어떤 것을 구하다'이다.

오답체크

① 주변에 없는 것을 얻거나 사람을 만나려고 여기저기를 뒤
지거나 살피다. 또는 그것을 얻거나 그 사람을 만나다.

② 모르는 것을 알아내고 밝혀내려고 애쓰다. 또는 그것을 알
아내고 밝혀내다.

③ 잃거나 빼앗기거나 맡기거나 빌려주었던 것을 돌려받아 가
지게 되다.

⑤ 어떤 사람을 만나거나 어떤 곳을 보러 그와 관련된 장소로
옮겨 가다.

## 23 정답 ③

정답체크

③ '넓다'는 '널따'로 발음한다.

**적중 TIP** 표준 발음법 제11항

겹받침 'ㄺ, ㄻ, ㄿ'은 어말 또는 자음 앞에서 각각 [ㄱ, ㅁ, ㅂ]
으로 발음한다. 다만, 용언의 어간 말음 'ㄺ'은 'ㄱ' 앞에서
[ㄹ]로 발음한다.

## 24
정답 ①

정답체크
① 겹받침 'ㄺ'은 자음 앞에서 [ㄱ]으로 발음되므로 [익찌]로 발음한다.

오답체크
③ 겹받침 'ㄻ'은 자음 앞에서 [ㅁ]으로 발음하므로 [옴겨]로 발음한다.
④ 겹받침 'ㄿ'은 자음 앞에서 [ㅂ]으로 발음하므로 [읍꼬]로 발음한다.
⑤ 겹받침 'ㅄ'은 자음 앞에서 [ㅂ]으로 발음하므로 [갑찐]으로 발음한다.

## 25
정답 ②

정답체크
일반적으로 '데'가 관형어 뒤에 오는 장소를 나타내는 의존명사일 경우 띄어 적는다. 하지만 밑줄 친 '가는데'는 어간 '가-'에 연결어미 '-는데'가 결합한 것이므로 붙여 적어야 한다.

## 26
정답 ③

정답체크
③의 '등(等)'은 그 밖에도 같은 종류의 것이 더 있음을 나타내는 의존명사이므로 띄어 적어야 한다.

오답체크
① 보조용언은 본용언과 띄어 적는 것이 원칙이나 경우에 따라서 붙여 적는 것이 허용된다. 그러나 '가고 싶다'에서 보조용언에 해당하는 '-고 싶다'는 붙여 적는 것이 허용되는 보조용언의 사례가 아니다.
② '떠난 지'의 '지'는 어떤 일이 있었던 때로부터 지금까지의 동안을 나타내는 의존명사로서 띄어 써야 한다.
④ '-어' 뒤에 연결되는 보조용언은 붙여 적는 것이 허용된다. 따라서 '버려버리다'의 보조동사 '-어 버리다'는 붙여 적을 수 있다.
⑤ '대(對)'는 사물과 사물의 대비나 대립을 나타내는 의존명사이므로 띄어 적어야 한다.

## 27
정답 ②

정답체크
②의 '넘어'는 어간 '넘-'에 '-어'가 결합한 형태로, 해당 문장에서는 '높이나 경계로 가로막은 사물의 저쪽. 또는 그 공간'을 의미하는 '너머'가 문맥상 적합하다.

오답체크
① 노름 : 돈이나 재물 따위를 걸고 주사위, 골패, 마작, 화투, 트럼프 따위를 써서 서로 내기를 하는 일
③ 끄트머리 : 끝이 되는 부분

④ 널따랗다 : 꽤 넓다.
⑤ 미쁘다 : 믿음성이 있다.

**적중 TIP** 혼동하기 쉬운 단어

'너머'와 '넘어'를 구분하는 문제는 자주 출제되고, 그 형태와 의미를 혼동하기 쉬우므로 반드시 구분하여 기억해야 한다.

## 28
정답 ⑤

오답체크
① '할아버지의 그림'에 사용된 관형격 조사 '의'로 인해 중의성이 발생한다. 할아버지가 소유한 그림인지, 할아버지가 그린 그림인지, 할아버지를 그린 그림인지 알 수 없다.
② 부사 '다'가 서술어 '오지 않았다'에서 부정의 범위에 포함되는지 아닌지의 여부에 따라 두 가지 의미로 해석될 수 있다. 친구들이 생일잔치에 전부 오지 않은 것인지, 일부가 오지 않은 것인지 알 수 없다.
③ '보고 싶은'의 주체가 담임선생님인지, 학생들인지 모호하다. 담임선생님을 보고 싶어 하는 학생이 많은 것인지, 담임선생님께서 보고 싶은 학생이 많으신 것인지 알 수 없다.
④ '만나고 싶어 하는' 주체가 동생인지, 어떤 사람인지 모호하다. 동생이 어떤 사람이든 만나고 싶어 하는 것인지, 어떤 사람이든 동생을 만나고 싶어 하는 것인지 알 수 없다.

## 29
정답 ②

오답체크
① 커피는 높임의 대상이 될 수 없다.
③ 연결어미 '-다면'이 의미에 맞게 사용되지 않았다. '예상치 못했던 결과가 나온다고 하더라도 실망할 필요가 없다'와 같이 표현하는 것이 적절하다.
④ 목적어에 대응하는 서술어가 잘못 사용되었다. '특별한 일이 없을 때는 텔레비전을 보거나 라디오를 듣는다'와 같이 표현하는 것이 적절하다.
⑤ '어머니'에게 '외할머니'는 높임의 대상이므로, 서술어 '드린'에 맞추어 '외할머니' 뒤에 높임의 격조사 '께'를 붙여야 한다.

**적중 TIP** 잘못된 높임말 사용(사물)

①의 '여기 커피 나오셨습니다'처럼 높임말의 대상이 될 수 없는 사물에 대해 높임말을 잘못 사용하는 예가 자주 출제되고 있으니 숙지하자.

## 30
정답 ④

정답체크
④ 부사어 '모름지기'는 서술어 '~해야 한다'와 자연스럽게 호응한다.

① 부사어 '결코'는 '아니다'나 '않다' 등의 부정의 의미를 나타내는 서술어와 호응해야 한다.
② 목적어 '춤을'은 서술어 '추자'와 호응하지만 '노래나'는 '추자'와 호응하지 않는다. '노래'는 '부르다'의 서술어와 호응해야 한다.
③ 목적어 '원서를'이라면 '교부합니다'와 호응하지만, '원서는'은 서술어 '교부합니다'와 호응하지 않는다. 사람을 주어로 내세울 때 '교부합니다'와 호응이 이루어진다.
⑤ 주어가 '로마자를 입력하는 방법은'이므로 '누릅니다'는 호응하지 않는다. 서술어는 '누르는 것입니다' 정도가 되어야 호응이 이루어진다.

## 31

정답 ④

정답체크

• '볶음밥'은 '볶-', '-(으)ㅁ', '밥'의 세 개의 형태소가 결합한 단어이다. '볶음밥'은 '밥'의 일종을 가리키는 합성어로, 직접 구성 성분은 명사 '볶음'과 명사 '밥'이라고 볼 수 있다. 따라서 '볶음밥'은 직접 구성 성분이 어근과 어근인 ⊙ 합성어이다.
• '나들이옷'은 '나-', '들-', '-이', '옷'의 네 개의 형태소가 결합한 단어이다. '나들이옷'은 '옷'의 종류를 가리키는 합성어로, 직접 구성 성분은 명사 '나들이'와 명사 '옷'이라고 볼 수 있다. 따라서 '나들이옷'은 직접 구성 성분이 어근과 어근인 ⊙ 합성어이다.
• '달맞이꽃'은 '달', '맞-', '-이', '꽃'의 네 개의 형태소가 결합한 단어이다. '달맞이꽃'은 '꽃'의 일종을 가리키는 합성어로, 직접 구성 성분은 명사 '달맞이'와 명사 '꽃'이라고 볼 수 있다. 따라서 '달맞이꽃'은 직접 구성 성분이 어근과 어근인 ⊙ 합성어이다.
• '헛걸음'은 '헛-', '걷-', '-(으)ㅁ'의 세 개의 형태소가 결합한 단어이다. '헛걷-'이 존재하지 않고, '걸음'만 단어로 존재한다. 따라서 헛걸음은 접사 '헛'과 명사 '걸음'이 결합한 단어로, 직접 구성 성분이 접사와 어근인 ⓒ 파생어이다.
• '걸레질'은 '걸레', '-질'의 두 개의 형태소가 결합한 단어이다. '걸레'가 단어로 존재하고 의미상으로 '걸레로 닦는 일'을 뜻하므로 '걸레'에 접사 '-질'이 결합한 것으로 볼 수 있다. 따라서 '걸레질'은 직접 구성 성분이 어근과 접사인 ⓒ 파생어이다.

## 32

정답 ④

정답체크

내 뒤에 있다는 말은 내가 확인할 수 없는, 볼 수 없는 상태라는 것을 뜻한다. 이런 상태에서 사과의 색깔을 둘 중 하나로 단정짓는 것은 애초에 사과가 녹색 혹은 빨간색이란 것이 전제되었다는 것을 의미한다.

## 33

정답 ⑤

정답체크

〈보기〉의 오류는 '결합의 오류'로 각각의 원소들이 개별적으로 어떤 성질을 지니고 있다는 내용의 전제로부터 그 원소들을 결합한 집합 전체도 역시 그 성질을 지니고 있다는 결론을 도출함으로써 생기는 오류이다. 1과 3이 홀수인 것과 1과 3의 합이 4인 것은 맞지만, 결론적으로 4는 홀수가 아니다. 같은 오류를 범한 것은 ⑤로 국민 개인에게 저축은 미덕이 될 수 있지만 국민 모두 저축만 한다면 나라의 경제성장에 좋지 않은 영향을 끼칠 수 있으므로 국민의 저축이 나라에 좋은 일이라는 결론은 논리적으로 옳지 않다.

오답체크

① 군중 심리에 호소 : 많은 군중이 선택한 것이 옳은 것이라고 판단하는 오류이다.
② 정황에 호소하는 오류 : 직업이나 직책, 그 사람이 처한 처지를 근거로 주장을 펼치는 오류이다. 야당 의원이라는 직책을 논리적 판단에 이용하고 있다.
③ 분해의 오류 : 전체가 참이면 전체를 이루고 있는 구성 요소 또한 참이라고 생각하는 오류이다. 세계에서 가장 부유한 나라인 미국에서 개인적인 빈곤이 문제가 될 수 없다는 것은 나라가 부유하기 때문에 그를 이루고 있는 개인까지 부유할 것이라는 분해의 오류이다.
④ 감정에 호소하는 오류 : 동정, 연민을 느끼게 하는 상황을 제시하며 감정에 호소하는 오류이다.

## 34

정답 ③

정답체크

명제가 참일 때 그 대우도 성립하므로 〈보기〉의 참인 명제의 대우를 살펴보면, (A)의 대우는 '야구를 좋아하지 않는 사람은 축구를 좋아하지 않는다.', (B)의 대우는 '야구를 좋아하면 농구를 좋아한다.'이다. 그런데 (B) '농구를 좋아하지 않는 사람은 야구를 좋아하지 않는다.'가 참인 명제라고 하였으므로 (A)의 대우 '야구를 좋아하지 않는 사람은 축구를 좋아하지 않는다.'와 관련하여 ③ '농구를 좋아하지 않는 사람은 축구를 좋아하지 않는다.'가 성립한다.

| 적중 TIP | 명제의 역, 이, 대우 |
| --- | --- |

A → B(명제)가 참일 때,
B라면 A(역의 관계) ⇒ 거짓
A가 아니라면 B도 아님(이의 관계) ⇒ 거짓
B가 아니라면 A도 아님(대우 관계) ⇒ 참

| 01 | 02 | 03 | 04 | 05 | 06 | 07 | 08 | 09 | 10 |
|----|----|----|----|----|----|----|----|----|----|
| ② | ⑤ | ④ | ③ | ③ | ⑤ | ③ | ① | ① | ⑤ |
| 11 | 12 | 13 | 14 | 15 | 16 | 17 | 18 | 19 | 20 |
| ④ | ① | ② | ① | ③ | ⑤ | ① | ① | ⑤ | ⑤ |
| 21 | 22 | 23 | 24 | 25 | 26 | 27 | 28 | 29 | 30 |
| ① | ③ | ③ | ⑤ | ④ | ④ | ④ | ④ | ③ | ④ |
| 31 | 32 | 33 | 34 | 35 | 36 | 37 | 38 | 39 | 40 |
| ④ | ③ | ④ | ⑤ | ③ | ⑤ | ③ | ③ | ③ | ③ |
| 41 | 42 | 43 | 44 | 45 | 46 | 47 | 48 | 49 | 50 |
| ④ | ③ | ② | ④ | ③ | ① | ④ | ② | ④ | ④ |
| 51 | 52 | 53 | 54 | 55 | 56 | 57 | 58 | 59 | 60 |
| ① | ① | ② | ⑤ | ⑤ | ④ | ④ | ⑤ | ⑤ | ④ |
| 61 | 62 | 63 | 64 | 65 | 66 | 67 | 68 | 69 | 70 |
| ② | ④ | ① | ② | ① | ③ | ② | ④ | ④ | ⑤ |
| 71 | 72 | 73 | 74 | 75 | 76 | 77 | 78 |  |  |
| ⑤ | ② | ⑤ | ④ | ② | ④ | ④ | ② |  |  |

## 01 정답 ②

정답체크

'분석'은 하나의 대상, 즉 전체를 여러 부분으로 나누어서 설명하는 방법이다. 제시된 글에서는 뇌를 대뇌, 소뇌, 간뇌, 중간뇌, 연수로 나누어 각 역할에 대해 설명하였다.

오답체크

① 분류 : 여러 가지가 뒤섞여 있는 가운데 종류가 같은 것끼리 모아서 나누는 설명방식이다. 즉, 동물 전체를 놓고 보는 것보다 조류, 포유류, 양서류, 파충류처럼 같이 나누는 것이 분류이다.
③ 정의 : 어떤 말이나 사물의 뜻을 분명하게 정하여 밝히는 설명방식이다.
④ 비교 : 둘 이상의 사물을 견주어 공통점과 차이점 등을 찾는 설명방식이다.
⑤ 예시 : 구체적인 본보기가 되는 예를 들어 설명하는 방법이다.

## 02 정답 ⑤

정답체크

제시문은 종결 어미 '-지', '-네', '-구나'를 비교하며 종결 어미 선택에 따른 심리적 태도의 차이를 설명하고 있으므로 비교를 통해 대상의 특징을 구체적으로 드러내는 서술방식이 사용되었다.

## 03 정답 ④

정답체크

위 글은 이규보의 '이옥설'로 행랑채를 수리하는 일을 통해 얻은 깨달음을 나라를 다스리는 일에 확대하여 적용한 유추적 서술방식이다. 유추는 추론의 일종으로, 이미 아는 사실에 근거하여 모르는 사실을 추측하는 경우이다. 즉 소주제나 그와 연관된 사항을 전개해 감에 있어서 어떤 사실을 논리적으로 검증하는 것이 아니라 미루어 짐작하는 서술방식이다. 따라서 정답은 ④이다.

## 04 정답 ③

정답체크

3문단에서 '사지 않은 제품의 장점 무시하기'가 언급되었다. 사지 않은 제품을 더 안 좋게 생각하여 산 제품의 만족감을 높여야 한다는 내용이 언급되어 있으므로(4문단) ③은 소비자가 하는 행동이 아니다.

## 05 정답 ③

정답체크

시대나 환경에 따라 달라지는 미의 기준을 볼 때 아름다움에는 절대적인 기준이 없다는 것이 제시문의 실제 주제이므로 글의 주제로 적절한 것은 ③ '아름다움에는 절대적 기준이 없다.'이다.

오답체크

② · ④의 내용은 제시문에 나와 있으나 전하고자 하는 주제를 말하기 위해 나온 내용일 뿐이다.

## 06 정답 ⑤

정답체크

1문단은 맨틀과 지각의 이동에 따른 화산과 지진 활동, 2문단은 맨틀의 이동, 3문단은 외핵의 대류에 따른 자기장 발생에 대해 설명하고 있다. 따라서 제시문의 중심내용으로 적절한 것은 ⑤ '지구 내부 구조 활동'이다.

## 07 정답 ③

정답체크

제시된 글의 주제는 '역사를 공부하는 이유'이다. 첫 번째 문장만 읽었을 때는 ①과 헷갈릴 수 있지만, 1문단의 중심내용은 역사가 개인의 삶에 영향을 미친다는 내용이고, 2~3문단은 역사가 미래를 추측할 수 있는 도구이기에 꼭 알아야 한다는 내용이므로 주제가 좀 더 확실해진다.

**적중 TIP**    독해 해결방법

독해문제는 자신만의 풀이 방식을 찾는 것이 중요하다. 때에 따라서 본문을 읽고 문제를 푸는 방식보다, 문제를 먼저 읽고 본문에 접근하는 방식이 더 효과적일 수도 있다.

## 08                               정답 ①

정답체크

①은 물의 흐름을 역행하여 만들어진 조형물로 우리나라의 자연의 순리를 따른다는 조형의식에 해당하지 않는다.

오답체크

②·③·④는 자연 속에서 자연 경관과 어우러진 건축물로 최소한의 구조물로 단순하게 지어졌다.

⑤는 화려하지만 음양오행을 따른 오방색으로 우리나라의 조형의식에 해당하는 것이다.

## 09                               정답 ①

정답체크

1문단에서 지방자치단체 또한 정책 결정 과정에서 전문적인 행정 담당자를 중심으로 한 정책 결정이 빈번해지고 있다고 했으므로, 지방자치단체의 정책 결정 과정을 중앙 정부와 대비해서 기술하고 있다는 것은 옳지 않다.

오답체크

② 4문단에서 한계를 극복하고 지방자치단체의 정책 결정 과정에서 지역 주민 전체의 의견을 보다 적극적으로 반영하기 위해서는 주민 참여 제도가 활성화되어야 한다고 언급하고 있다.

③ 4문단에서 지방자치단체가 채택하고 있는 주민 참여 제도로서 간담회, 설명회 등을 제시하고 있다.

④ 5문단에서 각 개인들의 지역 문제에 대한 관심 제고, 공동체 의식 고양을 직접 민주주의 제도 활성화의 기대 효과로 제시하고 있다.

⑤ 2~3문단에서 지방자치단체가 그동안 지역주민의 요구를 수용하기 위해 '민간화'와 '경영화'의 방식을 도입하는 등 자체의 개선노력을 기울여 왔음을 언급하고 있다.

## 10                               정답 ⑤

정답체크

제시문은 단일 민족에 대한 문제를 제시하고, 단일 민족을 강조함으로써 야기된 사회적 차별 문제에 대해 기술하고 있다. 따라서 주제로 가장 적절한 것은 ⑤이다.

오답체크

①~④는 글에 제시된 내용과 일치하지만, 주제를 전달하기 위해 언급한 부차적인 내용이므로 주제로 보기 어렵다.

## 11                               정답 ④

정답체크

제시문은 이누이트족이 이글루를 건축하는 방법과 온도 유지 원리에 대해 쓴 글이다. 따라서 글의 주제로 알맞은 것은 ④이다.

오답체크

① 이누이트족의 주거 문화인 이글루에 대해 이야기하고 있지만, 이누이트족의 주거 문화에 대해 이야기하고 있지는 않다.

② 건축 과정이 언급되었지만, 전체 내용의 주제는 아니다.

③ 글에 언급되지 않았다.

⑤ 온도 유지 원리에 대한 설명으로서 증발하는 물의 이용을 언급한 것이다.

## 12                               정답 ①

정답체크

이 글은 초반부만 보면 ②라고 생각할 수 있지만 2, 3, 4문단의 첫 문장을 보면 형사 소송의 특징과 그 문제점을 이야기하고 있으므로 정답은 ①이다.

## 13                               정답 ②

정답체크

2문단 4~6문장에서 공극에 관한 설명과 공극에 빗물이 스며든다는 사실을 말하고 있다. 따라서 공극이 많을수록 빗물을 많이 저장할 수 있다는 것을 알 수 있다.

## 14                               정답 ①

정답체크

1문단에서 잊힐 권리에 대한 법제화를 둘러싼 찬반 의견을 제시하고, 4문단에서 세부적으로 고려·논의해야 할 사항들이 많다는 내용을 언급하며 절충하는 자세를 취하고 있다. 또한 2문단 첫 줄까지 읽으면 제시된 글이 '잊힐 권리' 법제화에 대한 상반된 의견을 소개할 것임을 쉽게 추측할 수도 있다.

## 15                               정답 ③

정답체크

2문단에서 레일리 산란의 경우 산란의 세기는 보랏빛이 가장 강하겠지만 하늘이 파랗게 보이는 것은 사람의 눈이 파란빛을 가장 잘 감지하기 때문이라고 하였으므로, 파란빛이 가시광선 중에서 레일리 산란의 세기가 가장 크다는 진술은 적절하지 않다.

오답체크

① 1문단에서 '빛의 진동수는 파장과 반비례하므로 진동수는 보랏빛이 가장 크고 붉은빛이 가장 작다'라고 했으므로 이 빛깔 사이에 들어 있는 파란 빛은 보랏빛보다 진동수가 작다고 볼 수 있다.

② 1문단에서 '프리즘을 통과시키면 흰색의 가시광선은 파장에 따라 붉은빛부터 보랏빛까지의 무지갯빛으로 분해된다'라고 하였으므로, 프리즘으로 분해한 태양빛을 다시 모으면 흰색이 된다는 진술은 적절하다고 할 수 있다.

④ 2문단에서 레일리 산란의 '그 세기는 파장의 네제곱에 반비례한다'라고 언급하였고, 1문단에서 '빛의 진동수는 파장과 반비례한다'고 하였으므로 산란의 세기는 진동수의 네제곱과 비례 관계에 있는 것으로 볼 수 있다. 따라서 빛의 진동수가 2배가 되면 파장은 1/2배가 되고, 레일리 산란의 세기는 1/16에 반비례하므로 16배가 되는 것이라고 할 수 있다.

⑤ 3문단의 '대기가 없는 달과 달리 지구는 산란 효과에 의해 파란 하늘과 흰 구름을 볼 수 있는 것이다'에서 달의 하늘에는 대기가 없음을 알 수 있다. 따라서 달의 하늘에서는 지구에서와 같이 공기 입자에 의한 태양 빛의 산란이 일어나지 않는다는 진술은 적절하다고 할 수 있다.

## 16 정답 ⑤

정답체크

자동화를 비롯한 신기술이 아무리 발달해도 생각하는 능력을 잃으면 인간은 아무것도 할 수 없고, 그 생각하는 능력은 독서를 통해 길러진다는 것이 제시된 글의 주제이다.

오답체크

① 1문단에서 언급된 내용이다.

② 2문단에서 인간은 단어를 한 번에 이해하는 것이 아닌, 음절과 형태소의 위계를 거쳐 이해하는 것이라 언급하고 있다.

③ 3문단에서 인간은 읽기를 통해 사고하는 능력이 길러지는 것이라 언급하고 있다.

④ 4문단에서 대중이 짧고 직관적인 이미지에만 반응하면 사고마저 얕고 단순해진다는 내용이 언급되고 있다.

## 17 정답 ①

정답체크

제시문은 서양 철학의 존재에 관한 글이다. 헤라클레이토스와 니체는 존재가 변화한다고 생각했다. 파르메니데스는 존재가 불변, 플라톤은 변화하는 것도 불변하는 것도 존재하는 이원적인 세상이지만 불변하는 세상이 '진짜' 세상이라고 생각한다. 또한 불변하는 세상은 이성 · 정신의 세상, 변화하는 세상은 감각 · 감성 · 현실의 세상이라 인식하고 있다. 그러므로 답은 ①이다.

## 18 정답 ①

정답체크

제시된 글은 사람들은 행복을 상대적인 수준에서 느끼기 때문에 나라의 소득수준이 올라가도 행복지수는 올라가지 않는다는 내용이다.

- 글 전체를 읽기보다는 먼저 그 문장이 포함된 문단을 읽으면 답을 찾기가 쉽다.
  - 제일 마지막 줄일 경우 문단 내용을 요약한 것이 답이기 때문에 그 문단만 읽고도 충분히 답을 찾을 수 있다.
  - 문단의 첫째 줄이 비었을 경우 문장의 앞뒤를 잘 살펴서 '대조구조'인지 '문제-해결 구조'인지 확인한다면 좀 더 쉽게 답을 찾을 수 있다.
- 마지막에 나올 문장을 찾는 문제에서, 본문 전체를 읽는 방식보다는 마지막 문장이 속한 문단만 읽는 풀이 방식을 선택한다면 문제 풀이 시간을 단축할 수 있다. 본 문제의 경우 '이스털린 이후에도 ~'로 시작하는 2문단부터 읽는 것이 Tip!

## 19 정답 ⑤

정답체크

㉠에 들어갈 내용은 소극적 권리 보장인 헌법 17조만으로 불충분하다는 견해를 뒷받침할 내용이기 때문에 적극적 요구 권리가 들어가야 하므로 정답은 ⑤이다.

## 20 정답 ⑤

정답체크

제시문은 동맹의 종류와 그에 따른 성격에 관해 설명하고 있는 글이다. 2문단을 통해 '방위조약 > 중립조약 > 협상' 순으로 동맹관계가 밀접하고 자율성이 낮다는 것을 추론할 수 있으며, 마지막 문장을 통해 같은 순서로 평균 수명이 길다는 것을 알 수 있다.

## 21 정답 ①

정답체크

이 문단에서 글쓴이는 놀이가 도전을 의미한다는 명제를 제시하면서 자신의 주장을 펼치고 있다. 안전을 너무 중요하게 생각하여 도전이 없는 놀이터보다는 무엇이 위험한 것이고, 그러한 일을 겪지 않으려면 어떻게 조심해야 하는지를 아이들이 스스로 깨닫게 해 주는 놀이터가 필요하다는 것이다. 따라서 이러한 문맥적 의미를 고려할 때, ㉠에 가장 잘 어울리는 것은 ① '도전과 모험을 즐길 수 있는'이다.

오답체크

② 아이들에게 스스로 안전한 방법을 찾을 기회를 주어야 한다는 것이지, 위험을 마음껏 즐기라는 것은 아니다.

③ 안전하고 편안하게 놀 수 있는 놀이터는 진취적인 행동과 긍정적인 사고를 저해하고 아이들의 즐거움을 빼앗는다.

④ 누구의 간섭도 받지 않을 수 있게 해야 한다는 것은 문맥에 어울리지 않는다.

## 22
정답 ③

정답체크

제시문의 주제는 만화의 기원과 유형, 역사에 대한 글이다. 1문단은 만화의 특징, 2문단은 만화의 종류, 3문단은 만화의 어원, 4문단은 만화의 기원에 대해서 말하고 있다. 만화의 종류에 대해 이야기하는 2문단 중 ③은 1900년대의 신문 만화에 대한 이야기를 하고 있으므로 전체 흐름과 관계없다.

## 23
정답 ③

정답체크

㉠의 앞뒤 내용을 살펴보면 앞 내용은 방언형에 따라 지도에 부호를 표시하는 방법이고 뒤의 내용은 실제 예시이기 때문에 예시를 들어주는 접속어인 '가령'이 들어가야 한다.

### 적중 TIP    접속어의 종류

- 순접 : 그리고, 그리하여
- 역접 : 그러나, 그렇지만, 하지만
- 인과 : 그래서, 따라서, 그러므로, 왜냐하면
- 첨가·보충 : 게다가, 아울러, 그뿐 아니라, 특히
- 환언·요약 : 요컨대, 즉, 다시 말하면
- 대등·병렬 : 또는, 혹은, 그리고
- 전환 : 그런데, 그러면, 한편
- 예시 : 예를 들면, 예컨대, 이를테면

## 24
정답 ⑤

정답체크

- ㉠의 앞뒤 내용을 살펴보면 둘 다 배양육의 장점에 관한 내용이므로 첨부의 의미를 띄는 '그 밖에도'가 빈칸에 들어가야 한다.
- ㉡의 앞뒤 내용을 보면 앞은 배양육의 장점, 뒤는 그에 반박하는 내용이므로 '그런데'가 빈칸에 들어가야 한다.

## 25
정답 ④

정답체크

- ㉠의 앞뒤 문장 간에 서로 반대되는 이야기를 하고 있으므로 ㉠에는 '하지만'이 들어가야 한다.
- ㉡에는 뒷부분의 내용이 가정하는 것이기 때문에 '만약'이 들어가야 한다. 추가로 '만약'은 '~다면'과 묶여서 자주 쓰인다는 점을 알아두자.

오답체크

⑤ '결국'은 결과나 주제를 다시 한 번 강조하기 위한 접속어이므로 맞지 않다.

### 적중 TIP    세 가지로 나뉘는 접속어 문제 유형

- 반대되는 내용의 문단을 연결하는 문제
  → 하지만, 그러나
- 비슷한 내용의 이어지는 문단을 연결하는 문제
  → 그리고, 그래서
- 기존 문단과 결론을 가진 문단을 연결하는 문제
  → 결국, 마침내

## 26
정답 ④

정답체크

㉠과 ㉡의 뒤에는 앞 이론에 대한 예시가 나오고 있으므로, '예를 들어'와 '가령'과 같은 접속사가 와야 한다.

오답체크

⑤ '또한'의 경우 앞의 내용에 추가하는 것이므로, 앞의 내용에 귀속된 예시가 아니라 미디어 메시지에 대한 내용을 추가해야 한다.

## 27
정답 ④

정답체크

'반면에'가 나왔기 때문에 앞의 내용이 〈보기〉의 문장과 반대라는 것을 추측할 수 있다. 〈보기〉의 문장에 감속이 언급되었으므로 그의 반대되는 가속에 관한 내용이 앞에 있을 것이라는 점을 추측해 볼 수 있고, 또한 엔진과 전기모터 두 개 모두 작동하고 있다는 내용이 있을 것임을 추측할 수 있다.

오답체크

⑤ 앞 문장 역시 엔진이 정지한다는 내용이기 때문에 '반면에'로 시작하는 내용이 오기에는 어색하다.

## 28
정답 ④

정답체크

〈보기〉의 문장은 중간 대안을 선택하는 소비자 성향의 근거를 나타낸 문장이다. 따라서 소비자의 성향의 원인을 언급한 문장 뒤에 〈보기〉의 문장이 들어가는 것이 적절하다.

## 29
정답 ③

정답체크

〈보기〉의 문장은 비체계적 위험을 감소시키는 분산투자 방법에 관한 내용이다. 그렇기 때문에 일단 비체계적 위험을 서술하고 있는 2문단에 들어가야 적당하다. 또한 시작이 '따라서'인 것을 볼 때 앞에 분산투자의 원리가 나와 있어야 한다. 그러므로 ③에 들어가는 것이 적절하다.

## 30
정답 ④

정답체크

묵독의 발명이 〈보기〉의 문장의 주된 내용으로, 묵독이 서술되지 않다가 갑자기 3문단에서 묵독에 대해 서술되기 시작한다. 따라서 ④가 〈보기〉의 문장이 들어갈 자리이다.

**적중 TIP** 문장 삽입 유형 해결하기

문장 삽입 유형의 경우, 문장 전체를 읽기보다 각 번호의 앞 뒤 문장만 골라 읽는다면 문제 풀이 시간을 줄일 수 있다.

## 31
정답 ④

정답체크

• (가)는 '그러나'로 시작하기 때문에 첫 문단이 될 수 없다.
• 나머지 문단의 첫 문장을 읽어보면 모두 신문고에 관한 이야기를 하는데, 이 중에서 신문고를 설명하는 문장을 가진 (다)가 첫 번째 순서라는 것을 알 수 있다.
• (나)는 신문고를 치는 방법에 대해서 설명하고 있고, (라)는 신문고가 쳐진 뒤의 처리 방법, (가)는 신문고가 유명무실해진 내용이다.
따라서 (다) – (나) – (라) – (가) 순서임을 알 수 있다.

**적중 TIP** 문단 순서 유형 해결하기

문단 순서를 묻는 문제의 경우, 가장 처음에 올 문단은 맨 앞에 접속사가 있을 가능성이 낮다. 때문에 첫 번째 순서의 문단을 찾을 때에는 맨 앞에 접속사가 있는 문단을 제외하고 풀이를 진행한다면 수월히 해결할 수 있다.

## 32
정답 ③

정답체크

• (가)의 '이들의 표현 방법에 대해 살펴보도록 하자.'라는 문장을 통해 (가)가 첫 번째 문단임을 알 수 있다.
• (다)는 (가)에서 언급한 '암각화'를 이어 받아 설명하며 암각화의 성격이 '조화가 아닌 회화'임을 밝히고 있으므로 (가)에 이어지는 문단임을 알 수 있다.
• (라)는 (다)에서 밝힌 '조화와 회화'의 성격을 모두 띠고 있는 부조에 대해 설명하고 있다. 이를 통해 (라)가 (다) 뒤에 이어지는 문단임을 알 수 있다.
• (나)의 '이러한 부조의 특성'이란, (라)에서 언급한 것이므로 (나)는 (라)에 이어지는 문장이다.
따라서 (가) – (다) – (라) – (나)의 순서가 적절하다.

## 33
정답 ③

정답체크

제시문은 적정기술에 관해 설명하고 있는 글이다.
• (나)가 가장 먼저 '적정기술'에 대해 정의하고 있으므로 (나)가 첫 문단임을 알 수 있다.
• (라)는 (나)에서 정의한 적정기술에 대한 이해를 돕기 위해 '항아리 냉장고'를 예로 들어 설명하고 있으므로 (나)를 부연하는 성격의 문단이다. 따라서 (라)는 (나) 뒤에 이어져야 한다.
• (다)는 (라)에서 언급된 문제점에 대한 해결 방법과 그 원리를 설명하고 있다.
• (가)는 (나)~(라)를 통해 설명한 적정기술에 대해 정리하며, 빈곤 지역의 문제 해결을 위한 제안으로 글을 마무리하고 있다.

## 34
정답 ⑤

정답체크

• (다)에서 컴퓨터의 구성 요소를 설명하고 있으므로 (다)가 첫 문단임을 알 수 있다.
• (라)는 (다)에서 언급한 컴퓨터의 구성 요소를 순차적으로 비교 · 대조하여 설명하고 있다. 따라서 (라)는 (다) 뒤에 이어지는 문단이다.
• (나)는 (라)에서 언급된 HDD의 단점에 대한 대안으로 등장한 SDD에 관해 설명하고 있다.
• (가)는 (나)에 이어 SDD에 관해 자세히 설명하고 있다.

## 35
정답 ③

정답체크

제시된 글의 각 문단 중심내용은 다음과 같다.
(가) 1세기 내로 소멸할 예정인 90%의 언어
(나) 언어가 소멸하면 안 되는 이유
(다) 언어의 소멸 이유 및 부활 방법
(라) 소멸하는 언어에 대한 대처 방법
• 언어 소멸에 대한 주제를 던진 (가)가 첫 문단임을 알 수 있다.
• 두 번째로 오는 문단은 어떤 문단이 와도 크게 어색하지 않지만, (다)의 첫 문장을 보면 '이처럼 대규모로 소멸하는 원인은'이란 부분이 있기 때문에 (다)가 두 번째 문단임을 알 수 있다.
• (라)의 내용이 언어소멸을 자연스럽게 놔둘 것인가 막을 것인가에 대한 내용이고, (나)의 내용이 언어 소멸을 그대로 놔두면 안 되는 이유이기 때문에 (라) – (나) 순서로 이어짐을 알 수 있다.
따라서 글의 순서는 (가) – (다) – (라) – (나)이다.

## 36
정답 ⑤

정답체크

과학 지문이지만 굳이 과학에 관한 이해 없이도 각 문단의 첫 문장과 뒷문장만 보면 풀 수 있는 문제이다.

- (다)를 제외한 나머지 문단들은 접속어나 지시어로 시작하기 때문에 첫 문단이 될 수 없다. 따라서 (다)가 첫 번째 문단이다.
- 두 번째 문단은 (다)의 마지막 문장인 '~지구의 하루가 길어 졌다는 말이 된다.'와 이어지는 (라)이다.
- 세 번째 문단은 (라)의 '양쪽이 풀어 ~'와 이어지는 (나)이다.
- 마지막 문단은 (나)의 '~자전 속도가 더 빨리 줄게 된다.'와 이어지는 (가)이다.

따라서 글의 순서는 (다) – (라) – (나) – (가)이다.

## 37
정답 ③

정답체크

- 문단의 첫 문장만 보면 글의 처음에 올 수 있는 문단은 '아 낭케'가 무엇인지 설명하고 있는 (라)이다.
- 기계론적 관점을 정의한 (가) 다음에, 기계론적 관점으로 아 낭케를 설명한 (다)가 와야 한다.
- (나)의 경우 '이와 달리 목적론적 관점에서 아낭케는 ~'이라는 구문을 통하여 앞에 다른 관점이 나온다는 것을 알 수 있다.

따라서 글의 순서는 (라) – (가) – (다) – (나)이다.

## 38
정답 ③

정답체크

이 문제는 각 문단마다 시대가 나와 있기 때문에 시간의 흐름을 보고 풀 수 있는 문제다.

- 첫 문단은 조총이 들어오기 전의 화살과 돌격을 하던 조선 전기의 이야기를 하는 (나)이다.
- 두 번째 문단은 (나)의 말미에 언급된 16세기 일본군의 조총을 설명하는 (가)이다.
- 세 번째 문단은 (가)에서 언급된 중국의 절강병법을 조선이 수용했다는 내용이 나오는 (라)인데, 여기서는 17세기 중반이라는 시간대가 나온다.
- 마지막 문단은 (라) 말미에서 언급된 조선의 새로운 무기 수용이 주된 내용인 (다)이다.

따라서 글의 순서는 (나) – (가) – (라) – (다)이다.

## 39
정답 ③

정답체크

- (나)에 '조망과 피신이론'에 대해 설명하고 있으므로 (나)가 첫 문단이라는 추론이 가능하다.
- (라)는 (나)에 이어 조망과 피신에 관한 이론을 더 자세하게 설명하고 있다.

- (다)는 '조망과 피신이론'에 대한 예시를 들고 있으므로 (나)에 (라) – (다)가 이어지는 것이다.
- (가)에서 인간이 아름다움을 느끼는 이유에 대해 말하며 글을 마무리하고 있으므로 (가)가 가장 마지막 문단임을 알 수 있다.

## 40
정답 ③

정답체크

2문단에서 칸트는 인간에게 도덕법칙을 의무로 부여하는 것은 이성이라고 하였으므로 사랑이 인간에게 도덕법칙을 의무로 부여한다는 진술은 적절하지 않다.

오답체크

① 2문단에서 '인간은 도덕법칙을 ~ 조건 없이 선한 것'이라고 하였으므로 적절하다.
② 3문단에서 '감성적 차원의 사랑은 ~ 일으킬 수 있는 것이 아니다'고 하였으므로 적절하다. ④ 1문단에서 '칸트는 감성적 차원의 사랑과 실천적 차원의 사랑이 다르다'고 구분하여 설명하고 있으므로 적절하다.
⑤ 2문단에서 '보편적으로 적용할 수 있는 ~ 명령의 형식으로 나타난다'고 하였으므로 적절하다.

## 41
정답 ④

정답체크

ⓐ의 따르다는 '관례, 유행이나 명령, 의견 따위를 그대로 실행하다'이다.

오답체크

①은 '앞선 것을 좇아 같은 수준에 이르다'이다.
②은 '다른 사람이나 동물의 뒤에서, 그가 가는 대로 같이 가다'이다.
③은 '좋아하거나 존경하여 가까이 좇다'이다.
⑤은 '어떤 경우, 사실이나 기준 따위에 의거하다'이다.

## 42
정답 ③

정답체크

1문단의 내용은 잊혀질 권리에 관한 내용이고 2문단의 내용은 잊혀질 권리를 인정하게 될 경우 일어날 문제점에 관한 내용이므로 ㉠에 들어갈 접속어로는 앞의 내용과 반대되는 내용으로 이어지게 해 주는 '그런데'가 적절하다.

## 43
정답 ②

정답체크

글의 1문단은 잊혀질 권리를 소개하는 내용이고, 2문단은 잊혀질 권리 인정으로 인한 언론·출판의 자유와 알 권리의 축소, 3문단은 잊혀질 권리가 제한되는 금융법에 관한 내용이다. 따라서 3문단의 뒤에 올 내용으로 적절한 것은 이러한 문제점들로 권리끼리의 충돌이 일어났을 때 해결할 수 있는 방법이다.

오답체크

① 1문단에 나와 있는 내용이다.
③ 주어진 글의 성격과 맞지 않다.
④ · ⑤는 바로 뒤에 오기에 어색한 내용이다.

## 44 　정답 ④

정답체크

'영화 티켓 값'은 이미 소비한 되돌릴 수 없는 비용이므로, 기회비용이 아닌 매몰비용이다.

오답체크

① · ② · ③ · ⑤는 선택으로 포기된 것 중 가장 가치 있는 것이므로 기회비용이 맞다.

## 45 　정답 ③

정답체크

'빗대다'는 '곧바로 말하지 아니하고 빙 둘러서 말하다'는 뜻으로 '비교하다(둘 이상의 사물을 견주어 서로 간의 유사점, 차이점, 일반 법칙 따위를 고찰하다)'의 의미와는 거리가 있다. 본문의 비교와 바꿀 단어로는 '견주어서', '저울질해서' 등이 있다.

## 46 　정답 ①

정답체크

• 침해 : 침범하여 해를 끼침
• 침범 : 남의 영토나 권리, 재산 신분 따위를 침노하여 범하거나 해를 끼침

침범과 침해는 주로 문장의 목적어가 영토, 권리, 재산, 신분일 때 쓰이는 단어이다. '사라져 없어지게 하다'는 뜻을 가진 단어는 '소멸'이다.

## 47 　정답 ④

정답체크

• 1문단 제일 끝 문장에서 정부의 대책에 대하여 이야기하고 있는데, 이 문장을 글의 주제로 볼 수 있다.
• 2~4문단에서 정부의 기업결합 심사기준과 심사기준 중 하나인 시장 획정에 관한 설명을 하고 있다.
• 5문단에서 기업결합에 대한 정부의 최종 판단 기준을 언급한 부분도 주제를 찾을 수 있는 하나의 단서이다.

## 48 　정답 ②

정답체크

(가)와 (나)가 '하지만'과 '이러한'으로 시작하므로 첫 시작 문단이 (다) 아니면 (라)라는 것을 알 수 있다.

• (다)의 내용은 시장 균형 회복이 무엇인지에 관한 설명이 주된 내용이다. 마지막 문장에서 시장균형 회복에 다양한 입장이 있다는 것을 말하고 있으므로, 다음 문단의 내용이 시장균형 회복에 관한 입장이란 것을 추측할 수 있다.
• (라), (가), (나)에서 시장균형 회복에 대한 각 입장을 설명하고 있다. (가)의 첫 번째 문장 '하지만 케인스는 고전학파의 주장과 달리'를 통해 앞에 고전학파 내용이 나왔음을 알 수 있기 때문에 (라) – (가) 순서로 이어진다.
• (나)에서 '이러한 케인스의 주장 ~'이라는 말이 언급됐기 때문에 (나)의 앞 문단은 케인스의 이야기가 나온 (가)임을 알 수 있다.

따라서 글의 순서는 (다) – (라) – (가) – (나)이다.

## 49 　정답 ④

정답체크

'신축적'은 일의 형편에 따라 적절하게 대처할 수 있다는 의미이고, '경직적'은 일의 변동에 맞게 조정되지 않거나 매우 서서히 조정된다는 의미를 가진 반의 관계이다.

④ 원숙하다(매우 익숙하다) : 미숙하다(일 따위에 익숙하지 못하여 서투르다)

오답체크

① 상하 관계
② · ③ · ⑤ 유의 관계

## 50 　정답 ④

정답체크

5번째 문단에서 확인할 수 있듯이, 전통적인 원근법을 거부한 사람은 모네가 아닌 후기 인상주의 화가 세잔이다.

오답체크

① 1문단의 첫 문장에서 사진의 등장으로 인해 화가들이 회화의 의미를 고민한다는 내용을 볼 수 있다.
② 1문단 마지막 문장의 '사실주의적 회화기법'과 3문단 마지막 문장의 '이전 회화에서 추구했던 사실적 표현'을 통해 전통 회화가 대상을 사실적으로 묘사했다는 사실을 알 수 있다.
③ 3문단 네 번째 문장을 통해 확인할 수 있다.
⑤ 5문단 네 번째 문장을 통해 확인할 수 있다.

## 51

정답 ①

정답체크
제시된 글에서 인상주의의 태동과 흐름을 설명하기 위해서 사진으로 인한 회화의 변화, 전기 인상주의 대표주자 모네, 후기 인상주의의 세잔 그리고 그들의 기법을 설명했다.

오답체크
② 모네와 세잔은 인상주의를 설명하기 위해 등장시킨 인물일 뿐, 주제라고 볼 수 없다.

## 52

정답 ①

정답체크
마지막 문장 내용을 통해서 제시된 글 뒤에는 세잔(후기 인상주의)의 화풍이 입체파에 미친 영향에 관하여 자세하게 설명할 것임을 예상할 수 있다.

오답체크
②·③·④ 이미 본문에 언급이 되었기 때문에 뒤에 나오지 않을 것임을 알 수 있다.
⑤ 제시문이 예술사조에 관한 내용이기 때문에 '해결책'은 뒤에 올 내용으로 맞지 않다.

## 53

정답 ②

정답체크
이 글은 모조품을 제작하고 판매하는 업체들이 수익을 본 현상을 공급 사슬망의 채찍 효과이론을 통하여 설명하고 있다.

오답체크
① 이론을 소개하고 있지만, 문제점을 지적하고 있지는 않다.
③ 역사적 변천 과정에 대해선 언급되고 있지 않다.
④ 본문에서 사회 현상의 원인에 대한 대립적 의견은 찾아볼 수 없다.
⑤ 본문에서 사회 현상의 원인을 파악하기 위한 가설을 설정과 타당성 검증을 찾아볼 수 없다.

## 54

정답 ⑤

정답체크
㉠에서 쓰인 '벌어지다'는 '어떤 일이 일어나거나 진행되다.'라는 뜻이다. '찬반 논쟁이 벌어지다.'에서 쓰인 '벌어지다' 또한 '어떤 일이 일어나거나 진행되다.'의 의미로 사용되었다.

오답체크
① 벌어지다 : 가슴이나 어깨, 등 따위가 옆으로 퍼지다.
② 벌어지다 : 막힌 데가 없이 넓게 탁 트이다.
③ 벌어지다 : 차이가 커지다.
④ 벌어지다 : 사람의 사이에 틈이 생기다.

## 55

정답 ⑤

정답체크
동물 실험을 반대하는 쪽은 유비 논증의 개연성이 낮다는 점, 기능적 유사성 차원에서 유비 논증을 일관되게 적용하지 않았다는 점 때문에 동물 실험의 윤리적 문제를 간과하는 잘못을 범하고 있음을 비판하고 있다. 따라서 동물 실험 유효성 주장이 갖는 문제를 유비 논증의 차원에서 살펴보고 있음을 알 수 있다.

오답체크
① 1문단에서 유비 논증이 두 대상의 유사성을 바탕으로 새로운 정보를 도출하는 논증임을 밝히고 있고, 그 유용성을 동물 실험에서 찾을 수 있음을 설명하고 있다.
② 2문단에서 인간과 실험동물의 유사성을 근거로 한 유비 논증을 활용해 동물 실험의 유효성을 주장하는 쪽의 논리를 소개하고 있다.
③ 3문단에서 유비 논증이 높은 개연성을 갖기 위해서는 두 대상의 유사성이 크고, 그것이 새로운 정보와 관련 있는 유사성이어야 함을 실험동물의 예를 들어 설명하고 있다.
④ 4문단에서 동물 실험의 유효성을 주장하는 쪽이 인간과 실험동물의 기능적 유사성에 초점을 두면서도 정작 동물이 인간처럼 고통을 느끼는 기능적 유사성에는 주목하지 않고 있다고 설명하면서 동물 실험을 반대하는 쪽의 주장을 소개하고 있다.

## 56

정답 ④

정답체크
유사성을 가진 두 대상 '알고 있던 어떤 개'와 '산책하다가 만난 개'에게 비슷한 습성이 있을 것이라고 추론하는 것이기 때문에 유비 논증이라고 볼 수 있다.

오답체크
①·⑤ 사례를 보고 결과를 도출하였기 때문에 귀납법을 사용했다고 볼 수 있다.
② 교사는 임용고시를 통과해야 한다는 대전제에서 교사 회란이가 임용을 통과했을 것이라는 것을 논리적으로 이끌어냈기 때문에 연역법을 사용했다고 볼 수 있다.
③ 순환오류이다.

**적중 TIP**  유비 논증 / 연역법 / 귀납법

유비 논증
둘 이상의 대상이나 현상이 비슷하다는 점을 근거로 다른 대상도 유사할 것이라는 추론방식이다.
예 내가 아는 강아지들은 모두 착했기 때문에 비슷하게 생긴 이 강아지도 착할 것이다.

**연역법**

기존의 보편적 원리나 일반적 주장에 의거하여 추론하는 방식이다.

예 모든 사람은 먹어야 살 수 있고, 철수는 사람이기 때문에, 철수도 먹어야 살 수 있을 것이다.

**귀납법**

구체적인 사례들로 부터 일반적인 원리를 끌어내는 추론방식이다.

예 철수는 고양이를 좋아하고, 강아지도 좋아하기 때문에, 철수는 동물을 좋아할 것이다.

## 57 정답 ④

정답체크

- 글의 시작이 될 만한 첫 문장을 가진 문단으로 (가)와 (다)를 찾을 수 있다.
- 또한 여성의 정치참여를 늘리는 방법을 말한 (라)와 (나)가 순서대로 이어짐을 알 수 있다.
- 결국 여성의 정치참여비중에 의문을 제기한 (다)가 첫 번째, 그 원인에 대해 설명하는 (가)가 두 번째 그리고 그 해결 방법을 말하고 있는 (라)와 (나) 순서대로 전개된다.

따라서 글의 순서는 (다) – (가) – (라) – (나)이다.

## 58 정답 ⑤

정답체크

양성평등에 관한 내용으로 착각할 수 있지만, 현재 낮은 여성의 정치 참여율에 대한 문제 제기와 그 해결방식이 주된 글의 내용이므로 정답은 '여성의 정치 참여를 늘릴 방법'이다.

오답체크

② · ③ · ④ 글에서는 거의 언급되지 않았다.

## 59 정답 ⑤

정답체크

2문단 세 번째 문장을 통해 배경 음악이 영화 밖에서 조작되어 들어온 '외재 음향'이며, 이와 달리 영화 속 현실에서 발생한 소리는 '내재 음향'임을 알 수 있다. 따라서 배경 음악은 내재 음향이 될 수 없다.

오답체크

① '동시 음향', '비동시 음향', '외재 음향', '내재 음향' 등 다양한 유형이 존재한다.

② 마지막 문단의 마지막 문장을 통해 알 수 있다.

③ 3문단의 첫 번째 문장을 통해 알 수 있다.

④ 4문단의 '데드 트랙(Dead Track)'에 대한 설명이다.

## 60 정답 ④

정답체크

'첨가하다'는 이미 있는 것에 덧붙이거나 보탠다는 뜻이므로 ⓓ의 '겹쳐지다'는 의미를 지니지 않는다. 따라서 '첨가되게'가 아니라, '거듭 겹쳐지거나 포개어지다.'라는 의미의 '중첩되게'로 바꿔 쓰는 것이 적절하다.

오답체크

① 수록하다 : 책이나 잡지에 싣다.

② 결합하다 : 둘 이상의 사물이나 사람이 서로 관계를 맺어 하나가 되다. 또는 그렇게 되게 하다.

③ 몰입하다 : 깊이 파고들거나 빠지다.

⑤ 파악하다 : 어떤 대상의 내용이나 본질을 확실하게 이해하여 알다.

## 61 정답 ②

정답체크

제시된 글은 인체의 자연치유력 개념을 정의하고 오토파지의 개념, 기능, 과정 등을 제시하며 오토파지의 원리를 중심으로 인체의 자연치유력을 서술하고 있다.

## 62 정답 ④

정답체크

ⓐ는 '무엇이라고 가리켜 말하거나 이름을 붙이다.'의 의미로서 ④의 '부르다'와 같은 의미이다.

오답체크

① 부르다 : 만세 따위를 소리내어 외치다.

② 부르다 : 어떤 방향으로 따라오거나 동참하도록 유도하다.

③ 부르다 : 값이나 액수를 얼마라고 말하다.

⑤ 부르다 : 말이나 행동 따위로 남을 오라고 하다.

## 63 정답 ①

정답체크

'구독경제'라는 한 가지 모델을 정의·설명하고 그에 관한 3가지 유형을 설명하고 있다.

## 64 정답 ②

정답체크

㉠의 예로서 무제한 이용 모델로 모든 노래를 들을 수 있는 음원 서비스가 정답이다.

오답체크

① · ④는 정기 배송 모델, ③ · ⑤는 장기 렌털 모델이다. 본문에는 무제한 이용 모델에 해당하는 예로 영상이나 음원, 각종 서비스만 언급하고 있기 때문에 ③ · ⑤는 무제한으로 이용한다 해도 답이 될 수 없다.

## 65 정답 ①

정답체크

제시된 글은 각 구조가 무거운 돌을 쉽게 싣는 점, 보조동력을 발생시키는 점, 수레가 받는 충격을 완화하는 데 기여하고 있다는 점과 같은 구조적 특징 분석 내용을 중심으로 유형거의 우수성을 설명하고 있다.

오답체크

② 복토만이 아닌 전체기능에 대해 설명하였고, '미학적' 특성에 대해서는 설명하지 않았다.

③ 효과적인 운송수단인 것은 맞지만, 실제 운용한 사람의 경험은 나오지 않았다.

④ 수레 발달의 역사에 대해서는 설명하지 않았고, 유형거와 기존수레를 차이점이 아닌 유형거의 자체적인 특성을 서술하였다.

⑤ 유형거의 변화 과정이 아닌 우수성을 설명하였고, 단점에 대해서는 언급하지 않았다.

## 66 정답 ③

정답체크

ⓒ의 운용은 '물건이나 제도를 적절하게 사용한다'는 뜻으로 ③의 사례와 같다.

오답체크

① ㉠의 공사는 '토목이나 건축 따위의 일'이고, ①의 공사는 '국가를 대표하는 외교사절'이라는 뜻이다.

② ㉡의 기능은 '하는 구실이나 작용'이라는 뜻이고, ②의 기능은 '기술적인 능력이나 재능'이라는 뜻이다.

④ ㉣의 입장은 '당면하고 있는 상황이나 처지'라는 뜻이고, ④의 입장은 '장내로 들어감'이라는 뜻이다.

⑤ ㉤의 조작은 '기계나 장치 따위를 다루어 움직임'이라는 뜻이고, ⑤의 조작은 '어떤 일을 사실인 듯이 꾸며 만듦'이라는 뜻이다.

**적중 TIP** 동음이의어

ⓒ의 '기능'은 헷갈리기 쉽고, 자주 출제되는 단어이니 주의하자!
예 • 자동차의 브레이크 기능 → 제품의 성능
• 제빵 기능사 → 사람/사물의 기량

## 67 정답 ②

정답체크

제시문은 현재 자본주의 사회에서 수요 공급의 법칙으로 설명할 수 없는 소비 형태(비싼 것이 더 잘 팔리는)에 의문을 가지고 그에 대한 분석한 이론에 대한 글이다. 따라서 답은 ②이다.

**적중 TIP** 두괄식과 미괄식

주제를 찾을 땐 첫 문단과 끝 문단에 집중해서 주제를 찾아보자. 또한 한 문단 내에서는 첫 번째 문장과 마지막 문장에 문단의 핵심 내용이 담기는 경우가 많으므로 항상 처음과 끝을 주의 깊게 살펴보자.

## 68 정답 ④

정답체크

④ (다)와 (라)는 대조의 방식이 아니라 열거나 인과에 가깝다고 볼 수 있다. 밴드왜건 효과가 퍼져나가면서 차별 효용을 위해 스놉 효과가 일어나고 이 문단들은 그런 밴드왜건과 스놉 효과에 대해 각각 설명할 뿐이다.

오답체크

① (가)에서 제시한 자기 과시에 의한 소비 현상을 나머지 문단에서 베블런 효과, 밴드왜건과 스놉 효과로 설명하고 있다.

② 베블런 효과를 요약적으로 제시하고 있다.

③ (나)~(라)까지 (가)에서 나온 자기 과시적 소비 현상을 세분화하여 설명하고 있다.

⑤ 앞서 나온 이론을 정리하고 의의를 제시하며 글을 마무리하고 있다.

## 69 정답 ④

정답체크

미래주의 회화가 어떤 과정으로 발전해 왔는지에 관한 언급은 찾아볼 수 없다.

오답체크

① 1문단에서 발라, 보치오니, 상텔리아, 루솔로 등이 미래주의에 참여했음을 언급하고 있다.

② 1문단에서 미래주의는 산업화에 뒤처진 이탈리아의 현실에서 산업화에 대한 열망과 민족적 자존감을 고양시키기 위해 등장했다고 언급하고 있다.

③ 2, 3문단에서 미래주의 화가들은 분할주의 기법을 활용했다고 언급하고 있다.

⑤ 4문단에서 미래주의 회화는 움직이는 대상의 속도와 운동이라는 미적 가치에 주목해서 새로운 미의식을 제시했다고 언급하고 있다.

## 70 정답 ⑤

정답체크

'주목'의 사전적 의미는 '관심을 가지고 주의 깊게 살핌'이다. '자신의 의견이나 주의를 굳게 내세움'은 '주장'의 사전적 의미에 해당한다.

## 71

정답 ⑤

정답체크

• 제시된 글에서 서양 음악 이론의 맥을 형성한 고대 그리스 음악 이론의 두 전통이 되고 있는 '피타고라스'와 '아리스토 제누스'를 소개하고 있다.

• 서양 음악의 기원에 대해 설명하고 있는 1문단만 볼 경우 ②의 '음악이론에 내재한 수학적인 사고'를 주제로 생각할 수 있지만, 전체적인 내용과 더불어 마지막 문장을 통해 ⑤의 '서양 음악 이론의 맥을 형성한 고대 그리스의 두 음악 이론'이 주제임을 알 수 있다.

## 72

정답 ②

정답체크

㉠의 '내재한'의 '내재(內在)하다'는 '어떤 사물이나 범위의 안에 들어 있다'라는 의미이며, ㉡의 '배어 있는'의 '배다'는 '느낌, 생각 따위가 깊이 느껴지거나 오래 남아 있다'라는 의미이다. 따라서 공통적으로 적용할 수 있는 어휘는 ② '들어 있는'이 적절하다.

## 73

정답 ⑤

정답체크

1문단에서 넓은 의미에서 본 난민에 대한 개념을 설명한 후 2문단에서는 현재 국제법에 따른 난민의 정의를 설명한다. 3문단에서 5문단에 걸쳐서는 국제법상에서 난민으로 인정받기 위한 자격 요소들을 각각 설명하고 있다.

오답체크

① 난민법이 난민들의 지위를 온전하게 보장하지 못한다는 부분을 지적할 뿐, 난민 문제를 발생시키는 원인에 대한 비판은 언급하지 않고 있다.

② '난민'에 대한 개념과 자격 요건을 설명하고 있지만, 난민 문제가 대두되게 된 역사적 배경을 설명하고 있지는 않다.

③ 난민으로 인정받기 위해 필요한 요건들을 나열하고 있지만, 시간의 흐름에 따른 인식 변화를 언급하고 있지는 않다.

④ 마지막 문단에서 현재 난민법이 지닌 한계를 지적하고 있기는 하지만, 다양한 사례를 들어 난민 구호의 시급함을 강조하고 있는 것은 아니다.

## 74

정답 ②

정답체크

제시된 글에서 사유는 '일의 까닭'을 의미하는 '사유(事由)'로 쓰였다. 사유(事由)의 유의어로는 까닭, 연고, 연유가 있다. 〈보기〉에서 뜻하는 '사유(思惟)'의 유의어는 사색, 명상, 사고 등이 있는데, 이 단어들을 해당 문장에 넣어보면 해당 뜻이 어색하다는 사실을 알 수 있다.

## 75

정답 ④

정답체크

글쓴이는 민주주의에서 의회의 역할에 주목하여 사회 갈등을 입법 과정으로 해결할 수 있다는 점을 설명하고 있다. 특히 최적의 입법 과정은 시민들의 적극적인 참여가 바탕이 되는 것으로, 이는 사회 갈등을 해결하는 데 중요한 역할을 할 수 있다고 서술하고 있다.

오답체크

① 의회는 소통을 통해 문제를 해결하는 기관으로서 시민이 입법 과정에 관심을 갖는 이유가 의회를 견제하기 위함은 아니다.

③ 입법 과정에 국민이 참여할 수 있지만, 기본적으로 입법 과정은 의회의 영역이며 의회를 중심으로 이루어지는 것이다.

## 76

정답 ④

정답체크

④의 '담보되어야'는 '맡아서 보증되어야'의 의미이다. 따라서 ㉣의 '나누어져야'라는 표현으로 대체될 수 없고, '보장되어야'가 바꾸어 쓰기에 더 적절한 표현이다.

## 77

정답 ④

정답체크

제시된 글에서는 단토가 예술계의 지위 회복 방법을 제안했다는 내용은 다루고 있지 않다.

오답체크

① 4문단에서 단토가 파악한 내러티브로서의 예술사에 대해 다루고 있다.

② 1문단에서 단토가 예술 종말론을 주장하게 된 계기를 밝히고 있다.

③ 5문단에서 단토의 예술 종말론이 지닌 긍정적 함의에 대해 다루고 있다.

⑤ 2문단에서 단토가 제시한 예술 작품이 갖추어야 할 필수 조건에 대해 밝히고 있다.

## 78

정답 ②

정답체크

단토는 〈브릴로 상자〉를 계기로 예술의 본질을 찾는 데 몰두하였고, 그 결과 예술 작품은 '무엇에 관함'과 '구현'이라는 두 가지 요소를 필수적으로 갖추고 있어야 한다고 말했다. 단토가 예술 작품의 본질을 근본적으로 정의할 수 없다고 생각한 것은 아니다.

오답체크

① 4문단에서 오늘날의 예술은 철학적 단계에 이르렀으므로 철학적으로 사고하는 접근이 필요하다는 내용이 언급된다.

③ 3문단에서 예술 작품은 당대 예술 상황을 주도하는 체계에 의해 예술 작품으로 인정받는다는 내용이 언급된다.

④ 4문단에서 재현의 내러티브는 예술의 종말 이전의 내러티브라고 언급하고 있다.

⑤ 3문단에서 단토는 〈브릴로 상자〉가 이전에 등장했다면 작품으로 간주되지 않았을 것이라는 내용이 언급된다.

## 제1유형 응용수리      문제편 p.080

| 01 | 02 | 03 | 04 | 05 | 06 | 07 | 08 | 09 | 10 |
|----|----|----|----|----|----|----|----|----|----|
| ③ | ④ | ③ | ③ | ② | ③ | ④ | ① | ④ | ① |
| 11 | 12 | 13 | 14 | 15 | 16 | 17 | 18 | 19 | 20 |
| ③ | ① | ④ | ② | ④ | ④ | ④ | ③ | ④ | ② |
| 21 | 22 | 23 | 24 | 25 | 26 | 27 | 28 | 29 | 30 |
| ④ | ③ | ③ | ③ | ① | ① | ③ | ① | ③ | ④ |
| 31 | 32 | 33 | 34 | 35 | 36 | 37 | 38 | | |
| ③ | ② | ③ | ④ | ② | ④ | ③ | ① | | |

### ■ 수리능력

## 01      정답 ③

정답체크

어떤 수를 $x$라 하면

$\{(x-1) \times 3 - 2\} \times (-3) = -9x + 15$이고, 여기에 15를 더한 값을 $-3$으로 나누면

$(-9x + 15 + 15) \div (-3)$

$= (-9x + 30) \div (-3) = 3x - 10$

$3x - 10 = 2$이므로 $3x = 12$

$\therefore x = 4$

## 02      정답 ④

정답체크

점수가 60점인 학생을 $x$명, 70점인 학생을 $y$명이라 하면

$x + y = 11$ …… ①

$(50 \times 1) + (55 \times 2) + 60x + (65 \times 3) + 70y + (75 \times 7) + (80 \times 6)$

$= 2,100$

$60x + 70y + 1,360 = 2,100$

$60x + 70y = 740$ …… ②

①과 ②를 연립하여 풀면

$x = 3$, $y = 8$

따라서 점수가 70점인 학생은 8명이다.

## 03      정답 ③

정답체크

① 1,500달러 $\times 1,209 = 1,813,500$원

② 130,000엔 $\times \dfrac{1106.48}{100} = 1,438,424$원

③ 12,000위안 $\times 170.46 = 2,045,520$원

④ 1,050유로 $\times 1370.04 = 1,438,542$원

따라서 가장 많은 원화를 보유한 사람은 중국에 제품을 수출한 K 회사 사장이다.

## 04      정답 ③

정답체크

표를 보고 가중치로 계산한 점수로 표를 만들면 다음과 같다.

(단위 : 점)

| 지원자 | 체력검정 | 면 접 | 학생부평가 | 가중총점 |
|--------|----------|-------|------------|----------|
| A | 18 | 27 | 40 | 85 |
| B | 18 | 30 | 35 | 83 |
| C | 18 | 24 | 45 | 87 |
| D | 20 | 30 | 30 | 80 |

따라서 가장 높은 점수를 받은 사람은 C이다.

## 05      정답 ②

정답체크

400kcal 미만의 메뉴가 $11 + 17 + 12 = 40$(가지)이고 전체의 50%를 차지하므로 400kcal 이상의 메뉴도 40가지이다.

$\therefore$ (700kcal 이상의 메뉴의 수) $= 40 - (18 + 10 + 6) = 6$(가지)

## 06      정답 ③

정답체크

전술통신 지원자의 상대도수를 $x$라 하면 전차승무 지원자의 상대도수는 $2x$이다.

각 계급의 상대도수는 0 이상 1 이하이고 그 합은 항상 1이므로

$2x + x = 3x = 1 - (0.21 + 0.12 + 0.10 + 0.18) = 0.39$

$\therefore x = 0.13$

따라서 전차승무 지원자의 상대도수는

$0.13 \times 2 = 0.26$이다.

## 07
정답 ④

중앙정부와 지방자치단체가 2년 동안 A지역에 지급한 금액의 합을 각각 알아보면

(중앙정부)$=828,574+873,061=1,701,635$(만원)

(지방자치단체)$=521,009+478,098=999,107$(만 원)

→ (두 금액의 차)$=1,701,635-999,107=702,528$(만 원)

## 08
정답 ①

$\overline{AM}=\frac{1}{2}\overline{AB}$이므로 $\overline{AM}=\overline{BM}$

$\overline{MC}=\frac{1}{3}\overline{BM}$이므로 $\overline{MC}=\frac{1}{6}\overline{AB}$

$\therefore \overline{MC}=\frac{1}{6}\overline{AB}=\frac{1}{6}\times 15=2.5$(cm)

## 09
정답 ④

표에서 $a$와 $b$를 제외한 값의 합이 42이므로

$a+b=8$(명)

## 10
정답 ①

전체 부대원 중 병의 비율은 $\frac{5}{3+4+5}=\frac{5}{12}$이고 병의 0.36이

병장이므로 병장은 전체의 $\frac{5}{12}\times 0.36=0.15$이다.

따라서 병장은 $400\times 0.15=60$(명)이다.

## ■ 수열

## 11
정답 ③

분모는 1씩 증가하고 분자는 1, 2, 4, 8, 16, 32로 앞의 수를 2배 하는 규칙이다.

따라서 빈칸에 들어갈 수는 $\frac{32\times 2}{7+1}=\frac{64}{8}=8$이다.

## 12
정답 ①

홀수항은 $\frac{1}{2}$씩 증가하고, 짝수항 $\frac{1}{4}$씩 증가하는 규칙을 가진

수열이다. 빈칸은 바로 전 홀수항 $\frac{3}{4}$에서 $\frac{1}{4}$이 증가한 값이 되

어야 하므로 빈칸에 들어갈 수는 $\frac{4}{4}$, 즉 1이다.

## 13
정답 ④

{2 2 1}, {2 2 6}, {3 4 ( )}, {5 6 9}

수를 3개씩 묶으면 괄호 안의 세 수의 합은 5, 10, …, 20으로 5씩 증가하므로 세 번째 묶음의 합은 15가 되어야 한다.

따라서 빈칸에 들어갈 수는 8이다.

## ■ 거리/속력/시간

## 14
정답 ②

(달린 거리)+(걸은 거리)=(총 거리)일 때 달린 시간을 $x$분이

라고 하면, $180\times x+75\times(45-x)=6,000$

$180x+3375-75x=6000$

$105x=2625$

$x=25$

$\therefore$ 달린 시간 : 25분

## 15
정답 ④

60km/h의 속력으로 10분이 소요되었다면,

거리$=60$km/h$\times\frac{1}{6}$시간$=10$km

속력$=\frac{거리}{시간}$이므로,

자전거의 속력 : $\frac{10,000}{x}=25$분

→ $x=400$m/분

## 16
정답 ④

'$\frac{거리}{속력}=$시간'을 이용한다.

올라간 거리를 $x$km, 내려온 거리를 $(x+7)$km라고 하면

6시간 12분$=6.2$시간이므로

$$\frac{x}{3}+\frac{x+7}{5}=6.2,\ \frac{5x+3x+21}{15}=6.2$$

$$x=9(\text{km})$$

올라온 거리가 9km이므로 내려온 거리는 $9+7=16(\text{km})$이다.

## 17

정답 ④

정답체크

$x$를 거리라 하면 동생의 속력으로 $x$만큼을 도달하기 위한 시간은 $\frac{x}{100}$, 형의 속력으로 $x$만큼을 도달하기 위한 시간은 $\frac{x}{500}$이다.

$$\frac{x}{100}=\frac{x}{500}-10,\ x=1,250$$

결국 형과 동생은 1250m 부분에서 만난다는 사실을 알 수 있다. 동생은 1분에 100m를 이동하므로, 동생이 출발한 지 $12.5=12$분 30초 후에 형과 만나게 된다.

## ■ 경우의 수

## 18

정답 ③

정답체크

· A에서 B까지 최단거리로 가는 방법 : 6가지
· B에서 C까지 최단거리로 가는 방법 : 3가지
∴ $6\times3=18$(가지)

## 19

정답 ④

정답체크

· 동아리 활동 부서 한 개를 선택하는 경우의 수 : 7가지
· 방과 후 활동반 한 개를 선택하는 경우의 수 : 6가지
∴ $7\times6=42$(가지)

## 20

정답 ②

정답체크

처음에 파란 구슬을 뽑을 확률은 $\frac{5}{20}$, 두 번째 파란 구슬을 뽑을 확률은 $\frac{4}{19}$이다.

두 사건이 연속해서 일어나는 것이므로,

$$\frac{5}{20}\times\frac{4}{19}=\frac{1}{19}$$

[다른 해설]

$$\frac{{}_5C_2}{{}_{20}C_2}=\frac{5\times4}{20\times19}=\frac{1}{19}$$

## 21

정답 ④

정답체크

$$1-\left(\frac{3}{7}\times\frac{4}{9}\right)=1-\frac{12}{63}=\frac{51}{63}=\frac{17}{21}$$

**적중 TIP**　여사건의 확률

$1-$(하나도 명중하지 않을 확률)

## ■ 금액

## 22

정답 ③

정답체크

전체 인원을 $x$명이라고 하면
$(10,000\times x)+36,000=(15,000\times x)-9,000$
$5,000x=45,000$
→ $x=9$(명)
따라서 전체 식비는 126,000원이다.

∴ 1인당 식비 : $\frac{126,000}{9}=14,000$ (원)

## 23

정답 ③

정답체크

· 매입 시 제비용을 포함한 상품의 가격(원가＋운반비＋수수료)
　: 32,000원
· 20% 이익을 가산한 정가 : $32,000\times1.2=38,400$(원)
· 10%를 할인한 판매가 : $38,400\times0.9=34,560$(원)
→ 판매 이익 : $34,560-32,000=2,560$(원)

## 24

정답 ③

정답체크

A상품이 먼저 들어왔으므로 A상품을 먼저 판매하고, 5월 15일에 A상품을 150개 판매하였으므로 150개에 대한 이익을 계산한다.
· A상품의 매출액 : $1,500\times150=225,000$(원)
· A상품의 원가 : $1,000\times100+1,200\times50=160,000$(원)
따라서 이 소매상이 5월에 상품을 판매하여 얻은 이익은 $225,000-160,000=65,000$(원)이다.

## ■ 날짜/요일/시간

### 25
정답 ①

정답체크

3주 뒤인 26일이 화요일이므로 28일은 목요일이다.

### 26
정답 ①

정답체크

5월 4일이 수요일이므로 첫 번째 월요일은 5월 2일이다. 따라서 세 번째 월요일은 14일 후인 5월 16일이다.

### 27
정답 ③

정답체크

2일이 토요일이고 28일 후인 30일이 토요일이므로 이 달은 30일까지 있는 달이다. 다음 달 1일은 일요일이고 말일인 31일은 화요일이다.

## ■ 농도

### 28
정답 ①

정답체크

더 넣을 물의 양을 $x$g이라고 하면

$$\frac{15}{100} \times 200 = \frac{8}{100} \times (200 + x)$$

$$\frac{3,000}{100} = \frac{1,600 + 8x}{100}, \ 8x = 1,400$$

$$\therefore x = 175(g)$$

### 29
정답 ③

정답체크

증발한 물의 양을 $x$g이라고 하면

$$\frac{13}{100} \times 150 = \frac{15}{100} \times (150 - x)$$

$$1,950 = 2,250 - 15x, \ 15x = 300$$

$$\therefore x = 20(g)$$

### 30
정답 ④

정답체크

더 넣은 물의 양을 $x$g이라고 하면

$$\frac{7}{100} \times 400 + \frac{100}{100} \times 60 = \frac{10}{100} \times (400 + 60 + x)$$

$$2,800 + 6,000 = 4,600 + 10x, \ 10x = 4,200$$

$$\therefore x = 420(g)$$

### 31
정답 ③

정답체크

15%의 소금물의 양을 $x$라고 하면

$$\left(\frac{8}{100} \times 240\right) + \left(\frac{15}{100} \times x\right) = \frac{12}{100} \times (240 + x)$$

$$1920 + 15x = 2880 + 12x, \ 3x = 960$$

$$\therefore x = 320(g)$$

## ■ 인원/개수

### 32
정답 ②

정답체크

```
3 ) 54    135
3 ) 18    45
3 ) 6     15
     2     5
```

→ 54와 135의 최대공약수 : 27

따라서 27명에게 우유는 2개씩, 귤은 5개씩 나누어 줄 수 있다.

### 33
정답 ③

정답체크

강당의 의자 수를 $x$개라고 할 때,

$7x + 3 = 8(x - 2) + 1, \ x = 18$

∴ 의자 수 : 18개, 중대 병력 : $18 \times 7 + 3 = 129$(명)

### 34
정답 ④

정답체크

투표한 학생 수가 278명이므로 당선되기 위해서는 득표 수가 $278 \times 0.5 = 139$(표) 초과, 즉 140표 이상이어야 한다.

갑 후보가 당선되기 위해서는 $140 - 88 = 52$(표)를 더 받아야 하는데, 남은 미개표 수가 $300 - (88 + 53 + 37 + 22) = 100$(표) 이므로 최소한 $\frac{52}{100} \times 100 = 52$(%) 이상 득표해야 한다.

### 35
정답 ②

정답체크

학교별 감기 환자 수를 구하면 다음과 같다.

• 초등학교 : $250 \times 0.24 = 60$(명)
• 중학교 : $230 \times 0.30 = 69$(명)
• 고등학교 : $164 \times 0.25 = 41$(명)

감기 발생률은 (감기 환자 수)÷(전체 학생 수)×100이므로 전체 학생의 감기 발생률은 $(60 + 69 + 41) \div (250 + 230 + 164) \times 100 = 26.4$(%)이다.

## ■ 일/일률/톱니바퀴

### 36
정답 ④

- 톱니바퀴 A가 1회전 하는데 걸리는 시간 : 18/12=1.5초
- 톱니바퀴 B의 크기 : A의 2.5배

즉, B가 2회전 한다면 A는 5회전을 하므로 B가 2회전 할 때 걸리는 시간은 A가 1바퀴를 돌 때 걸리는 시간×5가 되어야 한다.

따라서 톱니바퀴 B가 2바퀴를 회전하는 데 걸리는 시간은 $1.5 \times 5 = 7.5$(초)이다.

### 37
정답 ③

- A소대와 B소대가 함께 일한 시간 : $x$
- A소대가 한 시간에 할 수 있는 작업량 : $\dfrac{1}{6}$
- B소대가 한 시간에 할 수 있는 작업량 : $\dfrac{1}{10}$

$$\frac{1}{6} \times 1 + \left(\frac{1}{6} + \frac{1}{10}\right) \times x + \frac{1}{10} \times 3 = 1$$

$\rightarrow x = 2$(시간)

따라서 A소대와 B소대가 함께 일한 시간은 2시간이다.

### 38
정답 ①

기계 A의 하루 작업량을 $x$, 기계 B의 하루 작업량을 $y$라고 하면

$5x + 8y = 1$, $7x + 4y = 1$

두 식을 연립하여 풀면

$$x = \frac{1}{9}, \ y = \frac{1}{18}$$

작업을 끝마치는 데 걸리는 시간은 기계 A는 9일, 기계 B는 18일이다.

따라서 기계 A와 B가 동시에 $z$일 동안 일을 한다고 하면

$$\left(\frac{1}{9} + \frac{1}{18}\right) \times z = 1$$

$\rightarrow z = 6$(일)

따라서 A와 B가 동시에 6일간 일하면 작업을 끝마칠 수 있다.

---

| 01 | 02 | 03 | 04 | 05 | 06 | 07 | 08 | 09 | 10 |
|----|----|----|----|----|----|----|----|----|----|
| ③ | ③ | ① | ③ | ③ | ③ | ③ | ④ | ③ | ① |
| 11 | 12 | 13 | 14 | 15 | 16 | 17 | 18 | 19 | 20 |
| ① | ② | ④ | ③ | ④ | ① | ④ | ④ | ② | ③ |
| 21 | 22 | 23 | 24 | 25 | 26 | 27 | 28 | 29 | 30 |
| ③ | ② | ① | ③ | ② | ③ | ③ | ① | ② | ④ |
| 31 | 32 | 33 | 34 | 35 | 36 | 37 | 38 | 39 | 40 |
| ① | ④ | ④ | ④ | ④ | ④ | ② | ① | ③ | ④ |
| 41 | 42 | 43 | 44 | 45 | | | | | |
| ③ | ④ | ② | ① | ② | | | | | |

### 01
정답 ③

A : $\dfrac{25,987}{89.5} \fallingdotseq 290$

B : $\dfrac{14,091}{45.6} \fallingdotseq 309$

C : $\dfrac{75,472}{121.6} \fallingdotseq 620$

D : $\dfrac{43,752}{78.1} \fallingdotseq 560$

따라서 C지역 인구밀도가 가장 높다.

### 02
정답 ③

① 2011년이 $\dfrac{130}{46} \fallingdotseq 2.83$으로 가장 높다.

② 입학생 수가 가장 많은 해는 2011년으로 176명이고, 졸업생 수가 가장 많은 해는 2009년으로 148명이다.

④ 2009년에는 자연계 입학생 수가 인문계 입학생 수보다 많다.

### 03
정답 ①

보유율 상위 3명(A, B, C)의 의결권주 비율의 합은 49%이다.

따라서 $\dfrac{49}{88} \times 100 \fallingdotseq 55.7\%$이므로 ①은 옳지 않다.

## 04

정답체크

전기를 200kwh를 사용했을 때 기본요금은 2,500원이고, 100kwh까지는 1kwh당 요금이 80원, 100kwh 초과 200kwh 이하까지는 1kwh당 요금이 150원이므로

$2,500+(100\times80)+(100\times150)$
$=2,500+8,000+15,000=25,500$(원)

## 05

정답 ③

정답체크

- (전기를 301kwh를 사용한 가정한 가정의 전기요금)
  $=5,600+(100\times80)+(100\times150)+(100\times240)+(1\times350)$
  $=5,600+8,000+15,000+24,000+350$
  $=52,950$(원)
- (전기를 300kwh를 사용한 가정한 가정의 전기요금)
  $=4,200+(100\times80)+(100\times150)+(100\times240)$
  $=4,200+8,000+15,000+24,000$
  $=51,200$(원)
- → (두 가정의 전기요금의 차)$=52,950-51,200=1,750$(원)

## 06

정답 ③

정답체크

2011년 판매수량을 구하는 식은

(총 판매수량)$\times\dfrac{(2011년 매출 비율)}{100}$이다.

따라서 2011년 '갑' 회사의 판매수량은

$90,000\times\dfrac{25}{100}=22,500$(개)이다.

## 07

정답 ③

정답체크

판매수량을 구하는 식은 (총 판매수량)$\times\dfrac{(매출 비율)}{100}$이다.

회사 '정'의 연도별 판매수량은 2010년 28,000개, 2011년 27,000개, 2012년 30,000개, 2013년 20,000개로 2012년의 판매수량은 전년 대비 늘어났다.

오답체크

① 총 판매수량이 가장 적은 연도의 가장 적은 매출 비중의 회사를 찾으면 된다. 따라서, 판매수량이 가장 적은 회사는 2010년의 '을'이다.
② 병의 판매수량은 2010년 16,000개, 2011년 22,500개, 2012년 36,000개, 2013년 35,000개, 총 109,500개로 가장 많다.
④ 판매수량은 (총 판매수량)$\times\dfrac{(매출 비율)}{100}$이므로, '갑' 회사의 2010년과 2012년의 판매수량은 각각 245,000개로 동일하다.

## 08

정답 ④

오답체크

① (양성과정 포기자)=(2차 합격자)-(임관 인원)
  - 육군 : $4,932-3,125=1,267$(명)
  - 해군 : $1,674-667=1,007$(명)
  - 특전사 : $1,365-1,203=162$(명)

  따라서 양성과정에서 포기한 인원이 많은 군부터 나열하면 육군 - 해군 - 특전사 순이다.

② (응시자 대비 임관율)$=\dfrac{(임관 인원 수)}{(응시자 수)}$
  - 공군 : $\dfrac{358}{1,489}\times100\fallingdotseq24$(%)
  - 특전사 : $\dfrac{1,203}{2,798}\times100\fallingdotseq43$(%)
  - 해병대 : $\dfrac{1,596}{3,509}\times100\fallingdotseq45$(%)

  따라서 응시자 대비 임관율이 높은 군부터 나열하면 해병대 - 특전사 - 공군 순이다.

③ 체력과 면접은 육군의 경우 1차 시험 후 2차 시험 경쟁률이 2.22 : 1로 가장 높고, 나머지는 2 : 1에도 미치지 못한다.

## 09

정답 ③

정답체크

2014년 대비 2015년 가격 상승 비율을 구하는 식은

$\dfrac{(2015년 가격-2014년 가격)}{(2014년 가격)}\times100$이다.

따라서 2014년 대비 2015년의 상승 비율은

$\dfrac{125,400-114,000}{114,000}\times100=10$(%)이다.

## 10

정답 ①

정답체크

$\dfrac{(모델 4 가격)}{(모델 2 가격)}=\dfrac{143,000}{105,000}\fallingdotseq1.362$이므로, 모델 4의 가격은 모델 2 가격의 약 136.2%라고 할 수 있다. 따라서 모델 4는 모델 2보다 36.2% 더 비싸다.

## 11

정답 ①

정답체크

① 도시별로 (음식물 분리배출량)/(가구 수)을 계산하면 다음과 같다.

- 서울 : $\dfrac{2,610}{4,362}\fallingdotseq0.6$
- 대구 : $\dfrac{620}{1,042}\fallingdotseq0.6$
- 인천 : $\dfrac{690}{1,246}\fallingdotseq0.55$
- 부산 : $\dfrac{670}{1,508}\fallingdotseq0.44$

- 광주 : $\frac{475}{622}\fallingdotseq0.76$　・대전 : $\frac{430}{641}\fallingdotseq067$

- 울산 : $\frac{310}{471}\fallingdotseq0.66$　・세종 : $\frac{50}{138}\fallingdotseq0.36$

따라서 1가구당 평균 음식물 쓰레기 배출량은 광주가 가장 많고 세종이 가장 적다.

오답체크

② 가장 높은 울산과 세종이 50% 미만이다.

③ 가구 수가 가장 많은 도시부터 나열하면 서울 – 부산 – 인천 – 대구 순이고 쓰레기 배출총량이 많은 도시부터 나열하면 서울 – 부산 – 대구 – 인천 순이므로 비례하지 않는다.

④ 가구 수가 다섯 번째로 많은 도시는 대전이지만 음식물 분리 배출량은 여섯 번째로 많으므로 틀린 설명이다.

## 12　　　　정답 ②

정답체크

주어진 정보로 표를 만들면 다음과 같다.

(단위 : 만 원, 명, 회)

| 항 목＼연 도 | 2015년 | 2016년 | 2017년 | 2018년 | 2019년 |
|---|---|---|---|---|---|
| 아카데미 운영비 | 85,680 | 89,964 | 91,260 | 79,200 | 87,600 |
| 참석 연 인원 | 57,120 | 64,260 | 70,200 | 72,000 | 73,000 |
| 1인당 운영비 | 1.5 | 1.4 | 1.3 | 1.1 | 1.2 |
| 1인당 참석 횟수 | 1.6 | 1.8 | 2 | 2 | 2 |
| 전체 주민 수 | 35,700 | 35,700 | 35,100 | 36,000 | 36,500 |

5년 동안 1인당 운영비는 2017년까지 일정한 폭으로 감소하다가 2019년에 증가하였다.

오답체크

① 2018년 아카데미 운영비는 79,200만 원이므로 2019년 운영비가 전년 대비 10% 증가하면 79,200×1.1=87,120(만 원)이 되어 2019년 실제 운영비인 87,600만 원보다 적다. 따라서 2019년 아카데미 운영비는 전년 대비 10% 이상 증가한 것이다.

③ 2017년은 2016년 대비 운영비와 참석 연 인원이 증가하였으나 1인당 운영비는 감소하였다(1.4 → 1.3).

## 13　　　　정답 ④

정답체크

2015년 전체 주민 수를 $x$명이라고 하고, 1인당 참석 횟수 구하는 식을 이용하면

$1.6=\dfrac{57,120}{x}$, $1.6x=57,120$

$\therefore\ x=35,700$(명)

## 14　　　　정답 ③

정답체크

A~D 장병의 업무목표 점수를 알아보면 다음과 같다.

- A : $(40\times9)+(50\times10)+(10\times9)$
$=360+500+90=950$(점)

- B : $(40\times7)+(50\times7)+(10\times6)$
$=280+350+60=690$(점)

- C : $(40\times10)+(50\times9)+(10\times10)$
$=400+450+100=950$(점)

- D : $(40\times8)+(50\times8)+(10\times6)$
$=320+400+60=780$(점)

A와 C의 업무목표 점수가 950점으로 같으므로 두 사람의 개인목표 점수를 알아보아야 한다.

- A : $(50\times7)+(30\times7)+(20\times6)$
$=350+210+120=680$(점)

- C : $(50\times8)+(30\times6)+(20\times9)$
$=400+180+180=760$(점)

따라서 이 달의 장병으로 선발된 사람은 C이다.

## 15　　　　정답 ④

정답체크

상위 3개 분야는 정신과, 내과, 외과로 상위 3개 분야 관련 사유의 비중을 구하는 식은 $\dfrac{(상위\ 3개\ 분야\ 귀향자\ 수의\ 합)}{(각\ 군의\ 귀향자\ 수)}\times100$이다.

- 전군 : $\dfrac{1,460+5,570+1,826}{9,551}\times100\fallingdotseq92$(%)

- 육군 : $\dfrac{338+589+187}{1,243}\times100\fallingdotseq89.6$(%)

따라서 육군 귀향 사유에서 상위 3개 분야가 차지하는 비중은 90% 이하이다.

오답체크

① 전군 5,570명, 육군 589명으로 정신과 관련 귀향 사유가 가장 많다.

② 귀가자 중 육군이 차지하는 비중은 $\dfrac{1,243}{9,551}\times100\fallingdotseq13$(%)이다.

③ 육군에서 이비인후과 관련 귀향자는 12명으로 귀향 사유 중 가장 적다.

## 16

정답 ①

정답체크

전군 대비 육군의 환자 비율을 구하는 식은

$\dfrac{\text{진료과별 육군 수}}{\text{진료과별 전군 수}} \times 100$이다.

$\dfrac{14}{40} \times 100 = 35(\%)$로 전군 대비 육군 비율이 높은 진료과는 치과이다.

오답체크

② 피부과 : $\dfrac{55}{164} \times 100 \fallingdotseq 33.5(\%)$

③ 내과 : $\dfrac{338}{1,460} \times 100 \fallingdotseq 23(\%)$

④ 신경과 : $\dfrac{19}{92} \times 100 \fallingdotseq 20.6(\%)$

## 17

정답 ④

정답체크

1, 2차 조사에서 희망 병과를 바꾸지 않은 지원자는 표의 대각선을 잇는 값의 합이다. 따라서 희망 병과를 바꾸지 않은 지원자는 보병 128명, 포병 65명, 기갑 38명, 공병 35명, 화생방 32명, 수송 15명, 정보 23명, 병참 20명, 군사경찰 18명으로 총 374명이고, 전체의 37.4%이다.

## 18

정답 ④

정답체크

세로 합계는 1차 조사, 가로 합계는 2차 조사의 결과이다. 1차 조사 시 500명(50%), 2차 조사시 488명(48.8%)이므로, 2차 조사시의 3개의 병과(보병, 포병, 기갑)의 합은 전체 50% 이하이다.

오답체크

① 포병 희망자는 1, 2차 조사에서 각각 137명으로 같다.

② 2차 조사에서 희망자가 줄어든 병과는 보병, 수송, 병참, 군사경찰로 4개이다.

③ 보병은 1차 255명, 2차 225명으로 약 11.8% 감소하였다.

## 19

정답 ②

정답체크

• 팔 때 : $1,056.2 \times 405 = 427,761.0$(원)

• 살 때 : $1,015.7 \times 405 = 411,358.5$(원)

→ $427,761.0 - 411,358.5 = 16,402.5$(원)

## 20

정답 ③

정답체크

남학생의 자원봉사 활동 시간은 $18 \times 3 = 54$(시간), 여학생의 자원봉사 활동 시간은 $8 \times 2 = 16$(시간)이다.

전체 자원봉사 활동 시간은 70시간이고, 학생은 총 10명이므로 평균 자원봉사 활동 시간은 $\dfrac{70}{10} = 7$(시간)이다.

## 21

정답 ③

정답체크

총 독서량은 남학생이 30권, 여학생이 22권이다.

따라서 남학생의 평균 독서량은 $\dfrac{30}{6} = 5$(권), 여학생의 평균 독서량은 $\dfrac{22}{4} = 5.5$(권)이다.

오답체크

① 여학생의 평균 운동시간은 $\dfrac{8}{4} = 2$(시간), 남학생의 1일 평균 운동 시간은 $\dfrac{15}{6} = 2.5$(시간)으로, 여학생은 남학생의 0.8배이다.

② 남학생의 평균 헌혈 횟수는 $\dfrac{2+x+2+1+1+1}{6} = 1.5$이므로, 철식이의 헌혈 횟수는 2회다. 또한, 여학생의 평균 헌혈 횟수는 $\dfrac{1+2+y+3}{4} = 2.25$이므로 오심이의 헌혈 횟수는 3회다.

④ 자습시간이 가장 많은 학생은 종말이고, 여학생 중 가장 적은 학생은 영자이다.

## 22

정답 ②

정답체크

∴ $\dfrac{\text{(입장료 수입)}}{\text{(매장 수입)}} = \dfrac{202,048,000}{76,771,300} \fallingdotseq 2.63$(배)

## 23

정답 ①

정답체크

'입장료 수입 관객 수×1인당 입장료'이다. 농구장의 관객 수는 총 관객 수에서 야구장, 축구장, 배구장의 관객 수를 뺀 5,740명이다.

따라서 농구장의 입장료 수입은 $5,740 \times 9,000 = 51,660,000$(원), 배구장의 입장료 수입은 $4,305 \times 12,000 = 51,660,000$(원)으로 같다.

② 축구장 입장료 수입은 $5,453 \times 6,000 = 32,718,000$(원)으로 야구장 입장료 수입 $13,202 \times 5,000 = 66,010,000$(원)의 50% 이하이다.
③ 관객 1인당 매점 수입을 구하는 식은 '매점 수입÷관객 수'이다. 관객 1인당 매점 수입은 다음과 같다.
  • 야구장 : $40,120,000/13,202 = 3,038$(원)
  • 축구장 : $6,620,000/5,453 = 1,214$(원)
  • 배구장 : $17,390,000/4,305 = 4,039$(원)
  • 농구장 : $12,641,300/5,740 = 2,202$(원)
  따라서 배구장이 가장 많다.
④ 4종목의 입장료 수입의 합계액은 202,048,000원으로 총수입의 72.46%이다.

| | 관객 수 (명) | 1인당 입장료 (원) | 입장료 수입 (원) | 매점 수입 (원) | 총 수입 (원) |
|---|---|---|---|---|---|
| 야구장 | 13,202 | 5,000 | 66,010,000 | 40,120,000 | 106,130,000 |
| 축구장 | 5,453 | 6,000 | 32,718,000 | 6,620,000 | 39,338,000 |
| 배구장 | 4,305 | 12,000 | 51,660,000 | 17,390,000 | 69,050,000 |
| 농구장 | 5,740 | 9,000 | 51,660,000 | 12,641,300 | 64,301,300 |
| 합 계 | 28,700 | 32,000 | 202,048,000 | 76,771,300 | 278,819,300 |

## 24 정답 ③

정답체크
(ㄱ) 10대 수출 품목의 수출액은 전체 수출의 $\frac{276,513}{495,543} \times 100$ ≒55.8(%)로 55% 이상이다.
(ㄹ) 2016~2017년에는 반도체, 자동차, 선박 구조물이 1~3위를 차지하고 있다.

오답체크
(ㄴ) 2017년 선박구조물 41,182백만 달러의 50%는 21,092백만 달러이나, 2018년 수출액은 21,275백만 달러로 50%이상 감소하지 않았다.
(ㄷ) 126,706백만 달러는 126억이 아닌, 1,267억 600만 원으로 약 1,267억 달러이다.

## 25 정답 ②

정답체크
총수출액을 $x$백만 달러라고 하면
$x \times \frac{59}{100} = 337,345$, $x = 337,345 \times \frac{100}{59}$
∴ $x ≒ 571,771$(백만 달러)

## 26 정답 ③

오답체크
①·②·④ 제시된 표를 통해서는 알 수 없는 내용이다.

## 27 정답 ③

정답체크
A당 : A+C당, A+C+D당, A+C+E당, A+D+E당
→ 4가지
B당에서 의장 1명을 제외하여 소속당 의원 수가 120명이 된다고 가정하면,
B당 : B+C+D당, B+C+E당 → 2가지

## 28 정답 ①

오답체크
국가 내에서 소비되는 총 담배량은 1인당 소비량×국가 내 흡연 인구로 구할 수 있는데, 현재 표에는 국가 내 흡연 인구가 제시되어 있지 않다. 따라서 ①은 틀린 설명이다.

## 29 정답 ②

정답체크
(ㄱ) 특전사는 홍보 전 47명에서 홍보 후 101명으로 54명 유입되었다.
(ㄴ) 육군은 모병관 홍보 후 54명, 동영상 홍보 후 20명이 지원하였으므로 모병관을 통한 홍보가 더 효과적이라 할 수 있다.
(ㄷ) 육군은 동영상 홍보 후 해군으로 16명, 특전사로 52명이 유출되어 타군으로 유출된 인원이 68명이고, 동영상 홍보를 통한 순 유출은 48명이므로 옳은 설명이다.

오답체크
(ㄹ) 해군 지원자가 홍보 전 77명에서 홍보 후 35명이 되었으므로 타군으로 지원 분야를 바꾼 인원은 $77-35=42$(명)이다.

## 30 정답 ④

정답체크
④ 두 가지 사안에 대해 똑같이 응답한 비율은 $3.1+26.1+4.4 = 33.6$(%)이다.

## 31 정답 ①

정답체크
• 교명 변경에 찬성하는 비율 : $26.8+46.7=73.5$(%)
• 학교 이전에 찬성하는 비율 : $20.9+48.7=69.6$(%)
따라서 교명 변경에 찬성하는 비율이 $73.5-59.6=3.9$(%) 더 높다.

## 32 정답 ④

네 극장의 좌석 판매 비율을 구하면 다음과 같다.

① A극장 이코노미 : $0.25 \times 0.6 = 0.15$

② B극장 이코노미 : $0.2 \times 0.7 = 0.14$

③ C극장 이코노미 : $0.25 \times 0.7 = 0.175$

④ D극장 이코노미 : $0.3 \times 0.6 = 0.18$

따라서 가장 많은 좌석을 판매한 극장과 좌석 등급은 D극장 이코노미이다.

## 33 정답 ④

B극장의 스탠다드석 판매 수익 :

$24,000 \times 0.2 \times 0.2 \times 5,000 = 4,800,000$(원)

## 34 정답 ④

④ A극장과 C극장의 관객 수가 같으므로 등급별 관람료의 합을 비교하면 된다.

• (A극장의 관람료의 합)

$= (4,000 \times 0.6) + (5,000 \times 0.3) + (6,000 \times 0.1) = 4,500$(원)

• (C극장의 관람료의 합)

$= (4,000 \times 0.7) + (5,000 \times 0.1) + (6,000 \times 0.2) = 4,500$(원)

따라서 두 극장의 관람료 수입은 같다.

① • D극장의 스탠다드석 판매 수익 :

$24,000 \times 0.3 \times 0.2 \times 5,000 = 7,200,000$(원)

• C극장의 프라임석 판매 수익 :

$24,000 \times 0.25 \times 0.2 \times 6,000 = 7,200,000$(원)

② • A극장 관객 수 : $24,000 \times 0.25 = 6,000$(명)

• B극장 관객 수 : $24,000 \times 0.2 = 4,800$(명)

→ (차) $= 6,000 - 4,800 = 1,200$(명)

③ A극장 관객 수는 6,000명, C극장 관객 수는 $24,000 \times 0.25$ $= 6,000$(명)이므로 관객 수가 같다.

## 35 정답 ④

• 학교추천 : $200 \times 0.65 = 130$(명)

• 공개채용 : $500 \times 0.18 = 90$(명)

• 경력채용 : $150 \times 0.7 = 105$(명)

• 기능보유자 : $350 \times 0.4 = 140$(명)

따라서 기능보유자 추천이 가장 많다.

## 36 정답 ④

채용 인원을 표로 나타내면 다음과 같다.

(단위 : 명)

| 유형 | | 학교추천 (200명) | | 공개채용 (500명) | | 경력채용 (150명) | | 기능보유자 (350명) | | 합 계 |
|---|---|---|---|---|---|---|---|---|---|---|
| 선발분야 | 관리직 | 0% | 0 | 1% | 5 | 30% | 45 | 0% | 0 | 50 |
| | 생산직 | 30% | 60 | 5% | 25 | 10% | 15 | 20% | 70 | 170 |
| | 판매직 | 10% | 20 | 10% | 50 | 20% | 30 | 0% | 0 | 100 |
| | 기능직 | 25% | 50 | 2% | 10 | 10% | 15 | 20% | 70 | 145 |
| 합격자 | | 65% | 130 | 18% | 90 | 70% | 105 | 40% | 140 | 465 |

## 37 정답 ②

(ㄱ) (전체 경쟁률) $= \dfrac{200 + 500 + 150 + 350}{130 + 90 + 105 + 140} = \dfrac{1,200}{465} \fallingdotseq 2.58$

→ $2.58 : 1$

(ㄹ) 각 분야별 경쟁률을 구하면 다음과 같다.

• 학교추천 : $\dfrac{200}{130} \fallingdotseq 1.53 \to 1.53 : 1$

• 공개채용 : $\dfrac{500}{90} \fallingdotseq 5.56 \to 5.56 : 1$

• 경력채용 : $\dfrac{150}{105} \fallingdotseq 1.43 \to 1.43 : 1$

• 기능보유자 : $\dfrac{350}{140} = 2.5 \to 2.5 : 1$

따라서 경쟁률이 가장 높은 분야는 공개채용이다.

(ㄴ) 학교추천 기능직 : 50명, 공개채용 판매직 : 50명

(ㄷ) 판매직 선발인원은 100명이다.

## 38 정답 ①

① 교차로 통행방법 위반으로 사망한 사람 수가 0이므로 치사율은 0%이다.

## 39 정답 ③

③ 교차로 통행방법 위반으로 인한 치사율은 0%이므로 2배를 해도 0%이다.

## 40 정답 ④

[정답체크]

④ 2017년 입목죽은 전년 대비 $\frac{47,637}{80,750} \times 100 ≒ 59(\%)$ 증가하였다.

[오답체크]

① 입목죽과 무체재산권은 감소하였다.
② 2018년의 유가증권 총액은 전년 대비 감소하였다.
③ 2016년부터 재산의 가액이 매년 증가하고 있는 것은 건물뿐이다.

## 41 정답 ③

[정답체크]

2017년 국유재산 상위 3가지 유형의 재산 현황을 표로 나타내면 다음과 같다.

(단위 : 억 원)

| 토 지 | 4,630,098 |
|---|---|
| 공작물 | 2,821,660 |
| 유가증권 | 2,456,556 |
| 합 계 | 9,908,314 |
| 비율(%) | 92.1 |

## 42 정답 ④

[정답체크]

2021~2014년의 GDP 대비 국방비 비중은 사우디아라비아 – 이스라엘 – 미국 – 러시아 – 한국 – 중국 순으로 크다.

## 43 정답 ②

[정답체크]

(ㄱ) 한국의 2011년과 2014년 GDP 대비 국방비 비율이 같고, 국방비는 2011년보다 2014년에 감소하였으므로 GDP도 감소하였다.

(ㄷ) 중국의 2013년과 2014년 국방비가 같고, GDP 대비 국방비 비율은 감소하였으므로 GDP는 증가하였다.

[오답체크]

(ㄴ) 미국의 GDP는 매년 한국의 12~16배 정도를 유지하고 있다.

(ㄹ) • 2011년 사우디아라비아의 GDP : 382÷0.082≒4,659 (억 달러)
  • 2011년 이스라엘의 GDP : 148÷0.074≒2,000(억 달러)
  → 4,659÷2,000≒2.3(배)

## 44 정답 ①

[정답체크]

① 경상남도의 10a당 논벼 생산량은 503kg으로 500kg를 넘는다.

## 45 정답 ②

[정답체크]

(밭벼 생산량)=725,094－724,943＝451(t)

172ha＝17200a, 451t＝451,000kg이고, 1a당 밭벼 생산량은 $\frac{451,000}{17,200} ≒ 26.2(kg)$이므로 10a당 밭벼 생산량은 262kg이다.

| 01 | 02 | 03 | 04 | 05 | 06 | 07 | 08 | 09 | 10 |
|----|----|----|----|----|----|----|----|----|----|
| ③ | ④ | ① | ① | ② | ④ | ③ | ③ | ② | ③ |
| 11 | 12 | 13 | 14 | 15 | 16 | 17 | 18 | 19 | 20 |
| ③ | ③ | ② | ③ | ③ | ④ | ③ | ② | ① | ④ |
| 21 | 22 | 23 | 24 | 25 | | | | | |
| ③ | ① | ② | ④ | ③ | | | | | |

## 01　정답 ③

정답체크

$4,950 \times (1-0.04) = 4,752$(만 명)

## 02　정답 ④

정답체크

1건당 수출액을 구하면 다음과 같다.

- 2015년 : $\dfrac{625}{217} \fallingdotseq 2.88$(억 달러)
- 2016년 : $\dfrac{823}{198} \fallingdotseq 4.16$(억 달러)
- 2017년 : $\dfrac{1,278}{419} \fallingdotseq 3.05$(억 달러)
- 2018년 : $\dfrac{1,649}{390} \fallingdotseq 4.23$(억 달러)

## 03　정답 ①

정답체크

(ㄱ) 서비스직 종사자는 22.8%, 건설업 종사자는 11.4%로 옳은 설명이다.

(ㄴ) 자영업 종사자 수는 $500 \times \dfrac{162}{1000} = 81$(명), 사무직 종사자 수는 $500 \times \dfrac{156}{10000} = 78$(명으로 차는 3명이다.

오답체크

(ㄷ) 서비스업 종사자 수 : $500 \times \dfrac{228}{1000} = 114$(명)

(ㄹ) 일용직 종사자 수＋기타 종사자 수 :
$500 \times \dfrac{9.6+6.4}{100} = 80$(명)

## 04　정답 ①

정답체크

그래프를 표로 정리하면 다음과 같다.

(단위 : %)

| 구 분 | 해 상 | 육 상 | 철 도 | 항 공 | 합 계 |
|-------|-------|-------|-------|-------|-------|
| 2015년 | 48.1 | 13.2 | 28.4 | 10.3 | 100 |
| 2016년 | 50.1 | 13.8 | 27.8 | 8.3 | 100 |
| 2017년 | 55.6 | 8.4 | 20.2 | 15.8 | 100 |
| 2018년 | 67.0 | 6.7 | 22.2 | 4.1 | 100 |

(ㄱ) 운송 수단 중 전년 대비 증가율이 가장 큰 것은 2018년 해상운송으로 $\dfrac{67-55.6}{55.6} \fallingdotseq 0.21$이고, 감소율이 가장 큰 것은 2018년 항공운송으로 $\dfrac{4.1-15.8}{15.8} \fallingdotseq 0.75$이다.

(ㄴ) 2016년 철도 운송량(27.8%)은 육상 운송량(13.8%)의 2배 이상이다.

오답체크

(ㄷ) 전체에서 해상운송은 매년 증가하지만 육상운송은 2017년부터 감소하고 있다.

(ㄹ) 2015년 대비 2016년 항공화물의 감소율만큼 해상운송을 이용했다고는 말할 수 없다.

## 05　정답 ②

정답체크

② 2016년이 아닌, 기준연도인 2010년 대비 8.9% 상승한 것이다.

오답체크

① 영화관람료의 상승률은 13.9%로 가장 높다.

③ 열차 요금은 2017년 하락 후 2019년까지 변동이 없다.

④ 고속버스 요금은 2010년부터 2018년까지 변동이 없다.

## 06　정답 ④

정답체크

④ $\dfrac{420-145}{145} \fallingdotseq 1.9$(배)

## 07　정답 ③

정답체크

그래프의 기울기가 가장 낮게 올라간 달은 3월이고, 가장 가파르게 올라간 달은 8월이다.

## 08
정답 ③

정답체크

적자 금액이 2018년에 240.7억 달러, 2019년에 191.6억 달러이므로 감소액은 240.7 − 191.6 = 49.1(억 달러)이다.

## 09
정답 ②

정답체크

② 전년 대비 수입과 수출의 차가 큰 해를 찾으면 2017년으로 51.9억 달러이다.

오답체크

① 수입액이 가장 많은 해는 2017년이고, 이때 적자 규모도 가장 컸다.

③ · ④ 수출과 수입의 차가 2017년에 283.0억 달러, 2018년에 240.7억 달러, 2019년에 191.6억 달러로 점점 줄어들고 있으므로 옳은 설명이다.

## 10
정답 ③

정답체크

농가인구는 남과 여 모두 합산한 것이므로 1인당 경지 면적은 매년 1ha 미만이다.

## 11
정답 ③

정답체크

전체 경지면적 대비 시설작물 재배면적 비율은
$\dfrac{\text{(시설작물 재배 면적)}}{\text{(전체 경지 면적)}} \times 100$ 이므로, 이 비율이 5% 이하인 해를 찾으면 된다. 단, 시설작물재배면적의 단위와 경지면적의 단위가 서로 다르므로 단위를 같게 하여 계산하면,

• 2012년 : $\dfrac{896}{1730 \times 10} \times 100 ≒ 5.1\%$

• 2013년 : $\dfrac{868}{1711 \times 10} \times 100 ≒ 5\%$

• 2014년 : $\dfrac{935}{1691 \times 10} \times 100 ≒ 5.5\%$

• 2015년 : $\dfrac{905}{1679 \times 10} \times 100 ≒ 5.4\%$

• 2016년 : $\dfrac{836}{1644 \times 10} \times 100 ≒ 5.1\%$

• 2017년 : $\dfrac{806}{1621 \times 10} \times 100 ≒ 4.97\%$

따라서 2017년의 전체 경지면적 대비 시설작물 대비 재배면적의 비율은 약 4.97%이다.

## 12
정답 ③

정답체크

학생 수는 2003년 331,400명에서 2017년 228,868명으로 14년간 102,532명이 줄었다. 따라서 학생 수는 매년 평균 7,323명 줄어들고 있다.

오답체크

① 2003년 대비 2017의 감소율은
$\dfrac{\text{(2003년 수치−2017년 수치)}}{\text{(2003년 수치)}} \times 100$ 이다.

따라서 학교 수 감소율은 약 9.4%, 학생 수 감소율은 약 30.9%, 교원 수 감소율은 약 1.4%이다.

② 1인당 학생 수는 $\dfrac{\text{(학생 수)}}{\text{(교사 수)}}$ 이다. 따라서, 1인당 학생 수는 매년 감소한다는 것을 알 수 있다.

(단위 : 명)

|  | 2003년 | 2005년 | 2007년 | 2009년 |
|---|---|---|---|---|
| 학생 수 | 331,400 | 320,115 | 312,652 | 298,908 |
| 교사 수 | 21,101 | 20,927 | 21,081 | 21,095 |
| 1인당 학생 수 | 15.70 | 15.29 | 14.83 | 14.16 |

|  | 2011년 | 2013년 | 2015년 | 2017년 |
|---|---|---|---|---|
| 학생 수 | 278,478 | 258,740 | 243,035 | 228,868 |
| 교사 수 | 20,519 | 20,587 | 20,831 | 20,801 |
| 1인당 학생 수 | 13.57 | 12.56 | 11.66 | 11.002 |

④ 학교당 학생 수는 $\dfrac{\text{(학생 수)}}{\text{(학교 수)}}$ 이다. 2003년 약 2,161명, 2017년 약 165명으로 2003년이 더 많다.

## 13
정답 ②

정답체크

① 2003~2005년 : 40개

② 2007~2009년 : 44개

③ 2009~2011년 : 36개

④ 2013~2015년 : 5개

따라서 2007~2009년에 학교 수가 가장 많이 감소했다.

## 14

정답체크

③ 50대 : $0.198 \times 0.608 = 0.1203\cdots$, 60대 : $0.124 \times 0.717$ $= 0.088\cdots$이므로 투표에 참여한 사람은 50대가 더 많다.

오답체크

① 전체 유권자 수를 기준으로 계산해야 한다.
- 60대 : $0.124 \times 0.717 = 0.088\cdots$
- 10대 : $0.016 \times 0.536 = 0.0085\cdots$

60대 투표자 수는 10대 투표자 수의 약 10.3배이다.

② 40대 유권자는 21.1%, 50대 유권자는 19.8%로 타 연령층보다 구성 비율이 높은 편이다.

## 15
정답 ③

정답체크

$1,000,000 \times 0.016 \times 0.536 = 8,576$(명)

## 16
정답 ④

정답체크

물놀이 사고 발생 건수 사망자 수는 $\dfrac{(사망자\ 수)}{(발생\ 건수)}$로 구할 수 있다.

① 급류 : $\dfrac{15}{10} = 1.5$(명)

② 고립 : $\dfrac{8}{4} = 2$(명)

③ 부주의 : $\dfrac{40}{34} \fallingdotseq 1.17$(명)

④ 래프팅 : $\dfrac{21}{6} = 3.5$(명)

따라서 물놀이 사고 발생 건수 대비 사망자 수가 가장 많은 사고 유형은 래프팅이다. 그래프에서 건수와 사망자 간의 차가 큰 것을 우선으로 고려하면 쉽게 접근할 수 있다. (단, 자료의 값의 격차가 크지 않은 경우)

## 17
정답 ③

정답체크

40세 이상 사망자 수는 15(40~49세)+2(50세 이상)으로 17명, 39세 이하 사망자 수는 2(10세 미만)+8(10~19세)+5(20~29세)+3(30~39세)으로 18명이다.

오답체크

① 사고 건수는 80건, 사망자 수는 112명이므로 사고 1건당 사망자 수는 $\dfrac{112}{80} = 1.4$(명)이다.

② 사고가 가장 많이 발생하는 연령대는 연령별 사고자 수 그래프의 막대가 가장 높은 40대이다.

④ 물놀이 사고 원인 그래프를 보면 '부주의'에 의한 사고 발생 건수 및 사망자 수가 가장 많은 것을 알 수 있다.

## 18
정답 ②

정답체크

(ㄱ) 그래프는 누적 매출액을 나타낸 것으로 3월의 매출액은 330억 원, 4월 매출액 또한 660억 원에서 330억 원을 뺀 330억 원이다.

(ㄷ) 5월 매출액은 $980 - 660 = 320$(억 원)으로 4월 매출액 $660 - 330 = 330$(억 원)보다 감소하였다.

오답체크

(ㄴ) 6월 매출액은 $1,340 - 980 = 360$(억 원)으로 5월 매출액 $980 - 660 = 320$(억 원)보다 40(억 원) 증가했다.

(ㄹ) 8월 매출액은 $2,760 - 2,760 = 700$(억 원), 7월 매출액은 $2,060 - 1,340 = 720$(억 원)으로, 7월 매출액이 가장 많다.

## 19
정답 ①

정답체크

6월 매출액은 $1,340 - 980 = 360$(억 원),
7월 매출액은 $2,060 - 1,340 = 720$(억 원)이므로
6월 매출액 대비 7월 매출액 증가율은
$\dfrac{720 - 360}{360} \times 100 = 100$(%)이다.

## 20
정답 ④

정답체크

B의 본고사 점수는 80~90점 사이이며, 모의고사 점수는 75점이다. 따라서 B가 평균 80점이 되려면 본고사가 85점 이상이 되어야 하는데, B의 본고사 점수는 85점 미만이므로 B의 평균은 80점 이하이다.

## 21
정답 ③

정답체크

본고사 점수를 $x$, 모의고사 점수를 $y$라고 할 때,
모의고사 대비 본고사 성적이 20% 이상 하락했다는 것을 함수로 나타내면 아래의 식과 같다.

$$\dfrac{80}{100} \times y \geq x$$

이 함수는 곧 $y \geq \dfrac{5}{4} \times x$이므로, 그래프에 $y = \dfrac{5}{4}x$의 직선을 그렸을 때, 직선 상단에 위치한 점들은 모의고사 대비 본고사 성적이 20% 이상 하락한 학생이다. 따라서 모의고사 대비 본고사 성적이 20% 이상 하락한 학생은 2명인 것을 알 수 있다.

① 모의고사 성적이 더 좋은 학생은 8명, 본고사 성적이 더 좋은 학생은 11명이다.
② 모의고사와 본고사에서 80점 이상을 얻은 학생은 6명이다.
④ A는 모의고사(90점)보다 본고사에서 성적(90점 이상)이 더 좋다.

## 22 정답 ①

① 2017년 전체 지원자 수 : $\frac{66}{0.165} = 400$(명)

2018년 지원자 수가 전년보다 10% 증가하였으므로 증가한 지원자는 $400 \times 1.1 = 440$(명)이고, 이 중 기갑 병과 지원율은 21.5%이므로 지원자 수는

$440 \times 0.215 = 94.6$(명) → 95명이다.

따라서 $95 - 66 = 29$(명) 증가하였다.

## 23 정답 ②

• 보병 지원자 수 : $250 \times 0.296 = 74$(명)
• 공병 지원자 수 : $250 \times 0.124 = 31$(명)
→ $74 - 31 = 43$(명)

## 24 정답 ④

전년도 4분기 A 제품의 가격이 10,000원이므로
• 1분기 가격 : $10,000 \times 1.1 = 11,000$(원)
• 2분기 가격 : $11,000 \times 1.2 = 13,200$(원)
• 3분기 가격 : $13,200 \times 0.95 = 12,540$(원) → 12,500원
• 4분기 가격 : $12,500 \times 1.12 = 14,000$(원)

## 25 정답 ③

A 제품이 가장 비쌀 때 : 14,000원, 가장 쌀 때 : 11,000원
→ 차 : $14,000 - 11,000 = 3,000$(원)

| 제1유형 | 전개도 펼침 | | | | | | | 문제편 p.140 | |
|---|---|---|---|---|---|---|---|---|---|
| 01 | 02 | 03 | 04 | 05 | 06 | 07 | 08 | 09 | 10 |
| ④ | ④ | ① | ③ | ① | ③ | ③ | ④ | ① | ② |
| 11 | 12 | 13 | 14 | 15 | | | | | |
| ① | ② | ④ | ② | ④ | | | | | |

## 01 정답 ④

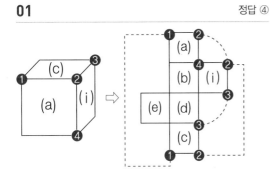

## 02 정답 ④

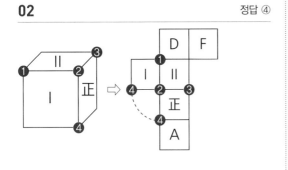

## 03 정답 ①

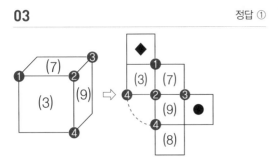

## 04 정답 ③

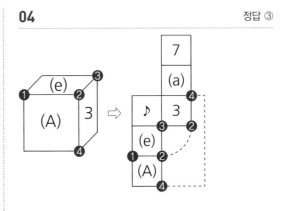

## 05 정답 ①

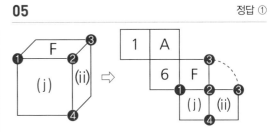

## 06 정답 ③

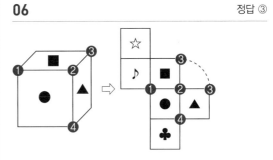

## 07 정답 ③

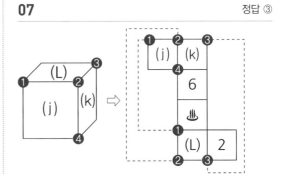

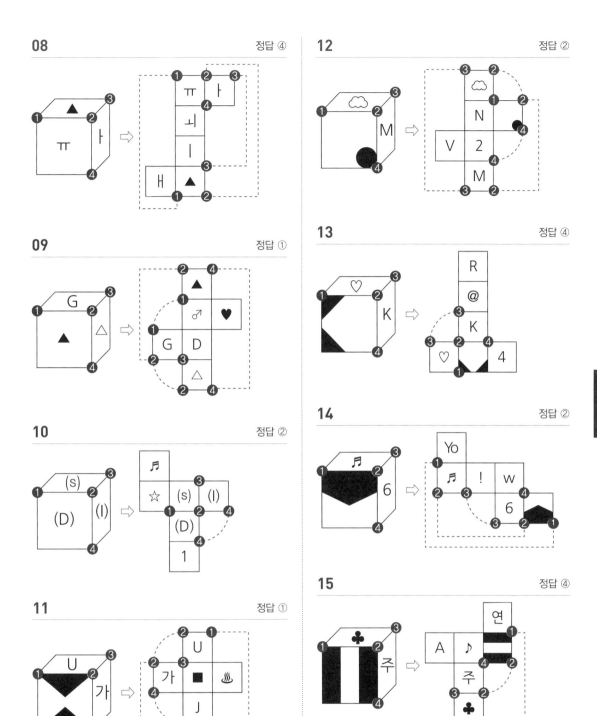

08      정답 ④

09      정답 ①

10      정답 ②

11      정답 ①

12      정답 ②

13      정답 ④

14      정답 ②

15      정답 ④

CHAPTER 03

| 01 | 02 | 03 | 04 | 05 | 06 | 07 | 08 | 09 | 10 |
|---|---|---|---|---|---|---|---|---|---|
| ④ | ① | ② | ③ | ③ | ④ | ④ | ④ | ③ | ① |

| 11 | 12 | 13 | 14 | 15 | | | | | |
|---|---|---|---|---|---|---|---|---|---|
| ④ | ① | ④ | ③ | ③ | | | | | |

## 01

정답 ④

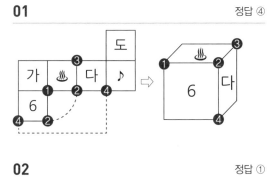

## 02

정답 ①

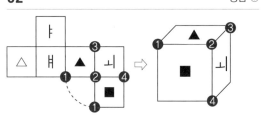

## 03

정답 ②

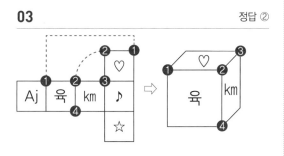

## 04

정답 ③

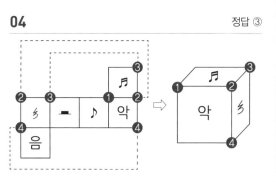

## 05

정답 ③

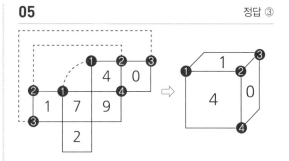

## 06

정답 ④

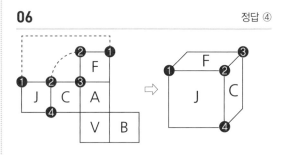

## 07

정답 ④

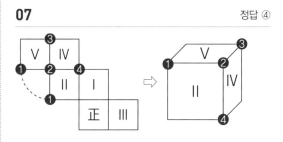

## 08

정답 ④

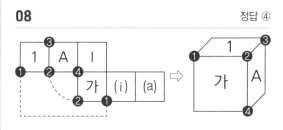

## 09

정답 ③

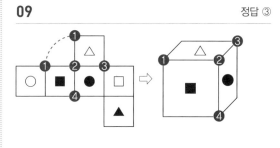

## 10 정답 ①

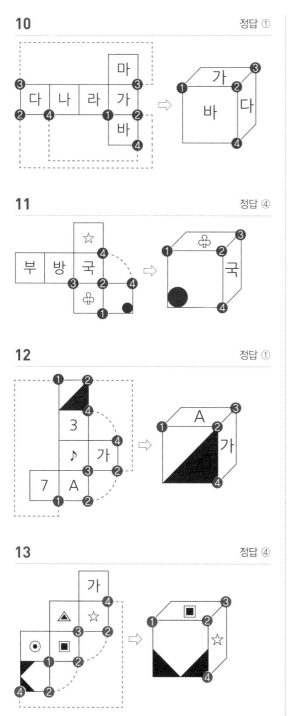

## 14 정답 ③

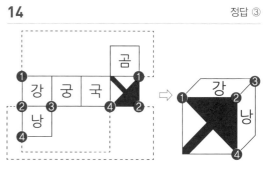

## 11 정답 ④

## 15 정답 ③

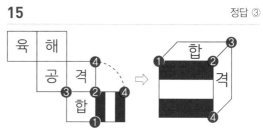

## 12 정답 ①

## 13 정답 ④

| 제3유형 | 블록 개수 세기 | 문제편 p.158 |
|---|---|---|

| 01 | 02 | 03 | 04 | 05 | 06 | 07 | 08 | 09 | 10 |
|---|---|---|---|---|---|---|---|---|---|
| ③ | ③ | ② | ③ | ④ | ① | ③ | ① | ② | ② |

| 11 | 12 | 13 | 14 | 15 | 16 | 17 | | | |
|---|---|---|---|---|---|---|---|---|---|
| ② | ④ | ③ | ③ | ④ | ① | ② | | | |

## 01
정답 ③

1층 : 3+3+2+3+1+1=13개
2층 : 2+2+1+2+1+1=9개
3층 : 1+1+0+1+0+0=3개
4층 : 0+0+0+1+0+0=1개
5층 : 0+0+0+1+0+0=1개
∴ 13+9+3+1+1=27개

## 02
정답 ③

1층 : 4+3+3+3+1+2=16개
2층 : 4+2+3+2+0+1=12개
3층 : 3+2+0+1+0+1=7개
4층 : 2+0+0+1+0+0=3개
5층 : 1+0+0+0+0+0=1개
∴ 16+12+7+3+1=39개

## 03
정답 ②

1층 : 5+4+5+4+4+3+1=26개
2층 : 4+4+3+4+3+1+0=19개
3층 : 2+2+2+3+2+0+0=11개
4층 : 2+1+0+0+1+0+0=4개
5층 : 1+0+0+0+0+0+0=1개
∴ 26+19+11+4+1=61개

## 04
정답 ③

1층 : 3+4+3+2+2+2=16개
2층 : 2+2+0+0+2+2=8개
3층 : 1+1+0+0+2+2=6개
4층 : 1+0+0+0+2+0=3개
∴ 16+8+6+3=33개

## 05
정답 ④

1층 : 4+3+2+4+1=14개
2층 : 3+1+2+2+0=8개
3층 : 2+1+1+0+0=4개
4층 : 1+0+1+0+0=2개
∴ 14+8+4+2=28개

## 06
정답 ①

1층 : 3+4+4+4+1+2=18개
2층 : 3+1+1+0+0+1=6개
3층 : 1+1+0+0+0+1=3 개
∴ 18+6+3=27개

## 07
정답 ③

1층 : 4+2+3+3+3+1=16개
2층 : 3+1+2+2+2+0=10개
3층 : 2+1+2+2+0+0=7개
4층 : 0+0+1+0+0+0=1개
∴ 16+10+7+1=34개

## 08
정답 ①

1층 : 3+3+2+3+1=12개
2층 : 2+3+1+1+1=8개
3층 : 2+2+1+1+0=6개
4층 : 1+1+0+1+0=3개
5층 : 1+0+0+0+0=1개
∴ 12+8+6+3+1=30개

## 09
정답 ②

1층 : 5+4+3+4+3=19개
2층 : 3+4+2+3+1=13개
3층 : 1+2+2+2+1=8개
4층 : 1+0+1+0+1=3개
∴ 19+13+8+3=43개

## 10
정답 ②

1층 : 3+2+3+3+2+1+2+1=17개
2층 : 2+1+1+2+1+0+0+0=7개
3층 : 1+1+0+1+0+0+0+0=3개
∴ 17+7+3=27개

## 11       정답 ②

1층 : 2+3+4+3+2=14개
2층 : 1+2+2+3+1=9개
3층 : 1+1+0+1+1=4개
4층 : 0+1+0+0+0=1개
∴ 14+9+4+1=28개

## 12       정답 ④

1층 : 2+3+2+3+3+2=15개
2층 : 2+2+2+3+1+0=10개
3층 : 2+1+2+2+0+0=7개
4층 : 1+1+2+1+0+0=5개
5층 : 0+0+0+1+0+0=1개
∴ 15+10+7+5+1=38 개

## 13       정답 ③

1층 : 3+2+2+3+1+1=12개
2층 : 3+2+2+1+1+1=10개
3층 : 2+1+2+0+0+0=5개
4층 : 2+1+0+0+0+0=3개
5층 : 1+0+0+0+0+0=1개
∴ 12+10+5+3+1=31개

## 14       정답 ③

1층 : 5+5+4+3+1=18개
2층 : 3+3+3+1+0=10개
3층 : 2+1+3+0+0=6개
4층 : 1+1+2+0+0=4개
5층 : 1+0+1+0+0=2개
∴ 18+10+6+4+2=40개

## 15       정답 ④

1층 : 4+3+2+4+1=14개
2층 : 3+2+2+3+0=10개
3층 : 2+1+0+2+0=5개
4층 : 0+1+0+1+0=2개
5층 : 0+0+0+1+0=1개
∴ 14+10+5+2+1=32개

## 16       정답 ①

1층 : 4+2+3+3+3=15개
2층 : 2+2+2+3+2=11개
3층 : 1+2+2+3+0=8개
4층 : 0+1+2+1+0=4개
5층 : 0+0+1+0+0=1개
∴ 15+11+8+4+1=39개

## 17       정답 ②

1층 : 5+4+5+3+1=18개
2층 : 4+3+3+2+0=12개
3층 : 2+2+2+0+0=6개
4층 : 1+1+1+0+0=3개
∴ 18+12+6+3=39개

**블록 겨냥도**　　　　문제편 p.164

| 01 | 02 | 03 | 04 | 05 | 06 | 07 | 08 | 09 | 10 |
|----|----|----|----|----|----|----|----|----|----|
| ② | ④ | ① | ② | ④ | ① | ① | ④ | ② | ② |

| 11 | 12 | 13 | 14 | 15 | 16 | 17 | | | |
|----|----|----|----|----|----|----|----|----|----|
| ③ | ① | ④ | ② | ③ | ① | ③ | | | |

## 01　　　　　　　　　　　　　　　정답 ②

상단에서 바라보았을 때, 3층 – 1_1층 – 1층 – 2층으로 구성되어 있다.

## 02　　　　　　　　　　　　　　　정답 ④

우측에서 바라보았을 때, 2층 – 2층 – 3층 – 5층으로 구성되어 있다.

## 03　　　　　　　　　　　　　　　정답 ①

우측에서 바라보았을 때, 1층 – 2층 – 5층 – 4층으로 구성되어 있다.

## 04　　　　　　　　　　　　　　　정답 ②

상단에서 바라보았을 때, 4층 – 4층 – 1_1층 – 1층으로 구성되어 있다.

## 05　　　　　　　　　　　　　　　정답 ④

좌측에서 바라보았을 때, 4층 – 3층 – 3층 – 2층으로 구성되어 있다.

## 06　　　　　　　　　　　　　　　정답 ①

상단에서 바라보았을 때, 3층 – 4층 – 2층 – 2층으로 구성되어 있다.

## 07　　　　　　　　　　　　　　　정답 ①

정면에서 바라보았을 때, 5층 – 3층 – 2층 – 4층 – 1층 – 2층 – 1층으로 구성되어 있다.

## 08　　　　　　　　　　　　　　　정답 ④

좌측에서 바라보았을 때, 4층 – 4층 – 2층 – 1층으로 구성되어 있다.

## 09　　　　　　　　　　　　　　　정답 ②

상단에서 바라보았을 때, 3층 – 3층 – 1층 – 2층 – 3층 – 2층 – 2층으로 구성되어 있다.

## 10　　　　　　　　　　　　　　　정답 ②

정면에서 바라보았을 때, 4층 – 2층 – 4층 – 3층으로 구성되어 있다.

## 11　　　　　　　　　　　　　　　정답 ③

상단에서 바라보았을 때, 4층 – 1층 – 4층 – 2층으로 구성되어 있다.

## 12　　　　　　　　　　　　　　　정답 ①

정면에서 바라보았을 때, 3층 – 2층 – 3층 – 2층 – 4층으로 구성되어 있다.

## 13　　　　　　　　　　　　　　　정답 ④

좌측에서 바라보았을 때, 5층 – 3층 – 2층 – 1층으로 구성되어 있다.

## 14　　　　　　　　　　　　　　　정답 ②

상단에서 바라보았을 때, 3층 – 1층 – 2층 – 2층 – 3층으로 구성되어 있다.

## 15　　　　　　　　　　　　　　　정답 ③

정면에서 바라보았을 때, 3층 – 4층 – 1층 – 3층 – 1층으로 구성되어 있다.

## 16　　　　　　　　　　　　　　　정답 ①

좌측에서 바라보았을 때, 5층 – 4층 – 1층으로 구성되어 있다.

## 17　　　　　　　　　　　　　　　정답 ③

우측에서 바라보았을 때, 1층 – 3층 – 4층으로 구성되어 있다.

**1SET**      문제편 p.175

| 01 | 02 | 03 | 04 | 05 | 06 | 07 | 08 | 09 | 10 |
|----|----|----|----|----|----|----|----|----|----|
| ② | ② | ② | ② | ② | ② | ② | ① | ② | ② |
| 11 | 12 | 13 | 14 | 15 | 16 | 17 | 18 | 19 | 20 |
| ② | ② | ② | ② | ① | ② | ② | ② | ② | ② |
| 21 | 22 | 23 | 24 | 25 | 26 | 27 | 28 | 29 | 30 |
| ③ | ① | ② | ② | ① | ② | ④ | ③ | ① | ② |

## 01      정답 ②

🂡 ♬ ☹ 우 ♥ → 🂡 ♬ ☹ 우 ♨

## 02      정답 ②

♣ ☹ ♡ ☢ ♬ → ♣ ☹ ♡ 우 ♬

## 03      정답 ②

우 ♡ ♥ 🂡 ♨ → 우 ♡ ♥ ☹ ♨

## 04      정답 ②

♡ ♥ 🂡 ♣ ☢ → ♡ ★ 🂡 ♣ ☢

## 05      정답 ②

♬ ★ ♡ 🂡 ♣ → ♥ ★ ♡ 🂡 ♣

## 06      정답 ②

Q s S W O → Q S s W o

## 07      정답 ②

S W O Q U → S W o Q u

## 09      정답 ②

q U W O S → q U W o S

## 10      정답 ②

w s Q u W → w s q u W

## 11      정답 ②

39 13 56 56 19 → 39 13 56 35 19

## 12      정답 ②

19 56 13 45 76 → 19 56 13 92 76

## 13      정답 ②

56 76 39 35 19 → 56 76 11 35 19

## 14      정답 ②

19 13 39 76 11 → 45 13 39 76 11

## 16      정답 ②

◇ ▨ ◁ ◀ ▤ → ◇ ▨ ▦ ◀ ▤

## 17      정답 ②

◈ ▨ ◁ ◀ ◈ → ◈ ▨ ◁ ◀ ◇

## 18      정답 ②

▨ ◀ ◁ ◑ ▤ → ▨ ◁ ◀ ◑ ▤

## 19      정답 ②

▤ ▨ ◈ ▨ ◁ → ▤ ▨ ◇ ▨ ◁

## 20      정답 ②

◑ ▨ ▨ ▨ ◀ → ◐ ▨ ▨ ▨ ◀

## 21      정답 ③

‰ ※ ÷ × ‰ ⊕ ± ₩ ∗ ‰ ‰ ⊕ ± ₩ ∗ ‰ ‰ ‰ ‰ ‰ ‰ ⊕ ± ₩ ∗ ‰ ‰ ‰ ∗ ‰ ‰ (6개)

## 22 정답 ①

⍂ ⍄ ⍃ ⍁ ⍇ ⍈ ⍂ ⍌ ⍓ ⍓ ⍂ ⍇ ⍈ ⍂ ⍌ ⍓ ⍁ ⍓ ⌷ ⌸ ⍠ ⌺ ⍌ ⍞ ⍗
⍯ ⍠ ⍇ ⍈ ⍂ ⍌ ⍓ ⌸ ⍠ ⌺ ⍌ (2개)

## 23 정답 ②

소진 소강 소유 소화 소급 소금 소설 소식 소문 소작 소화 소진 소강 소유 소급 소금 소설 소화 소식 소문 소작 소화 소장 소년 (4개)

## 24 정답 ②

bḄḂBBbbBBƁBḄḂƁBḄƁBḄḄḂBBbbBBƁBḄƁBḄ (4개)

## 25 정답 ①

백두산 정기 삼천리 강산 무궁화 대한은 온누리의 빛 화랑의 핏줄타고 자라난 우리 그 이름 용감하다 대한 육군 (2개)

## 26 정답 ②

▲△○◎◇▽▼☆★△▲▽※◎◎◇◇◆※▽◎◎◇◇◆▼☆
★△▲△○◎◇▽ (4개)

## 27 정답 ④

010473589283457890398764234904490897652349578 6
9256499 (8개)

## 28 정답 ③

(g)(e)(k)(m)(h)(n)(p)(o)(q)(r)(h)(y)(w)(e)(d)(g)(h)(e)(k)(m)(n)(p)(o)(h)(q)(r)(y)
(w)(e)(d)(h)(q)(r)(y)(w)(e)(h)(d)(g)(e) (6개)

## 29 정답 ①

$cm^3$ $m^3$ $km^3$ fm nm $mm^3$ μm mm cm km $mm^2$ $cm^2$ $m^2$ $km^2$ μg nm μm mm cm km $mm^3$ $mm^2$ $cm^2$ $m^2$ kg (2개)

## 30 정답 ②

◇◈▣◬⛛▼▲■◆◈◬▣⛛▼▲◈◬⛛▼▲◈◬⛛▼▲
◬⛛■◆⊗▣◆◇⊗◎■◆◇⊗■▣◆◈◬◎◬ (4개)

## 2SET 문제편 p.178

| 01 | 02 | 03 | 04 | 05 | 06 | 07 | 08 | 09 | 10 |
|---|---|---|---|---|---|---|---|---|---|
| ② | ② | ② | ② | ② | ② | ② | ① | ② | ② |
| 11 | 12 | 13 | 14 | 15 | 16 | 17 | 18 | 19 | 20 |
| ② | ② | ① | ② | ② | ② | ② | ② | ① | ② |
| 21 | 22 | 23 | 24 | 25 | 26 | 27 | 28 | 29 | 30 |
| ② | ② | ③ | ④ | ④ | ② | ② | ② | ③ | ① |

## 01 정답 ②

⇖ ⇛ ↙ ↖ ⇄ → ⇖ ⇛ ↗ ↖ ⇄

## 02 정답 ②

⇗ ⇛ ↙ ↖ ⇆ → ⇗ ⇛ ↙ ↘ ⇆

## 03 정답 ②

⇛ ↘ ↗ ⇄ ⇆ → ⇛ ↘ ↗ ⇄ ⇚

## 04 정답 ②

↙ ↘ ⇄ ⇆ ⇗ → ↗ ↘ ⇄ ⇆ ⇗

## 05 정답 ②

↖ ⇛ ⇗ ↙ ↗ → ↖ ⇛ ⇗ ⇄ ↗

## 06 정답 ②

샤 쇼 섀 숑 섕 → 샤 쇼 섀 숑 셩

## 07 정답 ②

숀 숑 순 샤 섀 → 숀 숑 순 섕 섀

## 09 정답 ②

섀 샤 셔 숑 샹 → 섕 샤 셔 숑 샹

## 10 정답 ②

셩 샤 섀 샹 션 → 셩 샤 섕 샹 션

## 11 정답 ②

저 죵 즁 젱 자 → 저 죵 죵 젱 자

## 12 정답 ②

쟈 젱 쟁 중 정 → 쟈 죵 쟁 중 정

## 14 정답 ②

즁 중 저 젱 죵 → 죵 중 저 젱 즁

## 15 정답 ②

쟁 정 자 종 쟁 → 쟁 정 자 종 젱

## 16 정답 ②

⧒ ⧅ ⦷ ⦺ ☽ → ⧒ ⧅ ⦶ ⦹ ☽

## 17 정답 ②

⧄ ☽ ⧑ ⦺ ⦶ → ⧄ ☾ ⧑ ⦺ ⦶

## 18 정답 ②

⦷ ☽ ⧄ ⦺ ⧒ → ⦷ ☽ ⧅ ⦺ ⧒

## 20 정답 ②

⦶ ☽ ⧒ ⦹ ⧄ → ⦶ ☽ ⧒ ⦹ ⧑

## 21 정답 ②

≑ ≔ ≐ ≕ ⌶ ≗ ≘ ∸ ≘ ≐ ≭ ≋ ≑ ≔ ≕ ≐ ⌶ ≗ ≘ ∸ ≐ ≘ ≭ ∺ ≌
≭ ≃ (4개)

## 22 정답 ②

口 八 ㄱ 夕 入 丁 匕 八 又 乙 又 乇 八 弋 亼 乙 又 乙 又 乇 又 乙 又 乇 夕
入 丁 匕 八 入 丁 (4개)

## 23 정답 ③

IIII IIIII T III ㅜ ㅛ ㅛ ㅕ ㅕ III ㅑ ㅑ ㅑ ••• III •••• ••••• IIII III IIIII T ㅜ ㅛ
ㅛ ㅕ ㅕ III ㅑ ㅑ ㅑ ••• •••• III ㅜ ㅛ ㅛ IIII IIIII (6개)

## 24 정답 ④

△▽▼△▽▼△▲▽▽▽▲▽▽△▽▼△▽▼△▲▼▼▽△▼
▼△▲▲▲ (8개)

## 25 정답 ④

고드름 여드름 여름 고드름 여드름 여름 고드름 여드름 여름
고드름 여드름 여름 (12개)

## 26 정답 ②

▥▨▤▧▦▩▣□▤■▥▨▧▦▥▨▧▤▦▩▣□■▥▨▧▦
▩▣□■▩▣▥▤▨ (4개)

## 27 정답 ②

⅔ ¼ ¾ ⅓ ⅛ ⅜ ⅝ ⅞ ½ ⅔ ¼ ¾ ⅛ ⅜ ⅝ ⅔ ⅓ ¼ ¾ ⅛ ⅜ ⅓ ⅝ ⅞ ½ ⅔
¼ ¾ ⅛ ⅜ ⅝ ⅞ ½ ⅓ ⅞ ½ ⅓ (5개)

## 28 정답 ②

Α Β Τ Γ Δ Ε Ζ Η Θ Ι Α Β Γ Δ Ε Τ Ζ Η Θ Ι Κ Λ Μ Ν Ξ Κ Λ
Μ Ν Ξ Α Β Γ Δ Τ Ε Ζ Η Θ Ι Κ Λ Μ Τ Ν Ξ (4개)

## 29 정답 ③

ㅥ ㅦ ㅧ ㅨ ㅪ ㅫ ㅨ ㅬ ㅭ ㅀ ㅮ ㅯ ㅫ ㅨ ㅬ ㅭ ㅀ ㅮ ㅯ ㅰ ㅨ ㅱ ㅨ ㅲ ㅳ ㅨ ㅴ
(6개)

## 30 정답 ①

①②❶③④❷⑦⑤⑥❻②❶③④❷⑤⑥❻⑧⑧②❶③④❷⑤⑥
❻⑥⑦①❼②③③ (2개)

CHAPTER 04

| 01 | 02 | 03 | 04 | 05 | 06 | 07 | 08 | 09 | 10 |
|----|----|----|----|----|----|----|----|----|----|
| ② | ② | ② | ② | ② | ② | ② | ② | ② | ② |
| 11 | 12 | 13 | 14 | 15 | 16 | 17 | 18 | 19 | 20 |
| ② | ① | ② | ① | ② | ② | ② | ② | ② | ② |
| 21 | 22 | 23 | 24 | 25 | 26 | 27 | 28 | 29 | 30 |
| ③ | ③ | ② | ② | ④ | ① | ② | ① | ② | ② |

## 01 정답 ②

ㄴ 几 小 丑 允 → ㄴ 刀 小 丑 允

## 02 정답 ②

刀 允 兀 丑 ㄱ → 刀 兀 允 丑 ㄱ

## 03 정답 ②

小 刀 忄 ㄴ 兀 → 小 几 忄 ㄴ 兀

## 04 정답 ②

丑 几 ㄱ 小 允 → 丑 几 ㄱ 丑 允

## 05 정답 ②

允 兀 刀 忄 丑 → 允 兀 刀 忄 丑

## 06 정답 ②

㉠ ㉣ ㉬ ㉤ ㉮ → ㉠ ㉣ ㋀ ㉤ ㉮

## 07 정답 ②

㉫ ㉭ ㉬ ㉢ ㉮ → ㉫ ㉭ ㉬ ㉠ ㉮

## 08 정답 ②

㉾ ㉬ ㉤ ㉭ ㉢ → ㉾ ㉬ ㉤ ㉭ ㉢

## 09 정답 ②

㉱ ㉬ ㉠ ㉫ ㉢ → ㉱ ㉬ ㉠ ㉾ ㉢

## 10 정답 ②

㉭ ㉫ ㉬ ㉾ ㉱ → ㉭ ㉫ ㉬ ㉣ ㉱

## 11 정답 ②

34 75 43 25 13 → 34 <u>28</u> 43 25 13

## 13 정답 ②

43 13 34 43 25 → <u>75</u> 13 34 <u>52</u> 25

## 15 정답 ②

31 82 34 13 25 → 31 82 34 13 <u>52</u>

## 16 정답 ②

캬 큐 코 커 쿠 → 캬 큐 <u>쿄</u> 커 쿠

## 17 정답 ②

코 케 켜 캬 쿄 → 코 <u>케</u> 켜 캬 쿄

## 18 정답 ②

케 커 켜 캬 큐 → 케 커 켜 <u>카</u> 큐

## 19 정답 ②

커 큐 케 카 코 → 커 큐 케 카 <u>쿠</u>

## 20 정답 ②

쿠 캬 켜 코 쿄 → 쿠 <u>카</u> 켜 코 쿄

## 21 정답 ③

3683693683693683693683693683693<u>69</u>369 (6개)

## 22 정답 ③

The k<u>e</u>y to happin<u>e</u>ss is insid<u>e</u> on<u>e</u>'s own h<u>e</u>art (6개)

## 23 정답 ②

Ⓐ Ⓑ Ⓓ Ⓑ Ⓐ Ⓓ Ⓐ Ⓓ Ⓑ Ⓐ Ⓐ Ⓑ Ⓓ Ⓐ Ⓑ Ⓐ Ⓑ Ⓓ Ⓒ Ⓐ Ⓑ Ⓓ Ⓑ Ⓐ Ⓒ Ⓐ Ⓑ Ⓓ Ⓒ Ⓐ Ⓑ Ⓒ Ⓓ Ⓑ Ⓐ (4개)

## 24 정답 ②

(4개)

## 25

정답 ④

위국헌신 상호존중 책임완수 위국헌신 상호존중 책임완수 위국헌신 상호존중 책임완수 위국헌신 상호존중 책임완수 (12개)

## 26

정답 ①

✋ ♙ ⚐ ☢ ╪ 卐 ® ✂ ☃ ✂ ⟁ ◎ ☞ ♡ ♧ ☎ ✂ ✂ ☃ ⟁ ◎ ☞ ♡ ♧ (2개)

## 27

정답 ②

ㅻ ㅺ ㅼ ㅽ ㅾ ㅇㅅ ㅻ ㅼ ㅽ ㅺ ㅾ ㅇㅅ ㅻ ㅼ ㅽ ㅾ ㅇㅅ ㅻ ㅼ ㅽ ㅾ ㅇㅅ ㅺ ㅻ ㅼ ㅽ ㅾ ㅺ ㅇㅅ ㅇㅅ ㅻ ㅼ ㅽ ㅽ ㅾ ㅇㅅ ㅻ ㅼ ㅽ (4개)

## 28

정답 ①

①③④⑤⑥⑦②⑧⑨①③④⑤⑥⑦⑧②⑨①③④⑤⑥⑦⑧⑨⑧⑨①③④⑤⑥ (2개)

## 29

정답 ②

○●◐◎⊙◔◐◓◒◕○◐●◎⊙◓◐◒◕○●◔◒◕○◓◒◕◎⊙◓ (4개)

## 30

정답 ②

갊갈겲곬갉갇갈값갔갖갊갈겲곬갉갇갈값갔갖갊갈겲곬갔갖겲곬갉갇갈값갉갔갖 (4개)

| 4SET | 문제편 p.184 |
|---|---|

| 01 | 02 | 03 | 04 | 05 | 06 | 07 | 08 | 09 | 10 |
|---|---|---|---|---|---|---|---|---|---|
| ② | ② | ② | ② | ① | ② | ② | ② | ② | ② |
| **11** | **12** | **13** | **14** | **15** | **16** | **17** | **18** | **19** | **20** |
| ② | ② | ② | ② | ② | ① | ② | ② | ② | ② |
| **21** | **22** | **23** | **24** | **25** | **26** | **27** | **28** | **29** | **30** |
| ② | ④ | ② | ② | ① | ② | ② | ③ | ② | ③ |

## 01

정답 ②

765 321 234 456 543 → 765 321 234 654 543

## 02

정답 ②

234 543 123 567 321 → 234 543 321 567 123

## 03

정답 ②

432 456 654 123 765 → 432 543 654 123 765

## 04

정답 ②

654 345 765 567 234 → 654 345 567 765 234

## 06

정답 ②

ㄳ ㄽ ㄿ ㄺ ㄵ → ㄳ ㄽ ㄾ ㄺ ㄵ

## 07

정답 ②

ㄾ ㄲ ㄵ ㄽ ㄺ → ㄾ ㄲ ㄵ ㄼ ㄺ

## 08

정답 ②

ㄺ ㄵ ㄳ ㄻ ㄾ → ㄺ ㄶ ㄳ ㄻ ㄾ

## 09

정답 ②

ㄼ ㄾ ㄿ ㄵ ㄲ → ㄼ ㄾ ㄿ ㄳ ㄲ

## 10

정답 ②

ㄵ ㄺ ㄽ ㄶ ㄻ → ㄵ ㄿ ㄽ ㄳ ㄻ

## 11

정답 ②

ⓐ ⓖ ⓠ ⓚ ⓒ → ⓐ ⓖ ⓠ ⓜ ⓒ

CHAPTER 04

**12** 정답 ②

ⓚ ⓜ ⓘ ⓠ ⓢ → ⓚ ⓒ ⓘ ⓠ ⓢ

**13** 정답 ②

ⓘ ⓢ ⓚ ⓠ ⓒ → ⓘ ⓢ ⓚ ⓠ ⓐ

**14** 정답 ②

ⓚ ⓢ ⓖ ⓒ ⓜ → ⓚ ⓢ ⓐ ⓒ ⓜ

**15** 정답 ②

ⓐ ⓜ ⓢ ⓘ ⓖ → ⓒ ⓜ ⓢ ⓘ ⓖ

**17** 정답 ②

♰ ✂ ✚ ✍ ❝ → ♰ ✂ ✚ ♱ ❝

**18** 정답 ②

✚ ♱ ✈ ❝ ✪ → ✚ ✎ ✈ ✂ ✪

**19** 정답 ②

✐ ✔ ✪ ✚ ✈ → ✐ ✍ ✪ ✚ ✈

**20** 정답 ②

✆ ❝ ✈ ✐ ✍ → ✆ ❝ ✔ ✐ ✍

**21** 정답 ②

♣ ♡ ♧ ♠ ⊙ ☏ ‰ ˚F ♡ ♧ ♠ ⊙ ☏ ‰ ˚F F ♣ ♧ ♡ ♧ ♠ ◉ ♡ ♧ ♠ ⊙ ☏ ‰ F ♣ ♡ ♧ ♠ ⊙ ☏ (3개)

**22** 정답 ④

≥ ≦ ≤ ≥ ≤ ≦ ≤ ≧ ≨ ≩ ≥ ≦ ≤ ≧ ≤ ≦ ≤ ≧ ≨ ≤ ≩ ≥ ≤ ≥ ≦ ≦ ≤ ≧ ≨ ≩ ≨ (8개)

**23** 정답 ②

정답체크

∫ ∬ ∭ ♯ ♭ ♯♯ ♮ ♮ ♯ ∫ ∬ ♯♯ ∭ ♭ ♮ ♯ ♮ ♯ ∫ ∬ ♯♯ ∭ ♮ ♯♯ ♭ ♮ ♭ ♮ (4개)

**24** 정답 ②

ᅟᅵ ᅟᅠ ᅟᅳ ᅴ ᅟᅮ ᅟᅠ ᅟᅵ ᅟᅠ ᅟᅵ ᅟᅠ ᅟᅳ ᅟᅳ ᅴ ᅟᅮ ᅟᅵ ᅟᅠ ᅴ ᅟᅮ (5개)

**25** 정답 ①

ㅒ ㅆ ㅖ ㅞ ㅉ ㄲ ㅒ ㅆ ㅖ ㅞ ㄲ ㅖ ㅖ ㅞ ㄲ ㅒ ㅆ ㅖ ㅞ ㄲ ㅒ ㅆ ㅖ ㅞ ㄲ ㅒ ㅆ ㅖ ㅞ ㄲ (2개)

**26** 정답 ②

▥▨▧▩▣ ▢ ▤ ▦ ▣ ▩▥▨▧▩▤▦ ▢ ▣ ▢ ▣ ▣ ▩▤ (3개)

**27** 정답 ②

ㆆ ㅽ ㅳ ㆅ ㆁ ㅸ ㅹ ㅇㅇ ㅿ ㅿㅅ ㆆ ㆅ ㆆ ㅽ ㅳ ㆅ ㆁ ㅸ ㅹ ㅇㅇ ㅿ ㅿㅅ ㆅ ㆁ ㅹ ㅇㅇ ㅿ ㅿㅅ (4개)

**28** 정답 ③

╱ ╲ ╱ ╲ ⍓ ╱ ╲ ╱ ╲ ⍓ ╱ ╲ ⍓ ╱ ╲ ⍓ ╱ ╲ ⍓ ╲ (6개)

**29** 정답 ②

ⓘⓚ ⓘ ⓣ ⓙ ⓘⓚ ⓘ ⓣ ⓙ ⓘⓚ ⓘ ⓣ ⓙ (4개)

**30** 정답 ③

В Б Е Ё Ъ Ы Ь Ь Э В Е Ё Ъ Ы Ь Ь Э В Е Ё Ъ Ы Ь Э (6개)

| 5SET | 문제편 p.187 |
|---|---|

| 01 | 02 | 03 | 04 | 05 | 06 | 07 | 08 | 09 | 10 |
|---|---|---|---|---|---|---|---|---|---|
| ② | ② | ② | ① | ② | ② | ② | ② | ② | ② |
| **11** | **12** | **13** | **14** | **15** | **16** | **17** | **18** | **19** | **20** |
| ② | ② | ② | ② | ② | ② | ② | ② | ② | ① |
| **21** | **22** | **23** | **24** | **25** | **26** | **27** | **28** | **29** | **30** |
| ③ | ② | ② | ③ | ③ | ③ | ④ | ② | ② | ② |

## 01
정답 ②

13 21 62 39 83 → 13 49 62 39 83

## 02
정답 ②

48 19 83 39 26 → 48 19 75 39 26

## 03
정답 ②

62 83 49 48 19 → 62 83 49 48 21

## 05
정답 ②

75 21 62 83 19 → 75 21 62 13 19

## 06
정답 ②

ㄲ ㅃ ㅕ ㅜ ㅑ → ㄲ ㅃ ㅛ ㅜ ㅑ

## 07
정답 ②

ㅜ ㅠ ㄸ ㅉ ㅃ → ㅜ ㅠ ㅆ ㄲ ㅃ

## 08
정답 ②

ㅕ ㅆ ㅉ ㅑ ㅛ → ㅕ ㄸ ㅉ ㅑ ㅛ

## 09
정답 ②

ㅃ ㅜ ㅠ ㅃ ㅉ → ㅃ ㅠ ㅜ ㅃ ㅉ

## 10
정답 ②

ㄸ ㅕ ㅑ ㅆ ㅠ → ㄸ ㅕ ㅑ ㅃ ㅛ

## 11
정답 ②

쥭 쟉 젝 즁 죵 → 쥭 쟉 젝 적 죵

## 12
정답 ②

쟉 죵 작 즁 쥭 → 쟉 죵 젹 즁 쥭

## 13
정답 ②

죵 작 죡 잭 젹 → 죵 작 죡 적 젹

## 14
정답 ②

잭 쥭 젹 젝 죡 → 젝 쥭 젹 잭 죡

## 15
정답 ②

죡 죵 쟉 적 젹 → 죡 죵 쟉 작 젹

## 16
정답 ②

[남] [금] [동] [보] [답] → [남] [금] [도] [보] [답]

## 17
정답 ②

[답] [낮] [보] [도] [글] → [답] [낮] [단] [도] [글]

## 18
정답 ②

[단] [부] [글] [금] [낮] → [단] [부] [글] [답] [낮]

## 19
정답 ②

[동] [단] [답] [금] [보] → [동] [보] [답] [금] [단]

## 21
정답 ③

1/5 2/5 4/5 3/5 1/6 5/6 1/8 4/5 3/8 5/8 7/8 1/5 4/5 2/5 3/5 1/6 5/6 4/5 1/8 3/8 5/8 4/5 7/8 5/6 1/5 2/5 4/5 3/5 (6개)

## 22
정답 ②

1191339130113981303119133913011398130 3 (4개)

## 23
정답 ②

ÀÁÂÃÄÅÀÁÂÃÄÅÀÁÂÄÅÀÃÁÂÄÅÀÁÂÄÅÃÀÁÂÄÅ (4개)

## 24
정답 ③

적을 알고 나를 알면 백번 싸워도 위태롭지 않고, 적을 알지 못하고 나를 알면 한번 이기고 한번은 진다. 적을 알지 못하고 나를 알지 못하면 싸움마다 반드시 지게 될 것이다. (6개)

## 25 정답 ③

심심갑겁김<u>김</u>심겁김<u>김</u>심갑겁심갑겁심<u>김</u>김겁김<u>김</u>갑겁겁겁갑
<u>김</u>겁겁<u>김</u>갑갑<u>김</u>갑김갑갑심심겁심김 (6개)

## 26 정답 ③

To be<u>l</u>ieve with c<u>e</u>rtainty w<u>e</u> must b<u>e</u>gin with doubting.
(6개)

## 27 정답 ④

어머니<u>도</u> <u>모르고</u> 아버지<u>도</u> <u>모르고</u> 심지어 친구<u>도</u> <u>모르</u>는 그의
행방 (8개)

## 28 정답 ②

川巾巛丬几彡丬爪彳巛川巾丬几彡丬爪巛彳川巾丬几彡丬
巛爪彳几彡丬爪川巾丬 (4개)

## 29 정답 ②

ɛαωαɛ<u>ꝛ</u>♀<u>ω</u>△♢ɛαωα<u>ω</u>αꝛ♢△ααꝛ♢△
♀<u>♀ω</u>ɛ<u>α</u><u>ω</u>ωα (4개)

## 30 정답 ②

경주 광주 나주 여주 무주 광주 진주 제주 울주 성주 완주 상
주 충주 <u>광주</u> 원주 남양주 양주 파주 영주 충주 여주 나주 무
주 <u>광주</u> (4개)

---

| 01 | 02 | 03 | 04 | 05 | 06 | 07 | 08 | 09 | 10 |
|----|----|----|----|----|----|----|----|----|----|
| ② | ② | ② | ① | ② | ② | ② | ② | ② | ② |
| 11 | 12 | 13 | 14 | 15 | 16 | 17 | 18 | 19 | 20 |
| ② | ② | ② | ② | ② | ② | ② | ② | ② | ① |
| 21 | 22 | 23 | 24 | 25 | 26 | 27 | 28 | 29 | 30 |
| ③ | ② | ② | ① | ① | ② | ② | ② | ③ | ② |

## 01 정답 ②

☆ ♣ ☎ ♠ ☎ → ☆ <u>♤</u> ☎ ♠ ☎

## 02 정답 ②

♥ ♠ ♧ ★ ☆ → ♥ <u>♠</u> ♧ ★ ☆

## 03 정답 ②

♧ ♥ ♡ ♣ ★ → ♧ ♥ <u>♠</u> ♥ ♣ ★

## 05 정답 ②

♣ ♤ ★ ♡ ☎ → ♣ <u>♤</u> ★ ♡ <u>☎</u>

## 06 정답 ②

◆ ▽ ◀ □ △ → ◆ ▽ <u>□</u> ◀ △

## 07 정답 ②

◇ ▲ ▼ ◁ ◀ → ◇ <u>▼</u> <u>▲</u> ◁ ◀

## 08 정답 ②

□ △ ◀ ▽ ▼ → □ △ <u>◁</u> ▽ ▼

## 09 정답 ②

◁ ◀ ◆ ◇ ▲ → ◁ ◀ <u>◇</u> ◆ ▲

## 10 정답 ②

▲ ▼ ■ ◁ □ → ▲ ▼ ■ <u>▽</u> □

## 11 정답 ②

iii Ⅲ ⅴ Ⅳ Ⅶ → iii Ⅲ <u>Ⅳ</u> <u>ⅴ</u> Ⅶ

**12**                                                    정답 ②

iv Ⅵ ⅴ ⅶ Ⅳ → iv Ⅵ <u>Ⅳ</u> ⅶ <u>ⅴ</u>

**13**                                                    정답 ②

Ⅴ ⅲ Ⅵ Ⅳ Ⅶ → Ⅴ <u>Ⅲ</u> Ⅵ Ⅳ Ⅶ

**14**                                                    정답 ②

Ⅶ ⅶ iv ⅶ Ⅴ → Ⅶ ⅶ iv <u>Ⅲ</u> Ⅴ

**15**                                                    정답 ②

ⅴ Ⅴ ⅲ ⅶ Ⅲ → ⅴ Ⅴ ⅲ <u>Ⅶ</u> Ⅲ

**16**                                                    정답 ②

책상 에어컨 선반 세탁기 옷장 → 책상 <u>선풍기</u> 선반 세탁기 옷장

**17**                                                    정답 ②

의자 리모컨 선반 에어컨 건조기 → 의자 리모컨 <u>소파</u> 에어컨 건조기

**18**                                                    정답 ②

옷장 건조기 책상 의자 리모컨 → 옷장 건조기 책상 <u>선풍기</u> 리모컨

**19**                                                    정답 ②

건조기 선풍기 리모컨 의자 소파 → 건조기 <u>에어컨</u> 리모컨 의자 소파

**21**                                                    정답 ③

’ ‘‘ ’’ ● ‘ ’ ‘‘ ’’ ● ‘ ● ▸ ‘ ▸ ‘‘ ’’ ‘‘ ’’ ● ‘ ’ ‘‘ ’’ ’’ ● ‘ ▸ ‘‘ ‘ ’’ ● ‘‘ ’’ ‘ ’ ‘‘ ’’ ● (5개)

**22**                                                    정답 ②

▷◁▶◁ ▷◁ ▷◁◀▷◀▷◁ ▷◁▶◁ ▷◀◁▶◁ ▷◁▶◀▷◀▷◀▷◁◀ (3개)

**23**                                                    정답 ②

■❂❖▯❖▮❖▯❖▮■❖▮❖▯❖▯❖■❖▮❖❂❖❂❖▯❖■❖▮❖❂❖❂ (4개)

**24**                                                    정답 ①

ⒶⒷⓄⓊⓉⓉⒺⓁⒷⓄⓊⓉⓁⓉⒽⒾⓃⓀⒾⒹⒺⒶⓉⒽⒾⓃⓀ ⓄⓊⓉⓁⓉ (2개)

**25**                                                    정답 ①

nV μV mV <u>pV</u> kV MV pW nV μV mV kV MV pW pV nW mV kV MV nW kV MV pW nV nV μV mV kV MV mV kV MV nW (2개)

**26**                                                    정답 ②

모습 모녀 모양 모레 모델 모임 모기 모범 모집 모금 모순 <u>모</u>자 모주 모역 모피 <u>모자</u> 모험 모토 모음 모색 <u>모자</u> 모욕 (3개)

**27**                                                    정답 ②

┼┼┤┼<u>┬</u>┼┤┼┼┤┼┤<u>┬</u>┤┼<u>┬</u>┼┤┼┤┼┤<u>┬</u>┼┼┤┼┼┼┤┼
├ (4개)

**28**                                                    정답 ②

e<u>ê</u>êẽêểeẽểeểeẽểêeểêệểeểêể<u>ê</u>ểẽểeêể<u>ê</u>ẽểeệểẽeể (4개)

**29**                                                    정답 ③

ƐƐϿϿ-ϿƐƐϿϿƐϿ-ϿϿƐϿƐϿƐϿ-ϿϿƐϿϿƐ (6개)

**30**                                                    정답 ②

ぶぷなは<u>ふ</u>ばぱまぶ<u>ふ</u>ぶなははばぱまぶぶなははばぱまぶ<u>ふ</u>ぶ
なははばぱま (4개)

| 01 | 02 | 03 | 04 | 05 | 06 | 07 | 08 | 09 | 10 |
|----|----|----|----|----|----|----|----|----|----|
| ② | ② | ② | ② | ② | ② | ② | ② | ② | ② |
| 11 | 12 | 13 | 14 | 15 | 16 | 17 | 18 | 19 | 20 |
| ② | ② | ② | ② | ② | ② | ② | ② | ② | ② |
| 21 | 22 | 23 | 24 | 25 | 26 | 27 | 28 | 29 | 30 |
| ② | ③ | ③ | ③ | ① | ③ | ① | ③ | ② | ③ |

## 01  정답 ②

넷 급 밥 뜡 젱 → 넷 급 밥 <u>듕</u> 젱

## 02  정답 ②

녓 급 뺩 뜡 쪵 → 녓 <u>끕</u> 뺩 뜡 쪵

## 03  정답 ②

쪵 뜡 뺩 급 녔 → 쪵 뜡 뺩 <u>끕</u> 녔

## 04  정답 ②

젱 듕 급 밥 넷 → 젱 듕 <u>밥</u> <u>급</u> 넷

## 05  정답 ②

뺩 급 녔 끕 쪵 → 뺩 급 <u>넷</u> 끕 쪵

## 06  정답 ②

111 119 1301 1339 1398 → 111 119 <u>120</u> 1339 1398

## 07  정답 ②

112 1303 111 1337 119 → 112 1303 <u>113</u> 1337 119

## 08  정답 ②

119 1339 113 1303 1398 → <u>120</u> 1339 113 1303 1398

## 09  정답 ②

1301 112 1337 120 1398 → 1301 112 1337 <u>119</u> 1398

## 10  정답 ②

1339 1337 1301 1303 111 → 1339 1337 <u>1303</u> <u>1301</u> 111

## 11  정답 ②

⚅⚃⚀♻♻ → ⚅⚃<u>⚀</u>♻♻

## 12  정답 ②

⚅⚃♻♻♻ → ⚅⚃♻<u>♻</u>♻

## 13  정답 ②

♻♻♻♻♻ → ♻♻♻<u>♻</u>♻

## 14  정답 ②

⚀⚃⚅⚃⚀ → ⚀⚃⚃<u>⚅</u>⚀

## 15  정답 ②

♻⚀⚃♻♻ → ♻⚀<u>⚃</u>♻♻

## 16  정답 ②

⅓ ⅕ ⅖ ╱ ╫ → ⅓ ⅕ <u>⅖</u> ╱ ╫

## 17  정답 ②

╫╫ ╫╫ ╱ ⅖ ⅕ → ╫╫ <u>╫╫</u> ╱ ⅖ ⅕

## 18  정답 ②

⅕ ⅖ ⅔ ╱ ╫ → ⅕ ⅖ <u>⅔</u> ╱ ╫

## 19  정답 ②

⅓ ╫ ⅖ ╫╫ ⅔ → ⅓ ╫ <u>⅕</u> ╫╫ ⅔

## 20  정답 ②

╫╫ ⅖ ╫ ⅓ ╱ → ╫╫ ⅖ ╫ <u>⅔</u> ╱

## 21  정답 ②

♧♠☏♤♠♨Ⓚ☏㈜NaCa®☏♧♤♠♨♣♧♤♨Ⓚ☏㈜NaCa♠♨♧♤♠♨♣♧ (4개)

## 22  정답 ③

부모님을 <u>공경</u>하고 이웃을 사랑하며, 날로 새롭게 자기를 가꾸자 (6개)

## 23 정답 ③

✂ ✄ ✂ ✄ ✄ ✄ ✂ ✄ ✂ ✄ ✂ ✄ ✄ ✄ ✂ ✄ ✂ ✄ ✂ ✄ ✄ ✄
✂ ✄ ✄ ✄ ✄ ✄ ✂ (5개)

## 24 정답 ③

◈ ▢ ⊗ △ ◇ ▽ ◈ ◇ ▢ ▢ ▢ ⊗ △ ▽ ◈ ▢ ◇ ▢ ▢ ◈
▢ ⊠ ◈ ◇ ▢ ◈ ◇ ▢ ⊗ △ ◈ ◇ ▢ ⊗ △ ▽ △ ▢ ◈ (7개)

## 25 정답 ①

화장 화물 화약 화기 화염 화학 화살 화실 화약 화분 화폐 화
두 화병 화력 화전 화보 화랑 화끈 화공 (2개)

## 26 정답 ③

정답체크

시는 자연이나 삶에 대하여 일어나는 느낌이나 생각을 함축적
이고 운율적인 언어로 표현하는 글이다. (6개)

## 27 정답 ①

정답체크

ㅑ ㅡ ㅐ ㅏ ㅒ ㅑ ㅕ ㅑ ㅡ ㅏ ㅒ ㅑ ㅕ ㅑ ㅕ ㅡ ㅕ ㅏ ㅒ ㅑ ㅒ
ㅕ ㅕ ㅕ ㅒ ㅕ ㅑ ㅕ ㅕ ㅕ ㅑ (2개)

## 28 정답 ③

정답체크

☰ ☰ ☰ ☰ ☰ ☰ ☰ ☰ ☰ ☰ ☰ ☰ ☰ ☰ ☰ ☰ ☰ ☰ ☰ ☰
☰ ☰ ☰ ☰ ☰ ☰ ☰ ☰ ☰ ☰ ☰ (6개)

## 29 정답 ②

정답체크

α ε α ω α ₤ ၃ ◇ ω △ ○ ◇ ε α ◇ ω △ ○ ◇ ω α ω ₤ α ₤
◇ α ₤ ◇ ω △ ○ ◇ ε α ◇ ω △ ○ (4개)

## 30 정답 ③

정답체크

0504993954098775326100523487659435623487659435
609877532612786475324 (10개)

할 수 있다고 믿어라.

그러면 이미 반은 성공한 것이다.

— 시어도어 루즈벨트 —

# PART 2

# 상황판단검사

CHAPTER 01   완전적중 50문항

# 01 | 완전적중 50문항

본 해설에서는 가장 할 것 같은 행동 ⓐ를 '선택'으로, 가장 하지 않을 것 같은 행동 ⓑ를 '배제'로 표시하였습니다.

## 01

선택 ⑥

특정 종교를 이유로 집총훈련이나 총기수여를 거부하는 행위는 명백한 위법행위에 해당하므로 관계 법령에 따라 처리하여야 한다.

배제 ②

군인은 신봉하는 종교를 이유로 임무 수행에 위배되거나 군의 단결을 저해하는 일체의 행위가 금지되어 있음을 알아야 한다.

## 02

선택 ②

소대장으로서 불합리한 관습의 고리를 끊기 위해서는 병영 저변의 실상에 대한 문제의식을 가지고 낱낱이 파악해야 할 것이고, 이를 통해 세부적, 제도적 지침을 수립하여 올바른 병영문화가 정착될 수 있도록 하여야 한다.

배제 ④

신세대 장병의 특성을 고려하여, 강압적 지도 관리방식은 오히려 소대원들과의 위화감을 조성하여 단결을 저해하고 갈등을 심화시킬 수 있음을 명심하여야 한다. 또한 잘못된 관행에 대한 문제점을 소대원들 스스로 인식하게끔 도와 올바른 병영문화가 정착되도록 하여야 한다.

## 03

선택 ⑤

자살자는 의식적 혹은 무의식적으로 주변 동료들이나 간부, 가족, 친구들에게 자살의 징후를 표출하게 된다. 이러한 상황에서는 반드시 확신이 들지 않더라도 즉시 보고하고, 혼자 있지 않도록 전우조 활동 조치를 해야 하며, 충동적 행동 가능성이 있는 장소에서의 활동을 통제하거나, 총기 · 탄약 등 위험한 물건을 주변에 두지 않아야 한다. 군에서는 위와 같은 인원을 '특별관리 인원'으로 분류하여 1 : 1 밀착지도를 시행하고 있다.

배제 ①

자살우려자이므로 반드시 적극적인 지휘조치가 필요하다. 지켜보는 것은 간부로서 아무런 조치를 하지 않는 방관자적 행위이므로 정신과 치료 등을 통한 면밀한 관찰과 보호가 필요

하다.

## 04

선택 ③

기상 상황을 고려했을 때 인명 및 시설 피해가 없도록 반드시 사전 주둔지 배수 상태 및 시설물에 대해 위험요소를 제거하는 적극적 조치가 필요하며, 위와 같은 상황은 상급지휘관 및 부대의 초관심 사항으로서 실시간으로 이상 유/무를 파악하여 보고해야 한다.

배제 ⑥

근무는 단순히 초소만을 지키는 것이 아닌, 일과시간 이후 지휘관의 명을 받아 군기 유지, 제규정 이해, 인원 · 물자 · 시설 보호, 기타 각종 사고 예방 등을 목적으로 한다. 또한 당직근무는 명령에 의해 수행되며, 당직사관은 위급한 상황이 아닌 이상 반드시 당직사령의 지시에 따라 움직인다. 따라서 본인 판단하에 임의대로 근무지를 조정하거나 근무지를 실내로 전환하는 행위는 올바른 조치가 아니다.

## 05

선택 ③

급식은 원칙적으로 공사현장까지 이동소요시간을 고려하여 배급방식을 결정하게 된다. 이에 식사 운반을 추진하는 것이 원칙이나 현 상황을 고려할 때 급식운반인원이 제한되고, 산을 올라야 하는 문제점도 수반되기 때문에 공사현장부터 사하지점까지 근거리로 인원들을 이동시킨 후, 원활한 식사가 진행되도록 하는 것이 바람직한 판단이라 할 수 있다.

배제 ⑥

부식 및 급식 추진 담당관으로 지정된 이상 반드시 해당 식사 인원들이 식사를 원활히 할 수 있도록 하는 것이 주어진 임무이므로 이와 같은 행동은 바람직하지 못하다. 또한 식사가 완료된 이후 식관, 물통, 식판 등을 회수하여 부대로 복귀하는 것이 최종 임무임을 명심해야 한다.

## 06

선택 ⑤

부대 전 지역이 금연구역으로 지정되어 있고, 특히 취사장은 가스를 취급하는 시설임과 동시에 막사와 근접해 있으므로 순식간에 대형 피해가 발생할 수 있다. 따라서 흡연에 대한 엄격한 관리와 규정에 따른 엄중한 처벌이 요구된다.

배제 ③

순찰을 통해 취사병들의 잘못된 행동을 확인한 만큼 묵인하거나 아무런 조치를 취하지 않는 것은 간부로서 무책임한 행동이다. 특히 큰 사고로 이어질 수 있는 화재 취약지역인 취사장이기에, 간부라면 반드시 해당 인원들에게 책임을 물어 다시는 그릇된 행동이 반복되지 않도록 규정에 따라 처리하여야 한다.

## 07

선택 ④

총기 및 탄약관리는 조금만 소홀히 하거나 규정을 준수하지 않으면 대형사고와 연계될 수 있다는 점을 깊이 인식하고 철저히 이루어져야 한다. 따라서 탄약 분실에 대한 지휘보고가 우선되어야 할 것이고, 분실탄을 찾기 위해 다각도의 노력이 필요하며, 필요 시 수사기관에 의뢰하여 분실에 대한 책임까지도 물어야 한다.

배제 ②

공포탄은 실탄과 같이 생명에 직접적 위험을 주진 않지만, 상황에 따라 큰 위험요소가 될 수 있다. 아울러, 예비탄피(*모든 탄은 로트번호 부여)를 이용하여 순간 상황을 모면할 수는 있겠지만, 추후에 분실탄이 발견되거나 문제가 되었을 시 관련자는 법적 처벌을 피할 수 없을뿐더러 군생활에 지대한 악영향을 미칠 수 있으므로 절대 편법을 이용한 임기응변식의 조치는 하지 않아야 한다.

## 08

선택 ③

수색정찰 임무 수행 중 미확인 지뢰를 발견한 상황으로, 섣불리 의심물체를 만지거나 제거하려는 행위는 금지해야 하며, 발견 즉시 지휘계통을 통해 보고하고, 주변 지역을 차단하며 폭발물 처리반에게 상황을 인계하도록 한다.

배제 ②

아무런 보호장구도 갖추지 않은 상황에서 병력을 위험지역으로 투입하는 것은 자살행위와 같은 것으로, 절대 있어서는 안 되는 지휘조치라 할 수 있다. 아울러 지뢰가 발견된 지역은 지뢰매설 추정지역이라 할 수 있으므로 반드시 전문인력 투입 전까지 원점을 확보하거나 또는 연락을 취한 후 해당 지역을 이탈하는 것이 바람직할 것이다.

## 09

선택 ⑥

정확한 병명은 알 수 없으나, 감염병 증세를 보이고 있으므로 응급관리 지침에 따라 해당 인원을 격리 조치하고, 즉각 지휘계통 보고 및 관찰, 군의관 진료를 받도록 한다. 이러한 조치에도 불구하고 증상 악화 및 미호전 시 즉각 후송조치하도록 한다.

배제 ⑤

해당 증세로 보아 감염병 의심환자임을 알 수 있다. 하지만 본인이 의학적 전문지식을 가진 군의관이 아니므로 매뉴얼에 따른 조치가 요구되며, 특히 증상을 보임에도 아무런 조치를 안 한다는 것은 간부로서 무책임한 행동임을 알아야 한다.

## 10

선택 ③

중대장은 사격 훈련의 모든 준비 및 안전을 확인하고, 조치하고, 통제하는 임무를 맡는다. 사격 전 사격장 주변에 안전 요원을 배치하는 것은 물론, 사격을 알리는 방송과 깃발 등을 통해 모든 인원 출입을 통제하고 사격장 이탈을 명한다. 사격장에 무단 출입한 인원 발견 시 즉각 사격을 중지하고 사격장에서 이탈하게 하며, 최종 확인 후 이상이 없을 시에만 사격을 재개한다.

배제 ④

사격훈련 진행 시 도비탄 등 예기치 못한 돌발상황이 발생할 수 있으므로, 사거리의 이상 없음을 단정하고 사격을 계속 진행한다는 것은 무모한 결정이라 할 수 있다.

## 11

선택 ④

현 상황은 민·관·군 통합훈련 상황이다. 따라서 현장에 배치된 소방인력들이 응급구조 및 조치할 수 있도록 도와주어야 한다.

배제 ①

공적인 임무를 수행하는 상황이기는 하나 한 사람의 목숨이 위태로운 상황을 모른 척하는 행위는 군인으로서 국민에 대한 봉사의무를 저버리는 행위이자, 군 간부로서 무책임한 행동임을 알아야 한다.

## 12

선택 ⑤

현장의 총괄책임자는 소대장으로서 소대원들의 안전을 책임져야 한다. 현장을 사전 답사하여 안전 위해요소가 있는지, 응급구조 용품이나 시설이 구축되어 있는지를 확인하는 것은 당연한 지휘조치임을 명심해야 한다. 따라서 현 상황에서 할 수 있는 가장 신속하고 효율적인 판단은 독자적 조치가 아닌, 주변 인들과 합심하거나 안전시설이나 용품을 최대한 활용하여 구조를 실시하는 것이 현명한 판단이라 할 수 있다.

배제 ④

물론 성급한 구출이나 안전이 확보되지 않은 상태에서 구조하는 것은 매우 위험할 수 있다. 하지만, 소대장으로서 현장의 모든 책임을 지는 막중한 중책을 맡은 만큼 아무런 조치를 안 한다는 것은 간부로서 올바른 행동이 아니다.

## 13

선택 ③

본인과 선임소대장 모두는 중대장으로부터 균등한 업무 지시 및 업무할당을 받은 상태이다. 상황과 여건이 된다면 선임소대장의 요청에 응하는 것도 도리일 수 있겠지만, 소대원들과의 약속이 존재하고, 부여받은 임무를 완료해야만 하므로 무조건 선임소대장의 요청에 응하기보다는 현 상황과 입장을 충분히 설명하고 양해를 구하는 것이 합리적 판단이라 할 수 있다. 필요 시 중대장의 업무 중재도 필요하겠지만, 가장 먼저 선행되어야 하는 것은 당사자 간의 합의일 것이다.

배제 ②

군에서 상급자의 요청이나 지시에 불응하는 것은 항명에 가까운 처사이다. 따라서 선임소대장의 요청에 불응하는 행위는 사태만 악화시키는 결과를 초래할 수 있으므로 피해야 할 행동이다.

## 14

선택 ⑤

병 인사관리 훈령 등 관계 법령에 따라 어떠한 경우에도 청탁 등을 통한 규정을 위반하면서까지 보직을 조정하거나 특혜를 부여할 수 없음을 알아야 한다. 결국 지위고하를 막론하고 동일한 원칙과 규정에 따라 소신껏 행동해야 하며, 해당 인원에 대해서는 상황을 이해시키고 자신의 행동이 오히려 부모님에게 안 좋은 영향을 미칠 수 있다는 것을 상기시켜야 한다.

배제 ①

혹시 모를 불이익을 우려하여 엄정한 군복무 규율을 어기는 행동은 옳지 못한 처사이다.

## 15

선택 ⑥

민간인의 부대 출입 시 사전 출입승인을 얻어야 하고, 부대원을 상대로 교육을 진행할 경우에는 반드시 보안성 검토 및 지휘관을 포함한 상급부대에 보고 및 승인을 얻고 진행하여야 한다.

배제 ①

인정과 사적 관계 및 감정에 의해 본건을 추진할 경우 문제의 소지가 있고, 문제발생 시 본인뿐만 아니라 관련자 모두가 처벌받을 수 있음을 명심해야 한다. 또한, 부대 병력을 움직이는 중대한 사안인만큼 반드시 지휘계통을 통해 보고 및 승인을 받고 진행하는 것이 원칙이다.

## 16

선택 ⑤

공과 사를 명확히 구분해야 한다. 또한, 5분대기 소대장은 명령에 따라 부대 위급 상황에 대처하는 중대한 임무를 수행하는 막중한 위치에 있기 때문에 설사 상황이 긴박하더라도 반드시 부대 업무를 우선하여 처리하는 것이 바람직한 간부의 태도일 것이다. 따라서, 출산이 임박했더라면 주변 가족이나 친지에게 사전에 부탁하여 돌봐줄 것을 요청하거나 119에 요청하여 상황을 조치하도록 하는 것이 간부로서의 가장 합리적 판단이라 할 수 있을 것이다.

배제 ②

5분대기 소대장은 명령에 의해 작전을 수행하여야 하는 인원으로, 어떠한 경우에도 부대를 이탈해서는 안 되는 직책이다. 따라서, 훈련상황이 종료되었을지라도 공적 위치를 망각하고 사적 용무를 보기위한 무단 이탈행위는 군법에 따라 처벌받을 수 있는 중대한 위법행위이므로 이는 바람직하지 못한 처사라 할 수 있다.

## 17

선택 ③

지급받은 모든 장비 및 보급품은 군수품 관리규정에 따라 철저히 보관, 사용, 관리되어야 한다. 만약 사용 중 파손되거나 분실되었을 경우 반드시 지휘계통을 통해 보고하여야 한다.

배제 ④

허위보고는 중대범죄 사항으로 언젠가는 반드시 탄로나기 마련이기 때문에 양심에 따라 보고하고 그에 상응한 조치를 받는 것이 합리적인 판단일 것이다. 사실대로 보고한 후 분실에 따른 벌점을 부과받고 분실품을 변상하는 것이 현 상황에서 후보생 신분으로서 가장 적절한 조치라 할 수 있다.

## 18

선택 ①

연합사에 파견근무를 한다는 것은 원소속부대의 통제에서 벗어나 파견근무지인 연합사 통제를 받는 상황으로, 현재 상황은 휴일이므로 설사 원거리를 이동하였더라도 연합사 내규에 위반되지 않는다면 문제되지 않는다. 따라서, 자신이 파견 중임을 밝히고 위치를 사실대로 밝히는 것이 현명한 조치라 할 수 있다.

배제 ②

간부로서 자신의 양심을 속이면서까지 허위보고를 해야 하는 상황은 아니다. 떳떳하게 파견 중임을 말하고 자신의 현 위치를 밝히는 것이 군인으로서 올바른 윤리의식을 지키는 일이라 할 수 있다.

## 19

[선택] ⑤

담당관으로서 상급자인 군수과장에게 사실보고를 하는 것이 일차적 조치일 것이고, 재산 등재 여부와 유통경로를 확인하도록 한다. 확인이 되었다면 서류 및 전산상 하자가 없도록 조치해야 하며, 해당 제품은 유통기한이 지난 제품이므로 반드시 폐기처분을 하여야 한다.

[배제] ⑥

**군용물품**은 아무리 유통기한이 경과되었고, 재산에 등재되지 아니한 품목이라고 하더라도 **임의로 시장에 유통시킬 경우 불법유통에 따른 관련 법률 위반으로 처벌**받을 수 있음을 알아야 한다.

## 20

[선택] ⑥

**미귀자 발생 시 해당 지휘 및 당직계통으로 보고**하게 되어 있으며, 본인 또는 친·인척으로부터 특별한 사유(교통사고, 차량정체, 항공기 결항, 기타 개인신상에 이상이 있을 경우 등)로 귀영시간이 늦어진다는 통보를 사전에 받았을 경우 그 내용을 추가 보고하게 되어 있다. 따라서 본 상황은 지휘계통을 통해 보고하고 연락이 되었으므로 안전하게 귀영할 수 있도록 통제하는 것이 바람직한 조치일 것이다.

[배제] ①

**휴가를 연장하기 위해서는 독립대대장급 이상 지휘관의 허가를 얻어야 한다.** 현 상황이 굳이 휴가를 연장하면서까지 조치하여야 할 상황은 아니라고 판단되며, 추후 잘못된 선례가 될 수 있으므로 신중하게 판단해야 할 것이다.

## 21

[선택] ④

당직근무자로서 화재예방과 관련한 모든 수칙에 대해 숙지하고 있어야 하나, 현 상황은 아직 초급간부로서 그러지 못한 모습을 보이고 있다. 화재수신기는 부대의 중앙 통제 시설인 지휘통제실에 설치 운용되고 있어 화재발생 및 단선에 따른 이상 여부 등을 경보와 점등을 통해 확인할 수 있는 장비. 불이 점등되었다는 것은 이상징후가 발생한 상황이므로 반드시 해당 장소로 이동하거나 인원을 출동시켜 이상 여부를 확인하여야 한다.

[배제] ①

현재 상황은 화재가 발생한 상황일 수도 있고, 설사 아니더라도 추후 발생할 수 있는 화재위험을 알려주는 장비의 이상일 수도 있기 때문에 **반드시 현장으로 달려가 조치하는 것이 간부로서의 책무**라 할 수 있다. 하지만 현장을 바로 확인하지 않고 기다리거나 무심코 넘기는 행위는 없어야 한다.

## 22

[선택] ④

유격훈련 중 안전문제가 발생한 상황이다. 훈련 중엔 반드시 의료인력들이 현장에 상주하고 있기 때문에 즉시 군의관을 호출하여 상황을 확인하고 조치하도록 해야 한다. 또한, 지휘관으로서 군의관의 조언을 받아 직접 병력의 상황을 확인해야 한다.

[배제] ③

현재 상황은 높은 곳에서 굴러떨어진 상황으로 외상뿐 아니라 내상까지도 의심해 보아야 하며 군의관의 의학적 조치와 판단이 반드시 필요한 상황이라 할 수 있다. 따라서 단순히 의식이 돌아왔다고 해서 계속 훈련에 참석시키는 것은 잠재된 문제를 악화시킬 수 있기 때문에 충분한 휴식과 의학적 판단이 선행된 후에 지휘조치가 이루어져야 할 것이다.

## 23

[선택] ⑥

통제를 위한 지휘용 차량에는 운전병과 소대장이 탑승하게 된다. 전술훈련 지휘통제를 위해 지휘용 차량이 운용되는 것도 필요하겠으나, 현 상황은 평시 훈련상황이고, 우발상황에도 대처하는 능력도 지휘자에게 요구되기 때문에 가용한 차량인 선두차량에 탑승하여 출동하는 것이 바람직한 지휘조치라 할 수 있다.

[배제] ⑤

모든 훈련준비와 출동만을 남겨둔 상황임을 감안해야 할 것이고, 소대전술훈련을 통해 추후 계획된 중대전술훈련 및 평가를 원활히 진행할 수 있고 대비할 수 있게 된다. 아울러 현상황이 훈련을 중지하거나 연기할 만한 중대한 상황이 아니라고 판단되기에 굳이 연기하면서까지 계획을 수정하거나 취소할 이유는 없다.

\* 중대한 상황 : 상급부대 지시. 출동 인원 및 장비의 중대한 위험 발견 및 발생 우려 등

## 24

[선택] ⑥

내성발톱의 경우 발톱이 살을 파고드는 증상으로, 상처와 염증으로 인해 심각한 통증이 발생되어 정상적 활동에 제한을 줄 수 있다. 특히 군인의 경우 전투화를 신어야 되기 때문에 군의관에 의한 전문치료와 병행해야 하고, 증상이 호전될 때까지 운동화나 슬리퍼를 착용하도록 지휘조치해 주는 것이 필요하다.

[배제] ④

내성발톱을 포함한 다수의 질병들은 아무런 치료를 하지 않을 경우 증상이 악화될 수 있기 때문에 소대장은 현 상황을 직시하고 반드시 군의관을 통한 계속적 치료를 할수 있도록 해야 하며, 지속적인 관심을 가지고 정상적 군생활을 할 수 있도록

도와주어야 한다. 시간에 맡기고 자연치유 되기만을 기다린다는 것은 간부로서 무책임한 행동이다.

## 25

선택 ①

군 황사특보 단계별 행동기준에 의거하여 황사정보 상황에서는 정상적인 야외훈련을 실시해야 한다. 하지만 중대전술훈련에 대비하여 중대장의 지시사항도 하달된 상황이므로 호흡기를 보호하기 위해 마스크를 착용하고 훈련에 임하도록 통제하는 것이 바람직하다.

\* 황사정보
- 발령기준치 : 시간당 300~500㎍/m²
- 행동기준 : 정상적인 야외훈련 실시, 황사특보 확인체계 유지

배제 ③

중대전술훈련 및 평가는 임의로 변경하거나 취소하기에는 부대 운영상 제한되는 요소가 많다. 현 상황은 정상적인 야외훈련을 할 수 있는 상황이므로 훈련 연기는 불필요한 지휘조치라 할 수 있다.

## 26

선택 ④

군인에게는 종교 활동 시간을 별도로 부여하고 있고, 강요하진 않지만, 1인 1종교를 갖도록 권장하고 있다. 현 상황은 인솔 명령에 따라 반드시 임무를 수행하여야 하며, 만약 이를 소홀히 하거나 사고발생 시 본인의 책임이 크다는 것을 인식하여야 한다. 본인이 인솔을 못하게 된 상황이라면 대체 인원을 선정해서 보고 및 승인을 얻고 명령을 변경하여 인솔에 차질이 안 생기도록 하는 것이 바람직한 조치라 할 수 있다.

배제 ①

군인은 명령에 따라 움직이는 조직이다. 군 종교활동을 권장하는 가장 큰 이유는 올바른 인생관과 가치관을 확립하고, 신앙 전력화로 무형전투력을 극대화하기 위함이다. 이와 같이 중요한 목적의식을 가지고 종교활동을 권장하고 있으므로, 사적이유나 개인의 종교로 인해 명령을 거부해서는 안 된다.

## 27

선택 ②

각 담당관별 출동 준비 전 이상 유무를 반드시 확인해야 한다. 현 상황은 꺼진 난로에 남은 열기와 잔량의 휘발유로 인해 화재가 발생됐다고 추정할 수 있다. 결국 이상유무 확인 조치가 제대로 이루어지지 않았기 때문에 화재로 이어졌다고 볼 수 있다. 차량에는 훈련물자를 포함한 장비가 적재되어 있을 수 있기 때문에 신속히 차량을 갓길에 세우고 차량용 소화기를 이용해 초동 진화해야 한다.

배제 ③

연기가 난다는 것은 불씨가 있다는 것이고, 방치한다면 불이 확산되어 큰 피해를 입을 수 있기 때문에 현장에서 바로 조치하는 것이 바람직하다.

## 28

선택 ①

감염병 상황에서는 마스크 착용이 의무화되어 있다. 물론, 마스크를 착용하는 것이 원칙이나 부득이한 상황도 있을 수 있음을 감안하여 미착용자에 대한 계도와 교육을 통해 착용할 수 있도록 지도하는 것도 소통형 지휘의 일환이라 할 수 있다.

배제 ②

마스크를 착용하지 않았다고 얼차려를 부여하거나 처벌한다는 것은 과도한 처사라 할 수 있다. 만약, 마스크 착용과 관련한 규정이나 벌점 부과 등의 근거가 명확하다면 그에 따르는 것이 올바른 조치라 할 수 있겠다. 하지만 잘못된 인원에 대해서만이 아닌 전체를 대상으로 연좌제 형식의 공동책임을 묻는다는 것은 문제의 소지가 있으므로 지양해야 한다.

## 29

선택 ⑥

군에서는 인원, 시설, 장비에 대한 철저한 보안조치를 실시한다. USB의 경우도 반드시 보안성검토 과정을 거치고 사용하는 것이 원칙이다. 설사 부대 내 PC에 USB사용을 시도하더라도 접근이 불가능하다. 우선 보안담당관이라는 직책 수행 중 보안에 위배되는 상황을 인지하였기 때문에 해당 인원에게 주의를 주고, 시정이 되지 않았을 때는 지휘보고를 통해 이를 해결할 수 있도록 조치하는 것이 바람직하다.

배제 ⑤

보안담당관의 책무 상 반드시 부대 보안에 대한 책임감을 가지고 임무를 수행하는 것이 올바른 행동이다. 아무리 사적인 용도로 USB를 사용한다 하더라도 부대 내 모든 시설과 장비는 철저한 보안이 유지되어야 한다는 사실임을 망각해서는 안 된다. 부대 내에서 이뤄지는 보안 위배 사항을 묵인하거나 방조하는 행위는 해당 인원뿐 아니라 본인 역시도 처벌받을 수 있음을 명심해야 한다.

## 30

선택 ⑥

해당 지역은 군사적으로 위험지역이고 항시 적의 도발이 우려되는 곳이다. 상황을 보면 화생방 상황임을 추정할 수 있는 정황이 포착되었기 때문에 섣불리 행동해서는 안 되며, 만일을 대비하여 행동 수칙에 따라 방독면을 착용하고 사전 수색투입 전 준비된 탐지기를 이용하여 정찰하며 관련 사항을 상부에 보고하여야 한다.

위험지역에서의 화생방 상황임을 추정했음에도 불구하고 아무런 보호장비도 갖추지 않은 채 손으로 미상의 액체를 만져본다는 것은 행동수칙에도 위반될뿐더러, 만일 오염되었을 경우 생명까지도 위태로울 수 있기 때문에 지금의 조치는 무모한 처사라고 할 수 있다.

## 31

선택 ⑥

대대장의 지시인만큼 바로 거부하는 행위는 올바르지 못하다. 하지만 부당하거나 사적인 지시일 경우 마땅히 여러 가지 상황을 고려해서 지시를 이행하였을 때의 문제점과 역효과에 대한 내용을 정리하여 즉각 상부에 보고하는 것이 담당관으로서의 올바른 처사라 할 수 있겠다.

배제 ⑤

부당한 지시라고 치부하고 불법으로 CCTV를 촬영한다면 이 또한 범법행위에 해당하므로 본인 역시 처벌 대상이 됨을 알아야 한다. 지시와 명령이 다소 본인의 생각과 다르고 어렵다고 해서 이를 무조건 적대시하거나 문제화시키는 행위는 간부로서 복종의 의무를 저버리는 행위라 할 수 있다. 따라서 지시가 다소 합리적이지 못할 경우 그에 합당한 이유를 준비하여 대화로서 원활히 소통하는 노력도 간부로서 필요한 자질 중 하나라 할 수 있겠다.

## 32

선택 ②

병의 면회는 원칙적으로 휴무일에만 가능하고 평일에는 불가하다. 단 부득이한 경우 대대장급 이상 지휘관 승인 후 지정된 장소에서 면회가 가능하다.

배제 ①

신병이 일부러 부모님을 부르진 않았을 것이다. 부모님의 일방적 선택으로 면회 온 것이라 할 수 있기 때문에, 적응 외에도 모든 것이 낯설고 어려운 상황인 신병에게 잘못을 따져 물을 상황은 아니라고 판단할 수 있겠다.

## 33

선택 ③

본인이 의도하지 않은 상황에서 뇌물로 추정되는 돈뭉치를 받게 되었으므로 즉시 지휘보고 및 신고센터에 신고해야 한다. 아울러 부모님에게 받은 금액 전부를 돌려주어야 한다. 또한 이 모든 과정에 대해서는 근거를 명확히 남겨서 차후 문제가 생기지 않도록 하여야 한다.

배제 ⑥

자신이 받은 돈을 소대원들을 위해 사용하더라도 이는 명백한 뇌물 수수에 관한 법률 위반사항으로, 군인이 뇌물을 수수하였

을 때는 군검찰에 기소되어 군사재판을 받게 되며 군생활에 악영향을 미칠 수 있기 때문에 병사들을 위해 전액 사용한다는 명분하에 법을 위반해서는 안 된다.

## 34

선택 ①

남의 지갑을 주워 즉각 돌려주지 않는 것만으로도 불법 영득행위인 절도죄가 성립할 수 있기 때문에 이러한 상황에서는 지구대로 찾아가 지갑을 맡기는 것이 현명한 판단이라 하겠다.

배제 ③

타인의 지갑에서 돈을 뺀다는 것은 절도죄임을 명심해야 하며, 군인으로서 봉사와 명예정신에 위배되는 행위이자 범법행위이므로 이는 반드시 처벌받을 수 있음을 명심해야 한다.

## 35

선택 ②

군대 조직은 전염·감염병 관리에 만전을 기하고, 부대위생을 위해 예방활동을 주기적으로 실시한다. 질병 발생 시 상부에 즉시 보고하고, 원인과 문제점을 신속하고 정확하게 파악하여 확산되지 않도록 군 의무계통과 협조한다. 또한 감염원 및 보균자에 대한 소독과 취약지역 방역 및 장병 보건교육을 강화하는 지휘조치를 하여야 한다.

배제 ⑥

군은 군 의무시설에서 1차 진료하는 것이 원칙이다. 하지만 군 의료지원 인력이 미치지 못하거나 환자 상태가 위급하여 군 의료기관으로의 이송이 제한될 때 비로소 민간병원에서 응급처치가 가능하다. 하지만 지금의 상황은 충분히 군 의무계통을 통해 진료와 치료 및 관리가 가능하므로 외부 병원 진료 및 치료는 불필요하다.

## 36

선택 ⑥

전염병으로 간주하고 발견 즉시 환자들과 소대원들을 격리 조치하며, 군의관에게 진료 및 치료하도록 조치한다. 진료 범위를 초과하였을 경우 군 병원 또는 민간병원에 진료토록 조치한다. 또한 해당 인원들의 침구류 및 물품은 세탁 및 건조, 소독할 수 있도록 조치한다.

배제 ⑤

전염성이 있을 수 있기 때문에 반드시 다른 인원들과 격리하여야 한다.

## 37

선택 ④

어떠한 경우에도 폭력행위는 정당화될 수 없고, 현 상황은 음주 상황이기 때문에 이성적 판단이 제한된다는 것을 명심해야 한다. 또한 시비가 발생했을 경우 경미한 신체접촉이라 할지라도 쌍방 폭행으로 간주될 수 있기 때문에 되도록 상황을 회피하거나 경찰에 신고하여 상황에 대처하는 것이 현명한 처사라 할 수 있다.

배제 ②

현재 상황은 음주로 인해 이성적 판단이 제한될 수 있는 상황이고, 설사 민간인에 의한 폭행이 이루어졌다 할지라도 군인의 경우 군사경찰에 사건이 이첩되기 때문에 개인 신상에는 좋지 않을 수 있다.

## 38

선택 ⑤

당직근무 중 발생한 사건이기 때문에 당직사령에게 보고하고 관련자는 분리 조치 및 관리한다. 다음 날 지휘보고를 통해 가해자는 관계 규정에 따라 엄중 처벌한다. 추가적으로 모든 장병들을 대상으로 특별정신교육과 설문을 통해 경각심을 줄 수 있도록 해야 한다.

배제 ②

아무런 조치를 취하지 않거나 이들의 행위를 눈감아준다면 더 큰 사고로 이어질 수 있고 본인 역시도 범죄 은닉의 죄로 처벌받을 수 있다는 사실을 명심해야 한다.

## 39

선택 ⑥

업무가 우선이기는 하나, 음주 상태로 부대 내로 들어와 일하고, 특히 병사의 개인 정비시간까지 침범하는 것은 문제가 있다고 볼 수 있다. 정해진 업무 시간에 업무를 처리하는 습관이 중요하다 할 것이다. 따라서 현 상황에서는 바쁘더라도 차라리 다음 날 업무에 집중하여 일을 마무리하는 것이 효율적인 판단이라 할 수 있다.

배제 ④

아무리 업무가 급하더라도 음주 상태로 부대로 들어올 경우 정상적 업무 수행이 불가능할 뿐더러 자는 병사를 기상시킨다는 것은 인권침해의 소지로 법적 처벌까지 감수할 수 있음을 알아야 한다.

## 40

선택 ①

현 상황에서는 소대장이 지휘관을 대신하여 모든 지휘감독의 책임이 있다. 운전병에 대한 사전 교육을 통해 음주 금지에 대한 철저한 교육이 선행되었어야 했고, 이를 확인·감독했어야 했다. 이미 일어난 상황이기 때문에 지휘관인 중대장에게 사실을 보고하고 지침에 따라 행동할 수 있도록 해야 한다.

배제 ④

음주운전은 어떠한 경우에도 용납할 수 없는 범죄임을 인식하여야 하고, 술이 깼다는 자의적 판단 후 운전을 하게 하는 행위는 지휘조치가 아니라 살인행위와 마찬가지라 할 수 있다. 설사 운전을 하여 무사히 복귀하였더라도 지휘감독 소홀에 따른 책임과 음주운전 방조, 운전병은 지시 불이행 등 이 모두가 징계의 대상이 될 수 있음을 알아야 한다.

## 41

선택 ⑤

공무수행이 아닌 사적으로 차량에 부대 유류를 주유했을 경우 군용물 절도죄 등으로 처벌받을 수 있겠지만, 지금의 상황은 공무수행을 목적으로 운행되는 차량이기에 주무과장인 군수과장에게 보고 및 승인을 받고 관련절차에 따라 해당차량에 주유할 수 있도록 한다.

배제 ②

부당한 지시가 아닌 공적인 업무와 관련한 지침에 따른 지시이므로, 이를 거부하거나 조치를 취하지 않는 행위는 명령 불복종으로 엄중 처벌 대상이다.

## 42

선택 ⑥

군인 진급과 관련해서는 엄격한 기준과 심사에 의해 결정된다. 인정과 뇌물 등에 의해 진급이 결정되는 것은 절대 있을 수 없을뿐더러 철저한 보안 속에서 진행되기 때문에 의심의 여지가 없다. 또한 단순 교육성적이 우수하다고 해서 결과가 좋을 것이라고 할 수도 없다. 결과적으로 여러 가지 요소들이 복합 평가되어 다른 인원들보다 우수할 경우 진급된다고 할 수 있다. 따라서 자신의 능력이 부족함을 직시하고 묵묵히 부족한 분야를 보완하고자 노력해야 할 것이다.

배제 ③

진급 심사와 관련해서 어떠한 경우에도 절차 및 평가와 관련해서는 비공개가 원칙이다. 따라서 사실이 아님에도 허위사실을 유포하거나 특히 언론을 통해 억울함을 호소하는 행위는 법적 처벌의 대상이자 본인 군생활에 악영향을 미칠 수 있다는 것을 깨달아야 한다.

## 43

선택 ⑤

공과 사를 구분하는 문제이다. 현 상황이 원활하고 신속한 조치가 이뤄지지 않을 경우 부대 전체가 피해를 볼 수 있는 상황이므로, 휴가도 중요하겠지만 공적 판단을 통해 부대로 복귀하여 할당된 임무를 수행하는 것이 올바른 간부의 자세라 할 수 있겠다.

배제 ①

소대장의 지시도 고려해볼 수 있겠지만 직속상관의 명령이 우선하므로 부대로 신속히 복귀하여 임무를 수행하는 것이 바람직한 간부의 자세라 할 수 있겠다. 필요 시 남은 휴가는 별도로 부여받을 수 있기 때문에 이런 경우에는 부대 업무를 우선하는 것이 올바른 판단이다.

## 44

선택 ⑥

평소 주둔지와 진지에 대한 사계청소 및 이동로를 확보하는 것이 군인의 당연한 임무라 할 수 있다. 현 상황에서는 목진지 점령을 지정된 시간 내에 완료하고 보고를 해야 하나, 우발상황이 발생했으므로 신속히 주 이동로를 임시 확보하고 훈련에 임하여야 한다. 이어서 훈련종료 후 사계청소 및 이동로를 확보하여 차후 작전에 제한이 없도록 해야 할 것이다.

배제 ③

진지 점령훈련은 군인으로서 작전 수행 및 성패를 좌우하는 중요한 요소 중의 하나라 할 수 있다. 아울러, 우발상황에 아무런 조치를 하지 않고, 심지어 허위보고까지 한다는 것은 간부의 자질이 없을 뿐더러 처벌 대상이 된다.

## 45

선택 ⑤

현 상황에서는 상급자의 의도대로 교범의 내용을 준수하는 것이 기본 원칙이겠지만, 부대의 특성과 훈련상황 등 여러 가지 여건을 고려하면 자신의 의견을 피력하는 것도 필요하다 할 수 있다. 서로가 이해하고 수용할 만한 명확한 근거와 자료가 제시된다면 소대장 역시도 교범의 내용만을 고집하진 않을 것이다.

배제 ⑥

군대는 엄격한 규율과 상명하복의 자세가 유지되어야 한다. 이러한 위계질서가 바탕이 되어야 전쟁에서 승리할 수 있다. 따라서 자신의 상급자를 무시하고 자신의 의견만을 내세우는 것은 위계질서를 무너트리는 행위이자 항명에 해당되므로 군인으로서 절대 해서는 안 되는 행위라 할 수 있다.

## 46

선택 ③

휴가 미귀자 발생 시 해당 지휘계통에 보고해야 한다. 아울러 부모와 연계하여 해당 인원의 소재 파악에 나서고, 필요하다면 부대 간부를 비상 소집하여 인원의 복귀를 돕도록 하는 조치가 필요하다.

배제 ②

휴가 중 복귀까지의 책임은 부모님에게 있으나, 만약 휴가 미귀의 원인이 부대의 부조리로 인한 상황이라면 그 책임을 면할 수 없다. 본인은 당직사령으로서 미귀자의 복귀를 확인하고 감독해야 하는 위치에 있고, 미귀자 발생 건은 상급부대에 실시간 보고 사항이므로 가볍게 여기고 넘길만한 상황이 아니다. 또한 간부로서 해당인원을 찾고자 하는 노력도 하지 않고 부모에게 책임을 전가하는 행위는 옳지 못하다고 할 수 있다.

## 47

선택 ⑤

못에 찔렸을 경우 겉에 보이는 상처보다 내부의 상처가 더 위험할 수 있고, 때에 따라서 세균 감염에 의한 패혈증이나 파상풍으로 생명이 위험할 수 있다. 따라서 상처부위의 소독을 통해 응급처치 후 즉각 군의관에게 진료토록 하여 파상풍 주사를 맞도록 해야 한다.

배제 ②

피가 멈췄다고 임의 판단하여 아무런 조치를 안 할 경우 세균 감염에 의한 파상풍으로 사망할 수도 있기 때문에 반드시 파상풍 주사를 맞도록 치료받아야 한다.

## 48

선택 ⑤

위병근무자 및 초병은 근무 수칙에 따라 임무를 수행하게 된다. 아울러 명령에 따라 해당 장소에서 근무하는 것이 원칙이다. 따라서 해당 상황은 당직사령의 명에 따라 임무를 수행하여야 하므로, 문제 발생 시 반드시 당직사령에 보고하고 조치를 받도록 해야 한다.

배제 ⑥

신체 생리적 현상으로 인한 특수 상황이기는 하나 위병조장 임의대로 근무자를 복귀시키거나, 특히 병사 혼자 복귀시키는 행위는 권한 밖의 일이다. 또한 근무자가 실탄을 장착한 상황이라면 더욱 범죄로 이어질 수 있는 위험한 행위이므로 절대로 금기해야 할 조치라 할 수 있다.

# 49

민관군 통합작전 수행 체계 및 지휘 조치 계통에 따르면 각 기관의 책임이 명확히 구분되어 있다. 경찰은 주변 인원 및 차량 통제, 소방은 현장 초동조치, 군은 확보된 원점에 대한 확인 및 오염원을 수거하여 검사기관에 인계하는 역할을 수행하게 된다. 따라서 현 상황은 유관기관과 긴밀한 협조를 통해 상황이 처리될 수 있도록 지휘통제한다.

모든 신고된 상황은 실상황으로 간주하여 조치하여야 한다. 허위신고라 치부하는 것은 군인으로서 책무를 저버리는 행위이자 만약 실제 백색가루(탄저균) 상황이라면 엄청난 피해를 불러올 수 있는 상황이기 때문에 반드시 현장감을 가지고 대응하도록 해야 한다. 아울러, 여러 상황이 복합적으로 발생하는 경우 작전 우선순위에 따라 처리하고, 인접 기관 및 부대에 지원요청을 하여 신속하고 정확한 대응이 되도록 지휘조치해야 할 것이다.

# 50

부대 내 사고와 관련해서 사실을 은폐·축소하는 행위 때문에 대군 신뢰도가 실추되는 경우가 상당수 있다. 이 경우 역시 오해의 소지가 있다고 판단하여 사실을 왜곡한다면 추후 법적 소송까지도 이어질 수 있기 때문에 해당 인원의 부모에게 모든 사실을 알리고 실시간 상황을 기록으로 남겨두어야 한다. 또한 해당 인원을 치료해 주고 발작증세가 불규칙적으로 일어날 수 있기 때문에 각 인원에게 응급처치와 관련한 임무를 부여하여 위기상황에 대처하도록 해야 한다.

여러 원인에 의한 발작증세는 불규칙한 것이 특징이다. 따라서 지휘관심 대상으로 지정하여 철저한 관리가 필요하고, 필요시 군 진료체계를 통한 진료와 관찰이 요구된다. 아울러 부모와 상의하여 민간 의료체계 진료도 고려해 볼 요소라 할 수 있다. 따라서 언제 일어날지 모를 상황에 정상적 부대 생활을 하도록 배려한다는 것은 아무런 조치를 안 한다는 이야기와 같다 할 것이다. 생명과도 직결된 문제이므로 반드시 적극적인 지휘조치가 요구된다.

PART

# 3

# 최종모의고사

제1회 최종모의고사

제2회 최종모의고사

| 제1과목 | 언어논리 | | | | | 문제편 p.226 | | | |
|------|------|------|------|------|------|------|------|------|------|

| 01 | 02 | 03 | 04 | 05 | 06 | 07 | 08 | 09 | 10 |
|------|------|------|------|------|------|------|------|------|------|
| ② | ⑤ | ① | ② | ④ | ④ | ⑤ | ⑤ | ④ | ① |
| **11** | **12** | **13** | **14** | **15** | **16** | **17** | **18** | **19** | **20** |
| ⑤ | ① | ⑤ | ② | ⑤ | ⑤ | ④ | ⑤ | ③ | ⑤ |
| **21** | **22** | **23** | **24** | **25** | | | | | |
| ⑤ | ③ | ② | ④ | ② | | | | | |

## 01  난도 ★★☆                                            정답 ②

[정답체크]

디딤돌은 '디딤＋돌'의 두 단어의 합성으로 이루어진 합성어이다. 합성어는 둘 이상의 어근(실질 형태소)으로 이루어진 단어를 말하며, '돌다리'(명사＋명사)나 '작은형'(관형어＋명사) 등이 그 예이다.

② 버팀목은 '버팀＋목'으로 이루어진 합성어이다.

[오답체크]

① 고구마는 단일어로, 낱말을 쪼개었을 때 각각 아무 뜻을 가지지 못하여 더 이상 나눌 수 없다.

③ · ④ · ⑤는 파생어이다. 파생어는 실제 뜻을 가진 어근에 접사가 붙어서 이루어진 새 어휘를 말한다. 접사는 붙는 말이라는 뜻으로, 혼자 쓰일 수 없지만 뜻을 가진 어근에 붙어서 뜻을 더해 주고, 새로운 어휘를 만들어 준다. 합성어와 파생어가 헷갈린다면 나눈 뒤 나눈 것들이 각각 혼자 쓰일 수 있다면 합성어, 혼자 쓰일 수 없는 것이 있다면 파생어이다.

③ 군식구 : 군＋식구

④ 날고기 : 날＋고기

⑤ 들국화 : 들＋국화

　→ 들 : '야생으로 자라는'의 뜻을 가진 접사

이와 같은 형태를 지닌 파생어로는 들개, 들장미, 들쥐, 들소 등이 있다.

## 02  난도 ★☆☆                                            정답 ⑤

[정답체크]

⑤ '둘 사이의 관계를 이어 주는 사람이나 사물을 비유적으로 이르는 말'을 뜻하는 다리²가 쓰였다.

• 다리²

1. 물을 건너거나 또는 한편의 높은 곳에서 다른 편의 높은 곳으로 건너다닐 수 있도록 만든 시설물

2. 둘 사이의 관계를 이어 주는 사람이나 사물을 비유적으로 이르는 말

3. 중간에 거쳐야 할 단계나 과정

4. 지위의 등급

[오답체크]

① · ② · ③ · ④에는 '다리¹'가 쓰였다.

• 다리¹

1. 사람이나 동물의 몸통 아래 붙어 있는 신체의 부분. 서고 걷고 뛰는 일 따위를 맡아 한다.

2. 물체의 아래쪽에 붙어서 그 물체를 받치거나 직접 땅에 닿지 아니하게 하거나 높이 있도록 버티어 놓은 부분

3. 오징어나 문어 따위의 동물의 머리에 여러 개 달려 있어, 헤엄을 치거나 먹이를 잡거나 촉각을 가지는 기관

4. 안경의 테에 붙어서 귀에 걸게 된 부분

## 03  난도 ★★★                                            정답 ①

[정답체크]

〈보기〉에서 명진이는 선생님 앞에서는 입에 꿀을 바른 듯 행동하지만 뒤에서는 욕을 하는 행동을 한다. 이런 행동을 표현한 것은 '구밀복검(口蜜腹劍 입 구, 꿀 밀, 배 복, 칼 검)'으로, 입에는 꿀을 바르고 뱃속에는 칼을 품고 있다는 한자성어이다. 겉으로는 꿀맛 같이 절친한 척하지만 내심으로는 음해할 생각을 하거나, 돌아서서 헐뜯는 것을 비유한 말이다.

[오답체크]

② 부화뇌동(附和雷同) : 줏대 없이 남의 의견에 따라 움직임

③ 비분강개(悲憤慷慨) : 슬프고 분하여 마음이 북받침

④ 권토중래(捲土重來) : 어떤 일에 실패한 뒤에 힘을 가다듬어 다시 그 일에 착수함

⑤ 사필귀정(事必歸正) : 모든 일은 반드시 바른길로 돌아감

**04** 난도 ★★★          정답 ②

정답체크

'죽는줄'의 '줄'은 그것과 거의 비슷한 수준이나 정도를 나타내는 의존명사이므로 띄어 적어야 한다.

오답체크

① '만큼'은 의존명사이므로 앞의 관형어와 띄어 적어야 한다.

③ '대로'는 조사이므로 앞에 명사와 붙여 적어야 한다.

④ '뿐'은 다만 어떠하거나 어찌할 따름이라는 뜻을 나타내는 의존명사이므로 앞의 관형어와 띄어 적어야 한다.

⑤ '수'는 어떤 일을 할 만한 능력이나 어떤 일이 일어날 가능성을 나타내는 의존명사이므로 앞의 관형어와 띄어 적어야 한다.

**05** 난도 ★★★          정답 ④

정답체크

'잇따르다'는 관형어 '-(으)ㄴ'과 결합하여 '잇따른'으로 활용한다.

오답체크

① • 쫓다 : 어떤 자리에서 떠나도록 몰다.
    • 좇다 : 목표, 이상, 행복 따위를 추구하다.

② • 지긋이 : 나이가 비교적 많아 듬직하게
    • 지그시 : 슬며시 힘을 주는 모양

**06** 난도 ★☆☆          정답 ④

정답체크

〈보기〉에 나온 '손'은 '일을 하는 사람'의 뜻으로 ④ '김장하는 데 손이 달린다.'가 같은 뜻으로 쓰였다.

오답체크

① '사람의 팔목 끝에 달린 부분. 손등, 손바닥, 손목으로 나뉘며 그 끝에 다섯 개의 손가락이 있어, 무엇을 만지거나 잡거나 한다.'의 뜻이다.

② '어떤 일을 하는 데 드는 사람의 힘이나 노력, 기술'의 뜻이다.

③ '어떤 사람의 영향력이나 권한이 미치는 범위'의 뜻이다.

⑤ '사람의 수완이나 꾀'의 뜻이다.

**07** 난도 ★★★          정답 ⑤

정답체크

⑤와 같이 액체를 졸일 때는 '달이다'를 사용한다.

• 달이다 : 액체 따위를 끓여서 진하게 만들다.

• 다리다 : 옷이나 천 따위의 주름이나 구김을 펴고 줄을 세우기 위하여 다리미나 인두로 문지르다.

오답체크

① 부시다(×) → 부수다(○)

• 부시다 : 빛이나 색채가 강렬하여 마주 보기가 어려운 상태에 있다.

---

• 부수다 : 단단한 물체를 여러 조각이 나게 두드려 깨뜨리다.

② 맞히면(×) → 마치면(○)

• 맞히다 : 물체를 쏘거나 던져서 어떤 물체에 닿게 하다. 또는 그렇게 하여 닿음을 입게 하다. '맞다'의 사동사

• 마치다 : 어떤 일이나 과정, 절차 따위가 끝나다. 또는 그렇게 하다.

③ 붙이는(×) → 부치는(○)

• 붙이다 : 맞닿아 떨어지지 않게 하다. '붙다'의 사동사

• 부치다 : 어떤 문제를 다른 곳이나 다른 기회로 넘기어 맡기다.

④ 받히고(×) → 받치고(○)

• 받히다 : 머리나 뿔 따위에 세차게 부딪히다. '받다'의 피동사

• 받치다 : 물건의 밑이나 옆 따위에 다른 물체를 대다.

**08** 난도 ★☆☆          정답 ⑤

정답체크

〈보기〉의 벤다이어그램은 음악이 국악을 포함하는 모양이므로 상하 관계라고 할 수 있다.

⑤ 사군자는 매화 · 난초 · 국화 · 대나무를 통칭하므로 사군자와 대나무는 상하 관계이다.

오답체크

① · ③ · ④의 두 단어는 서로 아무런 관계가 없다.

②는 반의 관계이다.

**09** 난도 ★★☆          정답 ④

오답체크

① 일부로(×) → 일부러(○)

② 문안하게(×) → 무난하게(○)

③ 뒤쳐져(×) → 뒤처져(○)

⑤ 어줍짢아(×) → 어쭙잖아(○)

**10** 난도 ★★☆          정답 ①

오답체크

② 견마지로(犬馬之勞) : 개나 말 정도의 하찮은 힘이라는 뜻으로, 윗사람에게 충성을 다하는 자신의 노력을 낮추어 이르는 말

③ 단금지교(斷金之交) : 쇠라도 자를 수 있는 굳고 단단한 사귐이란 뜻으로, 매우 친밀한 우정이나 교제를 이르는 말

④ 가가대소(呵呵大笑) : 너무 우스워서 한바탕 껄껄 웃음

⑤ 청빈낙도(淸貧樂道) : 청렴결백하고 가난하게 사는 것을 옳은 것으로 여기고 즐김

PART 3

## 11 난도 ★☆☆      정답 ⑤

정답체크

도서관에서 연애와 공부 둘 다 하려고 한다는 내용이므로 '두 마리 토끼를 잡으려다 둘 다 놓친다'는 속담이 가장 관련이 있다.

오답체크

②는 여름철 손님 접대의 어려움을 나타낸 속담이다.

③은 덕이 높고 생각이 깊은 사람은 겉으로 떠벌리고 잘난 체하거나 뽐내지 않는다는 뜻의 속담이다.

## 12 난도 ★★☆      정답 ①

정답체크

〈보기〉의 세윤이 SNS에서 뜨고 있는 식당이니 맛있을 거라고 생각하는 것은 '대중에 호소하는 오류'를 범하고 있는 것이다. 대중에 호소하는 오류는 많은 사람이 그렇게 한다는 것을 내세워 주장하거나 대중을 선동하여 주장을 관철하는 오류이다. 따라서 ①의 '만나는 사람들마다 이 집 이야기를 한다'는 것을 근거로 음식이 맛있을 것이라는 주장 역시 대중에 호소하는 오류를 범하고 있는 것이다.

오답체크

② 무지에의 오류 : 어떤 논제의 반증 예가 제기되지 못하기 때문에 그 논제가 참이라고 단정하거나, 그 논제를 증명하지 못했기 때문에 거짓이라고 단정하는 오류이다.

③ 부적합한 권위에의 호소 : 어떤 특정한 분야에 대한 전문가나 권위자를 다른 분야에 대한 전문가나 권위자로 착각하는 데서 범하는 오류이다.

④ 분해의 오류 : 집합이 어떤 성질을 지니고 있다는 내용의 전제로부터 그 집합의 각각의 원소들 역시 개별적으로 그 성질을 지니고 있다는 결론을 도출함으로써 생기는 오류이다. 닭이라는 집합이 맛있기 때문에 찜닭도 맛있을 거라는 추론은 논리적이지 않다.

⑤ 특정한 유형의 논리적 오류를 범하고 있지는 않으나, 개인적인 '맛있을 것 같다'는 추측을 근거로 이야기하고 있으므로 논리적인 문장으로 볼 수 없다.

## 13 난도 ★★★      정답 ⑤

정답체크

① 어깨 다음에는 '일정한 시간, 시기, 범위 따위에서 벗어나 지나다'의 의미를 가진 '넘어'가 아닌, '높이나 경계로 가로막은 사물의 저쪽. 또는 그 공간'을 의미하는 '너머'가 와야 한다.

오답체크

ⓛ~ⓔ은 단순히 맞춤법이 틀린 것들이다.

## 14 난도 ★☆☆      정답 ②

정답체크

1문단에서 저울의 원리와 각 원리에 따른 양팔저울과 대저울, 체중 저울이 있다고 설명하였고, 2~3문단에서 각각 양팔저울과 대저울에 관하여 설명하였다. 따라서 다음에 올 내용은 체중 저울임을 쉽게 추측할 수 있다.

## 15 난도 ★☆☆      정답 ⑤

정답체크

1문단에 따르면 '파레토 개선'과 '파레토 최적'은 다른 쪽에 피해가 가지 않는다는 전제하에 한 사람이라도 나아져 만족도가 커진 상황을 자원의 배분이 효율적으로 이루어진 것이다. 따라서 ⑤의 설명이 파레토 최적의 가치에 대한 평가로 적절하다.

## 16 난도 ★★☆      정답 ⑤

정답체크

⑤ 1문단에서 4차 산업혁명은 '3차 산업혁명의 단순한 연장이 아니라 그것과 구별되는' 새로운 혁명임을 강조하고 있다.

오답체크

① 2~3문단에서 4차 산업혁명이 사람들의 일자리를 위협하고 있다고 말하고 있다.

② 1문단에서 4차 산업혁명은 기술융합을 통해 신기술과 실생활을 효율적으로 만드는 혁신을 일으키고 있다고 말하고 있다.

③ 1문단에서 4차 산업혁명은 기하급수적으로 전개되고 있으며, 모든 나라와 모든 산업을 충격에 빠뜨릴 정도로 광범위하게 나타나고 있다고 말하고 있다.

④ 1문단에서 4차 산업혁명은 기술이 주도하여 사회 변화를 이끈다는 점에서 이전 산업혁명과 다르다고 말하고 있다.

## 17 난도 ★★☆      정답 ④

정답체크

• ㉮의 앞, 뒤 내용에 반대되는 이야기가 나오고 있기 때문에 '하지만, 그러나, 그럼에도' 등의 역접의 접속사가 알맞다.

• ㉯의 앞뒤 내용을 살펴보면 앞의 내용은 원인(증여와 상속은 10년이 지나야 이전된 것으로 본다), 뒤의 내용은 그 결과 (10년 이내에 증여하면 다시 증여세를 계산하고 재산정한다) 이기 때문에 '그래서, 따라서, 그러므로' 등의 인과 관계를 나타내는 접속사가 알맞다.

## 18 난도 ★★★　　　　　　　　　정답 ⑤

정답체크

〈보기〉는 흡수선의 유형과 원소의 관계에 대해 이야기하고 있다. 따라서 흡수선, 원소 등을 먼저 언급한 ⑤의 위치에 들어가는 것이 적절하다.

## 19 난도 ★★☆　　　　　　　　　정답 ③

정답체크

③ 1문단에서 '국방 서비스를 생산, 공급하는 민간 부문의 기업이 존재할 수 없다는 것이 그 좋은 예이다.'라고 했지만, 이는 '국방 서비스'라는 공공재에 한정된 설명이므로 이를 토대로 공공재를 생산하고 공급하는 민간 기업이 존재할 수 없다고 단정할 수 없다. '일부 공공재는 민간 부문에서 운영하기도 하지만~'이라고 한 부분에서도 확인할 수 있다.

오답체크

① · ② 1문단의 '도로나 공원처럼 여러 사람이 공동으로 소비하는 것을 공공재라고 부른다.'에서 확인할 수 있다.

④ · ⑤ 1문단의 '그런데 이 공공재는 어떤 사람이 비용을 들여 공공재를 생산하면 아무 비용을 지불하지 않은 사람도 그 혜택을 누릴 수 있게 된다는 독특한 성격이 있어 이익을 추구하는 주체들이 모인 시장은 공공재를 생산해 공급하는 일을 제대로 감당하지 못한다', '대부분의 경우에는 정부가 그것을 생산, 공급하는 일을 맡고 있다.'에서 확인할 수 있다.

## 20 난도 ★★★　　　　　　　　　정답 ⑤

정답체크

만약 사람들이 완벽하게 이기적이고 합리적이라면 흰색 상자에 모든 표를 넣어서 개인의 이익을 최대한 추구하려고 했을 것이다. 하지만 게임 결과를 보면 그렇게 하지 않았으므로 ⑤와 같이 사람들은 완벽하게 합리적이지도 않고 이기적이지도 않다는 결론을 내리는 것이 적절하다.

오답체크

① 2문단에서 '무임승차를 할 수 있는 상황이라 해서 사람들이 정말로 그렇게 할 것이라고 단정하기는 힘들다.'라고 하면서 이에 대한 답을 얻기 위한 게임이라고 한 내용에서 이끌어 낼 수 있는 내용이다.

② 3문단의 '어떤 사람이 표 1장을 흰색 상자에 넣으면 실험이 끝난 후 1,000원을 받게 된다. 반면에 표 1장을 푸른색 상자에 넣으면 그 집단에 속하는 모든 사람이 500원씩 받게 된다.'를 통해 정리할 수 있다.

③ 5문단의 '평균적으로 자신이 갖고 있는 표의 40~60%를 푸른색 상자에 넣는 것으로 드러났다.'를 통해 정리할 수 있다.

④ 5문단의 '무임승차를 할 수 있는 상황임을 알면서도 갖고 있는 표의 거의 절반을 공공재 생산 비용에 자발적으로 기여한 셈이다.'를 통해 정리할 수 있다.

## 21 난도 ★☆☆　　　　　　　　　정답 ⑤

정답체크

⑤ 헌법 제3조와 제4조의 우위를 인정하지 않고 조화롭게 하면 좋겠다는 주관적인 견해로, 개인의 판단이나 생각이다.

오답체크

① · ② · ③ · ④ 우리나라 헌법과 영토의 넓이에 관한 것으로 실제로 존재하거나 발생했다고 여겨진 사실로 검증이 가능하며, 진실인지 거짓인지 판별할 수 있는 것이다.

## 22 난도 ★★☆　　　　　　　　　정답 ③

정답체크

③ 회복적 사법의 특성을 기존의 형사 사법과 대조하여 설명하고 있다.

## 23 난도 ★★★　　　　　　　　　정답 ②

정답체크

(가)에는 시적 리얼리즘 영화가 황금기를 구현한 1930년대 프랑스, (나)에는 누벨바그 영화 운동이 활성화된 1953년 이후의 프랑스라는 구체적인 시간과 공간이 나타나 있다.

오답체크

① (나)에는 영화감독의 위상 변화가 나타나 있다고 볼 수 있으나, (가)에는 시적 리얼리즘 영화에서 영화감독이 차지하는 위상만 나타나 있을 뿐이다.

③ (가)에서는 뒤비비에의 대표작을 사례로 제시하고 있으나, (나)에서는 누벨바그 영화 운동의 작품을 사례로 제시하고 있지 않다.

④ (가)에서는 뒤비비에 영화에 등장하는 주인공의 도피 정서가 프랑스와 당시 우리나라 관객들에게 동일시 효과를 불러일으켰다고 했으나, (나)에서는 영화를 수용하는 관객들에 대해 언급하고 있지 않다.

⑤ (나)에는 시적 리얼리즘 영화에서 누벨바그 영화로 사조가 바뀌어 가는 과정이 나타나 있으나, (가)에는 이와 같은 과정이 나타나 있지 않다.

PART 3

## 24 난도 ★★★  정답 ④

④ 대조적인 상황을 제시한 부분은 나타나 있지 않다.

① 2문단에서 '비아뒤크 데자르'의 사례를, 4문단에서 '호스텔 첼리치'의 사례를 제시하고 있다.
② 1문단의 "'리비히의 법칙'이란 게 있다. 식물이 성장하는 데 필요한 필수 영양소 가운데 성장을 좌우하는 것은 넘치는 요소가 아니라 가장 부족한 요소라는 이론이다.", '생태계의 삶과 지속 가능성에도 리비히의 법칙은 그대로 적용된다. 우리가 살아가는 생태계의 지속 가능성은 최하위 존재에 달려 있다.', '도시 생태계의 바탕을 이루고 있는 하위 존재들도 먹고 살아야 한다.'에서 확인할 수 있다.
③ 1문단의 "'리비히의 법칙'이란 게 있다. 식물이 성장하는 데 필요한 필수 영양소 가운데 성장을 좌우하는 것은 넘치는 요소가 아니라 가장 부족한 요소라는 이론이다. 독일의 식물학자 유스투스 리비히가 1840년에 주장했고, 다른 말로 '최소량의 법칙'이라 부른다."에서 확인할 수 있다.
⑤ 3문단의 '미국의 도시학자 제인 제이콥스가 강조한 도시의 생명력과 다양성은, 이른바 우리가 살고 있는 도시도 생태계와 같으니 물건 다루듯 하지 말고, 도시 생태계를 좀 더 깊이 이해해야 한다는 의미일 것이다.'에서 확인할 수 있다.

## 25 난도 ★★☆  정답 ②

3문단에서 '낡은 집이나 오래된 건물을 무조건 철거하지 말고 잘 살려서 오래 쓰라는 얘기이기도 할 것이다.'라고 했고, 5문단에서 '오래된 건물과 장소를 없애고 새로 짓는 것은 어렵지 않다. 누구나 할 수 있는 일이다. 아무나 할 수 없는, 진짜 어려운 일은 오래된 것을 되살리는 일이다.'라고 했으므로 낡은 집이 있던 곳에 공동 체육관을 새로 만드는 것은 적절한 대책으로 보기 어렵다.

① 빈집들을 수리해서 임대하는 것은 낡은 집이나 오래된 건물을 무조건 철거하지 말고 잘 살려서 오래 쓰는 방법에 해당한다고 볼 수 있다.
③ 마을의 역사를 기록해 놓은 박물관으로 만들어 보존하는 것은 낡은 집이나 오래된 건물을 무조건 철거하지 말고 잘 살려서 오래 쓰는 방법에 해당한다고 볼 수 있다
④ 기찻길을 따라 산책로를 만들어 '공원'으로 조성하는 것은 낡은 집이나 오래된 건물을 무조건 철거하지 말고 잘 살려서 오래 쓰는 방법에 해당한다고 볼 수 있다.
⑤ 한옥의 형태를 유지하여 '마을 카페'로 운영하는 것은 낡은 집이나 오래된 건물을 무조건 철거하지 말고 잘 살려서 오래 쓰는 방법에 해당한다고 볼 수 있다.

---

| 제2과목 | **자료해석** | | | | | | | 문제편 p.242 | |
|---|---|---|---|---|---|---|---|---|---|

| 01 | 02 | 03 | 04 | 05 | 06 | 07 | 08 | 09 | 10 |
|---|---|---|---|---|---|---|---|---|---|
| ③ | ④ | ④ | ③ | ④ | ③ | ③ | ④ | ① | ④ |
| 11 | 12 | 13 | 14 | 15 | 16 | 17 | 18 | 19 | 20 |
| ② | ③ | ④ | ④ | ① | ④ | ② | ④ | ③ | ① |

## 01 난도 ★☆☆  정답 ③

계차들의 규칙이 $+3$인 수열이다.

5　9　16　29　51　85　(134)
　$+4$　$+7$　$+13$　$+22$　$+34$　$+49$
　　$+3$　$+6$　$+9$　$+12$　$+15$

## 02 난도 ★★☆  정답 ④

양수기 C가 물을 퍼낸 시간을 $x$라고 하면,

$$\left(\frac{1}{16}\times3\right)+\left(\frac{1}{16}\times\frac{1}{20}\right)\times5+\frac{1}{25}x=1$$

$$\therefore x=\frac{25}{4}=6\frac{1}{4}\text{시간}=6\text{시간 }15\text{분}$$

따라서 양수기 C로 6시간 15분 동안 물을 퍼냈다.

## 03 난도 ★★☆  정답 ④

• A에서 B까지 가는 경우의 수 : $\frac{3!}{2!\times1!}=3$
• B에서 C까지 가는 경우의 수
  − B~$B_1$~C : 1
  − B~$B_2$~C : $\frac{6!}{4!\times2!}=15$
→ $3\times(1+15)=48$

## 04 난도 ★★☆  정답 ③

가장 큰 수를 $x$라고 할 때 네 수는 $x$, $x-1$, $x-7$, $x-8$이다.
네 수의 합이 96이므로
$x+(x-1)+(x-7)+(x-8)=96$
→ $4x=112$
$\therefore x=28$

**05** 난도 ★★★　　　　　　　　　　정답 ④

④ 안산까지 60FT를 운송하는 데는 최소한 221(20FT일 때의 요율)+246(40FT일 때의 요율)=467(천 원)이 든다.

① 20FT를 기준으로 요율이 가장 작은 지역은 부천(178)이고, 가장 큰 지역은 옥천(665)이므로 부천의 요율은 옥천의 요율의 약 665÷178≒3.7(배)이다.
③ 20FT와 40FT의 요율 차가 가장 큰 지역인 옥천(74)은 가장 작은 지역인 부천(20)의 74÷20=3.7(배)이다.

**06** 난도 ★☆☆　　　　　　　　　　정답 ③

③ 성적 수준이 낮을수록 차별을 받은 경험이 더 많다.

① 학년이 올라갈수록 한 번 이상 차별을 받은 경험이 있는 학생 수가 늘고 있다.
② 특성화고 학생들이 차별을 받은 경험이 더 적다.
④ 남자보다는 여자가, 경제적 수준이 낮을수록 차별을 더 받는다.

**07** 난도 ★★★　　　　　　　　　　정답 ③

① 소학교의 학생 수는 증가하다가 2017년부터 감소한다.
② 단과대학 학생 수가 차지하는 비율은 감소하다가 2018년에 1% 증가한다.
④ 학생 수가 2017년에는 초급중학교, 소학교, 고급중학교 순으로 많다.

**08** 난도 ★★★　　　　　　　　　　정답 ②

② 2015년 2~5위 도시의 인구 합은 3,517,097+2,918,982+2,490,621+1,524,025=10,450,725(명)으로 서울 인구 10,063,197명보다 많다.

**09** 난도 ★☆☆　　　　　　　　　　정답 ①

E, F, G, H가 승점 5점으로 모두 동점이다.
E, F, G, H 네 팀의 경기에서 E(4점, 2승 1패), F(0점, 3패), G(3점, 1승 1무 1패), H(5점, 2승 1무)이므로 승점을 비교하여 승점이 높은 팀부터 나열하면 H – E – G – F 순이다.

**10** 난도 ★☆☆　　　　　　　　　　정답 ④

④ 무승부 경기는 8경기가 아니라 4경기이다.

① 승점을 계산하면 A 9점, B 9점, C 7점, D 11점, E 5점, F 5점, G 5점, H 5점이다. A와 B가 동점이지만 A와 B의 경기에서 A가 이겼으므로 D – A – B – C 순이다.
② 실점은 D가 5점으로 가장 적고 성적도 1위이다.
③ 득점은 B가 16점으로 가장 많고 성적은 3위이므로 득점이 가장 많은 팀이 성적도 가장 좋은 것은 아니다.

**11** 난도 ★★☆　　　　　　　　　　정답 ②

연료비는 $\dfrac{\text{리터당 가격(원/}l\text{)}}{\text{연비(km/}l\text{)}}$로 구할 수 있다.

경유를 사용할 경우 연료비는 $\dfrac{1,200}{12}=100$(원)이다.

① 휘발유 : $\dfrac{1,400}{16}=87.5$(원)
③ LPG : $\dfrac{850}{10}=85$(원)
④ 하이브리드 : $\dfrac{1,400}{20}=70$(원)

**12** 난도 ★★☆　　　　　　　　　　정답 ③

1년간 1만km 대여 비용을 구하는 식은
(1만km×연료비)+(렌트 비용×12개월)이다.
'다 회사'의 대여비용은
(10,000×85)+(160,000×12)=2,770,000(원)이다.

① 가 회사 : (10,000×87.5)+(180,000×12)=3,035,000(원)
② 나 회사 : (10,000×100)+(150,000×12)=2,800,000(원)
④ 라 회사 : (10,000×70)+(200,000×12)=3,100,000(원)

**13** 난도 ★★☆　　　　　　　　　　정답 ④

• 연비는 높을수록 좋으므로 하이브리드 – 휘발유 – 경유 – LPG 순으로 좋다.
• 연료비는 하이브리드 – LPG – 휘발유 – 경유 순으로 저렴하다.
→ 연비가 좋을수록 연료비가 저렴한 것은 아니다.

## 14 난도 ★☆☆     정답 ④

정답체크

(교사 수)×(1인당 학생 수)를 하면 전체 학생 수를 알 수 있다. 2017년 초등학교 학생 수는 $184 \times 15 = 2{,}760$(천 명)이므로, 전체 학생 수는 $2{,}760 + 1{,}410 + 1{,}610 = 5{,}780$(천 명)이다. 따라서 2017년 전체 학생 중 초등학생의 비율은 $\frac{2{,}760}{5{,}780} \times 100 = 47.75\cdots(\%) \rightarrow 47.8\%$이다.

## 15 난도 ★☆☆     정답 ①

정답체크

(2018년 학교당 평균 학생 수)

$= \frac{(2018년 \ 학생 \ 수)}{(2018년 \ 학교 \ 수)} = \frac{1{,}539{,}000}{2{,}358} \fallingdotseq 652$(명)

## 16 난도 ★★★     정답 ④

정답체크

총 예산 중 국방비는 2019년에 $\frac{46.7}{470} \times 100 \fallingdotseq 9.9\%$, 2020년에 $\frac{50.2}{512.3} \times 100 \fallingdotseq 9.8\%$로 10% 미만이다.

오답체크

① 총 예산과 국방예산은 매년 증가하고 있다.

② 국방예산 증가율은 2015년에 $\frac{37.6 - 35.7}{35.7} \times 100 \fallingdotseq 5\%$, 2016년에 $\frac{38.8 - 37.6}{37.6} \times 100 \fallingdotseq 3\%$로 전년 대비 감소하였다.

③ 총 예산 증가액은 2019년에 14.2조, 2020년에 42.3조로 2020 증가액이 더 많다.

## 17 난도 ★★☆     정답 ②

정답체크

그래프는 전년 대비 증가율을 나타낸 것이다. 2018년 총매출액은 전년 대비 1.0% 증가하였다.

오답체크

① 총매출액은 매년 증가하기 때문에 2019년이 가장 많다.

③ 2015년 총매출액은 2014년보다 0.5% 증가하였다.

④ 2016년의 증가율이 0.0%인 것을 보아 2015년과 2016년의 총매출액이 같았을 뿐, 감소한 경우는 없다.

## 18 난도 ★★★     정답 ④

정답체크

생산연령인구가 감소하면 부양비는 증가하고, 유소년 인구가 증가하면 부양비도 증가한다.

오답체크

① 총부양비가 가장 작을 때는 2018년으로 $17.9 + 18.8 = 36.7$(명)이다.

② 노년부양비는 고령 인구가 늘어날수록 증가하므로 고령 인구의 빠른 증가와 관계가 있다.

③ 2058년 총 부양비는 102.4(유소년부양비 16.7 + 부양비 85.7)이다. 따라서 2058년에는 생산가능인구 1명이 유소년이나 고령인구 1명 이상을 부양해야 한다.

## 19 난도 ★★☆     정답 ③

정답체크

③ • 식료품비 중 기타 구입 금액 : $400 \times 0.2 \times 0.15 = 12$(만 원)

    • 교통비 중 기타 이용 금액 : $400 \times 0.15 \times 0.1 = 6$(만 원)

오답체크

① 지하철과 자가용 이용 금액은 교통비 전체의 70%이므로 $400 \times 0.15 \times 0.7 = 42$(만 원)이고, 육류 구입 금액은 식료품비 전체의 60%이므로 $80 \times 0.6 = 48$(만 원)이다.

    → 42만 원<48만 원

② 채소 구입 금액 : $400 \times 0.2 \times 0.2 = 16$(만 원), 지하철 이용 금액 : $400 \times 0.15 \times 0.4 = 24$(만 원)

    → 16만 원<24만 원

④ 교육비 : $400 \times 0.35 = 140$(만 원)

## 20 난도 ★★★     정답 ①

정답체크

9월까지 생활비 전체의 10%를 저축하였으므로 $380 \times 0.1 = 38$(만 원)이고, 10월부터는 생활비 전체의 15% 저축하게 되므로 $400 \times 0.15 = 60$(만 원)이다. 따라서 9월에 비해 10월에 증가한 저축액은 $60 - 38 = 22$(만 원)이다.

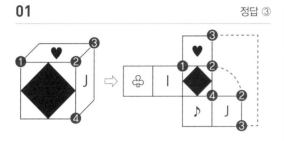

| 제3과목 | 공간능력 | | | | | | | 문제편 p.253 | |
|---|---|---|---|---|---|---|---|---|---|
| 01 | 02 | 03 | 04 | 05 | 06 | 07 | 08 | 09 | 10 |
| ③ | ③ | ④ | ④ | ① | ④ | ④ | ③ | ① | ③ |
| 11 | 12 | 13 | 14 | 15 | 16 | 17 | 18 | | |
| ④ | ③ | ② | ③ | ① | ③ | ① | ① | | |

## 01 정답 ③

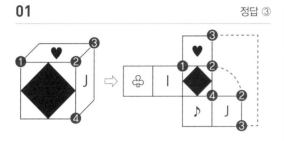

## 02 정답 ③

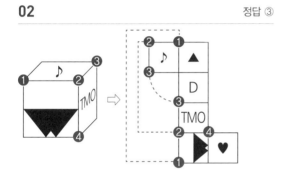

## 03 정답 ④

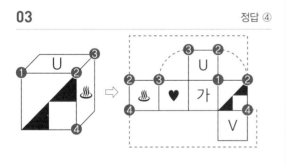

## 04 정답 ④

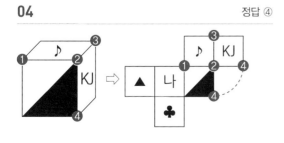

## 05 정답 ①

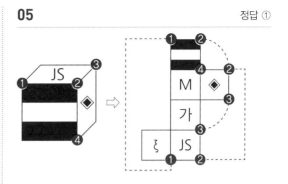

## 06 정답 ④

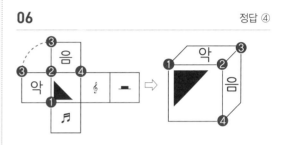

## 07 정답 ④

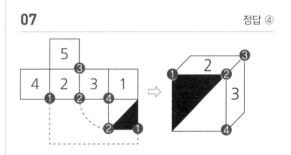

## 08 정답 ③

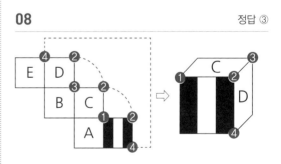

## 09 정답 ①

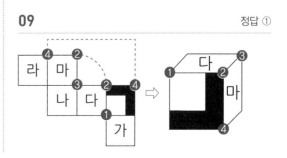

PART 3

## 10

## 11

정답 ④

1층 : 4+3+3+2+1+1+1=15개
2층 : 3+1+2+2+1+1+0=10개
3층 : 2+1+2+1+1+0+0=7개
4층 : 2+1+1+1+1+0+0=6개
5층 : 1+1+1+0+1+0+0=4개
∴ 15+10+7+6+4=42개

## 12

정답 ③

1층 : 4+3+3+2+4+1+1=18개
2층 : 3+3+1+2+2+0+0=11개
3층 : 3+1+1+2+1+0+0=8개
4층 : 2+1+0+2+0+0+0=5개
5층 : 1+0+0+1+0+0+0=2개
6층 : 1+0+0+0+0+0+0=1개
∴ 18+11+8+5+2+1=45개

## 13

정답 ②

1층 : 3+3+2+1+3+1=13개
2층 : 2+1+2+0+2+1=8개
3층 : 1+1+1+0+1+0=4개
4층 : 0+1+0+0+0+0=1개
∴ 13+8+4+1=26개

## 14

정답 ③

1층 : 2+3+4+3+2+2+3=19개
2층 : 2+2+2+2+2+2+2=14개
3층 : 2+1+1+1+2+2+0=9개
4층 : 2+1+0+1+2+0+0=6개
5층 : 0+1+0+1+0+0+0=2개
∴ 19+14+9+6+2=50개

## 15

정답 ①

좌측에서 바라보았을 때, 5층 − 5층 − 4층 − 2층 − 1층으로 구성되어 있다.

## 16

정답 ③

정면에서 바라보았을 때, 4층 − 3층 − 1층 − 1층 − 4층으로 구성되어 있다.

## 17

정답 ①

정면에서 바라보았을 때, 6층 − 4층 − 3층 − 2층 − 1층 − 2층으로 구성되어 있다.

## 18

정답 ①

상단에서 바라보았을 때, 5층 − 4층 − 1층 − 1층 − 1층 − 3층으로 구성되어 있다.

| 01 | 02 | 03 | 04 | 05 | 06 | 07 | 08 | 09 | 10 |
|----|----|----|----|----|----|----|----|----|----|
| ① | ② | ① | ② | ② | ② | ② | ② | ① | ① |
| 11 | 12 | 13 | 14 | 15 | 16 | 17 | 18 | 19 | 20 |
| ② | ① | ② | ② | ① | ② | ① | ② | ① | ② |
| 21 | 22 | 23 | 24 | 25 | 26 | 27 | 28 | 29 | 30 |
| ③ | ② | ③ | ③ | ④ | ① | ① | ③ | ② | ① |

## 02  정답 ②

Mm Dd Ff Bb Ll → Mm Dd Ff Bb G̲g̲

## 04  정답 ②

Ff Ss Mm Rr Cc → Ff D̲d̲ Mm Rr Cc

## 05  정답 ②

Cc Rr Dd Bb Ff → Cc Rr B̲b̲ M̲m̲ Ff

## 06  정답 ②

▲ ◐ ◪ ▮ ◨ → ▲ ◐ ◪ ▮ ◻

## 07  정답 ②

◪ ◖ ● ▲ ▮ → ◪ ◖ ● ◼ ▮

## 08  정답 ②

▮ ◖ ◪ ◼ ▲ → ▮ ◖ ◪ ◪ ▲

## 11  정답 ②

가 거 그 구 겨 → 가 거 그 교̲ 겨

## 13  정답 ②

겨 갸 교 거 고 → 겨 갸̲ 교 거 고

## 14  정답 ②

구 거 그 고 교 → 구 거 그 기̲ 교

## 16  정답 ②

ひ し つ きょ → ひ し づ̲ きょ

## 18  정답 ②

つ き じ ぴ づ → つ ぎ̲ じ ぴ づ

## 20  정답 ②

ぎ づ じ よ し → ぎ づ し̲ よ じ̲

## 21  정답 ③

91918901911176453536191018181931677788991018̲1̲9̲ 911909919191̲1̲9̲19 (10개)

## 22  정답 ②

우̲리는 국가와 국민에 충성을̲ 다하는 대한민국 육군이̲다. (8개)

## 23  정답 ③

♪ ♪ ♫ ♯ ♩ ♩ ♪ ♪ ♪ ♫ ♪ ♪ ♪ ♫ ♯ ♫ ♫ ♪ ♪ ♪ ♪ ♬ ♬ ♪ ♪ ♩ ♩ ♩ ♪ ♪ ♪ ♪ ♪ ♪ ♪ (6개)

## 24  정답 ③

force grand corps command operative level trange campaign strategy tactics (6개)

## 25  정답 ④

ㄷㅌㅌㄹㄴㄴㄷㄷㄹㄱㄴㄷㄷㄹㄷㄷㄷㄷㄷㄹㄷㅌㅌㄷ ㄹㄷㄹㄷㄷㄷㄷㄹㄷㄷㄷㄷㄹㄷㄷㄷㄷㄹㄷ (8개)

## 26  정답 ①

선화공주주은 타밀지가량치고 서동방을 야의묘을포견거여 (2개)

## 27  정답 ①

나폴레옹이 전쟁술에 크게 기여한 것은 작전술과 대전술의 분야였다. (5개)

## 28  정답 ③

체구 체념 체력 체질 체력 체신 체구 체구 체질 체력 체구 체구 체력 체신 체념 체구 체력 체신 체력 체신 체구 체념 체신 체구 체념 (6개)

## 29
정답 ②

せぜげけそぞででべでげげちちににけべでげげちちにいぃぇ
けげげげぜねけすすげげちち (4개)

## 30
정답 ①

九六ㅈㅊㅈ七八九土齒水月八五三ㅊ大日챠六ㅈㅊㅈ七ㅂ
∪라샤五六六五三ㅊ大日챠 (2개)

## 최종모의고사

| 01 | 02 | 03 | 04 | 05 | 06 | 07 | 08 | 09 | 10 |
|----|----|----|----|----|----|----|----|----|----|
| ⑤ | ② | ② | ③ | ① | ③ | ③ | ① | ④ | ⑤ |
| **11** | **12** | **13** | **14** | **15** | **16** | **17** | **18** | **19** | **20** |
| ③ | ② | ① | ④ | ⑤ | ③ | ① | ① | ② | ④ |
| **21** | **22** | **23** | **24** | **25** | | | | | |
| ② | ③ | ① | ④ | ② | | | | | |

### 01 난도 ★★☆ 정답 ⑤

정답체크
제시된 단어들은 모두 ⑤ '상대를 낮추어 본다'는 의미를 갖는다.
- 조소 : 흉을 보듯이 빈정거리거나 업신여기는 일. 또는 그렇게 웃는 웃음
- 조롱 : 비웃거나 깔보면서 놀림
- 야유 : 남을 빈정거려 놀림. 또는 그런 말이나 몸짓
- 코웃음 : 콧소리를 내거나 코끝으로 가볍게 웃는 비난조의 웃음

### 02 난도 ★★☆ 정답 ②

정답체크
'알을 쌓아 놓은 듯한 위태로운 상황'은 '누란지위(累卵之危 여러 누, 알 란, 갈 지, 위태할 위)'를 일컫는다. 누란지위란, 층층이 쌓아 놓은 알의 위태로움이라는 뜻으로 몹시 아슬아슬한 위기를 비유적으로 이르는 말이다.

오답체크
① 낭중지추(囊中之錐) : 주머니 속의 송곳이라는 뜻으로, 재능이 뛰어난 사람은 숨어 있어도 저절로 사람들에게 알려짐을 이르는 말
③ 감언이설(甘言利說) : 귀가 솔깃하도록 남의 비위를 맞추거나 이로운 조건을 내세워 꾀는 말
④ 오비이락(烏飛梨落) : 까마귀 날자 배 떨어진다는 뜻으로, 아무 관계도 없이 한 일이 공교롭게도 때가 같아 억울하게 의심을 받거나 난처한 위치에 서게 됨을 이르는 말
⑤ 결자해지(結者解之) : 맺은 사람이 풀어야 한다는 뜻으로, 자기가 저지른 일은 자기가 해결하여야 함을 이르는 말

### 03 난도 ★☆☆ 정답 ②

정답체크
②의 '손이 가다'는 '(대상이 사람의) 노력이 필요하다'라는 뜻으로, 문맥상 쌍둥이가 어려서 돌봄이 필요하다는 의미인 빈칸에 적합하다.

오답체크
① 손이 크다 : 씀씀이가 후하고 크다.
③ 손을 빼다 : 하던 일에서 빠져나오다.
④ 손을 거치다 : 어떤 사람을 경유하다.
⑤ 손을 내밀다 : 도움을 주다.

### 04 난도 ★★★ 정답 ③

정답체크
③의 추모는 죽은 '사람'을 그리며 생각한다는 뜻을 지니는 단어로, '사건'을 대상으로 하지 않는다.

오답체크
① 재고 : 다시 되돌아봄
② 동정 : 일이나 현상이 벌어지고 있는 낌새
④ 치부 : 남에게 드러내고 싶지 아니한 부끄러운 부분
⑤ 힐난 : 트집을 잡아 거북할 만큼 따지고 듦

### 05 난도 ★★☆ 정답 ①

정답체크
〈보기〉의 'ⓐ : ⓑ'는 같은 의미이나 동서양의 표현이 다른 것이므로 유의 관계이다. ①의 '은폐하다'는 '덮어 감추거나 가리어 숨기다'는 뜻으로, '가리다'와 유의 관계이다.

오답체크
②·③·⑤ 유의 관계처럼 보이나 서로 관계없는 뜻을 가진 단어들이다.
④ '사망'과 '생존'은 반의 관계이다.

### 06 난도 ★★★ 정답 ③

정답체크
'힘들던 지'에서 '지'는 의존명사가 아니라 연결어미 '-ㄴ지'이므로 앞의 어간과 붙여 써야 한다.

오답체크
① '그리고', '그 밖에', '또'의 뜻을 가지는 '및'은 문장에서 같은 종류의 성분을 연결할 때 쓰는 부사로서 띄어 써야 한다.

② 한글 맞춤법 제46항에 따르면, 원래는 '그 때 그 곳, 좀 더 큰 것, 이 말 저 말'처럼 띄어 써야 하나, 단음절로 된 단어가 연이어 나타날 때에는 '그때 그곳, 좀더 큰것, 이말 저말'과 같이 붙여 쓸 수 있다.

④ 학년은 단위를 나타내는 단어이므로 띄어 쓰는 것이 원칙이며, 붙여 쓰는 것도 허용된다.

⑤ '주고받다'는 한 단어이므로 붙여 쓰는 것이 맞다.

## 07 난도 ★☆☆ 정답 ③

정답체크

제시된 문장의 '고치다'는 '잘못되거나 틀린 것을 바로잡다'의 뜻이다. 이와 같은 뜻으로 쓰인 '고치다'는 ③이다.

오답체크

① '병 따위를 낫게 하다'의 뜻으로 쓰였다.

②·④ '고장이 나거나 못 쓰게 된 물건을 손질하여 제대로 되게 하다'의 뜻으로 쓰였다.

⑤ '처지를 바꾸다'의 뜻으로, 문맥상 인생이 좋게 바뀌었다는 의미이다.

## 08 난도 ★★☆ 정답 ①

정답체크

〈보기〉는 독일이 잘못을 저질렀기 때문에 독일인 프랭크도 잘못을 저질렀다고 주장하고 있는데, 이는 '분해의 오류'를 범하고 있는 것으로 볼 수 있다. 이와 같은 유형의 오류를 범하고 있는 것은 ①로 1학년 2반이 공부를 잘하기 때문에 1학년 2반 학생 개개인도 공부를 잘할 것이라는 주장은 논리적으로 잘못되었다.

• 분해의 오류 : 집합이 어떤 성질을 지니고 있다는 내용의 전제로부터 그 집합의 각각의 원소들 역시 개별적으로 그 성질을 지니고 있다는 결론을 도출함으로써 생기는 오류이다.

오답체크

② 순환 논증의 오류 : 논증의 결론 자체를 전제의 일부로 사용하는 오류이다.

③ 성급한 일반화의 오류 : 부적합하고 대표성이 결여된 근거나 제한된 정보 등을 이용하여 특수한 사례들을 성급하게 일반화하는 오류이다.

④ 원인 오판의 오류 : 어떠한 사건에 대한 원인을 잘못 짚어 아무런 연관성이 없는 것을 탓하는 오류이다. 승재를 보는 것과 운이 없는 것은 서로 관련이 없다.

⑤ 의도 확대의 오류 : 결과 중심으로 의도를 확대 해석하는 오류이다. 커피를 사주는 이유를 '내'가 아프길 바라기 때문으로 볼 수 없다.

## 09 난도 ★★★ 정답 ④

정답체크

한글맞춤법 제51항에 따르면 부사의 끝음절이 분명히 '이'로만 나는 것은 '-이'로 적고 '히'로만 나거나 '이'나 '히'로 나는 것은 '-히'로 적는다. 따라서 ④의 '깨끗이'는 [깨끄시]로 발음되므로 '이'로 적어야 한다.

오답체크

① 곰곰히(×) → 곰곰이(○)

② 꾸준이(×) → 꾸준히(○)

③ 뚜렷히(×) → 뚜렷이(○)

⑤ 버젓히(×) → 버젓이(○)

## 10 난도 ★☆☆ 정답 ⑤

정답체크

㉠의 '지다'는 '책임이나 의무를 맡다.'의 뜻이다. 따라서 조장을 맡아 부담을 느끼고 있다는 ⑤의 '지다'가 ㉠과 같은 뜻으로 쓰였다.

오답체크

① '어떤 현상이나 상태가 이루어지다.'의 뜻으로 쓰였다.

② '신세나 은혜를 입다.'의 뜻으로 쓰였다.

③ '어떤 좋지 아니한 관계가 되다.'의 뜻으로 쓰였다.

④ '물건을 짊어서 등에 얹다.'의 뜻으로 쓰였다.

## 11 난도 ★★★ 정답 ③

정답체크

〈보기〉의 두 문장이 참이기 때문에 이 문장들의 대우 역시 참이다.

• (명제) 도현이를 좋아하는 사람은 훈이도 좋아한다. → (대우) 훈이를 좋아하지 않는 사람은 도현이도 좋아하지 않는다.

• (명제) 훈이를 싫어하는 사람은 찬희도 싫어한다. → (대우) 찬희를 싫어하지 않는 사람은 훈이도 싫어하지 않는다.

따라서 ③의 '찬희를 좋아하면(싫어하지 않으면) 훈이를 싫어하지 않는다'가 참인 명제이다.

## 12 난도 ★★☆ 정답 ②

정답체크

• 1문단의 마지막 문장 '한 사물의 ~ 계기가 되었다.'를 통해 ㉠ 명암 대비법 이후에 나온 ㉡ 냉온 대비법이 회화에 색채의 순수성을 가져오게 하는 결정적인 계기가 되었음을 알 수 있다.

• 2문단의 세 번째 문장은 ㉡ 냉온 대비법에 대해 '순수한 색채를 표현할 수 있게 되었다'고 설명하고 있다. 이를 통해 ㉠과 달리 ㉡에 색채의 순수성이 나타난다는 것을 알 수 있다.

## 13 난도 ★☆☆        정답 ①

[정답체크]
- 1문단 : 세금의 정의
- 2문단 : 애덤 스미스의 조세의 원칙
- 3~5문단 : 거위를 통해 비유한 콜베르의 조세 원칙에 관한
  이야기

따라서 글 전체의 주제는 '바람직한 조세의 원칙'이다.

## 14 난도 ★★☆        정답 ④

[정답체크]
〈보기〉는 중국 한자와 일본 가나의 컴퓨터 입력 방법에 관한
이야기를 하고 있다. 따라서 〈보기〉 문장이 들어가기에 자연스
러운 곳은 한글이 컴퓨터 입력이 경제적이라는 이야기를 하고
있는 문장의 앞인 ④가 적절하다.

## 15 난도 ★☆☆        정답 ⑤

[정답체크]
㉠ 뒤에 자아상태의 사례가 나오므로 ㉠에는 '예를 들어'가 들
어가는 것이 적절하다.

## 16 난도 ★★★        정답 ③

[정답체크]
(가)~(라)의 문단 시작 첫 단어를 살펴보면, (다)와 (라)가 앞의
내용 없이는 내용을 이해하기 어려운 문단임을 알 수 있다. 따
라서 (가) 혹은 (나) 문단으로 제시문이 시작해야 한다.
- (나)에서 '코나투스'란 단어의 개념을 설명하고 있고, (가)에
  서 '코나투스'에 대해 언급하고 있으므로 (나)가 (가)에 선행
  한다고 추론할 수 있다.
- (가)는 (나)의 '코나투스' 개념을 스피노자의 윤리학 이론에
  적용하여 설명하고 있다.
- (라)의 '한편'을 통해 (라)가 새로운 주제인 스피노자의 '선악
  의 개념'을 제시하고 있으며, 이는 스피노자의 윤리학에 해
  당함을 알 수 있다.
- (다)의 두 번째 문장에서 언급한 '선의 추구'를 통해 (다)가
  (라)의 선악과 관련된 내용을 '우리'에게 적용하여 논의를 마
  무리하고 있음을 알 수 있다. 따라서 (다)의 '이러한 생각'은
  앞서 (나), (가), (라)에서 설명한 스피노자의 윤리학 이론을
  뜻하는 것이므로 (다)가 마지막 문단으로 적절하다.

따라서 순서에 맞게 나열한 것은 ③ '(나) – (가) – (라) – (다)'
이다.

## 17 난도 ★★☆        정답 ①

[정답체크]
1문단에서 수단으로서의 경쟁에 관해 설명하고 있고, 2문단에
서 수단을 넘어선 경쟁을 이야기하고 있다. ㉠이 속한 3문단
첫 번째 문장에서 2문단의 내용을 다시 간추려 이야기하고 있
는데, 이에 어울릴만한 접속사로는 요약하거나 종합하여 말한
다는 의미의 '결국'이다.

## 18 난도 ★☆☆        정답 ①

[정답체크]
제시된 글에서 경쟁은 수단만이 아닌 인간의 존재 양식이라고
이야기하고 있다. 경쟁을 통해서 자아를 완성하고 효율적으로
개인과 사회가 발전할 수 있다는 것이 글의 주제이므로 '반드시
이겨야 한다'는 답이 아니다.

## 19 난도 ★★★        정답 ②

[정답체크]
제시문은 조세 부과의 원칙에 관한 글이다.
- 1문단 : 조세를 부과할 때 고려해야 하는 요건인 공평성 제시
- 2문단 : 공평성을 편익 원칙과 능력 원칙으로 구분
- 3문단 : 능력 원칙을 수직적 공평과 수평적 공평으로 구분
  하여 설명

즉, 조세 부과 시 고려해야 할 요건을 기준에 따라 구분한 뒤,
그에 대한 특성을 설명하는 서술방식이 나타남을 알 수 있다.

## 20 난도 ★★☆        정답 ④

[정답체크]
제시문에는 어떤 조세 부과의 방법이 현실적으로 가장 좋은지
에 대한 가치판단이 나타나 있지 않다. 또한, 2문단에서 편익
원칙에 대해 '현실적으로 공공재의 사용량을 측정하기가 쉽지
않다는 문제가 있다'고 설명하고 있으므로 편익 원칙이 가장
현실적인 조세 부과 방법이라는 설명은 옳지 않다.

## 21 난도 ★★★        정답 ②

[정답체크]
인간의 본성이 아닌 군주의 대상에 더 가까운 내용이다. 또한
본문에는 서술되어 있지 않다.

[오답체크]
①의 내용은 4문단에 서술되어 있다.
③의 내용은 2문단에 서술되어 있다.
④ · ⑤의 내용은 3문단에 서술되어 있다.

## 22 난도 ★★★      정답 ③

정답체크

매체를 통해 교통사고 사망률을 더 많이 접한다는 이유를 들어, 교통사고의 사망률이 당뇨병으로 인한 사망률보다 높다고 판단하였으므로 이는 해당 사례를 자주 접해서 발생 빈도수가 높다고 판단한 사례에 해당한다고 볼 수 있다.

오답체크

① 신이 없음을 증명한 사람이 없다는 이유는 자주 접하거나 쉽게 떠올릴 수 있는 것과 관련이 없다(무지의 오류).
② 더 많은 수를 더하기 때문에 합이 크다는 판단은 자주 접하거나 쉽게 떠올릴 수 있는 것과 관련이 없다.
④ 숫자를 어떻게 표기했느냐에 따라 지방의 함유 정도가 다르게 느껴지는 것은 자주 접하거나 쉽게 떠올릴 수 있는 것과 관련이 없다.
⑤ 더 많은 빵을 만드는 것이 힘든 일이라고 느끼는 것은 자주 접하거나 쉽게 떠올릴 수 있는 것과 관련이 없다.

## 23 난도 ★★☆      정답 ①

정답체크

기대 효용 이론은 전통 경제학의 대표이론으로 전통 경제학에서는 인간을 합리적 선택을 하는 존재로 가정하므로 글의 내용과 일치하지 않는다.

오답체크

② 2문단의 '전통 경제학의 대표적 이론인 기대 효용 이론에 따르면, 인간은 대안이 여러 개일 때 각 대안의 효용을 계산하여 자신에게 최대 이득을 주는 대안을 선택한다'를 통해 확인할 수 있다.
③ 1문단의 '심리학자인 카너먼은 인간이 논리적 사고 과정을 통해 합리적으로 문제를 해결하기보다는 직감에 의해 문제를 해결하는 경향이 강하다고 주장하였다.'를 통해 확인할 수 있다.
④ 1문단의 '심리학적 연구 성과를 경제학에 접목시킨 새로운 이론을 제안했다'는 내용을 통해 확인할 수 있다.
⑤ 1문단의 '그는 실제 인간의 행동에 나타나는 다양한 양상을 연구하여 인간은 합리적 선택을 한다는 전통 경제학의 전제에 반기를 들고'와 마지막 문단의 '카너먼은 이러한 전제를 비판하며'를 통해 확인할 수 있다.

## 24 난도 ★☆☆      정답 ⑤

정답체크

(가)에서는 동물의 이타적 행동을 설명하는 해밀턴의 '혈연 선택 가설'과 도킨스의 『이기적 유전자』를, (나)에서는 이타적 인간이 진화하는 이유를 설명하는 '반복-상호성 가설'과 '집단 선택 가설'을 제시하고 있다. 이와 함께 (가)의 '진화에 얽힌 수수께끼를 푸는 중요한 열쇠로 평가된다. 개체를 단순히 유전자

의 생존을 돕는 수동적 존재로 보았다는 점에서 비판을 받기도 하였다.'와 (나)의 '반복적이지 않은 상황에서 나타나는 이타적 행동을 설명하는 데는 한계가 있다.'에서 각각의 이론에 대한 평가를 제시하고 있다.

오답체크

① 각각의 이론은 대립된 이론이 아닐 뿐만 아니라 이를 절충하는 내용도 나타나 있지 않다.
② 이타적 행동의 구체적 유형이 무엇인지 분류하고 있지 않다.
③ 이타적 행동에 관한 이론이 시간의 흐름에 따라 변화해 온 과정을 고찰하고 있지 않다.
④ (나)에서는 제도에 대한 연구를 통해 이론의 발전 방향을 제시하고 있으나, 나머지 이론에서는 이론의 발전 방향에 대한 전망이 나타나 있지 않다.

## 25 난도 ★★☆      정답 ②

정답체크

ⓒ의 '감수하다'는 '책망이나 괴로움 따위를 달갑게 받아들이다.'라는 의미이고, '이 사전은 여러 전문가가 감수하였다'의 '감수하다'는 '책의 저술이나 편찬 따위를 지도하고 감독하다.'라는 의미이다.

오답체크

① ㉠의 '관찰하다'는 '사물이나 현상을 주의하여 자세히 살펴보다.'라는 의미로 사용되었다.
③ ⓒ의 '도태되다'는 '여럿 중에서 불편하거나 부적당한 것이 줄어 없어지다.'의 의미로 사용되었다.
④ ㉣의 '유용하다'는 '쓸모가 있다.'라는 의미로 사용되었다.
⑤ ㉤의 '대응하다'는 '어떤 일이나 사태에 맞추어 태도나 행동을 취하다.'라는 의미로 사용되었다.

| 01 | 02 | 03 | 04 | 05 | 06 | 07 | 08 | 09 | 10 |
|----|----|----|----|----|----|----|----|----|----|
| ③ | ① | ② | ② | ② | ③ | ② | ④ | ④ | ④ |
| 11 | 12 | 13 | 14 | 15 | 16 | 17 | 18 | 19 | 20 |
| ③ | ④ | ③ | ③ | ② | ② | ② | ③ | ① | ① |

## 01  난도 ★★☆  정답 ③

정답체크

저축액이 같아지는 때를 $x$개월 후라고 하면,

$1,100+(50 \times x)=500+(70 \times x)$, $20x=600$

$\therefore x=30$

따라서 김 중사와 박 하사의 저축액은 30개월 후 같아진다.

## 02  난도 ★☆☆  정답 ①

정답체크

위 수열은 $\times 2$, 앞의 두 항 더하기, $\times 2$, 앞의 두 항 더하기, …가 반복되는 규칙을 가지고 있다.

따라서 빈칸에 들어갈 수는 81이 되어야 한다.

## 03  난도 ★★★  정답 ②

정답체크

• 작년 1중대 헌혈 참여 인원 : $x$명

• 작년 2중대 헌혈 참여 인원 : $(x-20)$명

$-0.1x+0.3(x-20)=12$(명)

$\rightarrow x=90$

식에 대입하면 작년 2중대 헌혈 참여 인원은 70명인 것을 알 수 있다.

$\therefore$ 올해 헌혈 참여 인원 : $70 \times 1.3=91$(명)

## 04  난도 ★★☆  정답 ②

정답체크

• 450kwh 사용량에 대한 기본요금 : 7,300(원)

• 200kwh 이하 구간의 요금 : $200 \times 93=18,600$(원)

• 201kwh~400kwh 구간의 요금 : $200 \times 180=36,000$(원)

• 400kwh 초과 구간의 요금 : $50 \times 280=14,000$(원)

$\rightarrow 7,300+18,600+36,000+14,000=75,900$(원)

납부 시 요금에 부가가치세 10%를 합산해야 하므로

$75,900 \times 1.1=83,490$(원)

## 05  난도 ★☆☆  정답 ②

정답체크

각 연도별 전체 투자액과 반도체 투자액을 표로 나타내면 다음과 같다.

(단위 : 억 원)

| 연 도 | 2017 | 2018 | 2019 | 2020 |
|-------|------|------|------|------|
| 반도체 | 10,320 | 13,850 | 14,796 | 14,388 |
| 전체 투자액 | 21,495 | 24,028 | 27,329 | 35,827 |

• 2017년 : $\dfrac{10,320}{21,495} \times 100 \fallingdotseq 48(\%)$

• 2018년 : $\dfrac{13,850}{24,028} \times 100 \fallingdotseq 58(\%)$

• 2019년 : $\dfrac{14,796}{27,329} \times 100 \fallingdotseq 54(\%)$

• 2020년 : $\dfrac{14,388}{35,827} \times 100 \fallingdotseq 40(\%)$

따라서 전체 투자액 대비 반도체 투자액의 비중이 가장 큰 해는 2018년이다.

## 06  난도 ★★☆  정답 ③

정답체크

③ 초졸인 남성은 $500 \times 0.1=50$(명),

여성은 $600 \times 0.05=30$(명)으로

초등학교 졸업자 수는 $50+30=80$(명)이고,

대학원졸인 남성은 $500 \times 0.05=25$(명),

대학원 졸 여성은 $600 \times 0.1=60$(명)이므로

대학원 졸업자 수는 $25+60=85$(명)이다.

따라서 대학원 졸업자가 $85-80=5$(명) 더 많다.

오답체크

① 남성 중 대졸이 18%, 대학원졸이 5%이므로

남성의 $18+5=23(\%)$가 대졸 이상이다.

② 고졸인 여성은 $600 \times 0.55=330$(명),

남성은 $500 \times 0.52=260$(명)이므로

여자가 $330-260=70$(명) 더 많다.

④ 대졸인 남성은 $500 \times 0.18=90$(명),

여성은 $600 \times 0.15=90$(명)으로 같다.

## 07 난도 ★★★  정답 ②

정답체크

② ・부유층 : $\dfrac{95}{140} \times 100 \fallingdotseq 68(\%)$

　・서민층 : $\dfrac{135}{160} \times 100 = 84(\%)$

　→ 서민층의 찬성 비율이 부유층보다 $84-68=16(\%)$ 낮다.

오답체크

① 40대 이상에서 반대하는 사람은 $15+5=20$(명),
40대 이하에서 반대하는 사람은 $30+20=50$(명)이다.

③ ・찬성하는 40대 이상 : $\dfrac{80}{100}=0.8$

　・찬성하는 40대 이하 : $\dfrac{20}{100}=0.2$

　→ $0.8>0.2$

④ ・서민층 중 반대하는 40대 이상 : $\dfrac{5}{60}=0.083\cdots$

　・40대 이하 : $\dfrac{20}{100}=0.5$

서민층에서 반대 비율은 40대 이하가 더 높다.

## 08 난도 ★☆☆  정답 ④

정답체크

4월 매출액을 기준으로 계산을 하면 다음과 같다.

(단위 : 원)

| 시장별 | 동부시장 | 서부시장 | 남부시장 | 북부시장 |
|---|---|---|---|---|
| 4월 매출액 | 52,000 | 59,000 | 54,000 | 61,000 |
| 증감률 | 8% | -3% | 2% | -5% |
| 증가액 | 4,160 | -1,770 | 1,080 | -3,050 |
| 5월 매출액 | 56,160 | 57,230 | 55,080 | 57,950 |

따라서 북부시장이 매출 5% 감소에도 불구하고 5월에 가장 많은 매출을 올렸다.

## 09 난도 ★★★  정답 ④

정답체크

(ㄴ) 2012년 관람률이 가장 높은 연령대는 83.4%로 20~29세이고, 그 다음으로 관람률이 높은 연령대는 82.6%로 20세 미만이므로 옳은 설명이다.

(ㄹ) 2010년 전체 관람이 52.4%이고 2015년 63.6%이므로

$\dfrac{63.6-52.4}{52.4} \fallingdotseq 21.4(\%)$ 증가하였다.

오답체크

(ㄱ) 남녀 조사 인원을 알지 못하므로 판단할 수 없다.

(ㄷ) 2015년에는 음악・연주회의 관람률이 박물관보다 더 높다.

## 10 난도 ★★☆  정답 ④

정답체크

(ㄷ) $19,635 \div 8=2,454.375$이므로 우리나라 1인당 강수량은 세계 평균의 1/8을 넘는다.

(ㄹ) 각국의 연평균 강수량 대비 1인당 강수량을 구하는 식은

$\dfrac{(1\text{인당 강수량})}{(\text{연평균 강수량})}$ 이다.

・한국 : $\dfrac{2,591}{1,245} \fallingdotseq 2.08$

・일본 : $\dfrac{5,106}{1,718} \fallingdotseq 2.97$

・미국 : $\dfrac{25,021}{736} \fallingdotseq 33.9$

・영국 : $\dfrac{4,969}{1,220} \fallingdotseq 4.07$

・중국 : $\dfrac{174,016}{627} \fallingdotseq 277.53$

・세계 평균 : $\dfrac{19,635}{880} \fallingdotseq 22.31$

따라서 평균 강수량 대비 1인당 강수량이 세계 평균보다 높은 나라는 미국과 중국이다.

오답체크

(ㄱ) 연평균 강수량은 일본 - 한국 - 영국 - 미국 - 중국 순으로 높다.

(ㄴ) 우리나라 연평균 강수량은 $\dfrac{(\text{한국 연평균 강수량})}{(\text{세계 평균})}=\dfrac{1,245}{880}$

$\fallingdotseq 1.4$(배)이다.

## 11 난도 ★☆☆  정답 ③

정답체크

출생성비가 100이 넘는다는 의미는 남자 출생아 수가 여자 출생아 수보다 많다는 의미이므로 ③은 옳은 문장이다.

오답체크

① 본 그래프를 통해서는 정확한 인원 수에 대해 알 수 없다.

② 본 그래프에 전체 출생아 수가 명시되어 있지 않으므로, 태어난 남자아이의 수를 알 수 없다.

④ 2010년에 출생 성비가 가장 높지만, 이 그래프로는 전체 신생아 수를 알 수 없다.

## 12 난도 ★☆☆  정답 ④

정답체크

그래프를 역순으로 계산하여 21번째 지점을 찾으면 된다.

8(61회 이상)+9명(51~60회)+6명(41~50회)의 합은 23명이므로 21번째 학생은 41~50회 그룹에 포함된다.

## 13 난도 ★★★　　　정답 ③

정답체크

전문관리, 사무, 서비스판매 직종만 건강보험보다 국민연금에 대한 부담 정도가 높다.

오답체크

① 2019년 사회보험료에 대한 부담 정도는 국민연금, 건강보험, 고용보험 순으로 높다.
② 모든 직종에서 고용보험에 대한 부담 정도는 상대적으로 낮게 나타났다.
④ 서비스판매 직종은 각 분야별 부담 정도가 다른 직종보다 높으므로 다른 직종보다 사회보험료에 대한 부담 정도가 높다고 할 수 있다.

## 14 난도 ★★★　　　정답 ③

정답체크

③ • 전체 교역량 : $5,596.3+5,155.8=10,752.1$(억 달러)
　 • 10개국 교역량 : $3,635.1+3,397.3=7,032.4$(억 달러)
　 → $\dfrac{7,032.4}{10,752.1}\times100=65.4$(%)이므로 전체의 70% 이하이다.

오답체크

① • 전체 교역량 : 10,752.1억 달러
　 • 중국 교역량 : $1,458.7+830.5=2,289.2$(억 달러)
　 → $\dfrac{2,289}{10,752.1}\times100≒21.3$(%)
② 수출과 수입 모두 10대 교역국 안에 드는 나라는 중국, 미국, 일본, 대만으로 모두 4개국이다.
④ 상위 10개국 중 일부 국가의 수출입액을 알 수 없으므로 알 수 없다.

## 15 난도 ★★☆　　　정답 ②

정답체크

3분기에 중앙선 침범으로 인한 범칙금의 합이 승용차는 $6\times72=432$(만 원)이고, 승합차는 $7\times62=434$(만 원)이므로 차를 구하면 $434-432=2$(만 원)이다.

## 16 난도 ★★☆　　　정답 ②

정답체크

② 전분기 대비 증가율이 가장 높은 것은 4분기 이륜차의 주차 금지 위반으로 200% 증가하였으며, 2분기 이륜차의 속도 금지 위반 증가율인 150%보다 높다.

오답체크

① 신호 및 지시 위반 사례는 1~4분기에 각각 921건, 873건, 892건, 939건 발생하였으므로 4분기에 가장 많았다.
③ 중앙선 침범 사례는 3분기 승용차가 72건으로 가장 많았다.
④ 속도 위반 적발 건수의 소계를 보면 지속적으로 증가한다는 것을 알 수 있다.

## 17 난도 ★★☆　　　정답 ②

오답체크

① • 나 기업의 수익률 : $\dfrac{10}{100}\times100=10$(%)

　 • 바 기업의 수익률 : $\dfrac{25}{200}\times100=12.5$(%)

③ 매출액 대비 수익률은 기울기로 비교할 수 있다. 매출액 대비 가장 큰 수익률을 낸 기업은 원점과 점을 이은 직선의 기울기가 가장 가파른 라 기업이다.
④ 매출액이 200억 이상이거나 영업이익이 20억 이상인 기업은 라, 마, 바, 사, 아, 자 기업으로 6개이다.

## 18 난도 ★★☆　　　정답 ③

정답체크

수익률이 10%인 나 기업을 기준으로 잡는다. 원점과 나 기업을 직선으로 이었을 때, 직선의 오른쪽에 위치한 기업들이 수익률이 10%에 미치지 못하는 기업이다. 따라서 수익률이 10% 이하인 기업은 나, 다, 아로 3개이다.

## 19 난도 ★★★　　　정답 ①

정답체크

(여행 횟수)$=\dfrac{(국내여행 참가 횟수)}{(여행 참가자 수)}\times$(여행 경험 비율)이므로

$\dfrac{1,350}{420}\times0.8≒2.57$(회)이다.

## 20 난도 ★★★　　　정답 ①

정답체크

① • (2014년 전체 학생 수)$=420÷0.8=525$(명)
　 • (2015년 전체 학생 수)$=442÷0.85=520$(명)
　 • (2016년 전체 학생 수)$=473÷0.86=550$(명)
　 • (2017년 전체 학생 수)$=486÷0.9=540$(명)
따라서 2016년 전체 학생 수가 가장 많다.

| 01 | 02 | 03 | 04 | 05 | 06 | 07 | 08 | 09 | 10 |
|----|----|----|----|----|----|----|----|----|----|
| ② | ① | ④ | ① | ① | ④ | ② | ③ | ① | ④ |

| 11 | 12 | 13 | 14 | 15 | 16 | 17 | 18 | | |
|----|----|----|----|----|----|----|----|----|----|
| ④ | ① | ① | ③ | ③ | ④ | ① | ② | | |

## 01

정답 ②

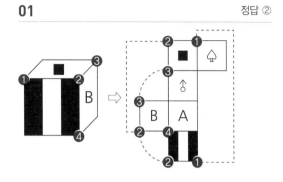

## 02

정답 ①

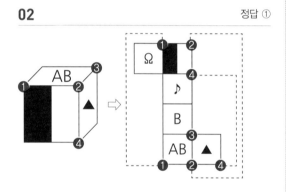

## 03

정답 ④

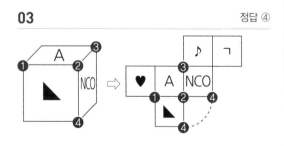

## 04

정답 ①

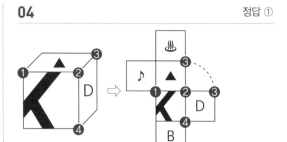

## 05

정답 ①

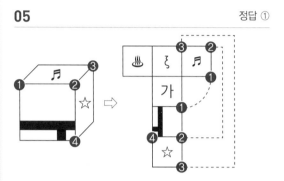

## 06

정답 ④

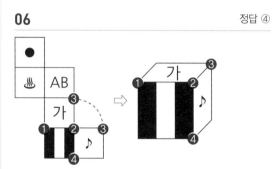

## 07

정답 ②

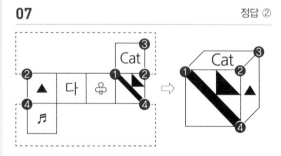

## 08

정답 ③

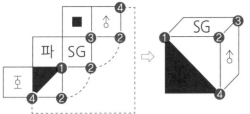

## 09

정답 ①

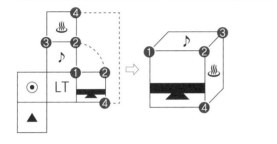

## 10

정답 ④

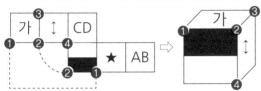

## 11

정답 ④

1층 : 3+3+3+2+2=13개
2층 : 2+1+1+0+2=6개
3층 : 2+1+1+0+1=5개
4층 : 1+0+0+0+1=2개
5층 : 0+0+0+0+1=1개
∴ 13+6+5+2+1=27개

## 12

정답 ①

1층 : 4+3+3+4=14개
2층 : 3+3+2+2=10개
3층 : 2+0+2+1=5개
4층 : 2+0+1+1=4개
5층 : 1+0+0+1=2개
∴ 14+10+5+4+2=35개

## 13

정답 ①

1층 : 4+3+3+1+1+4=16개
2층 : 3+3+3+1+0+1=11 개
3층 : 3+3+1+0+0+0=7개
4층 : 2+1+0+0+0+0=3개
5층 : 2+0+0+0+0+0=2개
∴ 16+11+7+3+2=39개

## 14

정답 ③

1층 : 4+2+4+2+2+1=15개
2층 : 3+2+3+2+2+0=12개
3층 : 2+1+2+2+0+0=7개
4층 : 1+1+1+1+0+0=4개
5층 : 1+0+0+1+0+0=2개
∴ 15+12+7+4+2=40개

## 15

정답 ③

상단에서 바라보았을 때, 4층 – 2층 – 3층 – 3층 – 3층 – 1
층으로 구성되어 있다.

## 16

정답 ④

정면에서 바라보았을 때, 5층 – 3층 – 2층 – 3층 – 1층 – 4
층으로 구성되어 있다.

## 17

정답 ①

우측에서 바라보았을 때, 2층 – 3층 – 4층 – 5층으로 구성되
어 있다.

## 18

정답 ②

상단에서 바라보았을 때, 4층 – 3층 – 4층 – 4층 – 1층으로
구성되어 있다.

| 01 | 02 | 03 | 04 | 05 | 06 | 07 | 08 | 09 | 10 |
|----|----|----|----|----|----|----|----|----|----|
| ② | ② | ① | ① | ② | ① | ② | ② | ② | ① |
| 11 | 12 | 13 | 14 | 15 | 16 | 17 | 18 | 19 | 20 |
| ① | ① | ② | ② | ② | ② | ② | ① | ② | ① |
| 21 | 22 | 23 | 24 | 25 | 26 | 27 | 28 | 29 | 30 |
| ③ | ② | ① | ③ | ② | ③ | ② | ① | ④ | ③ |

## 01 정답 ②

㎖ ㎽ ㎬ ㎡ ㎥ → <u>㎠</u> ㎬ <u>㎽</u> ㎡ ㎥

## 02 정답 ②

㎑ ㎠ ㎽ ㎢ ㎬ → ㎑ <u>㎽</u> ㎠ ㎢ ㎬

## 05 정답 ②

㎗ ㎑ ㎽ ㎖ → ㎗ ㎑ <u>㎬</u> ㎖

## 07 정답 ②

미국 몽골 칠레 영국 북한 → 미국 몽골 <u>가나</u> 영국 북한

## 08 정답 ②

몽골 중국 칠레 일본 미국 → 몽골 중국 <u>쿠바</u> 일본 미국

## 09 정답 ②

가나 쿠바 몽골 북한 칠레 → 가나 쿠바 몽골 북한 <u>태국</u>

## 13 정답 ②

蹴 庭 撞 野 避 → 蹴 庭 <u>排</u> 野 避

## 14 정답 ②

排 足 托 庭 避 → 排 足 托 庭 <u>蹴</u>

## 15 정답 ②

避 水 排 撞 籠 → 避 水 <u>足</u> 撞 籠

## 16 정답 ②

포도 자몽 오이 수박 곶감 → 포도 자몽 오이 수박 <u>사과</u>

## 17 정답 ②

사과 참외 피망 수박 오이 → 사과 참외 피망 <u>마늘</u> 오이

## 19 정답 ②

마늘 수박 곶감 포도 호박 → 마늘 수박 <u>사과</u> 포도 호박

## 21 정답 ③

785020645<u>1</u>792035980777<u>5</u>048434<u>5</u>020675245 (7개)

## 22 정답 ②

<u>r</u>ose begin with <u>r</u>ating tesking po<u>r</u>ce opnion goodien <u>r</u>ike pass test (4개)

## 23 정답 ①

◭◖◗◑♣★◖◗◑◖◗◑◖◗◑◖◗◑◖◗◙◖◗◑◖◗◑◉◖◗◑◖◗◑◑◖◗◑◖◗◑ (2개)

## 24 정답 ③

<u>관</u>계대명사 앞에 놓여 <u>관</u>계대명사가 이끄는 <u>문</u>장의 꾸밈을 받는 명사를 선행사라고 한다. (10개)

## 25 정답 ②

Ⅱ Ⅷ Ⅴ Ⅵ Ⅱ Ⅶ ⅵ ⅳ ⅲ Ⅲ Ⅺ Ⅻ Ⅻ ⅺ ⅷ Ⅵ Ⅲ ⅱ Ⅺ Ⅻ Ⅲ Ⅹ Ⅸ ⅷ Ⅲ Ⅳ Ⅷ Ⅴ Ⅵ Ⅱ (4개)

## 26 정답 ③

<u>눈</u> 내린 전선을 <u>우</u>리는 간다. 젊은 넋 숨져간 그때 그 자리 상처 <u>입</u>은 노송은 말을 잊었네 (11개)

## 27 정답 ②

刊稈肝艮干幹稈角肝竿干艱幹諫角侃塈可呵袈加苟干茄街角刊干肝干 (5개)

## 28 정답 ①

㉮㉤㉥㉯㉠㉪㉤㉥㉯㉫㉫㉤㉥㉯㉠㉮㉰㉬㉦㉠㉪㉢㉢㉰㉣㉫㉤㉥㉯㉠㉬㉫㉫㉤㉥㉯㉢ (2개)

## 29 정답 ④

⇉⇂⇜⇇⇝⇞⇭⇛⇟⇥⇜⇜⇘⇟⇚⇙⇒⇃⇘⇜⇞⇜⇛⇜⇍⇜⇜⇝⇝ (8개)

## 30

づっとどでつづづっつしじつづづっっづののつてううつ (6개)

할 수 있다고 믿는 사람은 그렇게 되고,
할 수 없다고 믿는 사람도 역시 그렇게 된다.

– 샤를 드골 –

# 좋은 책을 만드는 길, 독자님과 함께하겠습니다.

## 2024 SD에듀 장교 · 부사관 KIDA 간부선발도구 한권으로 끝내기

| | |
|---|---|
| 개정3판1쇄 발행 | 2024년 02월 20일 (인쇄 2023년 12월 20일) |
| 초 판 발 행 | 2021년 01월 05일 (인쇄 2020년 11월 27일) |
| 발 행 인 | 박영일 |
| 책 임 편 집 | 이해욱 |
| 저 자 | 이상운 · 서범석 · 김인경 |
| 편 집 진 행 | 박종옥 · 이병윤 |
| 표지디자인 | 하연주 |
| 편집디자인 | 박지은 · 장성복 |
| 발 행 처 | (주)시대고시기획 |
| 출 판 등 록 | 제10-1521호 |
| 주 소 | 서울시 마포구 큰우물로 75 [도화동 538 성지 B/D] 9F |
| 전 화 | 1600-3600 |
| 팩 스 | 02-701-8823 |
| 홈 페 이 지 | www.sdedu.co.kr |

| | |
|---|---|
| I S B N | 979-11-383-4644-3 (13390) |
| 정 가 | 23,000원 |

# SD에듀
# 한국사능력검정시험 대비 시리즈

## 한국사능력검정시험 기출문제집 시리즈

### 최신 기출문제 최다 수록!

>>>> 기출 분석 4단계 해설로 합격 완성, 기본서가 필요없는 상세한 해설!

- PASSCODE 한국사능력검정시험
  기출문제집 800제 16회분 심화(1·2·3급)
- PASSCODE 한국사능력검정시험
  기출문제집 400제 8회분 심화(1·2·3급)

- PASSCODE 한국사능력검정시험
  기출문제집 800제 16회분 기본(4·5·6급)
- PASSCODE 한국사능력검정시험
  기출문제집 400제 8회분 기본(4·5·6급)

## 한국사능력검정시험 합격 완성 시리즈

### 완벽하게 시험에 대비하는 마스터플랜!

>>>> 알짜 핵심 이론만 모은 한권으로 끝내기로 기본 개념 다지기!

>>>> 기출 빅데이터를 바탕으로 선별한 핵심 주제 50개를 담은 7일 완성과 다양한 문제 유형을 대비할 수 있는 시대별 · 유형별 307제로 단기 합격 공략!

- PASSCODE 한국사능력검정시험 한권으로 끝내기 심화(1·2·3급)
- PASSCODE 한국사능력검정시험 7일 완성 심화(1·2·3급)
- PASSCODE 한국사능력검정시험 시대별·유형별 기출 307제 심화(1·2·3급)

## 한국사능력검정시험 봉투 모의고사 시리즈

### 합격을 위한 최종 마무리!

>>>> 시험 직전, 모의고사를 통해 마지막 실력 점검!

- PASSCODE 한국사능력검정시험 봉투 모의고사 4회분 심화(1·2·3급)
- PASSCODE 한국사능력검정시험 봉투 모의고사 4회분 기본(4·5·6급)

※ 도서의 구성과 이미지는 변경될 수 있습니다.

# 장교·부사관
# *KIDA*
# 간부선발도구

# SD에듀의
# 지텔프 최강 라인업

1주일 만에 끝내는
지텔프 문법

10회 만에 끝내는
지텔프 문법 모의고사

답이 보이는 지텔프 독해

스피드 지텔프 레벨2

지텔프 Level.2
실전 모의고사

# 나는 이렇게 합격했다

여러분의 힘든 노력이 기억될 수 있도록
당신의 합격 스토리를 들려주세요.

합격생 인터뷰
상품권 증정

추첨을 통해
선물 증정

베스트 리뷰자 1등
갤럭시탭 S8 증정

베스트 리뷰자 2등
갤럭시 버즈2 증정

## SD에듀 합격생이 전하는 합격 노하우

"기초 없는 저도 합격했어요
여러분도 가능해요."
검정고시 합격생 이*주

"불안하시다고요?
시대에듀와 나 자신을 믿으세요."
소방직 합격생 이*화

"강의를 듣다 보니
자연스럽게 합격했어요."
사회복지직 합격생 곽*수

"선생님 감사합니다.
제 인생의 최고의 선생님입니다."
G-TELP 합격생 김*진

"시험에 꼭 필요한 것만 딱딱!
시대에듀 인강 추천합니다."
물류관리사 합격생 이*환

"시작과 끝은 시대에듀와 함께!
시대에듀를 선택한 건 최고의 선택 "
경비지도사 합격생 박*익

## 합격을 진심으로 축하드립니다!

# 합격수기 작성 / 인터뷰 신청

QR코드 스캔하고 ▷ ▷ ▷ ▶
이벤트 참여하여 푸짐한 경품받자!